普通高等教育农业农村部"十三五"规划教材
全国高等农林院校"十三五"规划教材

中兽医学

（精简版）

许剑琴　主编

中国农业出版社

图书在版编目（CIP）数据

中兽医学/许剑琴主编.—北京：中国农业出版社，2014.1（2023.12重印）
普通高等教育农业部"十二五"规划教材　全国高等农林院校"十二五"规划教材
ISBN 978-7-109-18675-0

Ⅰ.①中… Ⅱ.①许… Ⅲ.①中兽医学－高等学校－教材 Ⅳ.①S853

中国版本图书馆 CIP 数据核字（2013）第 288940 号

中国农业出版社出版
（北京市朝阳区麦子店街 18 号楼）
（邮政编码 100125）
责任编辑　武旭峰　王晓荣
文字编辑　武旭峰

中农印务有限公司印刷　新华书店北京发行所发行
2014 年 1 月第 1 版　2023 年 12 月北京第 5 次印刷

开本：787mm×1092mm　1/16　印张：20.75
字数：496 千字
定价：52.50 元

（凡本版图书出现印刷、装订错误，请向出版社发行部调换）

编 审 人 员

主　编　许剑琴　中国农业大学
副主编　杨　英　内蒙古农业大学
　　　　　　胡松华　浙江大学
　　　　　　宋晓平　西北农林科技大学
　　　　　　李英伦　四川农业大学
参　编（按姓名笔画排序）

王自力	西南大学	范　开	中国农业大学
申海清	吉林大学	胡庭俊	广西大学
史万玉	河北农业大学	段智变	山西农业大学
刘家国	南京农业大学	段慧琴	北京农学院
汤德元	贵州大学	郭世宁	华南农业大学
李金贵	扬州大学	葛　铭	东北农业大学
何永明	佛山科学技术学院	董发明	河南科技大学
张继东	广东海洋大学		

审　稿　胡元亮　南京农业大学
　　　　　　钟秀会　河北农业大学
　　　　　　刘钟杰　中国农业大学

前 言

中兽医学经历悠久历史的沉淀，其内容丰富，信息量巨大。教学过程中，尤其是20世纪90年代以来，采用现代教学手段，控制、疏导、重现教学信息方便快捷，通过图、文、音、像信息更为形象具体地传授知识和表现教学内容，大大扩展时空范围，教学效果和教学信息量大大提高，有利于学生接受和学习。尽管如此，仍因教学学时多有变化，据了解，全国各高等农业院校中兽医学课程多则100多学时，少则40学时左右，多数为70~80学时，越来越不能满足教学要求。为适应全国绝大多数高等农林院校人才培养的教学需求，同时兼顾国家执业兽医资格考试大纲重在应用为主的指导思想，组织编写了本教材。

本书比较全面系统地阐述了中兽医学的基本理论、操作技术和临床应用，强调教材内部主线中理论（阴阳、五行、脏腑、经络等）与临床应用（中药、方剂、针灸、病证防治）之间的内在联系。充分体现中兽医特色，理论阐述系统完整，详略得当，力求使学生掌握基本知识。突出专业特点，重在临床应用能力培养，学以致用，理论知识则以必需和够用为度。

本书在编写过程中参考了国内中兽医学方面同类教材，博采众长，在此谨向这些编者及编写单位表示衷心的感谢！虽然本书编者在探索教材特色方面做了许多努力，力图做得更好，但其中的不妥之处仍然难免，希望广大师生在使用过程中，提出宝贵意见，以便今后修改提高。

编 者

2013年7月

注：本教材于2017年12月被列入普通高等教育农业部（现更名为农业农村部）"十三五"规划教材[农科（教育）函〔2017〕第379号]

目录

前言

绪论 1
- 一、中兽医学的概念 1
- 二、中兽医学的发展概况 1
- 三、中兽医学的基本特点 6

第一章 阴阳五行学说 10
第一节 阴阳学说 10
- 一、阴阳的基本概念 10
- 二、阴阳学说的基本内容 12
- 三、阴阳学说在中兽医学中的应用 14

第二节 五行学说 17
- 一、五行的基本概念 17
- 二、五行学说的基本内容 18
- 三、五行学说在中兽医学中的应用 20

第二章 脏腑 22
第一节 五脏 22
- 一、心 22
- 二、肺 24
- 三、脾 25
- 四、肝 26
- 五、肾 28

第二节 六腑 30
- 一、胆 31
- 二、胃 31
- 三、小肠 31
- 四、大肠 31
- 五、膀胱 32
- 六、三焦 32

第三节 脏腑之间的关系 33
- 一、脏与脏的关系 33
- 二、腑与腑的关系 35
- 三、脏与腑的关系 35

第三章　气血津液 ... 37
第一节　气 ... 37
第二节　血 ... 39
第三节　津液 ... 40
第四节　气血津液之间的关系 ... 40

第四章　经络 ... 42
第一节　十二经脉 ... 43
第二节　奇经八脉 ... 45
第三节　经络的生理功能及经络学说的临床应用 ... 45

第五章　病因病机 ... 48
第一节　病因 ... 48
一、外感致病因素 ... 49
二、内伤致病因素 ... 52
三、其他致病因素 ... 54
第二节　病机 ... 55

第六章　诊法 ... 57
第一节　望诊 ... 57
一、望全身 ... 57
二、望局部 ... 60
三、察口色 ... 64
第二节　闻诊 ... 66
一、闻声音 ... 66
二、嗅气味 ... 67
第三节　问诊 ... 68
一、问发病 ... 68
二、问病因 ... 68
三、问病史 ... 69
第四节　切诊 ... 69
一、切脉 ... 70
二、触诊 ... 73

第七章　辨证 ... 75
第一节　八纲辨证 ... 75
一、八纲的基本证候 ... 75
二、八纲证候间的关系 ... 79
三、八纲辨证与八证论 ... 83
第二节　脏腑辨证 ... 84
一、心与小肠病证 ... 84
二、肺与大肠病证 ... 86
三、脾与胃病证 ... 89

四、肝与胆病证 93
　　五、肾与膀胱病证 95
　　六、脏腑兼病辨证 97
第三节　气血津液辨证 100
　　一、气病证候 100
　　二、血病证候 101
　　三、津液病证候 102
第四节　六经辨证 103
　　一、六经病证 104
　　二、六经病证的传变 106
第五节　卫气营血辨证 107
　　一、卫气营血证 107
　　二、卫气营血证的传变规律 108

第八章　防治法则 109
第一节　预防 109
　　一、未病先防 109
　　二、既病防变 110
　　三、病后防复 110
第二节　治则 111
　　一、扶正与祛邪 111
　　二、治病求本 112
　　三、同治与异治 114
　　四、三因制宜 114
　　五、治疗与护养 115
第三节　治法 115
　　一、内治法 116
　　二、外治法 119

第九章　中药总论 121
第一节　产地、采集、加工及贮藏 121
第二节　炮制 123
　　一、炮制目的 124
　　二、炮制方法 124
第三节　中药的性能 127
　　一、性味 128
　　二、升降浮沉 129
　　三、归经 130
　　四、毒性 131
第四节　配伍禁忌 132
　　一、配伍 132

二、禁忌 133
第五节　剂量 134

第十章　常用中药 136
第一节　解表药 136
一、辛温解表药 136
麻黄 [136]　桂枝 [136]　防风 [137]　荆芥 [137]　细辛 [137]　白芷 [138]
辛夷 [138]　苍耳子 [139]　生姜 [139]
二、辛凉解表药 139
薄荷 [139]　柴胡 [140]　升麻 [140]　蝉蜕 [140]　葛根 [141]　桑叶 [141]
菊花 [141]　牛蒡子 [142]

第二节　清热药 142
一、清热泻火药 142
石膏 [142]　知母 [143]　栀子 [143]　淡竹叶 [143]　芦根 [144]
二、清热凉血药 144
地黄 [144]　牡丹皮 [144]　地骨皮 [145]　白头翁 [145]　玄参 [145]　水牛角 [146]
紫草 [146]
三、清热燥湿药 146
黄连 [146]　黄芩 [147]　黄柏 [147]　龙胆 [147]　苦参 [148]　秦皮 [148]
四、清热解毒药 149
金银花 [149]　连翘 [149]　紫花地丁 [149]　蒲公英 [150]　板蓝根 [150]
射干 [150]　山豆根 [151]　黄药子 [151]　白药子 [151]
五、清热解暑药 151
香薷 [151]　绿豆 [152]　荷叶 [152]　青蒿 [152]

第三节　泻下药 153
一、攻下药 153
大黄 [153]　芒硝 [154]　番泻叶 [154]
二、润下药 155
火麻仁 [155]　郁李仁 [155]　蜂蜜 [155]
三、峻下逐水药 156
牵牛子 [156]　千金子 [156]　大戟 [156]　甘遂 [157]　芫花 [157]

第四节　消导药 157
六神曲 [157]　山楂 [158]　麦芽 [158]　鸡内金 [158]　莱菔子 [159]

第五节　止咳化痰平喘药 159
一、温化寒痰药 159
半夏 [159]　天南星 [160]　旋覆花 [160]
二、清化热痰药 161
贝母 [161]　瓜蒌 [161]　天花粉 [162]　桔梗 [162]
三、止咳平喘药 162
苦杏仁 [162]　紫菀 [163]　款冬花 [163]　百部 [163]　葶苈子 [164]　紫苏子 [164]

白果 [165]

第六节　温里药 ··· 165
　　附子 [165]　　干姜 [166]　　肉桂 [166]　　小茴香 [166]　　艾叶 [167]　　花椒 [167]

第七节　祛湿药 ··· 167
　一、祛风湿药 ··· 168
　　羌活 [168]　　独活 [168]　　桑寄生 [168]　　秦艽 [169]　　乌梢蛇 [169]
　二、利湿药 ··· 170
　　茯苓 [170]　　猪苓 [170]　　泽泻 [170]　　车前子 [171]　　滑石 [171]　　木通 [171]
　　通草 [172]　　瞿麦 [172]　　茵陈 [172]　　金钱草 [173]　　海金沙 [173]　　萹蓄 [173]
　三、化湿药 ··· 173
　　藿香 [173]　　苍术 [174]　　草豆蔻 [174]

第八节　理气药 ··· 175
　　陈皮 [175]　　青皮 [175]　　木香 [176]　　厚朴 [176]　　砂仁 [176]　　枳实 [177]
　　丁香 [177]　　槟榔 [178]

第九节　理血药 ··· 178
　一、活血祛瘀药 ··· 178
　　川芎 [178]　　丹参 [179]　　益母草 [179]　　桃仁 [179]　　红花 [180]　　牛膝 [180]
　　王不留行 [181]　　赤芍 [181]　　乳香 [181]　　没药 [182]　　延胡索 [182]　　郁金 [182]
　　自然铜 [183]
　二、止血药 ··· 183
　　白及 [183]　　仙鹤草 [183]　　蒲黄 [184]　　小蓟 [184]　　侧柏叶 [184]　　地榆 [185]
　　槐花 [185]

第十节　收涩药 ··· 185
　一、涩肠止泻药 ··· 186
　　乌梅 [186]　　诃子 [186]　　肉豆蔻 [186]　　石榴皮 [187]
　二、敛汗涩精药 ··· 187
　　五味子 [187]　　牡蛎 [187]　　浮小麦 [188]　　金樱子 [188]　　桑螵蛸 [188]　　麻黄根 [189]

第十一节　补虚药 ·· 189
　一、补气药 ··· 190
　　人参 [190]　　党参 [190]　　黄芪 [190]　　山药 [191]　　白术 [191]　　甘草 [192]
　　大枣 [192]
　二、补血药 ··· 193
　　当归 [193]　　白芍 [193]　　阿胶 [193]　　熟地黄 [194]　　何首乌 [194]
　三、助阳药 ··· 195
　　巴戟天 [195]　　肉苁蓉 [195]　　淫羊藿 [195]　　益智仁 [196]　　补骨脂 [196]
　　杜仲 [196]　　续断 [197]　　菟丝子 [197]　　骨碎补 [197]　　蛤蚧 [198]
　四、滋阴药 ··· 198
　　沙参 [198]　　天冬 [199]　　麦冬 [199]　　百合 [199]　　石斛 [200]　　女贞子 [200]
　　鳖甲 [200]　　枸杞子 [201]　　山茱萸 [201]

第十二节　平肝药 ·· 201

一、平肝明目药 ··· 201
　　　　石决明[201]　决明子[202]　密蒙花[202]　青葙子[202]
　　二、平肝熄风药 ··· 203
　　　　天麻[203]　钩藤[203]　全蝎[203]　蜈蚣[204]　僵蚕[204]　蔓荆子[204]
　第十三节　安神开窍药 ·· 205
　　　　朱砂[205]　酸枣仁[205]　柏子仁[206]　远志[206]　石菖蒲[206]　猪牙皂[207]
　第十四节　驱虫药 ··· 207
　　　　雷丸[207]　使君子[207]　川楝子[208]　南瓜子[208]　蛇床子[208]　常山[209]
　第十五节　外用药 ··· 209
　　　　冰片[209]　硫黄[209]　斑蝥[210]

第十一章　方剂总论 ·· 211
　一、方剂的组成 ··· 211
　二、方剂的变化 ··· 212
　三、方剂的剂型 ··· 213
　四、方剂的用法 ··· 214

第十二章　常用方剂 ·· 215
　第一节　解表方 ··· 215
　　　　麻黄汤[215]　银翘散[216]　其他解表方[216]
　第二节　清热方 ··· 216
　　　　白虎汤[217]　清营汤[217]　犀角地黄汤[218]　黄连解毒汤[218]　白头翁汤[219]
　　　　其他清热方[219]
　第三节　泻下方 ··· 220
　　　　大承气汤[220]　当归苁蓉汤[221]　其他泻下方[221]
　第四节　消导方 ··· 221
　　　　曲蘖散[222]　其他消导方[222]
　第五节　和解方 ··· 222
　　　　小柴胡汤[222]　其他和解方[223]
　第六节　化痰止咳平喘方 ·· 223
　　　　二陈汤[223]　麻杏甘石汤[224]　止嗽散[224]　其他化痰止咳平喘方[225]
　第七节　温里方 ··· 225
　　　　理中汤[225]　四逆汤[226]　其他温里方[226]
　第八节　祛湿方 ··· 227
　　　　独活寄生汤[228]　五苓散[228]　八正散[229]　平胃散[229]　藿香正气散[230]
　　　　其他祛湿方[230]
　第九节　理气方 ··· 231
　　　　橘皮散[231]　越鞠丸[232]　其他理气方[232]
　第十节　理血方 ··· 233
　　　　桃红四物汤[233]　生化汤[234]　槐花散[234]　秦艽散[234]　通乳散[235]
　　　　血府逐瘀汤[235]　其他理血方[236]

第十一节 收涩方 ………………………………………………………… 236
乌梅散［236］ 牡蛎散［237］ 玉屏风散［237］ 其他收敛方［238］

第十二节 补虚方 ………………………………………………………… 238
四君子汤［239］ 参苓白术散［239］ 补中益气汤［240］ 四物汤［240］
六味地黄汤［241］ 百合固金汤［241］ 肾气丸［242］ 其他补虚方［242］

第十三节 祛风方 ………………………………………………………… 243
补阳还五汤［243］ 其他祛风方［244］

第十四节 安神与开窍方 ………………………………………………… 244
朱砂散［244］ 其他安神与开窍方［245］

第十五节 驱虫方 ………………………………………………………… 245
万应散［245］ 其他驱虫方［246］

第十六节 外用方 ………………………………………………………… 246
桃花散［246］ 青黛散［246］ 擦疥方［247］ 其他外用方［247］

第十七节 饲料添加方 …………………………………………………… 247

第十三章 针灸 ……………………………………………………………… 250
第一节 针灸的基本知识 ………………………………………………… 250
一、针灸工具 ………………………………………………………… 250
二、针灸前的准备 …………………………………………………… 252
三、针刺方法 ………………………………………………………… 253
四、针灸意外情况的处理 …………………………………………… 258

第二节 针术 ……………………………………………………………… 258
一、白针疗法 ………………………………………………………… 258
二、火针疗法 ………………………………………………………… 259
三、血针疗法 ………………………………………………………… 260
四、气针疗法 ………………………………………………………… 261
五、电针疗法 ………………………………………………………… 262
六、水针疗法 ………………………………………………………… 263

第三节 灸术 ……………………………………………………………… 264
一、艾灸 ……………………………………………………………… 264
二、温熨疗法 ………………………………………………………… 266

第四节 其他疗法 ………………………………………………………… 266
一、穴位埋植疗法 …………………………………………………… 266
二、拔火罐 …………………………………………………………… 267
三、按摩疗法 ………………………………………………………… 269
四、激光针灸疗法 …………………………………………………… 270

第十四章 穴位 ……………………………………………………………… 272
第一节 穴位概述 ………………………………………………………… 272
第二节 马的常用针灸穴位 ……………………………………………… 274
第三节 牛的常用针灸穴位 ……………………………………………… 282

第四节　犬的常用针灸穴位 288
第十五章　常见病证防治 294
　　一、发热 294
　　二、慢草与不食 296
　　三、腹痛 298
　　四、泄泻 300
　　五、痢疾 301
　　六、便秘 302
　　七、便血 303
　　八、呕吐 303
　　九、腹胀 304
　　十、咳嗽 305
　　十一、喘证 307
　　十二、淋证 308
　　十三、尿血 309
　　十四、水肿 309
　　十五、黄疸 310
　　十六、垂脱证 310
　　十七、虫积 311
　　十八、不孕症 312
　　十九、五攒痛 313
　　二十、痹证 313
　　二十一、跛行 314
　　二十二、疮黄疔毒 315

主要参考文献 318

绪　论

一、中兽医学的概念

中兽医学是我国劳动人民在长期的生产、生活与医疗实践中同动物疾病作斗争的经验总结，是以整体观念、辨证论治为基本特点，以阴阳、五行学说为指导思想，以脏腑、气血、经络为机体结构基础，以四诊、辨证为诊断方法，以方药、针灸为主要防治武器，研究畜体生理功能、病理变化及其疾病痊愈的科学知识体系。

中兽医学以其悠久的历史、独特的理论体系和丰富的疾病诊疗手段，几千年来为保障我国家畜的繁衍做出了巨大贡献，它不仅为中华民族优秀传统文化的一分子，而且也是现代兽医学不可或缺的组成部分，在促进畜牧业发展和提高人类生活水平方面发挥着重要作用。

二、中兽医学的发展概况

（一）中兽医学的起源（远古至前22世纪）

中兽医学源远流长，其历史大约可以追溯到原始社会。它的出现是以人类开始驯化野生动物，并将其转变为家畜的生产活动为前提。

考古发现，我国家畜的饲养约有1万年的历史。例如，广西桂林甑皮岩遗址（距今11310±180至7580±410年）就出土有家猪的残骨；浙江余姚河姆渡遗址（距今6310±100至6065±120年）出土有大批家养动物的骨骸以及用牛肩胛骨制成的耜；河南渑池仰韶遗址（前5000至前3000年）中，发掘出了大量家畜的骨骼以及石刀、骨针等；在陕西西安半坡遗址（前4800至前4300年）和临潼姜寨遗址（前4600至前4400年）中，不但发掘出家畜的骨骼残骸，而且还有用石、骨、角、蚌、陶等制成的斧、铲、锛、刀、钩、叉、箭头等生活和医疗用具，同时还发掘出用细木围成的圈栏遗迹，其中堆积有很厚的畜粪，并有用于放牧牲畜的夜宿场。从考古发掘到含有家畜、家禽遗骸百余处新石器遗址的情况看，至迟在新石器时代晚期，不仅六畜均已齐备，而且原始社会中的畜牧业生产已经形成，这就为兽医工作的开展奠定了基础。

人类为了保护所饲养的动物，就会自然而然地把用于征服自然的工具，如火、石器、骨器以及青铜器等用来防治动物疾病，这是动物针灸的最原始雏形。1963年在内蒙古多伦县头道洼新石器时代遗址中出土的一枚砭石，一端锥形有锋，一端扁平有刃，则是针灸起源于原始社会的最直接证据。原始社会初期，人类主要是通过采摘植物果实、种子和挖取根茎来获取食物，在此其中必然会有因误食某种植物而中毒的事件，或因食用某种植物而使所患疾病减轻或得以治愈的情况，经过无数次尝试，人们对某些植物的毒性和治疗作用有了认识，获得了原始的毒理学和药理学知识。原始社会后期，狩猎或捕捞有了较显著的发展，在人类获得较多肉类食物的同时，又逐渐认识了某些动物性药材。以后随着金属冶炼时代的到来，矿物药也相继出现。人们正是在这长期的生活和生产实践中，不断地认识了植物、动物和矿物的治疗作用，这就是原始药物知识的起源。

在距今 4 500 年左右的黄帝时期有了岐伯、雷公、马师皇等医生和兽医的传说及医事活动。

(二) 中兽医学理论体系的形成（前21世纪至265年）

1. 早期医药卫生实践和知识积累（前21世纪至前476年）

夏代（前21至前16世纪）：出现了专门从事放牧的奴隶（"牧竖"）和管理畜牧生产事务的官（"牧正"）及造车的官（"车正"）。家畜的役用功能有所显示，山东济南城子崖遗址和河南偃师二里头遗址的出土物就是最好的证明。而此时青铜器的出现、酿酒术的发明及精致陶釜、陶罐的生产，对医疗活动均起到了划时代的作用。

商代（前16至前11世纪）：从其遗址中出土有大量的家畜遗骸，它们或食用、或祭祀、或役用、或骑乘。殷墟甲骨文中，已有表示猪圈、羊栏、牛棚、马厩的象形文字，说明当时家畜已开始分栏饲养。其中还记载有一些人畜通用的病名，如体内寄生虫病、胃肠病、龋齿、疥等。河北藁城商代遗址中，又出土有郁李仁、桃仁等药物，及医疗器具砭镰和酿酒、盛酒用陶器，可知当时的医药事业已有一定程度的发展。而青铜器此时已渐入鼎盛时期，这又为针灸、手术等治疗技术的进步提供了有利条件，至迟在殷商时代就出现了宫刑、阉割术、牛穿鼻术。而《山海经·西山经》中有兽医专用药物的记载，如"流赭以涂牛马无病"等，反映了商代兽医积极与家畜疫病作斗争的医疗实践。

西周（前11世纪至前771年）：商纣西周交替之际，"阴阳"和"五行"的概念已在萌芽之中，如《周易》、《洪范》等书中就记载有包含着辩证法思想的阴阳学说和朴素唯物主义观点的五行学说的基本内容。而到西周末年阴阳五行学说已有雏形。此时社会分工进一步扩大，医疗工作的专业化使当时的宫廷医生有了食医、疾医、疡医、兽医之分。《周礼·天官》中有"兽医，掌疗兽病，疗兽疡"的记载，说明当时不但设有专职兽医治疗兽病，而且已将内科病和外科病区别开来。《周礼·夏官》中又有"辨六马之属"，是说对马进行优劣和类别等级的判定。《周礼》、《礼记》中还有我国最早的有关肉品检验的记载，从中可知当时的检验检疫工作既有屠宰前的检疫，又有肉品的检验。周穆王（前947至前928年）时期，则有造父放马颈脉血以解除马暑热病的医事活动。

春秋时期（前770至前476年）：出现了诸子百家争鸣、学术气氛空前活跃的局面。此时的阴阳五行学说得到了较大的发展，并被广泛应用于解释各种自然和社会现象。《管子》："六畜育于家……国之富也"，说明畜产品此时已成为人们日常生活中不可缺少的物品，也是国家是否富强的标志。当时北方以畜养马、牛、羊、猪、犬为主，而长江下游却出现了大规模的养鸡、养鸭基地。中兽医对家畜的病因此时也有了较深刻的认识，《晏子春秋》中有："大暑而疾驰，甚者马死，薄者马伤"。而对一些无法医疗，又危害人畜的传染性疾病则采用捕杀病畜的方法预防疫病蔓延，《左传》中就有："国人逐瘈犬"的记载。随着相畜术的发展，此时也涌现出许多相畜专家，其中最为著名的是秦穆公时期（前659至前621年）的孙阳，人称伯乐，他不仅善于相马，也善于医马，他通晓马的明堂针穴，能巧治各种疾病，可称是我国第一个兽医针灸专家，后世广为流传的多种兽医针灸著作多是托他名之作。同时代的相马专家还有九方皋、王良和卫国的相牛专家宁戚等。

2. 中兽医学理论体系的初步形成（前475至265年）

战国时期（前475至前221年）：医药卫生由以往的实践和经验积累逐渐上升到理论总结的高度，在社会文化大背景的推动下中医学理论体系初步开始形成，出现了我国现存最早的医学典籍——《黄帝内经》（简称《内经》），其大约成书于战国至秦汉时期，是由众多医家论著几经修纂而成，它比较系统和全面地反映了当时中医学发展的最高成就，可以说《内经》的问世，标志着我国医学由单纯经验的积累阶段，发展到系统的理论总结阶段，为中医学理论体系的建立奠定了基础，并为后世医学的发展提供了理论指导和依据。中兽医学的基础理论即导源于此。这一时期兽医方面已有专门诊治马病的"马医"（《列子》），家畜疾病，除前出现的外，尚有"牛瘔"（《古玺文字征》）、"羸牛"、"马肘溃"、"马折膝"（《战国策》）、"马刃伤"（《楚辞》）、"马虻"（《文子》）和"络马首，穿牛鼻"（《庄子》）等记载。

秦汉三国时期（前221年至265年）：秦制以太仆卿掌管国马，并制定了"厩苑律"（《云梦秦简》），以法律条文对畜牧生产和使役进行管理和监督，这是我国乃至世界最早的畜牧兽医法规。其中还有秦人在国境处用火燎烧车辕和马具对家畜体表寄生虫进行杀灭的口岸检疫和疫病防控的记载。汉承秦制，中央设太仆寺，全国建有许多牧马苑，牧养繁育马匹供战争之用，而民间畜牧业生产兴旺发达，出现了大量的养畜专业户。据《汉书·艺文志》记载，当时曾有畜牧兽医专著《相六畜》三十八卷，结合马王堆汉墓出土的《相马经》，可见此时相畜术的发达。家畜阉割在汉以前是用火骟，汉代又出现了水骟，而河南方城汉墓出土的画像石中有"拒龙阉牛图"，则说明当时已掌握了走骟。此外《说文解字》中还载有大量家畜去势后的专有文字，反映出汉代为家畜的良种繁育、性能提高、品质改善多行去势的技术手段。在《居延汉简》、《流沙坠简》和《武威汉简》中还可看到一些治马、牛病的处方及将药物制成丸剂给马内服的记载。并有用革制的马鞋进行护蹄（《盐铁论》）的兽医活动。而此时出现了对中兽医学基础理论和临床实践指导作用较大的几部医学经典著作。在基础理论方面，首推《难经》（《黄帝八十一难经》），成书于汉代，相传系秦越人（扁鹊）所作。全书以问答解释疑难的形式，讨论了81个有关人体医学理论的难题，在中医基础理论和诊断学上颇有贡献。在药物学方面，《神农本草经》，简称《本经》或《本草经》，是我国现存最早的药物学专著——约成书于东汉时期，托名于神农所著。全书共收载药物365种，根据养生、治病和毒性分为上、中、下三品，并概括地论述了药物的四气、五味、七情等药物学理论，为中药理论体系的形成与发展奠定了基础。其中还特别提到了"牛扁杀牛虱小虫，又疗牛病"、"桐花主傅猪疮"、"柳叶主马疥痂疮"、"梓叶傅猪疮"等兽用药物。在医学临床方面，东汉末年名医张仲景所著《伤寒杂病论》，不仅充实和发展了前人辨证论治的规律和原则，而且理法方药具备，书中所载方剂，君臣佐使，配伍严谨，疗效确凿，被尊为经方，至今仍在临床上广泛运用，影响远及国外。《伤寒杂病论》的成书，是中医临床医学理论体系确立的标志，同时也对中兽医学的发展起到了巨大的推动作用。东汉末年名医华佗，曾用其发明的中药全身麻醉剂"麻沸散"，进行多种手术的麻醉，并创制"五禽戏"，倡导体育锻炼。相传他还有关于鸡、猪去势的著述。

（三）中兽医学理论体系的发展（公元265年至今）

1. 两晋隋唐五代时期（265至960年）

两晋南北朝（265至581年）：晋人葛洪所著的《肘后备急方》中有"治牛马六畜水谷疫疠诸病方"，谈到了16种家畜病证和治疗措施，其中"以手内大孔，探却粪，大效。探法：剪却指甲，以油涂手，恐损破马肠"是我国家畜直肠检查和按压破（掏）结的最早记载；提出了"杀所咬犬，取脑敷之"防治狂犬病的方法；并对马鼻疽的症状、治疗和预后进行了阐述。北魏贾思勰所著的《齐民要术》中有畜牧兽医专卷，记有治疗家畜疾病的方技

42种，包括掏结术、削蹄法、群发病防治措施等。特别是为防止去势后破伤风病的发生，在羊去势时使用无血去势的捶骟和枷骟法，反映出当时的剞骟术已达到较高的水平。

隋代（581至618年）：开始设立兽医博士于太仆寺中，以培养高级兽医人才，此时兽医的分科已趋完善，出现了有关病证诊治、方药等方面的专著，如《疗马方》、《伯乐治马杂病经》、《治马经》、《治马经目》、《治马经图》、《杂撰马经》以及《马经孔穴图》等，其中《马经孔穴图》是我国所见最早的关于兽医针灸学的图书。

唐五代时期（618至960年）：唐朝兽医教育已具规模。据《旧唐书》记载，神龙年间的太仆寺中设有"兽医六百人，兽医博士四人，学生一百人"。贞元末年曾有日本兽医平仲国等到我国留学。而此时的畜牧兽医著作有《伯乐相马经》、《宁戚相牛经》、《黄帝医相马经》等十余种，其中李石编著的《司牧安骥集》为我国现存最早的较为完整的一部兽医古籍，也是我国最早的畜牧兽医学教科书。在针灸学方面，出现了我国现存最早的兽医针灸学文献——《伯乐针经》，其中就腧穴的部位、针法、功效主治、注意事项以及针烙工具、补泻手法、针刺疗法、治疗原则等均有论及，并指出针刺位置、方向准确性的重要意义，"偏一丝不如不针，隔一毫如隔泰山"。显庆四年成书的《新修本草》，则是我国政府所颁布的第一部药典，也是世界上最早的国家药典，它比欧洲最早的佛罗伦萨药典及著名的纽伦堡药典要早800余年。此时，我国少数民族地区的兽医学也有了很大发展，如新疆吐鲁番唐墓中出土有《医牛方》，西藏存有《论马宝珠》和《医马论》等著作。

2. 宋辽金元时期（960至1368年）

宋辽时期（960至1279年）：真宗景德四年设置了"牧养监"，以养疗病马，这是我国已知最早的兽医院。崇宁三年规定病马死亡送"皮剥所"，则是我国首家动物尸体剖检机构。此时还出现了最早的兽医专用药房"药蜜库"。据《宋史·艺文志》记载，当时曾出现有《医牛经》、《司牧安骥方》、《明堂灸马经》、《常知非马经》、《马经》、《医马经》、《相马病经》、《贾朴牛书》、《疗驼经》、《医驼方》、《段永走马备急方》、《牛皇经》等近30种兽医专著。现存王愈所著的《蕃牧纂验方》载方57个，并附有针灸疗法。其中"四季调适"的内容是当时推行用药物、针灸来防治家畜常见病、多发病和时疫的具体体现。陈旉的《农书》则对牛烈性传染病的传播途径和预防隔离措施有所论述。北宋末年，兽医常顺因首次使用中药药浴的方法治愈大批军中战马疥螨病而于徽宗宣和二年（1120年）被钦封为"广禅侯"，成为我国古代授官最高的兽医，也是我国应用中草药进行兽病群体防治的先驱。此外，《使辽录》中有我国少数民族地区当时用醇作麻醉剂，实施马切肺手术的记载。

金元时期（1115至1368年）：长期的战乱推动了医学的发展，涌现出各具特色的医学流派，刘完素（寒凉派）、张从正（攻下派）、李杲（补土派）、朱震亨（滋阴派）被后世誉为"金元四大家"。他们的理论主张和临证实践，对中医、中兽医均有相当的影响。此时兽医领域有卞宝的《痊骥通玄论》一书问世，该书对马的腹痛病，包括结症的诊断要点、直肠掏结进行了总结性论述，并有喉腧穴安插竹管治疗马上部阻塞性呼吸困难的记载。

3. 明清时期（1368至1840年）

明代（1368至1644年）：明政府为匡救衰败的马政和时疫给畜牧业带来的损害，一再翻刻前代的兽医学著作和整理总结自身的工作经验出版了一批新的学术著作，从而在明朝中后期呈现出中兽医学发展史上的又一高峰。成化年间钱能编著有《纂图类方马经》，其后太仆寺卿杨时乔编著了内容丰富的《马书》、《牛书》。1608年著名兽医喻本元、喻本亨兄弟集前人和自己的兽医学理论及临床经验之大成，出版了由丁宾作序的《元亨疗马集》（附牛驼经）。该书是现存国内外流传最广的一部中兽医古典著作。后期朝鲜刊行有汉文版《新编集成马医方牛医方》。明代著名医家李时珍总结16世纪前我国人民用药的经验和药物学知识编著了举世闻名的《本草纲目》，其中专述兽医方面的内容有229条之多。该书刊行后在国内外均产生了极为深远的影响。

清代（1644至1840年）：鸦片战争前的清代中兽医学处于缓慢发展的状态。1736年李玉书对《元亨疗马集》进行了改编，删除、增补了一些内容，改称《牛马驼经全集》，由许锵作序，成为现今广为流传的版本。1758年，赵学敏著《串雅外编》，列有"医禽门"和"医兽门"等内容。1785年，郭怀西编著《新刻注释马牛驼经大全集》，对牛病部分进行了重写，特别是对各病症的方药治疗有较大的改动和发展。1800年傅述凤编著《养耕集》，具有较高的实用价值，对牛病针灸疗法的建立、发展和提高作出了贡献。18、19世纪医牛业兴起，医牛的著作随之增多，《牛医金鉴》、《牛经备要医方》、《抱犊集》、《相牛心镜要览》、《相法牛经大全》等相继问世，使传统牛病治疗学达到新的高度。

4. 近现代时期（1840至1949年）　鸦片战争以后，中国沦为半殖民地半封建的社会，中兽医学的发展陷入困境。这一时期的主要著作有1873年李南晖撰《活兽慈舟》，该书是一部综合性的兽医专著，收载动物病证240余种，是我国较早记载犬、猫疾病的书籍。约1891年《猪经大全》（作者不详）问世，共列48种猪病和治法，其中在普通病的治疗上有其特色。该书也是我国现存中兽医古籍中唯一的一部猪病学专著。期间尚有《牛经切要》、《大武经》、《疗马集》、《校正驹病集》、《医牛宝书》等专著刊印。

1904年，在保定成立了北洋马医学堂，从此西方现代兽医学开始有系统地在中国传播，使得中国出现了两种不同学术体系的兽医学，因而有了中、西兽医学之分。虽然当时的统治阶级对中医和中兽医采取的是摧残及扼杀的政策，但民间早已有了以张锡纯及其《医学衷中参西录》等为代表的具有近代科学思想的中西医汇通派，开创了从理论到临床都应"中西参照"之先河。同样，由于畜牧兽医人员的努力和家畜疾病防治的需求，这一时期也出现了《驹儿编全卷》、《治骡马良方》以及《兽医实验国药新手册》等书籍。

与此同时，中国共产党在其领导的根据地积极倡导中、西（兽）医结合。1928年，毛泽东在《井冈山的斗争》中提出"用中西两法治疗"。1944年，他又在《文化工作中的统一战线》中进一步指出："不联合边区现有的一千多个旧医和旧式兽医，并帮助他们进步，那就是实际上帮助巫神，实际上忍心看着大批人畜的死亡"。1947年在解放区的华北大学农学院，便开始学习和研究中兽医学，并把中兽医学作为兽医专业的必修课。各地方及军队兽医系统中都吸收有中兽医，他们在防治动物疾病的工作中发挥了重要作用。

5. 当代（1949年至今）　中华人民共和国成立后，中兽医学进入了一个蓬勃发展的新阶段。1956年1月，国务院颁布了"加强民间兽医工作的指示"，对中兽医提出了"团结、使用、教育和提高"的政策。当年9月在北京召开了第一届"全国民间兽医座谈会"，提出了"使中西兽医紧密结合，把我国兽医学术推向一个新的阶段"的战略目标。1958年，毛泽东同志又作了"中国医药学是一个伟大的宝库，应当努力发掘，加以提高"的指示，进一步明确了中兽医学的发展方向。由于政府的重视和广大中兽医工作者的努力，中兽医学得到了前所未有的发展。如搜集整理出版了以《司牧安骥集》、《元亨疗马集》等为代表的中兽医学古籍20多部，编撰出版了《中兽医诊断学》、《中兽医治疗学》、《中兽医诊疗经验》、《中国农业百科全书·中兽医卷》、《中国针灸荟萃·兽医针灸卷》、《中国兽医针灸学》、《民间兽医本草》等现代中兽医学专著30多部，编写了《中兽医学》、《兽医针灸学》等教材及其各类参考书籍500余种。在国家相关政策和资金的支持下，开展了中兽医学的科学研究工作，在中兽医学理论、中药、方剂、针灸以及病证防治等方面，取得了丰硕的成果。为了扩大学术交流，我国创办了中兽医专业和相关刊物10余种，发表了大量在国内外颇具影响力的学术论文。近年来，中兽医学在临床应用方面，也有了进一步提高和发展，创造出了许多新疗法和新剂型。不仅在动物疾病个体的诊治上较前代有了长足的进步，而且在畜禽群发病的防治方面也发挥了重要作用，特别是中草药饲料添加剂的研究和应用，显示出中草药在促进动物生产性能和防治动物疾病方面有其独特的作用，同时也将在今后的环境保护、食品安全以及保护人类健康方面扮演重要角色。随着我国人民饲养宠物的增加，中兽医技术在防治犬、猫等疾病方面，也积累了相当丰富的经验。

自新中国成立初期开始，我国政府便非常重视中兽医教育工作，先后在全国各中、高等农业院校开设中兽医学课程或开办中兽医专业，或通过硕士、博士阶段的教育，培养了大批中兽医专门人才。1956年在中国畜牧兽医学会中成立了中兽医学小组，而后于1979年成立了中西兽医结合学术研究会，后来更名为中国畜牧兽医学会中兽医学分会。这一学术组织在团结广大中兽医工作者，促进中兽医学术的发展，扩大国际交流等方面做了大量工作。改革开放以来，随着我国对外交流的不断增加，中兽医学特别是兽医针灸在国外的影响越来越大，不少院校先后多次举办了国际兽医针灸培训班，或派出专家到国外讲学，促进了中兽医学在世界范围内的传播。

三、中兽医学的基本特点

中兽医学在发展的早期，便接受了我国古代唯物论和辩证法思想的指导，经过长期的临床实践，逐步形成了以整体观念和辨证论治为基本特点的学术体系。

（一）整体观念

整体就是完整性和统一性。中兽医学认为动物体自身各组成部分之间，在生理上相互联系，在病理上相互影响，自身是一个有机的完整体。同时也认识到动物与外界环境之间有着密切的关系，其在能动地适应外界环境的同时，维持着机体自身的正常生命活动，这种机体自身完整性和内外环境统一性的思想，称为整体观念。

1. 动物体自身的完整性

（1）生理：机体是由若干组织、器官所组成。各组织、器官，都有其各自不同的生理功能。机体正是一方面依靠各组织、器官发挥各自的正常功能，另一方面又依靠它们彼此之间的协同作用和制约作用，维持了生理平衡。机体整体统一性是以五脏为中心，通过经络系统"内属于脏腑，外络于肢节"，把六腑、五体、五官、九窍、四肢百骸等全身组织器官联系在一起，并在气、血、津液的灌注下，完成机体统一的生理活动，从而得出"凡此十二官者，不得相失也"（《素问·灵兰秘典论》）的结论。

（2）病理：中兽医在分析病证的病理机制时，既重视局部病变和与之直接相关的脏腑、经络的关系，又不忽视病变的脏腑、经络对其他脏腑、经络产生的影响，同时还把局部变化与整体反应统一起来。如肝火炽盛通过经络的联系和气血的沟通可以影响到胆和目，出现口苦、目赤。脾气虚若迁延日久，则会引起心气虚，或因生化乏源甚而导致机体全身虚弱。再有整体的状况也可影响局部的反应，如全身虚弱，则局部创伤愈合缓慢。

（3）诊断：动物体是一个有机的整体，由于脏腑之间在生理上相互联系，因此当脏腑功能失调而发生病变时，在经络的传导下必然会在机体的形体、窍液及色脉等方面有所反映，通过观察机体外在的各种临床表现，就可以去分析研究内在脏腑的病理变化，从而做出正确的诊断。即所谓"有诸内者，必形诸外"（《丹溪心法·能合脉色可以万全》），"视其外应，以知其内脏，则知所病矣"（《灵枢·本藏》）。如舌通过经络直接或间接地与五脏相通，所以机体内部脏腑的虚实，气血的盛衰，津液的盈亏，病邪的轻重，病势的进退等，都可呈现于舌，故察舌可以测知内脏的功能状态，实现了察外而知内的目的。

（4）治疗：中兽医治疗疾病强调从整体上加以调治，既注意脏腑之间的联系，又重视脏腑与形体、窍液的关系。如口舌生疮，多以清心泻火予以治疗，其依据就是"心开窍于舌"的整体观念。此外，"病在上者下取之，病在下者高取之"（《灵枢·终始》）以及"见肝之病，……先实其脾气"（《难经·七十七难》）等，都是从整体观念出发，来确定防治原则和方法的具体体现。

2. 动物与自然环境的统一性　祖国医学把整个自然界看作是一个由天、地、万物构成的统一的有机整体，《素问·宝命全形论篇》中就有："天覆地载，万物悉备"的记载。畜体是万物中之一分子，所以自然界的运动变化，必然会直接或间接地影响畜体，使之产生一定的反应，若机体遵循了自然环境变化的客观规律，主动地适应了自然环境的变化，与之和谐相处，则动物体得以生存。如果自然界的剧烈变化超过了机体的适应能力，或由于动物自身调节功能失常不能适应自然界的正常变化，动物体随之产生疾病甚则死亡。因此，中兽医学历来重视机体与自然环境的关系，强调机体"与天地相参，与日月相应"的整体统一性。

（1）季节气候对机体的影响：机体与自然界既然存在着密切的关系，那么自然界的变化就时刻都在给予机体以影响。如一年中有春温夏热秋凉冬寒四季气候的更替，作为自然界一分子的机体在这种气候规律的影响下，就会有相应的春生夏长秋收冬藏的适应性变化。再如，春温夏热，自然界中阳气渐渐充盛，机体气血随之趋向于表，表现为皮肤松弛，汗毛孔开张以泻热，津液外出而多汗，这就是春夏机体为什么容易出汗、多汗的原因；反之，秋凉冬寒，自然界中阳气渐渐衰退，机体气血则随之趋向于里，表现为皮肤紧缩，汗毛孔闭合以保温，津液下流，故秋冬季节表现出尿多汗少的津液代谢方式。畜体因春天气候转暖，开始脱毛换上短薄的被毛，以适应夏季炎热的气候，至秋季气候渐凉，又换上粗厚的被毛以御寒过冬。同样的情况，四时的口色、脉象也有随四季气候的变化而呈现出相应的不同表现，这是机体在受四时更替的影响后，于气血方面所引起的适应性调节反映。

在四时的气候变化中，每一个季节都有它不同的特点，是生物生、长、化、收、藏的重要条件之一，但是有时也会成为生物生存的不利因素，而致畜体病发。因此，除了各个季节均可出现的一般性疾病外，常还发生一些季节性的多发病，或时令性的流行病，如"春易伤风，夏易伤暑，秋易伤燥，冬易伤寒"等。此外，某些患有慢性宿疾或年老体弱的家畜，由于适应性较差，往往在气候剧变或季节更替时病发或加重，如风湿病、哮喘等。

（2）昼夜晨昏对机体的影响：在一天内昼夜晨昏的变化过程中机体也随之产生相应的变化。如"以一日分为四时，朝则为春，日中为夏，日入为秋，夜半为冬"（《灵枢·顺气一日分为四时》），虽然一昼夜的寒温变化，在幅度上没有像四时季节那样明显，但对机体也有一定影响。《素问·生气通天论》曰"平旦人气生，日中而阳气隆，日西而阳气已虚，气门乃闭"，这就是说机体阳气白天多为旺盛且趋于表，而夜晚多衰弱且趋于里，在畜禽则表现为白天四处游走、奔跑、采食、打斗，而夜晚万物皆都归巢、安歇，处于相对静止状态。

昼夜晨昏的变化，同样对疾病也有一定的影响。一般性疾病，大多是白天病情较轻，死亡率低，而夜晚病情多较重，死亡率高，故有"百病者，多以旦慧、昼安、夕加、夜甚"。为什么会出现如此的结果呢？这是因为机体的阳气在一天内昼夜晨昏的变化中存在着生、长、化、收、藏的规律，因而病情亦随之有所变化。《灵枢·顺气一日分为四时》在解释病情一天之中慧、安、加、甚的变化时说到"朝则人气始生，病气衰，故旦慧；日中人气长，长则胜邪，故安；夕则人气始衰，邪气始生，故加；夜半人气入藏，邪气独居于身，故甚也"。再有，经络学说认为机体十二条正经的气血循环，在一昼夜间各有其不同的变化，因此，只要能够把握住它的规律，在有关的经穴开启之时行针、用药、按摩都可收到更为显著的效果。如十二经脉中的前肢太阴肺经旺于寅时，所以如遇到咳嗽、哮喘的畜体，如果能在寅时针刺肺经的某些穴位，常可收到良好效果。

（3）地区方域对机体的影响：我国地域辽阔，东西南北在气候、水土、光照、生态环境以及家畜的饲养管理方面均存在着很大的差异，由于这些因素的影响，在产生众多不同物种和品种的基础上，机体自身在一定程度上也产生了相应的适应性生理反应。如北方多燥寒，蒙古马、黄牛等表现为形体壮实，汗毛孔致密，被毛稠长；而南方多湿热，广西矮马、水牛等则体格多瘦小，汗毛孔多疏松，被毛稀短。再如，牧区放牧马，迁移至农区，或使其服役均要有一个适应和驯养的过程。

在病理方面，由于地域环境突变，家畜也有"水土不服"的现象出现；由于地理环境对机体的严重影响，也会出现了东西南北区域的明显差异。如南方多暑病，北方多冻伤等。

总之，整体观念对于疾病的诊治有着极为重要的指导意义。临床上一定要从整体观念出发，既要考虑到动物体本身的整体性，又要注意到动物体和外界环境的相关性，只有这样才能对病证做出正确的诊断，并在此基础上因时、因地、因畜制宜地确定有效的防治措施。

（二）辨证论治

辨证论治是中兽医认识疾病和治疗疾病的基本原则，是中兽医学对疾病的一种特殊的研究和处理方法，它是以中兽医学理论为指导，对动物疾病进行检查、分析、归纳、辨别其发生的原因、性质、部位及正邪消长，从而建立病证诊断，确定防治法则，采取适当措施予以干预的过程。

辨证："辨"有审辨、辨别的意思。"证"又称"证候"，是机体在疾病发展过程中某一阶段的病理概括，包括了病变的部位、原因、性质以及正邪关系，反映的是疾病发展过程中某一阶段病理变化的本质。所谓的辨证，就是将望、闻、问、切四诊所收集到的资料、症状和体征，通过分析、综合，辨清疾病的部位、原因、性质以及正邪关系，概括、判断为某种性质的证的过程。

论治：又称施治，是根据辨证的结果，确立相应的治疗原则和方法，选择适当的治疗手段和措施来处理疾病的思维和实践过程。其过程一般可分为以下步骤：因证立法（法则与治法）、随法选方（方案与方法）、据方施治（措施与手段）。

辨证论治的过程，是认识疾病和解决疾病的过程。辨证是论治的前提和依据，论治是辨证的目的和归宿。辨证是否准确决定治疗效果的好坏，而治疗效果的好坏又可检验辨证的正确与否。辨证和论治，是诊治疾病过程中既相对独立，又相互联系不可分割的两个方面，是理论和实践相结合的体现,是中兽医理法方药理论体系在临床上的具体运用,是指导中兽医临床工作的基本原则。

病、症、证的概念不同。病,即疾病,是机体在致病因素作用下,因正邪相争而引起的机体内外环境失调、阴阳失和、脏腑经络结构损伤或功能障碍的异常生命活动的全过程,有特定的病因、病机、发展规律和转归的一个完整的病理过程,如感冒、肺炎等。症,即症状,是疾病的具体临床表现,如发热、咳嗽、呕吐等。证,即证候,是由一组相对固定的、由内在联系的症状和体征构成,反映的是疾病在某一特定阶段病理变化的实质,揭示的是当前疾病过程中的主要矛盾或矛盾的主要方面。既不是疾病的全过程,又不是疾病的某一临床表现,而是一组具有内在联系的症状群。它既反映了疾病发展过程中该阶段病理变化的全部情况,同时又提出了治疗方向。如"脾虚泄泻"证,既指出病位在脾,正邪力量对比属虚,临床症状主要表现为泄泻,从而也就指出了治疗方向为"健脾燥湿"。因此,病、症、证三者既有严格区别,又密切联系,是进行辨证论治必须掌握的基本概念。

辨证论治之所以成为指导临床诊治疾病的基本原则,是因为它能够辩证地看待病和证的关系。同一种病,由于发病的时间、地区以及患畜机体的反应性不同,或处于不同的发展阶段,可以出现许多不同的证,所以一病可有几证;而不同的病,在其各自的发展过程中有时也会出现同一种证。因此,在临床上中兽医就表现出了它独特的而又丰富多彩的治疗方法及手段。"同病异治"和"异病同治"就是一个典型的例子,如感冒,有风寒表实证和风寒表虚证的不同,所用治法、方药也就不同,前者要发汗解表,宣肺平喘,方用麻黄汤,后者宜解肌发表,调和营卫,方用桂枝汤,说明病同证不同则治法不同,此即"同病异治"。又如子宫脱垂、阴道脱垂、脱肛,是三种不同的疾病,中医却用"补中益气汤"一方予以治疗,究其原因中医认为此三病均为中气下陷所致,故均采用益气升阳、提举中气的治法,说明证同病不同而治法相同,此即"异病同治"。可见中兽医治病主要不是着眼于"病"的同异,而是着眼于证的区别,这种针对疾病发展过程中不同质的矛盾用不同方法去解决的法则,是辨证论治的精神实质。相对于"对症治疗"和"辨病治疗",辨证论治更能抓住疾病不同发展阶段的本质。

第一章
阴阳五行学说

阴阳五行学说是我国古代哲学思想的代表，是从自然本身出发去认识自然、解释自然和探求自然发展规律的世界观与方法论，约在2000多年前的春秋战国时期，就渗透到医学领域，成为中（兽）医学独特的思维方法和推理工具，深刻地影响着中（兽）医学理论的形成和发展。

第一节　阴阳学说

阴阳学说是研究阴阳的基本内涵及其运动规律，用以解释宇宙万物发生、发展和变化的古代哲学理论。它认为世界是物质性的整体，宇宙间一切事物不仅其内部存在着阴阳的对立统一，而且其发生、发展都是阴阳二气对立统一变化的结果。同样阴阳学说也贯穿于中兽医学理、法、方、药整个体系的各个方面。

一、阴阳的基本概念

（一）阴阳的涵义

阴阳的原始涵义源于日光向背，即向日为阳，背日为阴。向阳的地方光明、温暖，背日的地方黑暗、寒冷，于是古人就以光明、黑暗、温暖、寒冷区分阴阳。后来引申为气候的寒温，方位的上下，运动状态的动静等。再经过广泛的联系和逐渐抽象，得出了阴阳具有普遍性的结论，认为阴阳对立统一是天地万物运动变化的总规律。"阴阳者，天地之道也，万物之纲纪，变化之父母，生杀之本始，神明之府也"（《素问·阴阳应象大论》）。中兽医学中的阴阳概念，有了哲学层面和医学层面的内涵。

哲学层面的阴阳又称为属性阴阳，是对自然界相互关联的事物或现象对立双方的属性概括，体现了事物对立统一的法则。阴阳既可以标示自然界相互关联而又相互对立的事物或现象，也可以标示同一事物或现象内部存在的相互对立的两个方面，即所谓"阴阳者，一分为二也"（《类经·阴阳类》）。阴阳是抽象的概念，而不是专指某一特定的具体事物或现象，即一切相关事物或现象均可用阴阳加以统之，以此说明万物的构成和变化，故有"阴阳者，有名而无形"（《灵枢·阴阳系日月》）之说，例如天地、日月、昼夜、水火等。

医学层面的阴阳，是标示事物两种对立的特定属性和性态特征的范畴。阴阳既标示两种对立的特定属性，如明暗、寒热、表里、气血、脏腑等，又标示两种对立的特定运动趋向或状态，如动静、上下、吐纳、升降、迟数等。

（二）阴阳的特性

古人认为阴阳的特性，除了"向阳"、"背日"这一初始阴阳的含义之外，最具特征性的含义是水与火的基本特性。《素问·阴阳应象大论》指出"水火者，阴阳之征兆也。"如水性寒凉、下行、湿润和阴暗，火性温热、升腾、燥烈和光亮。故水属阴，火属阳。从日光的向背、水火的特性来认识阴阳的基本特征，再通过取象比类，进一步推演、引申，把所有"向阳"和与"火"的特性相类似的事物或现象统归于"阳"的范畴，把所有"背日"和与"水"的特性相类似的事物或现象统归于"阴"的范畴。如气候的寒温，温热为阳，寒凉为阴；方位的上下，上部为阳，下部为阴；运动状态的动静，运动为阳，静止为阴；就生命状态而言，具有推动、温煦、亢奋等作用及相应特性的为阳，具有凝聚、滋润、抑制等作用及相应特性的为阴等。

总之，阴阳的基本特性概括起来为：凡是向上的、向外的、运动的、无形的、温热的、明亮的、亢进的、兴奋的、强壮的、扩散的、开放的及功能的都属于阳的范畴；凡是向下的、向内的、沉静的、有形的、寒凉的、晦暗的、衰退的、抑制的、虚弱的、凝聚的、闭合的及物质的都属于阴的范畴。在临证实践中，这种属性的基本特性，是划分事物和现象阴阳属性的依据。

（三）事物和现象的阴阳属性

由于阴阳能够分析、概括既相互关联又相互对立的事物或现象，或同一事物内部相互对立的两个方面，因此事物或现象就有了其各自的阴阳属性。当对立双方的性质未变或比较的对象未变，其阴阳属性不变，具有绝对性。但如果比较的对象改变或对立双方的性质发生了根本的改变，其阴阳属性也随之相应地发生改变，说明事物或现象的阴阳属性具有相对性。其原因在于：

1. 比较对象的改变 事物的阴阳属性往往是通过比较而划分的。若比较的对象发生了改变，那么事物的阴阳属性也会随之改变。如人体的背部与胸部比较，背属阳，胸属阴，若与腹部比较，胸在膈上属阳，腹在膈下属阴。

2. 双方性质的改变 阴阳学说认为阴阳对立的双方，在一定的条件下可以相互转化，即阴可以转化为阳，阳可以转化为阴。如寒证和热证的转化，病变的寒热性质变了，其阴阳属性也随之改变。

3. 事物本身的无限可分性 即阴阳之中复有阴阳，如以昼夜为例，昼为阳、夜为阴，上午为阳中之阳，而下午为阳中之阴，前半夜为阴中之阴，而后半夜为阴中之阳（图1-1）；如以脏腑为例，脏为阴、腑为阳，而属于阴的五脏，又可分出阳脏（心、肺）和阴脏（肝、脾、肾）。

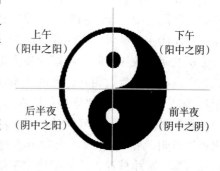

图1-1 昼夜阴阳之中再分阴阳示意图

由此可见，自然界任何相互关联的事物都可以概括为阴和阳两类。任何一种事物内部又可以分为阴和阳两个方面，而阴或阳的任何一方，还可以再分阴阳。故《素问·金匮真言论》说："阴中有阳，阳中有阴。"《素问·阴阳离合论》曰："阴阳者，数之可十，推之可百，数之可千，推之可万，万之大，不可胜数，然其要一也。"

需特别指出的是用阴阳来分析的事物或现象，应是在同一范畴、同一层面上的对立双方，即只有相互关联的一对事物，或同一事物内部的两个方面，才能用阴阳来说明。如果不具有这种相互关联性的事物或现象，或不是统一体的对立双方，就不能进行阴阳属性的划分或划分后也无进一步的实际意义。如水与火可以分阴阳，而火与血就不能分阴阳，因为两者不是一对相互关联的事物,这说明阴阳之间存在着一定的关联性。

二、阴阳学说的基本内容

阴阳的相互关系是阴阳学说的核心内容,主要为阴阳的对立制约、互根互用、消长平衡和相互转化关系。

(一)对立制约

对立制约是指阴阳双方存在着相互斗争、相互排斥和相互制约的关系。阴阳双方的对立是绝对的,如天与地、内与外、动与静、升与降、明与暗、寒与热、虚与实等,但阴阳双方的对立不是静止的、凝固的,而是处在动态变化之中的,即阴阳双方通过相互对抗、斗争、排斥、制约的矛盾运动,从而取得统一,使事物达到动态平衡,这是促进事物运动发展的内在动力。例如,季节的寒热温凉等气候变化,夏季本是阳热盛,但夏至以后阴气随之而生,以制约火热之阳;冬季本是阴寒盛,但冬至以后阳气却随之而复,以制约严寒之阴,这是自然界阴阳相互斗争、相互制约的结果。而"阴平阳秘"是阴阳双方在相互对立制约的斗争中,维持了动态平衡的状态,从而取得统一,使得机体正常的生命活动得以实现。

阴阳双方的对立制约是有一定限度的,如果一方对另一方的制约太过或者不及,都属异常。《内经》所说的"阳胜则阴病,阴胜则阳病"(《素问·阴阳应象大论》),即为一方对另一方的制约太过而生病。"阳不胜其阴"、"阴不胜其阳"(《素问·生气通天论》),则为一方对另一方的制约不足,从而出现"阳虚则寒、阴虚则热"。临床实践中的"寒者热之"、"热者寒之"、"高者抑之"、"下者举之"就是阴阳对立制约关系的具体应用。

(二)互根互用

互根互用是指阴阳双方具有相互依存、相互蕴藏、相互资生、互为根本的关系,阴阳彼此相须,缺一不可。主要体现在阴阳互藏、阴阳互根和阴阳互用三个方面。

阴阳互藏是指阴阳双方中的任何一方中都蕴涵有另一方,即阳中蕴涵有阴,阴中蕴涵有阳。因此,事物和现象的阴阳属性不是绝对的,阴阳互藏是阴阳双方相互依存、相互为用的基础。阴阳互根是指阴和阳互为根据、互为前提的关系,任何一方都不能脱离另一方而单独存在,任何一方都以对方的存在作为己方存在的前提和条件,例如热为阳,寒为阴,没有热就无所谓寒,故《素问·阴阳应象大论》说:"阳根于阴,阴根于阳。"阴阳互用是指阴阳双方存在着相互资生、相互促进的关系,"无阳则阴无以生,无阴则阳无以化"(《医贯砭·阴阳论》),"阴在内,阳之守也;阳在外,阴之使也"(《素问·阴阳应象大论》),指出阴精在内,是阳气的根源;阳气在外,是阴精的表现。如果阴阳双方失去了互为存在的条件,就会出现"孤阴"和"独阳",双方不再互为生化和滋长,即会导致疾病发生,甚则危及生命,正如《素问·生气通天论》所述"阴阳离决,精气乃绝"。

(三)消长平衡

消长平衡是指阴阳双方在对立制约、互根互用的情况下,不是静止不变的,而是处于不断增长和消减的运动变化中,在彼此消长的过程中保持动态平衡。这一过程包括了阴阳的相互消长和阴阳的协调平衡两个方面(图1-2)。

阴阳的相互消长是指阴阳双方在一定时间、限度内,存在着量的增减和比例大小的变化,引起阴阳消长变化的根本原因在于阴阳的对立制约和互根互用,其消长规律为此长彼消、此消彼长和此长彼长、此消彼消。

此长彼消是指阴或阳给予对方的制约过强时，使对方的反向作用受到约束而减弱的过程，包括阳长阴消和阴长阳消；此消彼长是指阴或阳的力量减弱，不能有效地制约对方，从而使对方的反向作用加强、亢进的过程，包括阴消阳长和阳消阴长。例如，季节气温变化中，盛夏时期是制约阳热的阴寒之气太少，故气候酷热；隆冬之时，阳热之气太少，无力制约阴寒之气，故气候严寒。再如，机体各项机能活动（阳）的产生，必然要消耗一定的营养物质（阴），即"阴消阳长"；各种营养物质（阴）的化生，又必须消耗一定的能量（阳），即"阳消阴长"。在生理情况下，这种阴阳的消长保持在一定的范围内，阴阳双方维持着一个相对的动态平衡状态。

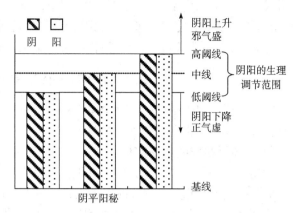

图1-2 阴阳消长平衡示意图

此长彼长是指阴阳双方处于正常的互根互用关系之中，当一方旺盛或增强时，可以促进另一方随之增长；此消彼消是指阴阳双方中的任何一方减少或者虚弱，无力资助对方，从而使对方随之减少或虚弱。例如，长期消化功能减退（即阳消）的患畜，由于不能充分摄取饲料，使体内营养物质缺乏（即阴消），不能营养肌肉，故日见消瘦。临床上常见的气虚致血虚、津亏致气虚，以及阳损及阴、阴损及阳均属此例。

动物体的阴阳消长在一定范围（称为生理限度或阈值）内、在动态过程中保持相对平衡，机体呈现和谐、匀平的正常生理状态，称为阴阳的协调平衡状态，又称为"阴平阳秘"。但是如果这种消长关系超过了生理限度，相对平衡被打乱，阴阳消长失调，使一方"长"得太过或"消"得太过，出现阴阳某一方偏盛或偏衰，疾病就由此而生。

（四）相互转化

相互转化是指阴阳对立的双方，在一定条件下相互转化，即阴可以转化为阳，阳可以转化为阴。事物的发展变化，表现为由量变到质变，又由质变到量变的互变过程。

阴阳转化必须具备一定条件，这种条件称之为"重"或"极"，《素问·阴阳应象大论》曰："重阴必阳，重阳必阴"，"寒极生热，热极生寒"。

在机体生命活动中，物质与功能之间的新陈代谢过程，如营养物质（阴）不断地转化为功能活动（阳），功能活动（阳）又不断地转化为营养物质（阴），就是阴阳转化的表现。

在疾病的发展过程中，阴阳转化常常表现为在一定条件下，表证与里证、寒证与热证、虚证与实证、阴证与阳证的互相转化等。如邪盛实证若失治伤正可转为虚证；寒证若过用温法可出现热证。明确这些转化，不仅有助于认识病证演变的规律，而且对于确定相应的治疗原则有着极为重要的指导意义。

综上所述，阴阳的对立制约、互根互用、消长平衡和相互转化关系是阴阳运动变化的基本规律，它们是相互联系、相互影响、互为因果的。阴阳对立制约和互根互用是阴阳最普遍的规律，说明了事物之间既相反又相成的关系。阴阳双方通过对立制约而取得平衡；互根互用说明了阴阳双方彼此依存，互相促进，不可分离；阴阳消长和相互转化是阴阳运动的最基本形式,阴阳消长稳定在一定范围内,则取得动态平衡,否则便出现阴阳的转化。如果说"阴阳消长"是量变过程,那么"阴阳转化"则是在量变基础上的质变过程。阴阳消长是阴阳转化的前提,阴阳转化是阴阳消长的必然结果。运动是永恒的,平衡是相对的。

三、阴阳学说在中兽医学中的应用

阴阳学说贯穿于中兽医学理论体系的各个方面,可用以说明动物体的组织结构、生理功能及病理变化,并指导临床诊断和防治。

(一) 说明机体的组织结构

动物体是一个系统的、完整的有机体,是阴阳二气的对立统一体,阴阳学说对机体组织结构的阴阳属性都做了具体划分:从部位来讲,体表属阳,体内属阴;上部属阳,下部属阴;背部属阳,腹部属阴;四肢外侧属阳,四肢内侧属阴。就脏腑而言,则脏属阴,腑属阳;五脏之中,心肺属阳,肝脾肾属阴;心肺之中,心属阳,肺属阴;肝脾肾之间,肝属阳,脾肾属阴;每一脏中又有阴阳之分,如心有心阴、心阳,胃有胃阴、胃阳等。在经络中,经属阴,络属阳;经之中有阴经与阳经,络之中又有阴络与阳络。在气血之间,气属阳,血属阴;在气之中,营气在内属阴,卫气在外属阳等。

(二) 说明机体的生理功能

阴阳学说认为,正常生命活动是阴阳保持着对立统一的协调关系,阴阳处于动态平衡状态。动物体的生理活动虽然复杂,但其基本规律可概括为阴精(物质)和阳气(功能)的矛盾运动及其升降出入的运动形式。

(1) 说明物质与功能之间的关系:营养物质(阴)是产生功能活动(阳)的物质基础,而功能活动又是营养物质所产生的机能表现。阴精和阳气处于对立制约、互根互用、消长平衡和相互转化的统一体中,保持动态平衡,保证正常生命活动。"阴者,藏精而起亟也;阳者,卫外而为固也"(《素问·生气通天论》)。

(2) 说明生命活动的基本形式:气化活动是生命存在的基本特征,升降出入是气化活动的基本形式。机体阴精与阳气的运动过程,就是气化活动的过程,也是阴阳的升降出入过程。机体气化活动可表现在脏腑的协调及其气机升降运动上,如心为阳脏而主血,肺为阴脏而主气,同居上焦,气血相互滋生,其气血运行于中、下焦,表现为降;肾为阴脏而主藏精,肝为阳脏而主疏泄,共处下焦,肾阴滋养肝阳,其气运行中、上焦,表现为升;脾为阴脏而喜燥恶湿,胃为阳脏而喜润恶燥,两者润燥调剂为用,同处中焦,脾气主升,运水谷精微上达于心肺,胃气主降,传糟粕于大肠。"阴平阳秘,精神乃治"(《素问·生气通天论》)。

总之,不论是物质与功能的运动,还是生命活动的基本形式,阴阳保持相对平衡以维持机体生理活动,如果阴阳不能相互为用而分离,阴精与阳气的矛盾运动消失,升降出入停止,生命活动就此终结。

(三) 分析机体的病理变化

机体与外界环境的统一和机体自身内部的平衡协调,是机体赖以生存的基础。而阴阳平衡协调关系的破坏是疾病发生的根本原因。阴阳学说在病理方面的应用主要有以下几方面:

1. 判断邪气和正气的阴阳属性 疾病的发生、发展取决于邪气和正气两个方面的因素。邪气泛指各种致病因素,有阴邪(如寒邪、湿邪)和阳邪(如风邪、暑邪、燥邪、火邪)之分。正气是指机体的机能活动和对病邪的抵抗能力以及对外界环境的适应能力等，有阴精和阳气之别。

2. 分析病理变化的基本规律 疾病的过程是邪正斗争的过程，动物体一切病理变化的基本规律，不外乎阴阳偏盛、阴阳偏衰、阴阳互损、阴阳转化。

（1）阴阳偏盛：是属于阴阳任何一方高于正常水平的病变，即阴盛或阳盛。

阴盛则寒：是阴邪亢盛而使机体表现寒的病变。例如寒湿阴邪侵入机体，出现肚腹冷痛、肠鸣泄泻、尿液清长、脉迟等表现，其性质属寒；阴盛常致阳衰，动物表现形寒肢冷、身颤、口色青白等现象。正如"阴胜则寒，阴胜则阳病"（《素问·阴阳应象大论》）、"夫寒者，阴胜其阳也"（《元亨疗马集》）。

阳盛则热：是阳邪亢盛而使机体表现热的病变。例如暑热燥火阳邪侵犯机体，出现高热、气粗、口色鲜红、脉数等表现，其性质属热；阳盛常致阴液耗伤，动物表现口渴喜饮、尿短色赤、粪便干硬、脉细等症状。正如"阳胜则热，阳胜则阴病"（《素问·阴阳应象大论》）、"夫热者，阳胜其阴也"（《元亨疗马集》）。

"阴盛则寒、阳盛则热"反映了阴邪、阳邪所致疾病的性质；"阴盛则阳病、阳盛则阴病"反映了阴盛、阳盛必然损伤机体的正气（阳气、阴精）。

（2）阴阳偏衰：是属于阴阳任何一方低于正常水平的病变，即阴虚或阳虚。

阳虚则寒：是机体阳气不足，不能制阴，则阴相对偏盛而出现寒象。如机体阳气虚弱，可出现肢冷畏寒、神疲蜷卧、粪便溏泻、尿液清长、自汗、口色淡白、脉象沉迟等"阳虚则寒"的寒象。

阴虚则热：是机体阴液亏虚，不能制阳，则阳相对偏亢而出现热象。如久病耗阴或素体阴液亏损，可出现低热、口舌干燥、盗汗、粪干尿浓、脉细数等"阴虚则热"的热象。

临床上，阴阳的偏盛或偏衰，均可引起寒证或热证，但二者本质不同，"邪气盛则实，精气夺则虚"（《素问·通评虚实论》）。阴阳偏盛所形成的病证是实证，如阳邪偏胜导致实热证，阴邪偏胜导致实寒证；阴阳偏衰所形成的病证是虚证，如阴虚则出现虚热证，阳虚则出现虚寒证。

（3）阴阳互损：阴阳双方互根互用，任何一方虚损到一定程度，均可导致对方不足，即所谓"阳损及阴，阴损及阳"，最终可导致"阴阳俱虚"。例如某些慢性消耗性疾病，在其发展过程中，会因阳气虚弱致使阴精化生不足，或因阴精不足致使阳气化生无源，最后导致阴阳两虚。阳损及阴、阴损及阳乃致阴阳两虚，均是虚寒虚热并存，但在疾病发展过程中各有主次之分。

（4）阴阳转化：疾病发展过程中，阴阳偏盛偏衰的病理变化可以在一定条件下各自向相反的方向转化。临床上可见到由表入里、由实转虚、由热化寒和由寒化热等变化，都是指阴证和阳证的相互转化。如患热性病的动物，表现为高热、烦躁、脉数有力等，这是机体反应功能旺盛的表现，称之为阳证、热证、实证；但当疾病发展到严重阶段，由于热毒极重，伤津耗气，可突然出现体弱无力、四肢厥冷、精神萎靡、脉微欲绝等阴寒危象，这是机体反应能力衰竭的表现，称之为阴证、寒证、虚证，这种病证的变化属于由阳转阴。又如外感风寒的患畜，初期表现有恶寒、咳喘、口淡不渴、苔白、脉浮缓等症，其证属寒（阴证）；但常因重感外邪，寒邪外束，阳气闭郁而化热，进而出现咳嗽喘粗、口渴、舌红苔黄、脉数之候，其证则属热（阳证），这种病证的变化属于由阴转阳。

(四)指导疾病的诊断

阴阳学说用于诊断学中,旨在分析四诊收集来的临床资料和进行证候辨别。

1. 分析症状的阴阳属性　一般来说,凡口色红、黄、赤者属阳,白、青、黑者属阴;凡脉象浮、洪、数、滑者属阳,沉、细、迟、涩者属阴;凡声音高亢、洪亮者属阳,低微、无力者属阴;呼吸有力、声高气粗者属阳,呼吸微弱、声低气怯者属阴;身热属阳,身寒属阴;口干而渴者属阳,口润不渴者属阴;躁动不安者属阳,蜷卧静默者属阴。

2. 辨别证候的阴阳属性　阴阳偏盛偏衰是疾病过程中病理变化的基本规律,所以疾病的病理变化虽然错综复杂、千变万化,但其基本性质就证候而言,可以概括为阴和阳两大类。如八纲辨证分别从病性(寒热)、病位(表里)和正邪消长(虚实)几方面来分辨阴阳,并以阴阳作为总纲统领各证(表证、热证、实证属阳证,里证、寒证、虚证属阴证)。如在脏腑辨证中,脏腑气血阴阳失调可表现出许多复杂的证候,但不外阴阳两大类,如在虚证分类中,心有气虚、阳虚和血虚、阴虚之分,前者属阳虚范畴,后者属阴虚范畴。故《素问·阴阳应象大论》述:"善诊者,察色按脉,先别阴阳";《元亨疗马集》述:"凡察兽病,先以色脉为主……然后定夺其阴阳之病。"总之,辨别阴证、阳证是诊断的基本原则,在临床辨证中,只有分清阴阳,才能抓住疾病的本质。

(五)指导疾病的治疗

阴阳学说用以指导疾病的治疗,既可以帮助确定治疗原则,还可以归纳药物的性能及指导针灸疗法的应用。

1. 确定治疗原则　由于阴阳偏胜偏衰是疾病发生的根本原因,因此,"调整阴阳、补偏救弊、促使阴平阳秘、恢复阴阳相对平衡"就成为治疗疾病的基本原则。

对于阴阳偏盛者,应泻其有余,即"实者泻之"。或用寒凉药以清阳热,或用温热药以祛阴寒,此即"热者寒之,寒者热之"的治法。由于阳盛则阴病(损伤阴液)、阴盛则阳病(损伤阳气),故在调整阴阳的偏盛时,应注意有无相应的阴偏衰或阳偏衰的情况存在。若阴偏盛或阳偏盛而其相对的一方并没有构成虚损时,即可采用"损其有余"的原则;若其相对一方有偏衰时,则当兼顾其不足,配合以益阴或扶阳之法。

对于阴阳偏衰者,应补其不足,即"虚者补之"。阴虚有热则滋阴以清热,阳虚有寒则益阳以祛寒,此即"壮水之主以制阳光,益火之源以消阴翳"(《素问·至真要大论》)。

对于阳损及阴、阴损及阳、阴阳俱损者,根据阴阳互根的原理,应补阳配阴、补阴配阳、阴阳俱补,以使阴精、阳气生化之源不竭。

2. 归纳药物的性能　用阴阳来归纳药物的性味与功能,就可以灵活运用药物调整机体的阴阳,以期补偏救弊。一般来说,温热性的药物属阳,寒凉性的药物属阴;辛、甘、淡味的药物属阳,酸、苦、咸味的药物属阴;具有升浮、发散作用的药物属阳,而具沉降、涌泄作用的药物属阴。临床上热盛时用寒凉药以清热,寒盛时用温热药以祛寒。

因此,根据病情的阴阳偏盛偏衰,确定治疗原则,再结合药物的阴阳属性和作用,选择相应的药物,就可达到"谨察阴阳所在而调之,以平为期"(《素问·至真要大论》)的治疗目的。

3. 指导针灸治病　在临床治疗中,还可利用针灸调整阴阳以恢复其相对平衡。白针属阴,火针属阳;针刺属阴,灸熨属阳。阳证者,可采用白针(阴);阴证者,多采用火针(阳)。

（六）指导疾病的预防

动物体与外界环境密切相关，体内阴阳变化必须与自然界四时阴阳变化协调一致，才能保持机体"阴平阳秘"的健康状态。因此，加强饲养管理，改善环境卫生，配合四时药物防治，增强动物体的适应能力，就可以达到增进健康、预防疾病的目的。如《素问·四气调神大论》所说："春夏养阳，秋冬养阴，以从其根……逆之则灾害生，从之则疴疾不起……"《元亨疗马集·腾驹牧养法》也有："凡养马，冬暖屋，夏凉棚"的告诫。

第二节　五行学说

五行学说是研究木、火、土、金、水五类事物属性的内涵、特征、归类方法以及调节机制，并用以解释自然界万物的发生、发展、变化及相互联系的哲学理论，是我国古代的唯物辩证观和方法论，涵有朴素的系统论思想。五行学说认为，自然界万物可以在不同层面上分为木、火、土、金、水五个方面，从而构成不同级别的系统结构。五行之间的生克制化，维系着系统内部和系统之间的相对稳定。

中兽医学应用五行学说以系统结构观点来观察动物体，阐述局部与局部、局部与整体之间的有机联系，以及动物体与外界环境的统一，使中兽医学所采用的整体系统方法进一步系统化，对中兽医学特有的理论体系的形成，起了巨大的推动作用。

一、五行的基本概念

（一）五行的涵义

五行中的"五"是指木、火、土、金、水五种物质；"行"是指运动变化、运行不息；"五行"是指木、火、土、金、水五种物质的运动变化，借以说明万物都是由这五种基本物质构成和衍生变化而来。

古人在长期生活和生产实践中发现，木、火、土、金、水是构成宇宙万物的五种基本物质，它们各具特性，又相互联系、运行不息。历代思想家将这五种物质的特性作为推演工具，对一切事物进行分类归纳，并以其生克制化关系作为阐释事物之间普遍联系的法则，对事物间的联系和运动规律加以说明，从而形成了五行学说。

（二）五行的特性

五行的特性是古人对木、火、土、金、水五种物质的自然现象及其性质的直接观察和抽象概括而形成的理性认识。《尚书·洪范》将五行的特性概括为"水曰润下，火曰炎上，木曰曲直，金曰从革，土爰稼穑"。

1. "木曰曲直"　曲，屈也；直，伸也；曲直，指树木能屈能伸的特性。木代表生发力量的性能，标示宇宙万物具有生生不已的功能，引申为凡生长、升发、条达、舒畅等特性的事物或现象，其属性可归纳为"木"。

2. "火曰炎上"　炎，有焚烧、灼热之意；上，向上；炎上，指火在燃烧时具有发光放热、蒸腾向上的特性。火代表生发力量的升华，光辉而热力的性能，引申为凡有温热、升腾、茂盛性能等特性的事物或现象，其属性可归纳为"火"。

3. "土爰稼穑"　爰，通曰；春种曰稼，秋收曰穑；稼穑，泛指人类种植和收获谷物等农事活动。土具有载物、生化的特性，故称"万物土中生"和"土为万物之母"，引申为凡有生化、承载、受纳等特性的事物或现象,其属性可归纳为"土"。

4. "金曰从革" 从,顺从、服从;革,革除、改革、变革;从革,金属是通过对矿物的冶炼,去除杂质、从而纯净的过程。金具有能柔能刚、变革、肃杀的特性,引申为凡有清洁、收敛、肃降等特性的事物或现象,其属性可归纳为"金"。

5. "水曰润下" 润,即潮湿、滋润;下,即向下,下行;润下,是指水有滋润下行的特点。水具有滋润、向下、冻结的特性,引申为凡具有滋润、下行、寒凉等特性的事物或现象,其属性可归纳为"水"。

(三)事物和现象的五行属性

事物和现象的五行属性是以五行的特性为依据进行归类的。五行学说以"取象比类"或"推演络绎"的方法,根据事物不同的形态、性质和作用,将自然界万事万物分别归属于木、火、土、金、水五行框架之中,这样就形成了联系动物体内外环境的五行系统,用以说明动物体以及动物与自然界环境的统一性(表1-1)。

表1-1 五行属性归类

五行	自然界					动物体						
	五味	五色	五化	五气	五方	五季	脏	腑	五体	五窍	五液	五脉	五志
木	酸	青	生	风	东	春	肝	胆	筋	目	泪	弦	怒
火	苦	赤	长	暑	南	夏	心	小肠	脉	舌	汗	洪	喜
土	甘	黄	化	湿	中	长夏	脾	胃	肌肉	口	涎	代	思
金	辛	白	收	燥	西	秋	肺	大肠	皮毛	鼻	涕	浮	悲忧
水	咸	黑	藏	寒	北	冬	肾	膀胱	骨	耳	唾	沉	惊恐

二、五行学说的基本内容

五行学说的基本内容可概括为:相生、相克及生克制化;相乘、相侮及胜复规律。五行学说运用相生、相克及生克制化规律,解释事物之间在正常状态下的相互联系及自我调节机制;相乘、相侮及胜复规律则是用于解释事物之间在异常状态下的相互影响及自我修复关系。

(一)五行的生克关系

五行之间不是孤立的、静止不变的,而是存在着有序的相生、相克以及制化关系,从而维持着事物生化不息的动态平衡。

1. 相生 生,即资生、助长、促进。五行相生是指五行之间存在着有序的滋生和促进的关系,借以说明事物间有相互协调的一面。五行相生的次序是:木→火→土→金→水→木。

在相生关系中,任何一行都有"生我"及"我生"两方面的关系。"生我"者为我母,"我生"者为我子,所以五行相生关系又称"母子关系"。以木为例,水生木,水为木之母;木生火,火为木之子。

2. 相克 克,即克制、抑制、制约。五行相克是指五行之间存在着有序的克制和制约关系,借以说明事物间有相互拮抗的一面。五行相克的次序是:木→土→水→火→金→木。

在相克关系中,任何一行都有"克我"及"我克"两方面的关系。"克我"者为我所不胜，"我克者"为我所胜，所以五行相克关系又称"所胜、所不胜"关系。以土为例，土克水，则水为土之所胜；木克土，则木为土之所不胜。

3. 制化 制，即制约、克制；化，即化生、变化。五行制化关系是五行生克关系的相互结合。没有生，就没有事物的发生和成长；没有克，就不能维持正常协调关系下的变化与发展。因此，必须有生有克，相反相成，才能维持和促进事物间的平衡协调和发展变化。五行之间这种生中有制、制中有生、相互生化、相互制约以维持平衡协调的生克关系，称之为制化。其规律是：木克土，土生金，金克木；火克金，金生水，水克火；土克水，水生木，木克土；金克木，木生火，火克金；水克火，火生土，土克水。

从上述的生克制化关系可知，五行中的任何"一行"，都存在着来自于其他事物的"生我"、"我生"和"克我"、"我克"的联系或者作用。

（二）五行的乘侮关系

五行之间生克制化关系因受到干扰而发生失调，于是产生了相乘、相侮以及胜复关系。从而形成了事物之间的异常相克反应和重新调整。

1. 相乘 乘，即乘虚侵袭之意。相乘是指五行中的某一行对我克一行的克制太过，超出了正常的制约程度，使事物之间失去了相对协调的平衡关系。相乘的次序与相克的次序相同。相乘的实质是相克太过。

引起五行相乘的原因有"太过"和"不及"两个方面。"太过"所致的相乘是指某一行过于亢盛，对其所胜者过度相克的现象，导致其所胜行的虚弱。例如，正常情况下，木克土，当木气过于亢盛时，对土克制太过，土本无不足，但亦难以承受木的过度克制，最终导致土的不足，称为"木旺乘土"。"不及"所致的相乘是指某一行自身虚弱，难以抵御来自所不胜者的正常克制，使虚者更虚。仍以木克土为例，正常情况下木制约土，若土气过于不足，虽然木处于正常水平，但木克土的力量也相对较强，最终导致土难以承受木的克制，使土更显不足，称为"土虚木乘"。

2. 相侮 侮，即欺侮，有恃强凌弱之意。相侮是指五行中的某一行对所不胜一行的反克，使事物之间失去了相对协调的平衡关系。相侮的次序与相克的次序相反。相侮的实质是反克。

引起相侮的原因也有"太过"和"不及"两个方面。"太过"所指的相侮是指五行中的某一行过于强盛，使原来克制它的一行不但不能克制它，反而受到它的反克。例如，正常情况下，木克土，但若土气过于亢盛，木不但不能克土，反而被土所反克，出现"土侮木"的逆向克制现象。"不及"所致的相侮是指五行中的某一行过于虚弱，不仅不能克制其所胜的一行，反而受到所胜一行的反克。例如，正常情况下，木克土，但当木过度虚弱时，土就会因木之虚弱而对其进行反克，称为"木虚土侮"。

3. 胜复 胜复指胜气和复气的关系。五行学说把由于太过或不及引起的对"己所胜"的过度克制称为"胜气"，而这种胜气在五行系统内必然会招致一种相反的力量（报复之气），将其压抑下去，这种能报复"胜气"之气，称为"复气"，总称"胜复之气"。"有胜之气，其必来复也"（《素问·至真要大论》）。这是五行结构系统本身作为系统整体对于太过或不及的自行调节机制，旨在使之恢复正常制化调节状态。通过胜复调节机制，使五行结构系统整体在局部出现较大不平衡的情况，进行自身调节，继续维持其整体的相对平衡。

总之，五行的相生相克，是正常情况下五行之间相互资生、促进和相互制约的关系，是事物间维持正常协调平衡关系的基本条件；五行的相乘相侮，是五行之间生克制化关系失调情况下发生的异常现象，是事物间失去正常协调平衡关系的表现。

三、五行学说在中兽医学中的应用

五行学说贯穿于中兽医学理论体系的各个方面，可用以说明动物体的组织结构、生理功能及病理变化，并指导临床诊断和防治。

(一) 说明机体的组织结构

五行学说依据五行的特性，或采取直接的"取象比类"，或采取间接"推演络绎"的方法来分析归纳动物形体结构的功能，根据组织器官的性能特点，在五行配五脏的基础上，将机体的组织结构分属于五行，最终形成了以五脏为核心的脏腑组织结构的五大系统，为藏象学说奠定了理论基础。

所谓取象比类，即从事物的形象中找出能反映其本质的特征，直接与五行各自的特性相比较，以确定其五行属性的方法。方位、时序及五脏的五行属性即是用此种方法确定的。

所谓推演络绎，即根据已知的某事物的五行属性，推演与此事物相关的其他事物的五行属性的方法。如自然界的五化、五色、五味以及动物体的五腑（六腑）、五体、五窍、五志等的五行属性，皆是以此方法推演的。

(二) 说明机体的生理功能

1. 按五行的特性说明脏腑生理功能 如木有升发、舒畅条达的特性，肝喜条达而恶抑郁，有疏泄的功能，故肝属木；火有温热炎上的特性，心阳有温煦之功，故心属火；土有生化万物的特性，脾主运化水谷，为气血生化之源，故脾属土；金性清肃、收敛，肺有肃降作用，故肺属金；水有润下、寒冷的特性，肾有藏精、主水的作用，故肾属水。

2. 以五行的生克制化说明脏腑生理功能的内在联系 五脏之间既有相互滋生的关系，又有相互制约的关系。

例如，木生火，即肝木济心火，肝藏血功能正常有助于心主血脉功能的正常发挥；火生土，即心火温脾土，心主血脉，血能营脾，脾才能发挥运化、统血的功能；土生金，即脾土助肺金，脾化生气血、转输精微以促进肺主气及宣肃功能正常；金生水，即肺金养肾水，肺气肃降有助于肾藏精、纳气、主水之功；水生木，即肾水滋肝木，肾精可化肝血，以助肝功能正常。

例如，水克火，即肾水能制约心火，肾水上济于心，可以防止心火之亢烈；火克金，即心火能制约肺金，心火之阳热抑制肺气清肃太过；金克木，即肺金能制约肝木，肺气之清肃可抑制肝阳上亢；木克土，即肝木能制约脾土，肝气条达可疏泄脾气之壅滞；土克水，即脾土能制约肾水，脾土运化能防止肾水泛滥。

五脏中每一脏都有生我、我生、克我、我克的关系。每一脏在功能上有它脏的资助，不至于虚损，又能克制另外的脏器，使其不致亢。通过这种生克制化保证了机体内环境的对立统一，保持正常的生理功能。如脾（土）之气，其虚，则有心（火）生之；其亢，则有肝木克之；肺（金）气不足，土可生之；肾（水）气过亢，土可克之。

(三) 分析机体的病理变化

五行学说认为，疾病的发生是五行生克制化关系失调的结果，五脏之间在病理上的相互影响有相生关系的传变和相克关系的传变两类。

1. 相生关系的传变 包括母病及子和子病犯母。

（1）母病及子：又称"母虚累子"，是指疾病从母脏传及子脏，五行中作为母的一行异常，必然影响到子的一行，结果是母子都出现异常。例如，土不生金（脾胃虚弱不能滋养肺脏而致肺虚，脾病传肺）、水不涵木（肾阴亏虚不能滋养肝阴而致肝阳偏亢，肾病及肝）等。

（2）子病犯母：又称"子盗母气"，是指疾病从子脏传及母脏，五行中作为子的一行异常，也会影响到母的一行，结果母子都出现异常。例如，木病传水（肝病日久累及肾虚，肝病传肾）、火病及木（心火亢盛而致肝火炽盛，心病及肝）等。

2. 相克关系的传变 包括相乘为病和相侮为病。

（1）相乘为病：即相克太过致病。例如，木旺乘土（肝气横逆侵及脾胃消化失常，肝病传脾胃）、土虚木乘（脾虚而肝乘其不足，肝病传脾）。

（2）相侮为病：即反向克制致病。例如，木火刑金（肝火偏旺影响肺气清肃，肝病传肺）、土虚水侮（脾阳虚弱不能制约肾水，肾病传脾）。

五行学说认为，五脏之间的疾病是可以相互传变的。一脏有病可以通过不同的途径影响到其他四脏；任何一脏均可感受来自于其他四脏的病理影响而发病（图1-3）。

（四）指导疾病的诊断

动物体是一个有机的整体，五脏、六腑与五官、五体、五色、五液、五脉等之间是存在着五行属性联系，这种五脏系统的层次结构，为诊断奠定了理论基础。"有诸内必形诸外"，临床诊断时，就可以综合望、闻、问、切所得的材料，根据五行的所属及其生克乘侮的变化规律，

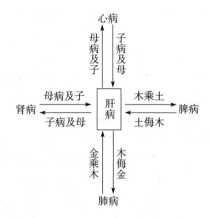

图1-3 五脏之间传变示意图

来推断脏腑病变。如"肝病目不能视而色青，心病舌肿而色赤，脾病口不知味而色黄，肺病不闻香臭而色白，肾病不听而色黑"。

（五）指导疾病的治疗

五行学说认为疾病是由脏腑之间生克制化关系失调，出现"太过"或"不及"而引起的，因此抑制其过亢，扶助其过衰，使其恢复协调平衡便成为治疗的关键。根据相生规律提出的治疗原则是"虚则补其母，实则泻其子"，按相克规律提出的治疗原则为"抑强扶弱"。根据这些原则制定的治疗方法有："滋水涵木"（滋肾水以养肝木）、"培土生金"（健脾气以益肺气）、"金水相生"（滋养肺肾阴虚）、"扶土抑木"（健脾疏肝治疗肝旺脾虚）、"培土制水"（温运脾阳以治肾水停聚）、"佐金平木"（清肃肺气以抑制肝木）、"泻南补北"（泻心火滋肾水）等。

中药以色味为基础，以归经和性能为依据，按五行学说加以归类。青色酸味先入肝；赤色苦味先入心；黄色甘味先入脾；白色辛味先入肺；黑色咸味先入肾。这种归类是脏腑选择用药的参考依据。另外，情志（怒、喜、思、忧、恐）生于五脏，且在病理上与内脏密切相关，故在临床上可用情志与五脏的关系来辅助治疗。

（六）指导疾病的预防

五行学说还体现于控制疾病的传变方面。由于一脏受病可以波及其他四脏，它脏有病亦可传给本脏，因此，治疗时除对病脏进行处理外，还应考虑其他脏腑的传变关系。根据生克乘侮规律调整太过与不及，控制其传变，达到预防的目的。如《难经·七十七难》："见肝之病，则知肝当传之于脾，故先实其脾气。"即指肝气旺盛易致肝木乘脾土，此时应先健脾胃以防肝对脾的过度克制，提出用健脾的方法，防止肝病向脾的传变（图1-3）。

第二章 脏 腑

脏腑，即内脏及其功能的总称，是动物体的重要组成部分。古人称脏腑为"藏象"（见《素问·六节脏象论》）。"藏"，即脏，指藏于体内的内脏；"象"，即形象或征象，指脏腑生理功能和病理变化反映于外的征象。

脏腑主要包括五脏、六腑、奇恒之腑。五脏，即心、肝、脾、肺、肾，是化生和储藏精气的器官，具有藏精气而不泻的特点。六腑，即胆、胃、大肠、小肠、膀胱、三焦，是受盛和传化水谷的器官，具有传化物而不藏的特点。如《素问·五脏别论》中说："五脏者，藏精气而不泻也，故满而不能实；六腑者，传化物而不藏，故实而不能满也。"奇恒之腑，即脑、髓、骨、脉、胆、胞宫。"奇"即异，"恒"为常之意，因其形态类腑，功能似脏，不同于一般的脏腑，故称奇恒之腑。

脏与腑之间存在着阴阳、表里的关系。脏在里，属阴；腑在表，属阳；心与小肠、肝与胆、脾与胃、肺与大肠、肾与膀胱、心包络与三焦相表里。脏与腑之间的表里关系，是通过经脉来联系的，脏的经脉络于腑，腑的经脉络于脏，彼此经气相通，相互作用。

脏腑虽各有其功能，但彼此又相互联系。同时，脏腑还与肢体组织（脉、筋、肉、皮毛、骨）、五官九窍（舌、目、口、鼻、耳及前后阴）等有着密切联系。如五脏之间存在着相互资助与制约的关系，六腑之间存在着承接合作的关系，脏腑之间存在着表里相合的关系，五脏与肢体官窍之间存在着归属开窍的关系等，这就构成了机体内外各部功能上相互联系的统一整体。脏腑在生理上相互联系，相互为用；在病理上也多相互影响，相互传变。

传统中兽医学中的"脏腑"与现代兽医学中的"脏器"含义不同。脏腑不完全是一个解剖学的概念，更重要的是一个生理、病理的概念，而"脏器"是一个形态学概念。脏腑中某一脏或腑所具有的功能，可能包括了现代兽医学中几个脏器的功能，而现代兽医学中某个脏器的功能，又可能分散在几个脏腑的功能之中。因此，不能将二者等同看待。

第一节 五 脏

五脏，是心、肝、脾、肺、肾的合称。五脏的主要生理功能是化生和储藏精气，具有藏而不泻的特点。由于五脏和奇恒之腑的关系极为密切，故在介绍五脏功能时，将对有关奇恒之腑加以叙述，不再另立章节。

一、心

心位于胸腔，有心包护于外。在脏腑的功能活动中起主导作用，使之相互协调，为机体生命活动的中心。故《灵枢·邪客篇》说："心者，五脏六腑之大主也，精神之所舍也。"心的主要生理功能是主血脉，藏神，开窍于舌，在液为汗，在志为喜。

(一) 心主血脉

心气是血液运行的基本动力,脉是血液运行的通道。心主血脉,是指心气推动和调节血液循行于脉中,周流全身,发挥营养和濡润作用。故《素问·痿论》说:"心主身之血脉。"由于心、血、脉三者密切相关,所以心的功能正常与否,可以从脉象、口色上反映出来。如心气旺盛、心血充足,则脉象平和,节律调匀,口色鲜明如桃花色。反之,心气不足,心血亏虚,则脉细无力,口色淡白。若心气衰弱,血行瘀滞,则脉涩不畅,脉律不整或有间歇,口色青紫。

(二) 心藏神

神,是指精神、意识和思维活动,是大脑对外界事物的客观反映,但中兽医藏象学说却把它主要归结于心,得出这样的结论"所以任物者谓之心",任是接受、担任之意,物是指外来的信息,这句话的意思是说:接受外来事物而发生意识思维活动是由心来完成的,故称此脏为心。正因为心藏神,所以心才能统辖各个脏腑,成为生命活动的主宰。如《素问·六节藏象论》中说:"心者,生之本,神之变也。"

心藏神的功能与心主血脉的功能密切相关。因为血液是维持正常精神活动的物质基础,血为心所主,所以心血充盈,心神得养,则动物"精神倍"。否则,心血不足,神不能安藏,则出现活动异常或惊恐不安。故《安骥集·碎金五脏论》说:"心虚无事多惊恐,心痛癫狂脚不宁。"同样,心神异常,也可导致心血不足,或血行不畅,脉络瘀阻。

(三) 心开窍于舌

舌为心之苗,心经的别络上行于舌,因而心的气血上通于舌,心的生理功能及病理变化最易在舌上反映出来。心血充足,则舌体柔软红润,运动灵活;心血不足,则舌色淡而无光;心血瘀阻,则舌色青紫;心经有热,则舌质红绛,口舌生疮。故《安骥集·师皇五脏论》说"心者外应于舌。"

(四) 心在液为汗

汗由津液所化生,是津液发散于肌腠的部分。如《灵枢·决气篇》说:"腠理发泄,汗出溱溱,是谓津。"津液是血液的重要组成部分,血为心所主,故称"汗为心之液"。如《素问·宣明五气篇》指出:"五脏化液,心为汗。"

心在液为汗,是指心与汗有密切关系。出汗异常,往往与心有关。如心阳不足,常常引起腠理不固而自汗;心阴血虚,往往导致阳不摄阴而盗汗。又因血汗同源,津亏血少,则汗源不足;而发汗过多,又容易伤津耗血。故《灵枢·营卫生会篇》有"夺血者无汗,夺汗者无血"之说。临床上,心阳不足和心阴血虚的动物,用汗法时应特别慎重,汗多不仅伤津耗血,而且也耗散心气,甚至导致亡阳的病变。

(五) 心在志为喜

"喜"是机体对外界信息反映出的良性刺激,适度喜悦对心的生理功能是有益的。但喜悦过度或不足,则均可使心神受伤。

[附] 心包络

心包络简称心包,又称膻中,与三焦相表里。它是心脏外围的包膜,有络,可通行气血,具有保护心脏的作用。当外邪侵心时,一般多先犯心之包络。如《灵枢·邪客篇》说:"故诸邪之在于心者,皆在于心之包络。"实际上,心包受邪所出现的病证与心是一致的。如热性病出现神昏症状，虽称为"邪入心包"，而实际上是热盛伤神，在治法上可采用清心泻热之法。由此可见，心包络与心在病理和用药上基本相同。

二、肺

肺位于胸中，上连气道。肺的主要功能是主气、司呼吸，主宣发和肃降，通调水道，外合皮毛，开窍于鼻，在液为涕，在志为悲（忧）。

（一）肺主气、司呼吸

肺主气，是指肺具有主宰气的生成、出入与代谢的功能。《素问·五藏生成篇》说："诸气者，皆属于肺。"肺主气，包括主一身之气和主呼吸之气两个方面。

肺主一身之气，是指全身之气均由肺所主，故《素问·六节藏象论》说："肺者，气之本"。一身之气，由自然之清气、先天之精气和水谷之气三者构成。其中肺与宗气的生成密切相关，宗气是由自然之清气与水谷之气，在元气的作用下而生成。因此，肺的呼吸功能健全与否，直接影响着宗气的生成，进而也影响着全身之气的生成。血液虽然由心所主，但必须赖肺气的推动，才能保持其正常运行，故有"肺朝百脉"之说。

肺主呼吸之气，是指肺为体内外气体交换的场所，通过肺的呼吸作用，机体吸入自然界的清气，呼出体内的浊气，吐故纳新，实现机体与外界环境间的气体交换，以维持正常的生命活动。《素问·阴阳应象大论》中所说的"天气通与肺"便是此意。

肺主气的功能正常，则气道通畅，呼吸均匀；若病邪伤肺，使肺气壅阻，引起呼吸功能失调，则出现咳嗽、气喘、呼吸不利等症状；若肺气不足，则出现体倦无力、气短、自汗等气虚症状。

（二）肺主宣发和肃降

宣发，即宣通、发散；肃降，即清肃、下降。肺主宣发和肃降，实际上是指肺气的运动具有向上、向外宣发和向下、向内肃降的双向作用。

肺主宣发，一是通过宣发作用将体内的浊气呼出体外；二是将脾传输至肺的水谷精微之气布散全身，外达皮毛；三是宣发卫气，以发挥其温养肌肤和司腠理开合的作用。若肺气不宣而壅滞，则引起胸满、呼吸不畅、咳嗽、皮毛焦枯等症状。

肺主肃降，一是通过下降作用吸入自然界的清气；二是将津液和水谷精微向下布散至全身，并将代谢产物和多余水液下输于肾和膀胱，排出体外；三是保持呼吸道的清洁。肺居上焦，以清肃下降为顺；肺为清虚之脏，其气宜清不宜浊，只有这样才能保持其正常的生理功能。若肺气不能肃降而上逆，则引发咳嗽、气喘等症状。

（三）肺通调水道

通，即疏通；调，即调节；水道，是水液运行和排泄的通道。肺通调水道，是指肺通过宣发和肃降运动对体内水液的输布、运行和排泄进行疏通和调节。通过宣发，将津液与水谷精微布散于全身，并通过宣发卫气而司腠理的开合，调节汗液的排泄。通过肃降，将津液和水谷精微向下输送，代谢后的水液经肾的气化作用，化为尿液由膀胱排出体外。故《素问·经脉别论》说："饮入于胃……上归于肺，通调水道，下输膀胱。"肺通调水道的功能，是肺宣发和肃降作用共同配合的体现，若肺的宣降功能失常，就会影响到机体的水液代谢，出现水肿、腹水、胸水以及泄泻等症。由于肺参与了机体的水液代谢，故有"肺主行水"之说。又因肺居于胸中，位置较高，故也有"肺为水之上源"的说法。

(四）肺外合皮毛

皮毛，包括皮肤、汗孔、被毛等组织，是一身之表，是机体抵御外邪的屏障。肺合皮毛，是指肺与皮毛不论在生理还是病理方面均存在着密切的关系。在生理方面，一是皮肤汗孔（又称"气门"）具有散气的作用，参与呼吸调节，而有"宣肺气"的功能；二是皮毛有赖于肺气所宣发卫气的温煦和津液的润泽，否则就会憔悴枯槁。在病理方面，肺经有病可以反映于皮毛，而皮毛受邪也可传之于肺。如肺气虚，动物不仅易汗，而且日久可见皮毛焦枯或被毛脱落；而外感风寒，也可影响到肺，出现咳嗽、流涕等症状。

（五）肺开窍于鼻

鼻为肺窍，有司呼吸和主嗅觉的功能。肺气正常则鼻窍通利，嗅觉灵敏。故《灵枢·脉度》说："肺气通于鼻，肺和则鼻能知香臭矣。"同时，鼻为肺的外应，如外邪犯肺，肺气不宣，常见鼻塞流涕，嗅觉不灵等症状。又如肺热壅盛，常见鼻翼扇动等。鼻为肺窍，鼻又可成为邪气犯肺的通道。此外，喉是呼吸的门户和发音器官，又是肺经通过之处，其功能也受肺气的影响，肺有异常，往往引起声音嘶哑、喉痹等病变。

（六）肺在液为涕

涕，即鼻涕，是鼻黏膜的分泌物，有润泽、保护鼻窍的作用。鼻为肺窍，故其分泌物亦属于肺。如《素问·宣明五气篇》说："五脏化液……肺为涕。"肺气正常与否，常可通过鼻涕的变化反映出来。肺气正常，则鼻涕润泽鼻窍而不外流；若肺受邪气，则鼻涕的分泌和性状均会发生变化。如肺受风寒，则鼻流清涕；肺受风热，则鼻涕黄浊；肺败，则鼻流黄绿色腥臭脓涕；肺燥，则鼻干无涕。

（七）肺在志为悲（忧）

悲伤和忧虑均属不良情绪变化，对机体的主要影响是使气不断地受到消耗。母畜丧仔，情志受损，耗伤肺气，可见气息短促，消沉萎靡，倦怠乏力等症状。

三、脾

脾位于腹内，其主要生理功能为主运化，统血，主肌肉四肢，开窍于口，在液为涎，在志为思。

（一）脾主运化

运，指运输；化，即消化、吸收。脾主运化，主要是指脾有消化、吸收、运输营养物质及水液的功能。机体的脏腑、经络、四肢百骸、筋肉、皮毛，均有赖于脾的运化以获取营养，故称脾为"后天之本"、"五脏之母"。

脾主运化的功能，主要包括两个方面：一是运化水谷精微，即经胃初步消化的水谷，再由脾进一步消化吸收，并将营养物质转输到心、肺，然后通过经脉运送到周身，以供机体生命活动之需。脾的这种功能健旺，称为"健运"。脾气健运，其运化水谷的功能旺盛，全身各脏腑组织才能得到充足的营养以维持正常的生命活动。反之，脾失健运，水谷运化功能失常，就会出现腹胀、腹泻、精神倦怠、消瘦、营养不良等症。二是指运化水液，即脾有促进水液代谢的作用。脾在运输水谷精微的同时，也把水液运送到周身各组织中，以发挥其滋养濡润的作用。代谢后的水液，则下达于肾，经膀胱排出体外。若脾运化水液的功能失常，就会出现水湿停留的各种病变，如停留肠道则为泄泻，停于腹腔则为腹水，溢于肌表则为水肿，水湿聚集则成痰饮。故《素问·至真要大论》中说："诸湿肿满，皆属于脾。"

脾气的运动特点，以上升为主，具体表现为升清和升举内脏两方面生理作用。清，是指水谷精微等营养物质。脾主升清是指脾要将水谷精微及水液上输于肺，以营养濡润全身。若脾气虚不能升清，可导致泄泻。升举内脏，是指脾气上升能起到维持内脏位置的相对稳定，防止其下垂的作用。若脾气虚弱，无力升举，反而下陷，可引起内脏垂脱诸证，如脱肛、子宫垂脱等。

(二) 脾主统血

统，有统摄、控制之意。脾主统血，是指脾有统摄血液在脉中正常运行，不致溢出脉外的功能。故《难经·四十二难》说："脾……主裹血，温五脏"，裹血，就是包裹、统摄血液，不使其外溢。脾之所以能统血，全赖脾气的固摄作用。脾气旺盛，固摄有权，血液就能正常地沿脉管运行而不致外溢；否则，脾气虚弱，气不摄血，统摄乏力，就会引起各种出血性疾患，尤以慢性下部出血为多见，如长期便血等。

(三) 脾主肌肉四肢

脾主肌肉四肢，是指脾可为肌肉四肢提供营养，以确保其健壮有力和正常功能的发挥。肌肉的生长发育及丰满有力，主要依赖脾所运化水谷精微的濡养。故《素问·痿论》说："脾主身之肌肉。"脾气健运，营养充足，则肌肉丰满有力，否则肌肉痿软，机体消瘦。

四肢的功能活动，也有赖脾所运送的营养才得以正常发挥。当脾气健旺，清阳之气输布全身，营养充足时，四肢活动有力，运步轻健；否则脾失健运，清阳不布，营养无源，必致四肢活动无力，运步怠慢。如《素问·太阴阳明论》说："今脾病，不能为胃行其津液，四肢不得禀水谷气，气日以衰，脉道不利，筋骨肌肉，皆无气以生，故不用焉。"动物脾虚时，往往四肢痿软无力，倦怠好卧。

(四) 脾开窍于口

脾主水谷的运化，口是水谷摄入的门户，又脾气通于口，与食欲、味觉有着直接联系。脾气旺盛，则食欲、味觉正常；若脾失健运，则味觉异常，食欲减退，甚至废绝。脾主运化，其华在唇。脾有经络与唇相通，唇是脾的外应。因此，口唇可以反映出脾运化功能的盛衰。若脾气健运，营养充足，则口唇鲜明光润如桃花色；否则，脾不健运，脾气衰弱，则食欲不振，营养不佳，口唇淡白无华；脾有湿热，则口唇红肿；脾经热毒上攻，则口唇生疮。

(五) 脾在液为涎

涎，即清稀之口津，是口腔分泌的液体，具有湿润口腔，帮助食物吞咽和消化的作用。《素问·宣明五气篇》说："五脏化液……脾为涎。"脾的运化功能正常，则津液上注于口而为涎，以辅助脾胃之消化，但不溢出口外；若脾胃不和，则涎液分泌增加，发生口涎自出等现象；若脾气虚弱，气虚不能摄涎，则涎液自口角流出；若脾经热毒上攻，则口唇生疮，口流黏涎。

(六) 脾在志为思

思念、思虑的情志活动与脾密切相关。脾气充足，不易产生过度的思虑、思念；正常的思念、思虑，对机体的生理活动无不良影响。如动物转群、母畜思念幼仔过度，影响脾的运化，气滞于中，表现为食欲减退，肚腹胀满，进一步影响脾的升清功能，严重者出现脾气下陷而致脏器垂脱。

四、肝

肝位于腹腔右上侧季肋部，有胆附于其下（马属动物无胆囊）。肝的主要生理功能是藏血，主疏泄，主筋，开窍于目，在液为泪，在志为怒。

（一）肝藏血

肝藏血，是指肝有储藏血液及调节血量的功能。

1. 储藏血液 主要体现于肝内储存有一定的血量，以制约肝之阳气的升腾，勿使其阳气升腾过亢，从而维护肝的疏泄功能使之平和畅达。其次，肝藏血，亦有在急性大出血等特殊情况下应急的作用，对机体各脏血液进行补充。

2. 调节血量 肝具有调节机体各部分血量分配的功能，特别是对外周血量的调节起着主要的作用。当动物休息或静卧时，机体对血液的需要量减少，一部分血液则储藏于肝脏；而在使役或运动时，机体对血液的需要量增加，肝脏便排出所藏的血液，以供机体活动所需。故有"动则血运于诸经，静则血归于肝脏"之说。肝血供应的充足与否，与动物耐受疲劳的能力有着直接的关系。当动物使役或运动时，若肝血供给充足，则可增加对疲劳的耐受力，否则便易于产生疲劳，故《素问·六节藏象论》中称肝为"罢极之本"。

肝藏血的功能失调主要有两种情况，一是肝血不足，血不养目，则发生目眩、目盲；或血不养筋，则出现筋肉拘挛或屈伸不利。二是肝不藏血，则可引起动物不安或出血。肝的阴血不足，还可引起阴虚阳亢或肝阳上亢，出现肝火、肝风等证。

（二）肝主疏泄

疏，即疏通；泄，即发散。肝主疏泄，是指肝具有保持全身气机疏通调达，通而不滞，散而不郁的作用。气机是机体脏腑功能活动基本形式的概括。气机调畅，升降正常，是维持内脏生理活动的前提。"肝喜调达而恶抑郁"，全身气机的舒畅调达，与肝的疏泄功能密切相关。肝的疏泄功能，主要表现在以下几个方面：

1. 协调脾胃运化 肝气疏泄是保持脾胃正常消化功能的重要条件。这是因为一方面，肝的疏泄功能，使全身气机疏通畅达，能协助脾胃之气的升降和二者的协调；另一方面，肝能输注胆汁，以帮助食物的消化。若肝气郁结，疏泄失常，影响脾胃，可引起黄疸，食欲减退，嗳气，肚腹胀满等消化功能紊乱的现象。

2. 调畅气血运行 肝的疏泄功能直接影响到气机的调畅，而气与血，如影随形，气行则血行，气滞则血瘀。因此，肝疏泄功能正常是保持血流通畅的必要条件。若肝失条达，肝气郁结，则见气滞血瘀；若肝气太盛，血随气逆，影响到肝藏血的功能，可见呕血、衄血。

3. 调控精神活动 除"心藏神"外，精神活动与肝气有密切关系。肝疏泄功能正常，也是保持精神活动正常的必要条件。若肝气疏泄失常，气机不调，可引起精神活动异常，出现躁动或抑郁，胸胁胀痛等症状。

4. 调节水液代谢 肝有通利三焦、疏通水道的作用。若肝失疏泄则气机不畅，瘀血阻滞，经脉不利以致水液不行，常可引起水肿、腹水等病证。

5. 调节生殖功能 肝通过调理冲任二脉而具有调节生殖功能的作用。若肝疏泄失调，气机郁结，经脉不舒，可见母畜发情紊乱，公畜滑精、早泄等。

（三）肝主筋

筋，即筋膜（包括肌腱），是联系关节、约束肌肉、主司运动的组织。筋附着于骨及关节，由于筋的收缩及弛张而使关节运动自如。肝主筋，是指肝具有为筋提供营养，以维持其正常功能的作用。如《素问·痿论》说："肝主身之筋膜。"肝主筋的功能与"肝藏血"有关，因为筋需要肝血的滋养，才能正常发挥其功能。故《素问·经脉别论》说："食气入胃，散精于肝，淫气于筋。"肝血充盈，筋得所养，其活动正常。若肝血不足，血不养筋，可出现四肢拘急，或屈伸不利等症。若邪热劫津，津伤血耗，血不营筋，可引起四肢抽搐，角弓反张，牙关紧闭等肝风内动之证。

"爪为筋之余"，爪甲亦有赖于肝血的滋养，故肝血的盛衰，可引起爪甲（蹄）荣枯的变化。肝血充足，则筋强力壮，爪甲（蹄）坚韧；肝血不足，则筋弱无力，爪甲（蹄）多薄而软，甚至变形而易脆裂。故《素问·五脏生成篇》说："肝之合筋也，其荣爪也。"

（四）肝开窍于目

目主视觉，肝有经脉与之相连，其功能的发挥有赖于五脏六腑之精气，特别是肝血的滋养。如《灵枢·脉度》说："肝气通于目，肝和则能辨五色矣。"由于肝与目关系密切，故肝的功能正常与否，常常在目上得到反映。若肝血充足，则双目有神，视物清晰；若肝血不足，则两目干涩，视物不清，甚至夜盲；肝经风热，则目赤痒痛；肝火上炎，则目赤肿痛生翳。

（五）肝在液为泪

肝开窍于目，泪从目出，故泪为肝之液。《素问·宣明五气篇》说："五脏化液……肝为泪。"在正常情况下，泪有濡润和保护眼睛的功能，但不会溢出目外。当异物侵入目中，则泪液大量分泌，起到清洁眼球和排除异物的作用。在病理情况下，肝的病变常常引起泪的分泌异常。如肝之阴血不足，则泪液减少，双目干涩；肝经风热，则双目流泪生眵。

（六）肝在志为怒

怒是机体产生的一种不良情志活动，与肝密切相关。当大怒或暴怒时，可使肝阳升发太过，血随气逆则呕血，甚至猝然昏厥；反之，肝血不足，肝阳无制，稍有刺激，即易发怒。

五、肾

肾位于腰部，左右各一（前人有左为肾，右为命门之说），故《素问·脉要精微论》说："腰者，肾之府也。"肾的主要生理功能为主藏精，主命门之火，主水，主纳气，主骨、生髓、通于脑，开窍于耳，司二阴，在液为唾，在志为（惊）恐。

（一）肾藏精

精，是一种精微物质，肾所藏之精即精气，一般称之为肾阴，亦称为元阴、真阴、真水，是构成机体的基本物质，也是机体生命活动的物质基础，它包括先天之精和后天之精两个方面。先天之精，即生殖之精，是构成生命的基本物质。它禀受于父母，先身而生，与机体的生长、发育、生殖、衰老都有密切关系。胚胎的形成和发育均以肾精作为基本物质，同时它又是动物出生后生长发育过程中的物质根源。当机体发育成熟时，雄性则有精液产生，雌性则有卵子发育，出现发情周期，开始有了生殖能力；到了老年，肾精衰微，生殖能力也随之而下降，直至消失。后天之精，即水谷之精，源于水谷精微并由五脏、六腑所化生，故又称"脏腑之精"，是维持机体生命活动的物质基础。先天之精和后天之精，融为一体，相互资生、相互联系。先天之精有赖后天之精的供养才能充盛，后天之精需要先天之精的资助才能化生，故一方的衰竭必然影响到另一方的功能。

肾藏精，是指精的产生、储藏及转输均由肾所主。肾所藏之精，通过三焦，输布全身，促进机体的生长、发育和生殖。因而，临床上所见阳痿、滑精、精亏不孕等证，都与肾有直接关系。

(二)肾主命门之火

命门,即生命根本之意;火,指功能。命门之火,一般称之为肾阳,亦称为元阳、真阳、真火,也藏之于肾。它既是肾脏生理功能的动力,又是机体热能的来源。命门之火有温煦五脏、六腑,维持其生命活动的功能。肾所藏之精需要命门之火的温养,才能发挥其滋养各组织器官及繁殖后代的作用。五脏、六腑的功能活动,也有赖于命门之火的温煦才能正常,特别是后天脾胃之气需要先天命门之火的温煦,才能更好地发挥运化功能。故命门之火不足,常导致全身阳气衰微。

肾阴和肾阳概括了肾脏生理功能的两个方面,肾阴对机体各脏腑起着濡润滋养的作用,肾阳则起着温煦生化的作用,二者相互制约,相互依存,维持着相对的平衡,否则就会出现肾阴虚或肾阳虚的病理过程。由于肾阴虚和肾阳虚的本质都是肾的精气不足,故二者之间存在着内在的联系,肾阴虚到一定程度可累及肾阳,反之肾阳虚也能伤及肾阴,甚至导致肾阴肾阳俱虚的病证出现。

(三)肾主水

肾主水,是指肾在机体水液代谢过程中起着升清降浊的作用。体内的水液代谢过程,是由肺、脾、肾、三焦等脏腑共同完成的,其中肾的作用尤为重要。故《素问·逆调论篇》说:"肾者,水藏,主津液。"肾主水的功能,主要靠肾气对水液的蒸化来完成。水液进入胃肠,由脾上输于肺,肺将清中之清的部分宣布于全身,而清中之浊的部分则通过肺的肃降作用下行于肾,肾再加以分清泌浊,将浊中之清再吸收上输于肺,浊中之浊的无用部分下注膀胱,排出体外(图2-1)。肾气对水液的这一蒸化作用,称为"气化"。如肾阳不足,命门火衰,气化失常,就会引起水液代谢障碍,发生水肿、胸水、腹水等症。

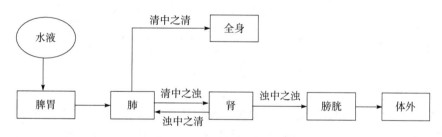

图2-1 体内水液代谢示意图

(四)肾主纳气

肾主纳气,是指肾有摄纳呼吸之气,协助肺司呼吸的功能。呼吸虽由肺所主,但吸入之气必须下纳于肾,才能使呼吸调匀,故有"肺主呼气,肾主纳气"之说。从二者关系来看,肺司呼吸,为气之本;肾主纳气,为气之根。只有肾气充足,元气固守于下,才能纳气正常,呼吸和利;若肾虚,根本不固,纳气失常,就会影响肺气的肃降,出现呼多吸少,吸气困难的喘息之证。

(五)肾主骨、生髓、通于脑

肾有主管骨骼代谢,滋生和充养骨髓、脊髓及大脑的功能。肾所藏之精有生髓的作用,髓充于骨中,滋养骨骼,骨赖髓而强壮,这也是肾的精气促进生长发育功能的一个方面。若肾精充足,则髓的生化有源,骨骼得到髓的充分滋养而坚强有力;若肾精亏虚,则髓的化源不足,不能充养骨骼,可导致骨骼发育不良,甚至骨脆无力等症。

髓由肾精所化生，有骨髓和脊髓之分。脊髓上通于脑，髓聚而成脑。故《灵枢·海论》说："脑为髓之海。"脑主精神活动，脑需要依靠肾精的不断化生才能得以滋养，否则就会出现呆痴，呼唤不应，目无所见，倦怠嗜卧等症状。

"齿为骨之余"，肾主骨，故齿也有赖肾精的充养。肾精充足，则牙齿坚固；肾精不足，则牙齿松动，甚至脱落。

毛发为肾的外候，被毛的荣枯与肾中精气的盛衰有关。肾精充足，则被毛生长正常且有光泽；肾气虚衰，则被毛枯槁甚至脱落。

（六）肾开窍于耳，司二阴

肾的上窍是耳。耳为听觉器官，其功能的发挥，有赖于肾精的充养。肾精充足，则听觉灵敏，故《灵枢·脉度》说："肾气通于耳，肾和则耳能闻五音矣。"若肾精不足，可引起耳鸣，听力减退等症。故《安骥集·碎金五脏论》说："肾壅耳聋难听事，肾虚耳似听蝉鸣。"

肾的下窍是二阴。二阴，即前阴和后阴。前阴有排尿和生殖的功能，后阴有排泄粪便的功能。这些功能都与肾有着直接或间接的联系，如前阴与生殖有关，但仍由肾所主；又排尿虽在膀胱，但要依赖肾阳的气化；若肾阳不足，则可引起尿频、阳痿等症。粪便的排泄虽通过后阴，但也受肾阳温煦和肾阴滋润作用的影响。若肾阳不足，阳虚火衰，可引起粪便溏泻；若肾阴不足，肠液枯干，可导致粪便秘结（图2-2）。

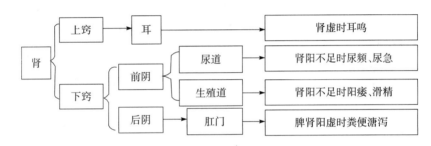

图2-2 肾开窍于耳、司二阴示意图

（七）肾在液为唾

唾为稠厚之口津，自口腔分泌，有滋润口舌和补养肾精的作用。《素问·宣明五气论》说："五脏化液……肾为唾"，认为唾的分泌与肾相关。唾与涎，均为口津，二者的区别在于涎自两腮出，溢于口，可自口角流出；唾生于舌下，从口中唾（吐）出。在中（兽）医临床上，口角流涎多从脾论治，唾液频吐多从肾论治。

（八）肾在志为（惊）恐

惊与恐有相似之处，但惊为不自知，事出突然，没有精神准备而受惊；恐为自知，事先知道将要产生的结果而胆怯。惊与恐均为对机体生理活动有不良影响的情志刺激，都会影响机体气的运动。惊与恐均与肾的功能密切相关，但惊还与心藏神的功能相关。在恐惧状态中，上焦气机闭塞不畅，气机下迫，肾气不固，则下焦胀满，甚至遗尿；突然受到惊吓，机体生理活动遭到一时性扰乱，会出现心神不宁的现象。

第二节　六　腑

六腑是胆、胃、小肠、大肠、膀胱和三焦的合称。六腑的共同生理功能是受盛和传化水谷，具有通降而不藏的特点。

一、胆

胆附于肝下，内藏胆汁。胆汁由肝疏泄而来，故《脉经》说："肝之余气泄于胆，聚而成精。"因胆汁为肝之精气所化生，清而不浊，故《安骥集·天地五脏论》中称"胆为清净之腑。"胆的主要功能是储藏和排泄胆汁，以帮助脾胃的运化。

胆的形态结构与其他五腑相同，皆属中空有腔的管状或囊状器官，具有传输作用，故为六腑之一；但其他腑所盛皆为浊物，唯胆所盛为清净之液，与五脏藏精气的作用相似，故又把胆列为奇恒之腑。胆汁的产生、储藏和排泄均受肝疏泄功能的调节和控制。

肝胆本为一体，二者在生理上相互依存，相互制约，在病理上也相互影响，往往是肝胆同病。如肝胆湿热，临床上常见到食欲减退，发热口渴，尿色深黄，舌苔黄腻，脉弦数，口色黄赤等症状，治宜清湿热，利肝胆。

二、胃

胃位于膈下，上接食道，下连小肠。胃的主要功能为受纳和腐熟水谷。受纳，是指胃有接受和容纳饮食物的作用。饮食入口，经食道容纳于胃，故胃有"太仓"、"水谷之海"之称。《安骥集·天地五脏论》中称"胃为草谷之腑。"腐熟，是指饮食物在胃中经过胃的初步消化，形成食糜。饮食物经胃的初步消化，一部分转变为气血，由脾上输于肺，再经肺的宣降作用布散到全身。故《灵枢·玉版》说："胃者，水谷气血之海也。"没有被消化吸收的部分，则通过胃的通降作用，下传于小肠，由小肠再进一步消化吸收。由于脾主运化，胃主受纳、腐熟水谷，水谷在胃中可以转化为气血，而机体各脏腑组织都需要脾胃所运化气血的滋养，才能正常发挥功能，因此常常将脾胃合称为"后天之本"。

胃受纳和腐熟水谷的功能，称为"胃气"。由于胃需要把其中的水谷下传到小肠，故胃气的特点是以降为顺。一旦胃气不降，便会发生食欲不振，肚腹胀满等症；若胃气不降反而上逆，则出现嗳气、呕吐等症。胃气的功能状况，对于机体的强健以及判断疾病的预后都至关重要。故《中藏经》说："胃气壮，五脏六腑皆壮也。"此外，还有"有胃气则生，无胃气则死"之说。临床上，也常常把"保胃气"作为疾病重要的防治原则。

三、小　肠

小肠上通于胃，下接大肠。小肠的主要生理功能是受盛化物和分别清浊，即小肠接受由胃传来的食糜，继续消化吸收以分别清浊。清者为水谷精微，经吸收后，由脾传输到身体各部，供机体活动之需；浊者为糟粕和多余水液，下注大肠或肾，经由二便排出体外。故《素问·灵兰秘典论》说："小肠者，受盛之官，化物出焉。"因此，小肠有病，除影响消化吸收功能外，还出现排粪、排尿的异常。

四、大　肠

大肠上通小肠，下连肛门。大肠的主要功能是传化糟粕，即大肠接受小肠下传的食物残渣，吸收其中的多余水液，最后燥化成粪便，由肛门排出体外。故《安骥集·天地五脏论》说："大肠为传送之腑。"大肠有病可见传导失常的各种病变，如大肠气虚不能吸收水液，致使粪便燥化不及，则肠鸣、便溏；若大肠实热，消灼水液过多，致使粪便燥化太过，则出现粪便干燥、秘结难下等症。

五、膀　　胱

膀胱位于腹部，主要功能为储存和排泄尿液，故《安骥集·天地五脏论》说："膀胱为津液之腑。"水液经过小肠的吸收后，下输于肾的部分，经肾阳的蒸化成为尿液，下渗膀胱，潴留到一定程度后，引起排尿动作，排出体外。若肾阳不足，膀胱功能减弱，不能约束尿液，便会引起尿频、尿失禁；若膀胱气化不利，可出现尿少、尿闭；若膀胱湿热蕴结，可出现排尿困难、尿痛、尿淋漓、血尿等。

六、三　　焦

三焦，六腑之一。由于三焦的某些具体概念不够清楚，因而引起后世的争论，但争论的焦点集中在"有形"和"无形"上，无论形态学上如何争论不休，但历代医家对三焦的生理功能的认识却是一致的，即三焦总司机体的气化，是水液运行的通路。

（一）三焦的主要生理功能

1. 主持诸气，总司全身的气机和气化　三焦是气升降出入的通道，又是气化的场所。例如，元气是机体中最根本的气，元气根于肾，而通过三焦充沛于全身，对其他脏腑有激发和推动作用。

2. 水液运行的通道　机体水液的输布和排泄，都要依靠一定的管道系统，这个运行水液的管道系统，即为三焦，所以《素问·灵兰秘典论》说："三焦者，决渎之官，水道出焉"，决，疏通的意思，渎，指沟渠，是水液运行的通路。机体的水液代谢，是由肺、肾、脾和膀胱等多个脏腑的协同作用而完成的，但必须以三焦为通道，才能正常的输布和排泄，如果三焦不利，就可产生尿少、水肿的病变。

（二）上、中、下三焦的部位划分及其各自的生理功能

三焦又是上、中、下焦的总称。由于其各自所处的部位不同，所以功能也不尽相同。

1. 上焦　横膈以上的胸部，包括心、肺、头面。上焦的生理功能是主气的升发和宣散，但它不是只有升而没有降，而是"升已而降"，具体表现为司呼吸，主血脉，将水谷精气敷布全身，以温养肌肤、筋骨，并通调腠理。故《灵枢·营卫生会篇》说："上焦如雾。"

2. 中焦　是横膈以下，脐以上的部位，包括肝胆、脾胃等脏腑。中焦的生理功能是"泌糟粕、蒸津液"，为升降之枢，气血生化之源，实际上中焦的生理功能概括了脾胃的整个运化功能，具体表现为腐熟水谷，并将营养物质化为营血。故《灵枢·营卫生会篇》说："中焦如沤。"

3. 下焦　是脐以下的部位，包括肾、大肠、膀胱等脏腑。下焦的生理功能是排泄糟粕和尿液，具体表现为分别清浊，并将糟粕以及代谢后的水液排泄于外。故《灵枢·营卫生会篇》说："下焦如渎。"

[附] 胞宫

胞宫，即子宫，其主要功能是主发情和孕育胎儿。其与冲、任二脉关系密切，而机体的生殖功能由肾所主，故胞宫又与肾的功能密不可分。冲、任二脉气血充足，肾气充盛，动物

才会正常发情，发挥生殖及营养胞胎的作用。若冲、任二脉气血不足，肾气虚弱，则动物不能正常发情，或不孕等。此外，胞宫与心、肝、脾三脏也有关系，因为动物的发情及胎儿的孕育都有赖于血液的滋养，需要以心主血、肝藏血、脾统血功能的正常作为必要条件。一旦三者的功能失调，便会影响胞宫的正常功能。

第三节　脏腑之间的关系

动物体是一个由五脏、六腑等组织器官构成的有机整体，各脏腑之间不但在生理上相互联系，分工合作，共同维持机体正常的生命活动，而且在病理上也多相互影响。

一、脏与脏的关系

（一）心与肺

心与肺的关系，主要是气与血的关系。心主血，肺主气，二脏相互配合，保证了气血的正常运行。血的运行要靠气的推动，而气只有贯注于血脉中，靠血的运载才能到达周身，正所谓"气为血帅，血为气母"。《素问·经脉别论》说："肺朝百脉"，意为心所主之血脉必然要朝会于肺，这说明心与肺、气与血是相互依存的。因此在病理上，无论是肺气虚弱或是肺失宣肃，均可影响到心的行血功能，导致血液运行迟滞，出现口舌青紫、脉象迟涩等血瘀之症。相反，若心气不足或心阳不振，也会影响肺的宣发和肃降功能，导致呼吸异常，出现咳嗽、气促等肺气上逆之症。

（二）心与脾

心主血，脾统血，二者关系十分密切。脾为气血生化之源，若脾气充足，血液生化有源，则心血充盈；血行脉中，除靠心气的推动外，还有赖于脾气的统摄才不致溢出脉外。脾的运化功能也有赖于心血的滋养和心神的统辖。若心血不足或心神失常，就会引起脾的运化失健，出现食欲减退、肢体倦怠等症；相反，若脾气虚弱，运化失职，也可导致心血不足，出现心悸、易惊等症。而脾不统血时，则有出血的症状。

（三）心与肝

心与肝的关系主要表现在心主血、肝藏血，心藏神、肝主疏泄两个方面。首先，心主血，肝藏血，二者相互配合而起到推动血液循环及调节血量的作用。因此，心、肝之阴血不足，可互为影响。若心血不足，肝血可因之而虚，导致血不养筋，出现筋骨酸痛、四肢拘挛、抽搐等症；反之，肝血不足，也可影响心的功能，出现心悸、怔忡等症。其次，肝主疏泄、心藏神两者亦相互联系，相互影响。如肝疏泄失常，肝郁化火，可以扰及心神，出现心神不宁、狂躁不安等症；反之，心火亢盛，也可使肝血受损，出现血不养筋或血不养目等症。

（四）心与肾

心位于上焦，其性属火、属阳；肾位于下焦，其性属水、属阴；二者之间存在着相互滋养、相互制约的关系。在生理条件下，心火不断下降，以资肾阳，共同温煦肾阴，使肾水不寒；同时，肾水不断上济于心，以资心阴，共同濡养心阳，使心阳不亢。这种阴阳相交，水火相济的关系，称为"水火既济"、"心肾相交"。在病理情况下，若肾水不足，不能上滋心阴，就会出现心阳独亢或口舌生疮的阴虚火旺之证；若心火不足，不能下温肾阳，以致肾水不化，就会上凌于心，出现"水气凌心"的心悸症。此外，心主血，肾藏精，精血互化，故肾精亏损和心血不足之间也常互为因果。

（五）肺与脾

肺与脾的关系，主要表现在气的生成与水液代谢两个方面。在气的生成方面，肺主气，脾主运化，存在着主气与益气的关系。脾所传输的水谷之气，上输于肺，与肺所吸入的自然之气结合而形成宗气，故有"脾为生气之源，肺为主气之枢"之说。在水液代谢方面，机体水液经脾的运化功能，上输于肺，通过肺气的宣降布散周身以及下输肾或膀胱，脾、肺二脏相互配合，共同参与水液的代谢过程。脾与肺在病理变化上也密切相关，若脾气虚弱，脾失健运，水湿不能运化，聚为痰饮，则影响肺气的宣降，出现咳嗽、气喘等症，故有"脾为生痰之源，肺为贮痰之器"之说。同样，肺有病也可影响到脾，如肺气虚，宣降失职，可引起水液代谢不利，湿邪困阻脾气，脾不健运，出现水肿、倦怠、腹胀、便溏等症。

（六）肺与肝

肺与肝的关系，主要表现在气机的升降方面。肝的经脉上行，贯膈而注于肺；肝以升发为顺，肺以肃降为常。肝气升发，肺气肃降，二者协调，则机体气机升降运行畅通无阻。如肝气升发太过而上逆，影响肺气的肃降，则出现胸满喘促等症；若肝阳过亢，肝火过盛则灼伤肺津，可引起肺燥咳嗽等症。若肺失肃降，则影响肝之升发，可出现胸胁胀满等症；若肺气虚弱，气虚血涩，则致肝血瘀滞，可引起肢体疼痛、视力减退等症。

（七）肺与肾

肾与肺的关系，主要表现在水液代谢和保持正常呼吸两个方面。在水液代谢方面，肺主宣降，肾主气化并司膀胱的开合，共同参与水液代谢，故有"肾主一身之水，肺为水之上源"之说。水液需经肺气的肃降才能下达于肾，肾有气化和升降水液的功能，因此，肺、肾二脏的功能失调，均可导致水液停留，引起水肿等症。

在呼吸方面，肺司呼吸，为气之主；肾主纳气，为气之根；二者协同配合以完成机体的气体交换。肾的精气充足，肺所吸入之气才能下纳于肾，呼吸才能和利。若肾气不足，肾不纳气，则出现呼吸困难、呼多吸少、动则气喘等症；若因肾阴不足而致肺阴虚弱，则出现虚热、盗汗、干咳等症。同样，肺的气阴不足，亦可影响到肾，而致肾虚之证。

（八）肝与脾

肝与脾的关系，主要是疏泄和运化的关系。肝藏血而主疏泄，脾生血而司运化，肝气的疏泄与脾胃之气的升降有着密切关系。肝的疏泄调畅，脾胃升降适度，则血液生化有源。若肝气郁滞，疏泄失常，就可引起脾不健运，出现食欲不振、肚腹胀满、腹痛、泄泻等症。反之，若脾失健运，水湿内停，日久蕴热，湿热郁蒸于中焦，也可致肝疏泄不利，胆汁不循常道，横溢肌肤而形成黄疸。

（九）肝与肾

肝与肾的关系，主要表现在肾精和肝血相互滋生方面。肾藏精，肝藏血，肝血需要肾精的滋养，肾精又需肝血的不断补充，即精能生血，血能化精，二者相互依存，相互补充。肝、肾二脏往往盛则同盛，衰则同衰，故有"肝肾同源"之说。在病理上，精血的病变亦常常互相影响。如肾精亏损，可导致肝血不足；肝血不足，也可引起肾精亏损。由于肝肾同源，肝肾阴阳之间的关系也极为密切。肝肾之阴，相互资生，在病理上也相互影响。如肾阴不足可引起肝阴不足，阴不制阳而致肝阳上亢，出现痉挛、抽搐等"水不涵木"之证；若肝阴不足，亦可导致肾阴不足而致相火上亢，出现虚热、盗汗等症。

（十）脾与肾

脾与肾的关系，主要是先天与后天的关系。脾为后天之本，肾为先天之本。脾主运化，肾主藏精，二者相互滋生，相互促进。肾所藏之精，需脾运化水谷之精的滋养才能充盈；脾的运化，又需肾阳的温煦，才能正常发挥作用。若肾阳不足，不能温煦脾阳，可引发腹胀、泄泻、水肿等证；而脾阳不足，不能运化水谷精气，则又可引起肾阳的不足或肾阳久虚，出现脾肾阳虚之证，主要表现为体质虚弱，形寒肢冷，久泻不止，肛门不收，四肢水肿。

二、腑与腑的关系

腑与腑之间的关系，主要是传化物的关系。水谷入于胃，经过胃的腐熟与初步消化，下传于小肠，由小肠进一步消化吸收以分别清浊，其中营养物质经脾转输于周身，糟粕则下注于大肠，经大肠的消化、吸收和传导，形成粪便，从肛门排出体外。在此过程中，胆排泄胆汁，以协助小肠的消化功能；代谢废物和多余的水分，下注膀胱，经膀胱的气化，形成尿液排出体外；三焦是水液升降输布的主要通道。饮食物的消化、吸收、传导、排泄是由各腑相互协调，共同配合而完成的。因六腑传化水谷，需要不断地受纳排空，虚实更替，故六腑以通为顺。一旦腑气不通或水谷停滞，就会引起各种病证，治疗时常以使其畅通为原则。

六腑在生理上相互联系，在病理上也相互影响。六腑之中一腑不通，必然会影响水谷的传化，导致它腑功能失常。如胃有实热，消灼津液，可使大肠传导不利，引起大便秘结；而粪便不通，又能影响胃的和降，致使胃气上逆，出现呕吐等症。又如胃有寒邪，不能腐熟水谷，可影响小肠分别清浊的功能，致使清浊不分而注入大肠，成为泄泻之症。若脾胃湿热，熏蒸肝胆，使胆汁外溢，则发生黄疸等。

三、脏与腑的关系

五脏与六腑彼此之间有经脉相互络属，构成了一脏一腑，一阴一阳，一表一里的密切关系。它们不仅在生理上相互联系，而且在病理上也互为影响。

（一）心与小肠

心与小肠的经脉相互络属，构成一脏一腑的表里关系。在生理情况下，心气正常，有利于小肠气血的补充，小肠才能发挥分别清浊的功能；而小肠功能的正常，又有助于心气的正常活动。在病理情况下，若小肠有热，循经上熏于心，则可引起口舌糜烂等心火上炎之证。反之，若心经有热，循经下移于小肠，可引起尿液短赤、排尿涩痛等小肠实热的病证。

（二）肺与大肠

肺与大肠的经脉相互络属，构成一脏一腑的表里关系。在生理情况下，大肠的传导功能正常，有赖于肺气的肃降，而大肠传导通畅，肺气才能和利。在病理情况下，若肺气壅滞，失其肃降之功，可引起大肠传导阻滞，导致粪便秘结；反之，大肠传导阻滞，亦可引起肺气肃降失常，出现胸闷、咳喘等症。在临床治疗上，肺有实热时，常泻大肠，使热由大肠下泄。反之，大肠阻塞时，也可宣通肺气，以疏利大肠。

（三）脾与胃

脾与胃都是消化水谷的重要器官，两者有经脉相互络属，构成一脏一腑的表里关系。脾主运化，胃主受纳；脾气主升，胃气主降；脾性本润而恶湿，胃性本燥而喜润。二者一化一纳，一升一降，一润一燥，相辅相成，共同完成消化、吸收、输送营养物质的任务。胃受纳、腐熟水谷是脾主运化的基础。胃将受纳、消磨的水谷及时传输小肠，保持胃肠的虚实更替，故胃气以降为顺。脾主运化是为"胃行其津液"，脾将水谷精气上输于心肺以形成宗气，并借助宗气的作用散布周身，故脾气以升为顺。脾喜燥而恶湿，若脾不健运，则水湿停聚，阻遏脾阳，可出现便溏、精神倦怠、食欲不振和食后腹胀等湿困脾阳的症状。胃喜润而恶燥，若胃中津液亏虚，胃失濡润，则出现水草迟细、胃中胀满等症。因此，脾与胃一湿一燥，燥湿相济，阴阳相合，方能完成水谷的运化过程。

由于脾胃关系密切，在病理上常常相互影响。如脾为湿困，运化失职，清气不升，可影响到胃的受纳与和降，出现食少、呕吐、肚腹胀满等症；反之，若饮食失节，食滞胃脘，胃失和降，亦可影响脾的升清及运化，出现腹胀、泄泻等症。

(四) 肝与胆

胆附于肝，肝与胆有经脉相互络属，构成表里关系。胆汁来源于肝，肝疏泄失常则影响胆汁的分泌和排泄；而胆汁排泄失常，又影响肝的疏泄，出现黄疸、消化不良等症。故肝与胆在生理上关系密切，在病理上相互影响，常常肝胆同病。

(五) 肾与膀胱

肾与膀胱的经脉相互络属，二者互为表里。肾主水，膀胱有储存和排泄尿液之功，两者均参与机体的水液代谢。肾气有助膀胱气化及司膀胱开合以约束尿液的作用，若肾气充足，固摄有权，则膀胱开合有度，尿液的储存和排泄正常；若肾气不足，失去固摄及司膀胱开合的作用，则引起多尿及尿失禁等症；若肾虚气化不及，则导致尿闭或排尿不畅。

第三章 气血津液

气、血、津液是构成机体的基本物质，也是维持机体生命活动的物质基础。气、血、津液既是脏腑、经络等组织器官生理活动的产物，又为脏腑、经络等组织器官的生理活动提供必需的物质和能量。

第一节 气

（一）气的基本概念

气是不断运动的、至精至微的物质，是构成机体和维持其生命活动的最基本的物质。

气是不断运动的。机体的生命活动实际上就是体内气的运动和变化。如体内外气体的交换；营养物质的消化、吸收和运输；血液的运行，津液的输布和代谢；体内代谢物的排泄等，都是通过气的运动来实现的。如果气的运动和变化停止，机体的生命活动就会终止。机体生命所赖者，唯气而已，气聚则生，气散则死。

（二）气的生成

机体内气的生成，主要源于两个方面：一是禀受于父母的先天之精气，即先天之气。它藏之于肾，是构成生命的基本物质，为机体生长发育和生殖的根本，是机体气的重要组成部分。二是肺吸入的自然之清气和脾胃所运化的水谷之气，即后天之气。自然之清气，由肺吸入，在肺内不断地同体内之气进行交换，参与机体气的生成；水谷之气，由脾胃所运化，输布于全身，滋养脏腑，化生气血，是维持机体生命活动的主要物质。

（三）气的运动

气是不断运动的，气的运动称气机，其运动基本形式有升、降、出、入四种。所谓升，是指气自下而上的运动，如脾将水谷精微物质上输于肺为升；所谓降，是指气自上而下的运动，如胃将腐熟后的食物下传小肠为降；所谓出，是指气由内向外的运动，如肺呼出浊气为出；所谓入，是指气由外向内的运动，如肺吸入清气为入。

气在体内的运行以血、津液等为载体，故气的运动，一方面体现于血、津液的运行，另一方面体现于脏腑器官的生理活动。升降运动是脏腑的特性，而其运动趋势在不同的脏腑表现不同。就五脏而言，心肺在上，在上者宜降；肾在下，在下者宜升；肝胆、脾胃居中，通连上下，为升降的枢纽。就六腑而言，虽然六腑传化物而不藏，以通为用，宜降，但在食物的传化过程中，也有吸收水谷精微和津液的作用，故其气机的运动是降中寓升。

气机的升降，对于机体的生命活动至关重要。只有各脏腑器官的气机升降正常，维持相对平衡，才能保证机体内外气体的交换，营养物质的消化、吸收，水谷精微之气以及血和津液的输布，代谢产物的排泄等新陈代谢活动的正常。否则，就会发生气机升降失调的病证。

（四）气的生理功能

1. 推动作用 气的推动作用，是指气有激发和推动的作用。气是活力很强的精微物质，能够激发、推动和促进机体的生长发育及各脏腑组织器官的生理功能，推动血液的生成、运行，以及津液的生成、输布和排泄。若气的推动作用减弱，可影响机体的生长、发育，或使脏腑组织器官的生理活动减退，出现血液和津液的生成不足，运行迟缓，输布、排泄障碍等病证。

2. 温煦作用 气的温煦作用，是指阳气能够生热，具有温煦机体脏腑组织器官以及血、津液等的作用。机体的体温，依赖于气的温煦作用得以维持恒定；机体各脏腑组织器官正常的生理活动，依赖于气的温煦作用得以进行；血和津液等液态物质，也依赖于气的温煦作用才能环流周身而不致凝滞。若阳气不足，则会因产热过少而引起四肢、耳鼻俱凉，体温偏低的寒证；若阳气过盛，则会因产热过多而引起四肢、耳鼻俱热，体温偏高的热证。

3. 防御作用 气的防御作用，是指气有保卫机体，抗御外邪的作用。气一方面可以抵御外邪的入侵，另一方面还可祛邪外出。气的防御功能正常，邪气就不易侵入；或虽有外邪侵入，也不易发病；即使发病，也易于治愈。若气的防御作用减弱，机体就易感外邪而发病，或发病后难以治愈。

4. 固摄作用 气的固摄作用，是指气有统摄和控制体内液态物质，防止其无故丢失的作用。气的固摄作用主要表现为以下三个方面：一是固摄血液，保证血液在脉中的正常运行，防止其溢出脉外；二是固摄汗液、尿液、唾液、胃液、肠液等，控制其正常的分泌量和排泄量，防止体液丢失；三是固摄精液，防止妄泄。气的固摄功能减弱，可导致体内液态物质的大量丢失。例如，气不摄血，可导致各种出血；气不摄津，可导致自汗、多尿、小便失禁、流涎等；气不固精，可出现滑精、早泄等。

5. 气化作用 所谓气化，是指通过气的运动而产生的各种变化。各种气的生成及其代谢，精、血、津液等的生成、输布、代谢及其相互转化等均属于气化的范畴。机体的新陈代谢过程，实际上就是气化作用的具体体现。如果气的气化作用失常，则影响机体各种物质的代谢过程，如食物的消化吸收，气、血、津液的生成、输布，汗液、尿液和粪便的排泄等皆属气化的具体体现。气化过程的激发和维系，离不开脏腑的功能。气化过程的有序进行，是脏腑生理活动相互协调的结果。

6. 营养作用 气的营养作用，主要是指脾胃所运化的水谷精微之气对机体各脏腑组织器官所具有的营养作用。水谷精微之气，可以化为血液、津液、营气、卫气等，机体的各脏腑组织器官无一不需这些物质的营养，才能正常发挥其生理功能。

（五）气的分类

动物体之气是由肾中精气、脾胃运化的水谷精气和肺吸入的清气，在肾、脾胃和肺等脏腑的综合作用下产生的。由于气的组成成分、来源、在机体分布的部位及其作用的不同，而有不同的名称，主要有元气、宗气、营气、卫气四种。

1. 元气 元气根于肾，又称原气、真气。它由先天之精所化生，藏之于肾，又赖后天精气的滋养，才能不断地发挥其作用。元气是机体生命活动的原始物质及其生化的原动力。它赖三焦通达周身，使脏腑组织器官得到激发与推动，以发挥其功能，维持机体的正常生长发育。五脏六腑之气的产生，都源于元气的资助。因而元气充，则脏腑盛，身体健康少病。反之，若先天禀赋不足或久病损伤元气，则脏腑气衰，抗邪无力，而体弱多病。

2. 宗气 宗气由脾胃所运化的水谷之气和肺所吸入的自然之清气结合而成。它形成于肺，聚于胸中，有助肺以行呼吸和贯注心脉以行营血的作用。如《灵枢·邪客》说："故宗气积于胸中,出于喉咙,以贯心脉,而行呼吸焉。"呼吸及声音的强弱,气血的运行,肢体的活动能力等都与宗气的盛衰有关。宗气充盛,则机体有关生理活动正常;若宗气不足,则呼吸少气,心气虚弱,甚至引起血脉凝滞等病变。

3. 营气　营气是由水谷之气中最富营养的部分化生而来,与血并行于脉中,成为血液的组成部分,并随血液运行周身。营气除了化生血液外,还有营养全身的作用。由于营气行于脉中,化生为血,其营养全身的功能又与血液基本相同,故营气与血可分而不可离,常并称为"营血"。

4. 卫气　卫气是由水谷之气中最富活力、剽悍的部分化生而来,是机体阳气的一部分,故有"卫阳"之称。卫气行于脉外,敷布全身,在内散于胸腹,温养五脏六腑;在外布于肌表皮肤,温养肌肉,润泽皮肤,滋养腠理,启闭汗孔,保卫肌表,抗御外邪。故《灵枢·本藏篇》云:"卫气者,所以温分肉,充皮肤,肥腠理,司开阖者也。"若卫气不足,肌表不固,外邪就可乘虚而入。

第二节　血

(一) 血的概念

血是一种含有营气的红色液体。它依靠气的推动,循着经脉流注周身,具有很强的营养与滋润作用,是构成机体和维持机体生命活动的重要物质。从五脏六腑,到筋骨皮肉,都依赖于血的滋养才能进行正常的生理活动。

(二) 血的生成

血由营气和津液构成。其生成主要有以下三个方面:

(1) 血液主要来源于水谷精微,脾胃是血液的生化之源。脾胃接受水谷精微之气,并将其转化为营气和津液,再通过气化作用,将其变化为红色的血液。《景岳全书》说:"血者,水谷之精气也,源源而来,而实生化于脾。"由于脾胃所运化的水谷精微是化生血液的基本物质,故称脾胃为"气血生化之源"。

(2) 营气入于心脉有化生血液的作用。如《灵枢·邪客篇》说:"营气者,泌其津液,注之于脉,化以为血。"

(3) 精血之间可以互相转化。如《张氏医通》说:"气不耗,归精于肾而为精,精不泄,归精于肝而化清血。"即认为肾精与肝血之间,存在着相互转化的关系。因此,临床上血耗和精亏往往相互影响。

(三) 血的生理功能

血具有营养和滋润全身的功能。《难经·二十二难》说:"血主润之。"血在脉中循行,内至五脏六腑,外达筋骨皮肉,不断地对全身的脏腑、形体、五官九窍等组织器官起着营养和滋润作用,以维持其正常的生理活动。血液充盈,则口色红润,皮肤与被毛润泽,筋骨强劲,肌肉丰满,脏腑坚韧;若血液不足,则口色淡白,皮肤与被毛枯槁,筋骨痿软或拘急,肌肉消瘦,脏腑脆弱。此外,血还是机体精神活动的主要物质基础。若血液供给充足,则精神活动正常。否则,就会发生精神紊乱的病证。故《灵枢·平人绝谷篇》说:"血脉和利,精神乃居。"

第三节 津　　液

（一）津液的概念

津液是机体一切正常水液的总称，包括各脏腑组织内在的体液及其分泌物，如胃液、肠液、关节液以及涕、泪、唾等。其中，清而稀者称为"津"，浊而稠者称为"液"。津和液虽有区别，但因其来源相同，又互相补充、互相转化，故一般情况下，常统称为津液。津液广泛地存在于脏腑、形体、官窍等器官组织中，是构成机体和维持机体生命活动的基本物质。

（二）津液的生成、输布和排泄

1. 津液的生成　津液来源于饮食水谷，经脾、胃、小肠、大肠吸收其中的水分和营养物而生成。胃主受纳、腐熟水谷，吸收水谷中的部分精微物质；小肠接受胃下传的食糜，分别清浊，吸收其中的大部分水分和营养物质后，将糟粕下输于大肠；大肠吸收食物残渣中的多余水分，形成粪便。胃、小肠、大肠所吸收的水谷精微，一起输送到脾，通过脾布散全身。

2. 津液的输布　津液的输布主要依靠心、脾、肺、肾、肝和三焦等脏腑的综合作用来完成。心推动血液运行；脾主运化水谷精微，将津液上输于肺；肺接受脾转输来的津液，通过宣发和肃降作用，将其输布全身，并将代谢后的水液下输肾及膀胱；肾接受下输的津液后，通过其蒸腾气化再次分别清浊，清者上输于肺而布散全身，浊者化为尿液下注膀胱，排出体外。此外，肝主疏泄，可使气机调畅，从而促进了津液的运行和输布；三焦则是津液运行和输布的通道。由此可见，在津液的输布过程中，任何一个脏腑的功能失调，都会影响津液的正常运行和输布，导致津液亏损或水湿内停等证。

3. 津液的排泄　一是由肺宣发至体表皮毛的津液，被阳气蒸腾而化为汗液，由汗孔排出体外；二是代谢后的水液，经肾和膀胱的气化作用，形成尿液排出体外；三是在大肠排泄粪便时，带走部分津液。四是肺在呼气时，也会呼出部分津液。

（三）津液的生理功能

1. 滋润和营养作用　津液中含有大量的水分和营养物质，所以对机体各组织器官具有滋润和营养作用。与血液的功能比较而言，津液以滋润作用为主。但就津和液相对而言，津多输布于肌肤、孔窍，以滋润作用为主，液多输布于脏腑、脑髓、关节，以营养作用为主。

2. 化生血液　津液主要输布于脉外，但其进入脉中以后，可化为血液，成为血液的组成部分。

3. 运输废物　津液在代谢过程中，能把机体各部分的代谢废物收集起来，通过脉内或脉外的途径，运输到有关的排泄器官，不断地排出体外，以保障各组织器官的正常生理活动。

第四节　气血津液之间的关系

气、血、津液是构成机体和维持机体生命活动的基本物质，三者之间存在着相互依存、相互转化、相互为用和相互影响的关系。

（一）气和血的关系

气属阳，血属阴，气的功能以推动、温煦为主，血的功能以营养、滋润为主。气血之间存在着气为血帅、血为气母的关系。

1. 气为血帅　气为血帅，是指气能生血、气能行血及气能统血三个方面。

（1）气能生血：一方面是指气，特别是水谷精微之气是化生血液的原料；另一方面是血的化生过程离不开气化。无论是饮食物转化成水谷精微、水谷精微转化成营气和津液、营气和津液转化成血液的过程，还是精转化成血的过程，均需要依靠气的作用。气旺，则生血充足；气虚，则影响血的化生，甚而出现血虚。临床治疗血虚证时，常于补血方剂中配以补气药，就是取补气以生血之意。

（2）气能行血：血属阴而主静，气属阳而主动。血液在脉中的循行有赖于气的推动，即所谓"气行则血行，气滞则血瘀"。一旦出现气虚、气滞，就会导致血行不利，甚至引起血瘀等证。临床上治疗血瘀证时，常在活血化瘀方剂中配以行气导滞之品。

（3）气能统血：气对血液具有统摄作用，使之循行于脉中，而不致外溢。气的统摄作用主要是由脾气来实现的。如脾气虚，不能统血，临床上就会出现各种出血病证，被称为"气不摄血"。临床上治疗出血证时，常在止血方剂中配以补气药，以达到补气摄血的目的。

2. 血为气母　血为气母，是指血是气的载体，同时也是气的营养来源。气无形而动，必须附着于有形之血，才能行于脉中而不致散失。血液具有运载水谷之精气、自然之清气的功能，故血能载气。若气不能依附于血，则将飘浮不定。若血虚，气无所依，必将因气的流散而导致气虚。脏腑经络之气的生成以及维持其充足和调和，除与先天之气有关外，主要依赖于后天之气的不断充养，而后天之气输布于脏腑经络，主要靠血液的运输作用，当血液大量丧失时，常常引起气脱。故临床治疗大出血所致气随血脱证时，须用益气固脱来急救，同时还需配合止血补血的方法。

（二）气和津液的关系

津液是血液的组成部分，因而气与津液的关系，与气和血的关系基本相同，不再赘述。

（三）血和津液的关系

血和津液在性质上均属于阴，都是以营养、滋润为主要功能的液体，都来源于水谷之精气，由其所化生，故有"津血同源"之说。二者又能相互渗透转化，故关系非常密切。津液是血液的组成部分，如《灵枢·痈疽篇》说："津液和调，变化而赤为血"；而血的液体部分渗于脉外，可成为津液，若出血过多，可引起耗血伤津的病证；严重的伤津脱液，又可损及血液，引起津枯血燥。临床上有血虚表现的病证，一般不用汗法，而对于多汗津亏者，也不宜用放血疗法。故《灵枢·营卫生会篇》说："夺血者无汗，夺汗者无血。"

第四章 经　络

经络是机体经脉和络脉的总称。经，"经者，径也"，有路径之意，即经脉，是经络系统中纵行的主干，贯通上下，沟通内外，大多循行于机体深部，有一定的循行部位。络，有网络之意，《灵枢·脉度篇》说："支而横出者为络"，可见络脉是经脉的分支，纵横交错，网络全身，循行于较浅部位，有的显现于体表。

经络是机体联络周身、运行气血、感应传导、调节功能的通路，是机体组织结构的重要组成部分。它把脏腑、肢体官窍及皮肉筋骨等组织紧密地联结成统一的有机整体，从而保证了生命活动的正常进行。

经络学说，是阐述动物体经络系统的组成、循行分布、生理功能、病理变化及其与脏腑组织、气血以及体表相互关系的学说，是中兽医学理论的重要组成部分。它对辨证、用药以及针灸治疗都具有重要的指导意义。《灵枢·经脉篇》中云："经脉者，所以能决死生，处百病，调虚实，不可不通。"清代喻嘉言也说："凡治病不明脏腑经络，开口动手便错。"由此可见掌握经络学说的重要性。

经络系统主要包括经脉、络脉、内属脏腑部分和外连体表部分（表4-1）。

表4-1　经络系统简表

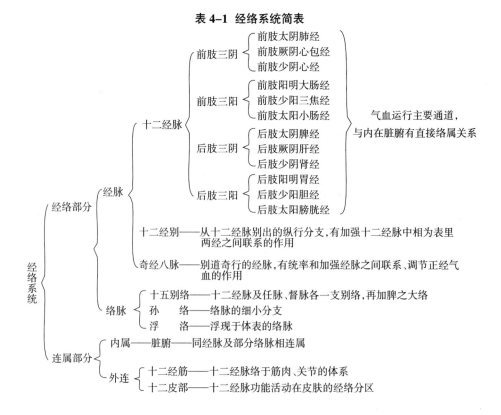

经脉，主要有十二经脉、十二经别和奇经八脉。十二经脉是经络系统的主体，又称为十二正经，即前肢三阳经和三阴经，后肢三阳经和三阴经。十二经别是从十二经脉分出的纵行支脉，具有濡养脏腑的作用，可以加强十二经脉中相为表里两经之间的联系，可以联系某些正经未循行到的器官和形体部位，从而补充了正经之不足，故又称为"别行的正经"。奇经八脉其循行、分布与十二经脉、十二经别有所不同，虽然大部分是纵行的、左右对称的，但也有横行和分布在躯干正中线的；它具有统率和加强经脉之间的联系、调节正经气血的作用。

络脉，是经脉的分支，参与十二经脉的整体循环，一般多分布于体表，联系"经筋"和"皮部"。络脉包括别络、孙络和浮络。别络含有本经别走邻经之意，共有十五条，即十二经脉和任、督二脉各有一支别络，再加上脾之大络，是较大的和主要的络脉，其功能是加强表里阴阳两经在体表的联系与调节作用。络脉中细小的分支称为孙络。浮行于浅表部位的络脉称为浮络。浮络在皮肤上暴露出的细小血管称为血络。络脉从大到小，分成无数细支遍布全身，从而使经络中运行的气血，由线状流行扩展为面状弥散，将气血渗灌到机体各个部位，对整体起营养作用。

经络对内连属着全身各个脏腑组织器官，十二经脉中，每一条经脉都与互为表里的脏腑相连属，形成"脏腑络属"关系，即十二经脉各与其本身脏或腑直接相连，称之为"属"，同时也各与其相表里的脏或腑相联系，称之为"络"。阳经属腑而络脏，阴经属脏而络腑。例如前肢太阴肺经的经脉，属肺络于大肠；前肢阳明大肠经的经脉，属大肠络于肺等。通过经络的循环、交叉和交会，各经脉还与其他有关内脏贯通连接，构成脏腑之间错综复杂的联系。

经络对外与体表组织相联系，主要有十二经筋和十二皮部。经筋是十二经脉所连属的筋肉骨节系统，即十二经脉及其络脉中气血所濡养的肌肉、肌腱、筋膜、韧带等，具有连缀四肢百骸，主司关节运动的作用。皮部是十二经脉及其所属脏腑功能活动在体表一定部位的反应区。它是机体的最外层，与经络气血相通，是机体卫外的屏障，具有保卫机体、抗御外邪和反映病理变化的作用，同时也是经脉感受病邪的一个途径。

由上可知，经络通过有规律的循行和复杂的联络交会，组成了经络系统，故《灵枢·海论篇》中说它"内属于脏腑，外络于肢节"。

第一节　十二经脉

十二经脉是经络系统的核心组成部分，有一定的起止部位、走向及交接规律和流注次序，与脏腑有直接的络属关系。

（一）十二经脉的命名

十二经脉的命名规律是以在前、后肢的分布、阴阳的属性、所属脏腑的名称为依据。根据阴阳学说，行于四肢内侧的为阴经，属脏；行于四肢外侧的为阳经，属腑。十二经脉对称地分布于前、后肢的内、外两侧，每一侧面有三条经脉分布，一阴一阳衍化为三阴三阳，即肢体内侧面的前、中、后，分别称为太阴、厥阴、少阴；肢体外侧面的前、中、后分别称为阳明、少阳、太阳。根据各经所联系脏腑的阴阳属性以及在肢体循行部位的不同，十二经脉的名称见表4-2。

表 4-2 十二经脉名称分类表

循行部位 （阴经行于内侧，阳经行于外侧）		阴经 （属脏络腑）	阳经 （属腑络脏）
前肢	前缘	太阴肺经	阳明大肠经
	中线	厥阴心包经	少阳三焦经
	后缘	少阴心经	太阳小肠经
后肢	前缘	太阴脾经	阳明胃经
	中线	厥阴肝经	少阳胆经
	后缘	少阴肾经	太阳膀胱经

十二经脉可组成六对"表里相合"关系，即前（后）肢的太阳与少阴为表里，少阳与厥阴为表里，阳明与太阴为表里。相为表里的两经，分别循行于四肢内外侧的相对位置，并在四肢末端交接而加强了脏腑的联系。

（二）十二经脉的走向及交接规律

十二经脉的走向规律：前肢三阴经，从胸部开始，循行于前肢内侧，止于前肢末端，与前肢三阳经交会；前肢三阳经，由前肢末端开始，循行于前肢外侧，抵达于头部，与后肢三阳经相交会；后肢三阳经，由头部开始，经背腰部，循行于后肢外侧，止于后肢末端，与后肢三阴经交会；后肢三阴经，由后肢末端开始，循行于后肢内侧，经腹达胸，在胸部与前肢三阴经交会（图4-1）。

图 4-1 十二经脉的走向及交接示意图

十二经脉的交接规律是：

（1）阴经与阳经交接：相为表里的阴经与阳经在四肢末端相交接，例如前肢太阴肺经与前肢阳明大肠经在蹄冠前内缘交接。

（2）阳经与阳经交接：同名的前、后肢阳经在头部交接，如前、后肢阳明经都通于鼻。前肢三阳经止于头部，后肢三阳经起于头部，故称"头为诸阳之会"。

（3）阴经与阴经交接：三阴经在胸腹相交接，后肢太阴经与前肢少阴经交接于心中，后肢少阴经与前肢厥阴经交接于胸中，后肢厥阴经与前肢太阴经交接于肺中等。后肢三阴经止于胸部，前肢三阴经起于胸部，故称"胸为诸阴之会"。

（三）十二经脉的流注次序

流注，是指气血在机体内的流动灌注。十二经脉是全身气血运行的主要通道。气血在十二经脉内流动不息、依次循环灌注，始于前肢太阴肺经，至后肢厥阴肝经，又复注于前肢太阴肺经，构成了一个"阴阳相贯，如环无端"（《灵枢·营卫生会》）的整体循行系统（表4-3）。

气血在十二经脉中运行时，还有一条分支，即由前肢太阴肺经开始，传注于任脉，上行通连督脉，循脊背，环绕阴部，又连接任脉，到胸腹再与前肢太阴肺经衔接。这样，十二经脉加上任、督二脉，合称"十四经脉"。

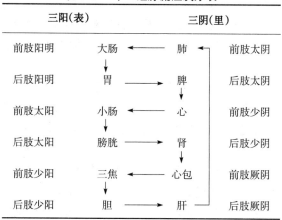

表 4-3　十二经脉流注次序表

第二节　奇经八脉

奇经八脉，是任脉、督脉、冲脉、带脉、阴维脉、阳维脉、阴跷脉、阳跷脉八条经脉的总称。它们与十二正经不同，既不直属脏腑，又无表里相合关系，"别道奇行"，故称"奇经"。但它们与奇恒之腑关系密切。

奇经八脉对十二经脉、经别、络脉具有统率主导、广泛联系的作用。其中任脉，任有任养、担任之意，起于胞中，行于腹正中线，止于头部，总任一身之阴脉，故称其为"阴脉之海"。任脉还有妊养胞胎的作用，故又有"任主胞胎"之说。督脉，督有总督之意，起于胞中，行于背正中线，止于头部，主司生殖，总督一身之阳脉，故称其为"阳脉之海"。冲脉，冲有要冲之意，起于胞中，行于颈、腹两侧，其分支经后肢内侧达足或蹄之中心，与后肢少阴经并行。冲脉能通行上下，渗灌三阴三阳，能调节十二经脉气血，总领一身之气血，故有"十二经之海"和"血海"之称。因任、督、冲脉同起于胞中，然后别道而行，故有"一源三歧"之说。带脉，带有腰带、束带之意，环行于腰部，具有约束纵行诸脉、沟通腹部经脉、调节脉气的作用。阴维脉和阳维脉，维有维系、连接之意，分别具有维系、联络全身阴经和阳经的作用，主一身之里、一身之表。阴跷脉、阳跷脉，跷有强盛、轻健矫捷之意，左右成对，具有协调肢体内、外两侧阴阳之气和调节肢体运动，司眼睑开合的作用。阳跷脉主一身左右之阳，阴跷脉主一身左右之阴。

奇经八脉还具有渗灌、调节全身气血运行的作用。当十二经脉中气血充盈时，则"蓄藏"于奇经八脉；十二经脉气血不足时，则由奇经八脉"溢出"及时给予补充。

第三节　经络的生理功能及经络学说的临床应用

构成经络系统和维持经络功能活动的最基本物质，称之为经气，又称经络之气，包括气以及由气化生的血、精、津液等所有生命所必需的营养物质。经络的生理功能及其临床应用都与此相关。

(一) 经络的生理功能

1. 沟通表里上下，联系周身整体 经络纵横交贯、遍布全身，将机体内外、脏腑、肢节、官窍联结成为一个有机整体。十二经脉及其分支相互络属于脏腑，奇经八脉联系沟通十二正经，十二经筋、十二皮部联络筋脉皮肉，从而使机体成为一个表里、上下彼此之间紧密联系、协调共济的统一体。

2. 运行气血，温养全身 机体各组织器官，均需气血的温煦、濡养，才能维持正常的生理活动，而气血必须通过经络循环贯注而通达全身，发挥其温养和抗御外邪的作用。故《灵枢·本藏篇》说："经脉者，所以行血气而营阴阳，濡筋骨，利关节者也。"

3. 感应传导 经络具有传递、通导信息的功能，是机体各部分之间的信息传导网。当肌表受到某种刺激时，刺激信息就沿着经脉传于体内有关脏腑，使该脏腑的功能发生变化，从而达到疏通气血和调整脏腑功能的目的。而体内的某种刺激使该脏腑功能活动发生变化时，也可通过经络的传导而反映于体表，这是诊断上"有诸内必形诸外"的主要结构基础和生理功能。

4. 调节机能活动 经络在沟通、传导功能的基础上，通过经气的作用，协调阴阳，使机体功能活动保持相对平衡，这是针灸疗法治病的主要生理机制。当疾病发生时，出现气血不和及阴阳偏胜偏衰的证候，即可运用针灸等治法以激发经络的调节作用，以"泻其有余，补其不足，阴阳平复"(《灵枢·刺节真邪》)。

(二) 经络学说的临床应用

经络是气、血、津液等营养物质的运行通道，它保证了正常的生命活动。同时，它在病理变化、疾病诊断及药物与针灸治疗等方面具有重要作用。

1. 阐释病理变化 正常生理情况下，经络具有联系周身、运行气血、感应传导等作用。当发生病变时，经络同样可成为传递病邪和反映病变的途径。经络不仅是外邪从皮毛腠理内传于五脏六腑的途径，也是相为表里的脏腑以及各个脏腑之间病变相互影响的途径。"邪客于皮则腠理开，开则邪客于络脉，络脉满则注于经脉，经脉满则入舍于脏腑也"(《素问·皮部论》)。又如外感风寒在表不解，可通过前肢太阴肺经传入肺脏而致咳喘等症。又如大肠实热、腑气不通，可使肺气不利而致喘咳胸满等症。

2. 协助疾病诊断 经络有一定的循行部位和络属脏腑，它可反映所属脏腑的病证，内脏的病变可表现于外在某些特定的部位或与其相应的官窍，因而从外部的诊察则可推断内部的疾病。例如心火亢盛，可循心经上传于舌，出现口舌红肿糜烂等症状；肝火亢盛，可循肝经上传于目，出现目赤肿痛、睛生翳膜等症状；肾有病，可循肾经传于腰部，出现腰胯疼痛无力等症状。临床实践发现，在经络循行的通路上，或在经气聚集的某些穴位处，出现明显的压痛或有结节状、条索状的反应物，或局部皮肤的形态变化，也常有助于疾病的诊断。

3. 指导临床治疗 采用药物或针灸治疗时，主要是利用经络感应传导、沟通表里的功能，达到调理经络气血和调节脏腑机能活动的作用。

药物归经理论认为，某些药物对某一脏腑经络有特殊作用，经络能够选择性地传递某些药物，使药达病所发挥治疗作用，从而提出了"按经选药"的原则。例如黄连泻心火、黄芩泻肺火、黄柏泻肾火、石膏泻胃火等。在临床实践中还有某些引经药，如桔梗引药上行专入肺经，牛膝引药下行专入肝肾两经等。

针灸的"循经取穴"原则，即治疗某一经或某一脏腑的病变时，就在病变所属的经脉上取穴，通过经络感应传导针灸的刺激作用，达到调理气血和脏腑功能的目的。穴位的选取，必须准确判定病证所属经络后，根据经络的循行分布和联系范围来确定。例如胃热血针玉堂穴（后肢阳明胃经），腹泻血针带脉穴（后肢太阴脾经），冷痛血针三江穴（后肢阳明胃经）和四蹄头穴（前蹄头属前肢阳明大肠经，后蹄头属后肢阳明胃经）等。

第五章 病因病机

病因，即致病因素，是引起动物疾病发生的原因。病机，是指各种病因作用于机体，引起疾病发生、发展与转归的机理。

中兽医学认为，机体内部各脏腑组织之间以及机体与外界环境之间，是一个既对立又统一的整体。正常情况下处于相对的平衡状态，以维持机体的生理活动。如果这种相对平衡状态在病因作用下遭到破坏或失调，一时又不能经自行调节而恢复，就会导致疾病的发生。

疾病的发生和变化，虽然错综复杂，但均与机体内在抗病能力和外在致病因素有关，中兽医学分别称为"正气"与"邪气"。"正气"，是指机体各脏腑组织器官的机能活动，及其对外界环境的适应力和对致病因素的抵抗力；"邪气"，指一切致病因素。疾病的发生与发展就是"正邪相争"的结果。正气充盛，卫外功能固密，外邪不易侵犯；只有在正气虚弱，卫外不固，正不胜邪的情况下，外邪才能乘虚侵害机体而发病。在正、邪这两方面的因素中，中兽医学强调正气在疾病发生与否的过程中起着主导作用。如《元亨疗马集·八邪论》说："真气守于内，精神固于外，其病患安得而有之。"《素问·刺法论》和《素问·评热病论》中也分别有"正气存内，邪不可干"和"邪之所凑，其气必虚"之说。在某些特殊情况下，邪气也可成为发病的主要方面，如强烈的理化因素所致的伤害等。但即使如此，邪气还是要通过损伤机体的正气而发挥作用。

机体正气的盛衰，取决于体质因素和所处的环境及饲养管理等条件。正如《元亨疗马集·正证论》所说："马逢正气，疴瘵不生，半在人之所蓄。"一旦饲养管理失调，就会致使正气不足，卫外功能暂时失固。此时如果有外邪侵袭，虽然可以导致病发，但由于体质及机能状态的不同，即正气强弱的差异，而在发病时间以及所表现出的症状上均有所差异。就发病时间而言，有的邪至即发病，有的则潜伏体内待机而发，亦有重新感邪引动伏邪而发病者。就所表现出的症状而论，有的表现出虚证，有的则表现为实证。如同为外感风寒，体质虚弱的动物，易患表虚证；而体质强壮的动物，则易患表实证。由此可见，机体正气的盛衰，与疾病的发生与发展均有着密切的关系。

第一节 病　因

病因，中兽医学称之为"病源"或"邪气"。根据病因的性质及致病的特点，将其分为外感、内伤和其他致病因素三大类。

研究病因的性质及其致病特性的学说，称为病因学说。其不仅仅是研究病因本身的特性，更重要的是研究病因作用于机体所引起疾病的特性，从而将其作为临床辨证和确定治疗原则的依据之一。在长期与动物疾病进行斗争的实践中，人们逐渐认识到不同的致病因素会引起不同的病证，表现出不同的症状。因此，根据疾病所表现出的症状特征，就可以推断其发生的原因，称为"审证求因"。如动物表现出四肢交替跛行，即可推断出是以风邪为主所引起的风湿症，因为风邪有游走善动的特性。而一旦知道了病因，就可以根据病因来确定治疗原则，称为"审因施治"。如以风邪为主的风湿症，当用祛风为主的药物进行治疗。

研究病因，不仅对辨证论治有着重要意义，而且也可以针对病因采取预防措施，防止疾病的发生。如加强饲养管理，合理使役，改善厩舍环境卫生，消除外界环境不良因素等，对于保护动物健康，防治时疫杂病的发生是非常重要的。

一、外感致病因素

外感致病因素，是指来源于自然界，多从皮毛、口鼻侵入机体而引发疾病的致病因素，包括六淫和疫疠。

（一）六淫

六淫，是指自然界风、寒、暑、湿、燥、火（热）六种致病因素。它们原本是四季气候变化的六种表现，称为六气。在正常情况下，六气于一年之中有一定的变化规律，而动物在长期的进化过程中，也适应了这种变化，所以不会引起动物发病。只有当动物体正气虚弱，不能适应六气的变化；或因自然界六气出现太过或不及超过了机体的适应能力时，才能成为致病因素，侵犯机体而发病。这种情况下的六气，便称为"六淫"，"淫"有太过、不正、浸淫之意，引申为异常。

1. 六淫致病的共同特点

（1）外感性：六淫之邪多从肌表、口鼻侵犯机体而发病，故六淫所致之病统称为外感病。

（2）季节性：六淫致病常带有季节性。如春天多风病，夏天多暑病，长夏多湿病，秋天多燥病，冬天多寒病等。但四季之中，六气的变化是复杂的，所以六淫致病的季节性也不是绝对的。如夏季虽多暑病，但也可出现寒病、风病、湿病等。

（3）兼挟性：六淫在自然界不是单独存在的，六淫邪气既可以单独侵袭机体，又可以两种或两种以上同时侵犯机体而发病。如暑湿感冒、外感风寒、风寒湿痹等。

（4）转化性：一年之中，四季六气是可以相互转化的，如久雨生寒，热极生风，燥极化火等。因此，六淫致病，其证候在一定条件下，也可以相互转化。如表寒证可以转化为里热证等。

从现代科学角度看，六淫除气候因素外，还包括了生物（如细菌、病毒等）、物理、化学等多种致病因素。

2. 风邪 风是春季的主气，但一年四季皆有风，故风邪引起的疾病虽以春季为多，但亦可见于其他季节。风邪从皮毛肌腠侵犯机体者，称为"外风"。因其他邪气也常依附于外风入侵机体，出现如风寒、风热、风湿等证，风邪成为这些外邪致病的先导，是六淫中的首要致病因素，故有"风为百病之长"、"风为六淫之首"之说。

相对于外风而言，风从内生者，称为"内风"。内风的产生与肝密切相关，故也称"肝风"。故《素问·至真要大论》说："诸风掉眩，皆属于肝。"

风邪的性质与致病特性包括以下几方面：

（1）风为阳邪，其性开泄：风性善动不居，具有升发、向上、向外的特性，故为阳邪。因风性轻扬，故风邪所伤，最易侵犯机体的头面部和肌表。正如《素问·太阴阳明论》所说："伤于风者，上先受之。"风性开泄，是指风邪易使皮毛腠理疏泄而开张，出现汗出、恶风的症状。

(2) 风性善行数变：善行，是指风有善动不居的特性，故风邪致病具有部位游走不定、变化无常的特点。如以风邪为主的痹证，常表现出四肢交替疼痛，部位游移不定，故称"行痹"。数变，是指"风无常方"（《素问·风论》），即风邪所致的病证具有发病急、变化快的特点，如荨麻疹（又称遍身黄）表现为皮肤瘙痒，发无定处，此起彼伏。

(3) 风性主动：风具有使物体摇动的特性，故风邪所致疾病也具有类似摇动的症状，如肌肉颤动、四肢抽搐、颈项强直、角弓反张、口眼歪斜等。故《素问·阴阳应象大论》说："风胜则动。"

3. 寒邪 寒为冬季的主气，但四季皆有。寒邪有外寒和内寒之分。外寒多因气温较低、保暖不够，淋雨涉水，汗出当风，以及采食冰冻的饲草饲料或饮凉水太过所致。外寒侵犯机体，据其部位的深浅，有伤寒和中寒之别。寒邪伤于肌表，阻遏卫阳，称为"伤寒"；寒邪直中于里，伤及脏腑阳气，称为"中寒"。内寒是机体阳气不足，机能衰退，寒从内生的病证。

寒邪的性质与致病特性包括以下几方面：

(1) 寒性阴冷，易伤阳气：寒是阴气盛的表现，其性属阴。机体的阳气本可以制阴，但阴气过盛，阳气不但不能驱除寒邪，反而会被阴寒所伤，正所谓"阴胜则阳病"。因此，感受寒邪，最易损伤机体的阳气，出现阴寒偏盛的寒象。如寒邪外束，卫阳受损，可见恶寒怕冷，皮紧毛乍等症状；若寒邪中里，直伤脾胃，脾胃阳气受损，可见肢体寒冷，下利清谷，尿清长，口吐清涎等症状。故《素问·至真要大论》说："诸病水液，澄彻清冷，皆属于寒。"

(2) 寒性凝滞，易致疼痛：凝滞，即凝结、阻滞，不通畅之意。机体的气血津液之所以能运行不息，畅通无阻，全赖一身阳气的推动。若寒邪侵犯机体，阳气受损，经脉受阻，可使气血凝结阻滞，不能通畅运行而引起疼痛，即所谓"不通则痛"。因此，寒邪是导致多种疼痛的原因之一。如寒邪伤表，使营卫凝滞，则肢体疼痛；寒邪直中肠胃，使胃肠气血凝滞，则肚腹冷痛。故《素问·痹论》说："痛者，寒气多也，有寒故痛也。"

(3) 寒性收引：收引，即收缩牵引之意。寒邪侵入机体，可使机体气机收敛，腠理、经络、筋脉和肌肉等收缩挛急。故《素问·举痛论》说："寒则气收"。如寒邪侵入皮毛腠理，则毛窍收缩，卫阳受遏，出现恶寒、发热、无汗之症；寒邪侵入筋肉经络，则肢体拘急，屈伸不利，冷厥不仁；寒邪客于血脉，则脉道收缩，血流滞涩，可见脉迟紧等。

(4) 寒性清澈：寒邪致病，表现为分泌物或排泄物的清澈稀薄量多，如风寒感冒，鼻流清涕；寒邪束肺，咳痰清稀；寒客胃肠，口流清涎，粪便稀溏等。

4. 暑邪 暑为夏季的主气，由夏季火热之气所化，有明显的季节性。如《素问·热论》说："后夏至日者为病暑。"暑邪纯属外邪，无内暑之说。

暑邪的性质与致病特性包括以下几方面：

(1) 暑为阳邪，其性炎热：暑为火热之气所化生，属于阳邪，故伤于暑者，常出现高热、口渴、脉洪、汗多等一派阳热之象。

(2) 暑性升散，易耗气伤津：暑为阳邪，阳性升散，故暑邪侵入机体，多使腠理开泄而汗出。汗出过多，不但耗伤津液，引起口渴喜饮、唇干舌燥、尿短赤等症，而且气也随之而耗，导致气津两伤，出现精神倦怠、四肢无力等症。严重者，可扰及心神，出现行如酒醉、神志昏迷等症。

（3）暑多挟湿：夏暑季节，除气候炎热外，还常多雨潮湿，热蒸湿动，故机体在感受暑邪的同时，还常兼感湿邪，故有"暑必兼湿"（《冯氏锦囊秘录》）之说。临床上，除见到暑热的表现外，还有湿邪困阻的症状，如汗出不畅、渴不多饮、身重倦怠、便溏泄泻等。

5. 湿邪 湿为长夏的主气，但一年兼有。湿有外湿、内湿之分。外湿多由气候潮湿、涉水淋雨、厩舍潮湿等外在湿邪侵入机体所致；内湿多由脾失健运，水湿停聚而成。此外，肾主水液，故在肾阳虚衰时，必然导致湿浊内生，这是肾对水的直接作用。另外，脾主运化的功能也有赖于肾阳的温煦和气化，这是肾阳虚衰致内湿产生的间接作用。外湿和内湿在发病过程中常相互影响，感受外湿，脾失健运，则湿从内生；而脾阳虚损，脾失健运，而使水湿内停，又易招致外湿的侵袭。

湿邪的性质与致病特性包括以下几方面：

（1）湿为阴邪，阻遏气机，易损阳气：湿性类水，故为阴邪。湿邪留滞脏腑经络，容易阻遏气机，使气机升降失常。又因脾喜燥恶湿，故湿邪最易伤及脾阳。脾阳既为湿邪所伤，就会使水湿不运，溢于皮肤则成水肿，流溢胃肠则成泄泻。又因湿困脾阳，阻遏气机，致使气机不畅，可发生肚腹胀满、腹痛、里急后重等症状。

（2）湿性重浊，其性趋下：重，即沉重之意，指湿邪致病，常见迈步沉重，步样黏着，如负重物。浊，即秽浊，指湿邪为病，其分泌物及排泄物有秽浊不清的特点，如尿浑浊，泻痢脓垢，带下污秽，目眵量多，以及疮疡疔毒破溃流脓淌水等。其性趋下，主要指湿邪致病，多先起于机体的下部，故《素问·太阴阳明论》有"伤于湿者，下先受之"之说。

（3）湿性黏滞，缠绵难退：黏，即黏腻；滞，即停滞。湿性黏滞，是指湿邪致病具有黏腻停滞的特点。湿邪致病的黏滞性，在症状上可表现为粪便黏滞不爽，尿涩滞不畅；在病程上可出现为病变过程较长，缠绵难退，或反复发作，不易治愈，如风湿症等。

6. 燥邪 燥是秋季的主气，但一年四季皆有。燥有外燥、内燥之分。外燥多由久晴不雨，气候干燥，周围环境缺乏水分所致。外燥多从口鼻而入，其病常从肺卫开始，有温燥、凉燥之分。初秋尚热，犹有夏火之余气，燥与热相合侵犯机体，多为温燥；深秋已凉，西风肃杀，燥与寒相合侵犯机体，多为凉燥。内燥多由汗、下太过，或精血内夺，以致机体阴津亏虚所致。

燥邪的性质与致病特性包括以下几方面：

（1）燥性干燥，易伤津液：燥邪为病，易伤机体的津液，出现津液亏虚的病变，如口鼻干燥，皮毛干枯，眼干不润，粪便干结，尿短少，口干欲饮，干咳无痰等。故《素问·阴阳应象大论》说："燥胜则干"，《素问玄机原病式》也说："诸涩枯涸，干劲皴揭，皆属于燥。"

（2）燥易伤肺：肺为娇脏，喜润恶燥；更兼肺开窍于鼻，外合皮毛，故燥邪为病，最易伤肺，致使肺阴受损，宣降失司，引起肺燥津亏之证，如鼻喉干燥，干咳无痰或少痰等。肺与大肠相表里，若燥邪自肺而影响大肠，可出现粪便干燥难下等症。

7. 火邪 火、热、温三者，均为阳盛所生，其性相同，但又同中有异：一是在程度上有所差异，即温为热之渐，火为热之极；二是热与温，多由外感受，而火既可由外感受，又可内生。内生的火多与脏腑机能失调有关。火证常见热象，但火证和热证又有些不同，火证的热象较热证更为明显，且表现出炎上的特征。

火邪的性质与致病特性包括以下几方面：

(1) 火为热极，其性炎上：火为热极，其性燔灼，故火邪致病，常见高热，口渴，骚动不安，舌红苔黄，尿赤，脉洪数等热象。又因火有炎上的特性，故火邪侵犯机体，症状多表现在机体的上部，如心火上炎，口舌生疮；肝火上炎，目赤肿痛等。

(2) 火易生风动血：火热之邪侵犯机体，劫耗阴液，使筋脉失其滋养濡润，而致肝风内动。表现为高热、四肢抽搐、目睛上视、颈项强直、角弓反张、狂暴不安等。血得热则行，故火热邪气侵犯血脉，轻则使血管扩张，血流加速，甚则灼伤脉络，迫血妄行，引起出血和发斑，如衄血、尿血、便血以及皮下、体表出现出血点和出血斑等。

(3) 火易伤津液：火热邪气，最易迫津外泄，消灼阴液，故火邪致病除见热象外，往往伴有咽干舌燥，口渴喜饮冷水，尿短少，粪便干燥，甚至眼窝塌陷等津干液少的症状。

(4) 火易致疮痈：火热之邪侵犯血分，可聚于局部，腐蚀血肉而发为疮疡痈肿。故《灵枢·痈疽》说："大热不止，热胜则肉腐，肉腐则为脓，故名曰痈。"《医宗金鉴·痈疽总论歌》也说："痈疽原是火毒生。"临床上，凡疮疡局部红肿、高突、灼热者，皆由火热所致。

（二）疫疠

疫疠，也是一种外感致病因素，但它与六淫不同，具有很强的传染性。"疫"，是指瘟疫，有传染的意思。"疠"，是天地之间的一种不正之气。如马的偏次黄（炭疽）、猪瘟以及犬瘟热等，都是由疫疠引起的疾病。疫疠可以通过空气传染，由口鼻而入致病，也可随饮食入里或蚊虫叮咬而发病。

疫疠流行有的有明显的季节性，称为"时疫"。如流感多发生于秋末，日本乙型脑炎多发生于夏季蚊虫肆虐的季节。

1. 疫疠致病的共同特点 疫疠发病急骤，能相互传染，蔓延迅速，不论动物的年龄如何，染后症状基本相似。正如《素问·遗篇·刺法论》指出的："五疫之至，皆相染易，无问大小，病状相似。"

2. 疫疠流行的条件

(1) 气候反常：气候的反常变化，如非时寒暑、湿雾瘴气、酷热、久旱等，均可导致疫疠流行。如《元亨疗马集·论马划鼻》说："炎暑熏蒸，疫症大作……"

(2) 环境卫生不良：如未能及时妥善处理因疫疠而死动物的尸体或其分泌物、排泄物，导致环境污染，则为疫疠的传播创造了条件。如《陈旉农书·医之时宜篇》曰："已死之肉，经过村里，其气尚能相染也。"

(3) 社会因素：社会因素对疫疠的流行也有一定的影响。如战乱不止，社会动荡不安，人民极度贫困，则疫疠就不断地发生和流行；而社会安定，国家和人民富足，就会采取有效的防治措施，预防和控制疫疠的发生和流行。

3. 预防疫疠的一般措施

(1) 加强饲养管理，注意动物和环境的卫生。

(2) 发现疫畜，立即隔离，并对其分泌物、排泄物以及已死患畜的尸体进行妥善处理。如《陈旉农书·医之时宜篇》所说："欲病之不相染，勿令与不病者相近。"

(3) 进行预防接种。

二、内伤致病因素

内伤致病因素，主要包括饲养失宜、七情内伤，其既可以直接导致动物患病，也可使机体抵抗力降低，为外感性致病因素创造致病条件。

（一）饥

饥，指饮食不足而引起的饥渴。《安骥集·八邪论》说："饥谓水草不足也，故脂伤也。"水谷草料是气血的生化之源，若饥而不食，渴而不饮，或饮食不足，久而久之，则气血生化乏源，就会引起气血亏虚，表现为体瘦无力，毛焦肷吊，倦怠好卧，以及成年动物生产性能下降，幼年动物生长迟缓、发育不良等。

（二）饱

饱，指饮喂太过所致的饱伤。胃肠的受纳及传送功能有一定的限度，若饮喂失调，水草太过或乘饥渴而暴饮暴食，超过了胃肠受纳及传送的限度，就会损伤胃肠，出现肷腹膨胀，嗳气酸臭，气促喘粗等症。如胃扩张（大肚结）、肠臌气、瘤胃臌气等均属于饱伤之类。故《安骥集·八邪论》说："水草倍，则胃肠伤。"

（三）劳

劳，指劳役过度或使役不当。久役过劳可引起气耗津亏，精神短少，力衰筋乏，四肢倦怠等症。若奔走太急，失于牵遛，可引起走伤及败血凝蹄等。如《素问·痹论》说："劳则气耗。"此外，雄性动物因配种过度而致食欲不振、四肢乏力、消瘦，甚至滑精、阳痿、早泄、不育等，也属于劳伤。

（四）逸

逸，指久不使役或运动不足。合理的使役或运动是保证健康的必要条件，若长期停止使役或失于运动，可使机体气血蓄滞不行，或影响脾胃的消化功能，出现食欲不振，体力下降，腰肢软弱，抗病力降低等逸伤之证。雄性动物缺乏运动，可使精子活力降低而不育；雌性动物过于安逸，可因过肥而不孕。又如难产、胎衣不下等，均与缺乏适当的使役及运动有关。平时缺乏使役或运动的动物，突然使役，还易引起心肺功能失调。

（五）七情内伤

七情，指喜、怒、忧、思、悲、恐、惊七种情志变化，是机体对客观事物或现象所做出的七种不同的情志反映，一般不会引发疾病。只有突然、强烈或持久的情志刺激，超过机体本身生理活动的调节范围，导致脏腑气血功能紊乱时，才会致病。动物在离群，失仔，打斗，过度惊吓，环境及主人变化，或遭到主人呵斥、鞭打等情况下，情绪变化过于剧烈，即可成为病因。七情主要是通过直接伤及内脏和影响气机运行两个方面来引发疾病。

（1）直接伤及内脏：由于五脏与情志活动有相对应的关系，因此七情太过可损伤相应的脏腑。《素问·阴阳应象大论》将其概括为"怒伤肝"、"喜伤心"、"思伤脾"、"忧伤肺"、"恐伤肾"。

怒伤肝，指过度愤怒，使得肝气上逆，引起肝阳上亢或肝火上炎，肝血被耗的病证。喜伤心，指过度欢喜，会使心气涣散，出现神不守舍的病证。思伤脾，指思虑过度，会使气机郁结，导致脾失健运的病证。忧伤肺，指过度忧伤，会耗伤肺气，出现肺气虚的病证。恐伤肾，指恐惧过度，会耗伤肾的精气，出现肾虚不固的病证。

虽然情志所伤对脏腑有一定的选择性，但临床上并非绝对如此，因为机体是一个有机的整体，各脏腑之间是相互联系的。

（2）影响脏腑气机：七情可以通过影响脏腑气机，导致气血运行紊乱而引发疾病。《素问·举痛论》将其概括为："怒则气上，喜则气缓，悲则气消，恐则气下……惊则气乱……

思则气结。"

怒则气上，指过度愤怒影响肝的疏泄功能，导致肝气上逆，血随气逆，出现目赤舌红，呕血，甚至昏厥猝倒等症。喜则气缓，指欢喜过度使心气涣散，神不守舍，出现精神不能集中，甚至失神狂乱的症状。悲则气消，指过度悲伤会损伤肺气，出现气短，精神萎靡不振，乏力等症。恐则气下，指过度恐惧可使肾气不固，气泄于下，出现大小便失禁，甚至昏厥的症状。惊则气乱，指突然受惊，损伤心气，致使心气紊乱，出现心悸、惊恐不安等症状。思则气结，指思虑过度，导致脾气郁结，从而出现食欲减退甚至废绝，肚腹胀满或便溏等症状。

此外，过度的情志变化，还会加重原有的病情。虽然现在尚不十分清楚动物的情志活动，但情志活动作为动物对外界客观事物或现象的反映是肯定存在的，情志过度变化引发的疾病必须予以重视。

三、其他致病因素

其他致病因素包括痰饮、瘀血、结石、外伤、虫兽伤、寄生虫、中毒等，此处仅介绍前三种。

(一) 痰饮

痰饮，是因脏腑功能失调，致使体内津液凝聚变化而成的水湿。其中，黏浊而稠者称痰，清稀如水者称饮。痰和饮本是体内的两种病理性产物，一旦形成，即可成为致病因素，引起多种病理变化。

痰饮包括有形痰饮和无形痰饮两类。有形痰饮，视之可见，触之可及，闻之有声，如咳嗽之咯痰，喘息之痰鸣，胸水、腹水等。无形痰饮，视之不见，触之不及，闻之无声，但其所引起的病证，通过辨证求因的方法或用豁痰的方法治疗就能收到良好的效果，仍可确定为痰饮所致，如肢体麻木为痰滞经络，神昏不清为痰迷心窍等。

痰饮的形成，多由外感六淫或饮食内伤，使脾、肺、肾及三焦等脏腑气化功能失常、关系失衡，水液代谢发生障碍，以致水津停滞而生痰成饮，或邪热郁火煎熬津液所致。由于脾在津液的运化和输布过程中起着主要作用，而痰又常出自于肺，故有"脾为生痰之源"、"肺为贮痰之器"之说。

痰饮的致病特点包括以下几方面：

(1) 病位广泛：痰饮形成以后，可以存在于机体许多组织器官之中。一般说来，饮多留积于肠胃、胸胁、肌肤及四肢。而痰则随气的升降，内达脏腑，外到筋骨皮肉，无所不至，故有"百病多由痰作祟"之说。

(2) 病证复杂：由于痰饮致病的病位广泛，所以其导致的症证就复杂。既可以发生内脏的病证，又可以发生肢体的病证。如痰饮滞于肺，可见喘咳咯痰；痰迷心窍，则精神失常或昏迷倒地等。如饮在肌肤，则成水肿；饮在胸中，则成胸水；水饮积于胃肠，则肠鸣腹泻。

(二) 瘀血

瘀血，是指体内血液停滞，在疾病过程中所形成的病理性产物，一旦形成，就会使脏腑、组织、器官的功能紊乱，引起一系列的病理变化，成为致病因素。

因瘀血发生的部位不同，又有无形和有形之分。无形瘀血，指全身或局部血流不畅，并无可见的瘀血块或瘀血斑存在，但常有色、脉、形等全身性症状出现。如瘀阻于心可出现心悸、气短、口色青紫、脉细涩或结代；瘀阻于肝，可出现腹胀食少、胁肋按痛、口色青紫等。有形瘀血，指局部血液停滞或存在着离经之血，所引起的病证常表现为局部疼痛、肿块或有瘀斑，严重者亦可出现口色青紫、脉细涩等全身症状。

瘀血的形成，主要有两个方面：一是由于气虚、气滞、血寒、血热等内伤因素，导致气血功能失调，血行不畅，凝滞于脉内而形成瘀血。气虚、气滞，不能推动血液正常运行。寒邪客于血脉，使经脉挛缩拘急，血液凝滞不畅。热入营血，血热相结而形成血瘀。二是由于各种外伤或内出血等外伤因素，造成血离经脉积存于体内，直接形成瘀血。

瘀血的致病特点包括以下几方面：

(1) 出现疼痛，痛处固定不移，拒按，夜间痛甚。
(2) 出现肿块，肿块固定不移，在体表皮呈青紫，在体内为痞块。
(3) 出现出血，血色多呈紫暗色，并伴有血块。
(4) 望诊，可见口唇、爪甲青紫或有瘀点、瘀斑。
(5) 切诊，可见脉象细涩、沉弦或结代。

(三) 结石

结石，是指停滞体内的沙石样病理性产物。结石形成后，反过来又能影响气血津液的运行，导致脏腑功能失调，引发许多疾病。由于结石形成于其他疾病的过程中，而且是有形的物质，故称"继发性病因"或"内生有形实邪"。

结石的形成原因较为复杂，较为常见的因素有以下几方面：

(1) 饮食不当：如嗜食肥甘厚味，易酿生湿热，若湿热结于胆，久则成胆结石；湿热结于下焦，可致膀胱结石或肾结石等。此外饮水中含过量矿物质和杂质等，也是形成结石的原因之一。
(2) 情志因素：如情志不遂，肝气郁滞，胆气不利，胆汁排出受阻，日久可形成结石。
(3) 长期服用某些不易排泄的药物，沉积于体内某一部位，也可形成结石。

结石的致病特点为：结石的发生，多与肝、胆、肾、膀胱、胃等脏腑的功能失调有关，故结石亦多停留在上述脏腑中。另外，结石多为湿热内蕴，煎熬日久而成，故其病程较为漫长。又因结石的大小不等、停留的部位不同，故临床表现的症状也会有很大差异。但一般而言，结石属于有形的实邪，其停留在体内势必影响气机的畅通甚至发生阻滞，导致气血津液的运行失常。因此，在症状表现上也会有其共同的特点，如局部胀痛，或疼痛如绞而放射至周围。其中，对动物影响较大的是泌尿系统结石，包括肾、输尿管、膀胱、尿道的结石。

第二节 病　　机

中兽医学认为，疾病的发生、发展与变化的根本原因，不在机体的外部，而在机体的内部。也就是说，各种致病因素都是通过机体内部因素而起作用的，疾病就是正气与邪气相互斗争的结果。因此，虽然疾病的发生、发展错综复杂，千变万化，但就其病机过程来讲，总不外乎邪正消长、阴阳失调、升降失常等几个方面。

(一) 邪正消长

邪正消长，是指在疾病的发生、发展过程中，致病邪气与机体抗病正气之间相互斗争所发生的盛衰变化。一般来说，邪气侵犯机体之后，正气与邪气即相互发生作用。一方面，邪气对机体的正气起着破坏和损害的作用;另一方面,正气对邪气起着祛除并恢复其损害的作用。因此,正邪在斗争中双方力量的消长变化,关系着疾病的发生、发展和转归。

在疾病的发生方面,如果机体正气强盛,抗邪有力,则能免于发病;如果正气虽盛,但邪气更强,正邪相争有力,机体不但不能免于发病,而且所发之病多实证、热证;如果机体体质素虚,正气衰弱,抗病无力,则易于发病,且所发之病多虚证、寒证。

在疾病的发展和转归方面,若正气不甚虚弱,邪气亦不太过强盛,邪正双方势均力敌,则为邪正相持,疾病处于迁延状态;若正气日益强盛或战胜邪气,而邪气日益衰弱或被祛除,则为正胜邪退,疾病向好转或痊愈的方向发展;相反,如果正气日益衰弱,邪气日益亢盛,则为邪盛正虚,疾病向恶化或危重的方向发展;若正气虽然战胜了邪气,邪气被祛除,但正气亦因之而大伤,则为邪去正伤,多见于重病的后期。此外,疾病过程中正邪力量对比的变化,还会引起证候的虚实转化和虚实错杂,如邪去正伤,是由实转虚的情况;而病邪久留,损伤正气,或正气本虚,无力祛邪所致痰、食、水、血郁结,则是虚实错杂的证候。

(二)升降失常

气机的升降出入是机体气化功能的基本运动形式,是脏腑功能活动的特点。

正常情况下,机体各脏腑的机能活动都有一定的形式。例如,脾主升,胃主降;由于脾胃是后天之本,居于中焦,通达上下,是全身气机升降的枢纽;肝主升,肺主降;心火下降,肾水上升;肺主呼气,肾主纳气,都要脾胃配合来完成升降运动。如果这些脏腑的升降功能失常,即可出现种种病理现象。例如,脾之清气不升,反而下降,就会出现泄泻甚至垂脱之证;若胃之浊阴不降,反而上逆,则出现呕吐、反胃;若肺失肃降,则咳嗽、气喘;若肾不纳气,则喘息、气短;若心火上炎,则口舌生疮;肝火上炎,则目赤肿痛。虽然病证繁多,但究其病机,无不与脏腑、经络以及营卫之气的升降失常有关。

(三)阴阳失调

机体内部阴阳两个方面既对立又统一,保持相对平衡状态,维持机体正常的生命活动。如果阴阳的相对平衡遭到破坏,就会导致阴阳失调,其结果决定了疾病的发生、发展和转归。

在疾病的发生方面,疾病是阴阳失调,发生偏盛偏衰所致。在阴阳的偏胜方面,阳胜者必伤阴,故阳胜则阴病而见热证;阴胜者必伤阳,故阴胜则阳病而见寒证。在阴阳的偏衰方面,阳虚则阴相对偏胜,表现为虚寒证;阴虚则阳相对偏胜,表现为虚热证。由于阴阳互根互用,阴损及阳,阳损及阴,最终可导致阴阳俱损。

在疾病的发展方面,由于整个疾病过程,阴阳总是处于不断地变化之中,其病性在一定的条件下可以向相反的方向转化,即出现由阴转阳或由阳转阴的变化。此外,若阳气极度虚弱,阳不制阴,偏盛之阴盘踞于内,逼迫衰极之阳浮越于外,可出现阴阳不相维系的阴盛格阳之证;若邪热极盛,阳气被郁,深伏于里,不能外达四肢,也可发生格阴于外的阳盛格阴之证。严重者,还可导致亡阴、亡阳的病变。

在疾病的转归方面,若经过治疗,阴阳逐渐恢复相对平衡,则疾病趋于好转或痊愈;否则,阴阳不但没有趋向平衡,反而遭到更加严重的破坏,就会导致阴阳离决,疾病恶化,甚至死亡。

第六章 诊 法

诊法就是诊察动物疾病的方法，包括望诊、闻诊、问诊、切诊，合称为四诊。传统的四诊是靠医生眼、耳、鼻、手等感官和语言询问来完成。随着科学技术的发展，现代四诊已充分结合诊疗仪器和实验室检查等技术方法。

四诊是从不同角度多方面诊察疾病，各有侧重，不能相互取代，正如《医门法律》说："望闻问切，医之不可缺一。"在临床上，必须将它们有机地结合起来，做到"四诊合参"，才能全面地了解病情，做出正确的判断。

第一节 望 诊

望诊，就是有目的地观察患畜的全身和局部及其分泌物、排泄物等的变化，以获得病情的诊断方法。望诊是"以常衡变"，因此必须熟悉动物的正常状态，才能发现异常情况。望诊时，应尽量使患畜保持自然姿态，医者站于距患畜适当的距离，先对患畜全身进行一般性观察，注意其精神、形体、被毛、动态、呼吸、腹围等有无异常，然后再仔细查看身体各个局部。

一、望全身

望全身包括望神、望形、望姿等方面。

（一）望神

神即精神，是机体生命活动的外在表观。神的盛衰是机体健康与否的重要标志之一。观察神的变化，可以初步判断动物脏腑、气血、阴阳的变化以及病情的轻重和预后。

神虽于全身均有体现，但却突出地表现在眼神上，前人认为"神藏于心，外候在目"。此外，动物耳朵对外界的反应能力也可显示神的好坏。健康动物目光有神，反应迅速，两耳灵敏，有人接近马上就有反应。而卧伏休息时，若有陌生人接近，立即起立呈防御状或远避。此称之有神或得神，一般为无病状态，即使有病，也属正气未衰，病情轻，病程短，预后良好。反之，动物精神萎靡，双目无神，反应迟钝，头低耳耷，四肢倦怠，则称之无神或失神，表示正气已伤，病情较重，预后不良，这就是所谓的"得神者昌，失神者亡"。

精神失常主要表现为"狂"（兴奋）和"痴"（抑制）两种类型。《元亨疗马集》记载："邪入阳则兽生狂，邪入阴则兽生痴。"兴奋型表现狂躁不安，乱奔乱跑，转圈顶墙，狂吠尖叫，甚至攻击人畜，不能拘束。抑制型表现为无精打采，神情淡漠，行动缓慢，反应迟钝，或目暗神昏，站立痴呆，靠墙顶桩，驱牵不动，行如酒醉，或嗜睡不起，有时四肢划动，不知避让。

（二）望形

1. 形体 动物的外形、体质与脏腑相应，一般来说，脏腑正常，形体强健；脏腑虚弱，形体衰弱。健康动物随种类不同而形体有所不同。如奶牛发育良好者给人以外貌清秀、形体匀称的感觉；发育不良者则体躯矮小，躯干与四肢比例失衡等。

2. 胖瘦　动物过度肥胖或消瘦均是不健康的表现。肥而能食，为形盛有余；肥而食少，是形盛气虚，多为脾虚有疾。形瘦食多，为中焦有火；形瘦食少，是中气虚弱。若骨瘦如柴，肌肉塌陷，肉削著骨者，为气液干枯，脏腑精气衰竭，是无神之恶候，多预后不良。

3. 强弱　强壮的动物，肌肉丰满，强健有力，骨骼结实，体型匀称，皮毛光润，说明内脏坚实，气血旺盛，一般不易患病，即使发病也多表现为实证和热证，预后良好。衰弱动物，见于脾胃虚弱，或重病久病过程中，肌肉消瘦，倦怠无力，发育不良，骨骼细小，毛焦欣吊，说明内脏功能低下，正气不足，较易发病，常表现为虚证和寒证，预后较差。

4. 皮毛　皮毛为一身之表，内合于肺。外邪侵袭，皮表首当其冲，脏腑气血的病变，也可通过经络反映于肌表。因此，皮毛的变化可反映气血的盛衰以及肺气的强弱。望皮毛，即观察被毛的色泽、皮肤的弹性，及有无疮疡、黄肿、斑疹、痘疥、寄生虫和出汗等情况。

（1）色泽及弹性：健康动物的皮肤柔软而具弹性，被毛平顺而有光泽，并随气候的变化一年换毛两次，除自然换毛期外，平时不脱毛。若皮肤焦枯，弹性降低，被毛粗乱无光甚至脱落，或不按时换毛，多为管理不善，气血虚弱，营养不良。如皮肤紧缩，被毛猬立，常见于风寒束肺；皮肤瘙痒，或起风疹块，多为肺经风热；浑身瘙痒，擦树揩桩，鬃尾脱落，甚至皮破成疮，则为肺风毛燥；被毛脱落，皮肤燥裂起痂，间有溃烂脓疱，病势蔓延，日久不愈，为肺毒生疮。

（2）疮疡：包括痈、疽、疔、疖。痈，红肿热痛，浅而高大，易溃易敛，为热毒熏蒸，气血壅滞所致；疽，漫肿无头，肤色不变，边界不清，无热少痛，为寒邪郁结，气血凝滞所致；疔，初起如粟，根深形小，其状如针，顶白而痛，或痒、或麻、或木，为邪毒侵袭，气血凝滞所致；疖，浅表局限，形小而圆，红肿热痛不甚，易溃易敛，反复发作，为湿热蕴结所致。

（3）黄肿：若皮肤发热肿起，先硬后软，边缘明显，移行较快，似水波动者，多为黄证（炎性水肿）。黄证有急性、慢性之分，急性者为热毒所引起，多见于喉下、胸前、腰胯等部位，均属恶黄，如束颡黄、偏次黄等。慢性者多为心肾阳虚引起，如肚底黄、袖口黄等。

（4）斑疹：斑从肌肉而出，片状平摊于肌肤之上；疹从皮肤血络发出，粟米样高出皮肤。斑和疹都是全身性疾病反映于皮肤的一种表现，但也有一些疾病以斑疹为主要症状，如风疹等。斑疹多见于外感热病（如猪瘟、猪丹毒）。望斑疹应注意其色泽和形态：色红不深者，热毒轻浅；色红而深，为热毒炽盛；色紫黑，为热毒之极，病情危重；若色淡红或晦暗，并见四肢清冷，脉象细弱，为正气不足或阳气衰微之象。斑疹分布均匀而稀疏者，邪浅病轻；疏密不匀，或先后不齐，或现而即隐，多是邪气内陷之候。内伤杂病见斑疹，多属血热，斑点暗紫，较大，时出时陷，多为气虚不能摄血或夹有瘀血之候。

（5）痘疥：痘是皮肤或黏膜上出现水疱及脓疮的病变。多为传染性疾病（如羊痘），与外感风热或湿热邪毒客于肌肤有关。疥癞和癣，多为寄生虫和真菌引起，是湿邪熏蒸，毒淫于内的虫食皮肤之症。疥癞表现瘙痒脱毛，并生疙瘩，日久而生脓巢，皮肤变厚有皱褶，痂皮甚多。癣常由小变大，逐渐扩展，患畜瘙痒揩擦。如揩擦毛落而起白屑者，多为干癣，若揩擦流出黏汁者，多为湿癣。

（6）寄生虫：马患蛲虫病时，由于肛门瘙痒，常因蹭擦而致尾毛脱落。牛背部皮肤有大小不等的肿块，患部脱毛，用力挤压常有牛皮蝇幼虫蹦出，则为牛皮蝇幼虫病。

（7）出汗：汗孔布于皮肤，健康动物因气候炎热或较重的劳役、剧烈运动常有汗出，这是正常现象。如果轻微使役或运动就出汗，此为自汗，属气虚或阳虚；夜间休息而出汗称盗汗，属阴虚。剧烈疼痛、某些病证危重期也见出汗，如脏腑破裂时往往出现"汗出如油"的现象。

（三）望姿

姿即动物的动作和姿态。不同的动物，不同的病证，有不同的动态表现。当然也有不同的动物患同一疾病时，动态基本一致的情况，如破伤风，形如木马；风湿证，呈黏着步样；邪入心包，昏迷痴呆或狂奔乱走等；患一般性疾病时，急行好卧，反应迟钝；垂危重证时，呈步态蹒跚，倒地不起或四肢划动，头颈贴地等濒死动态。

1. 马 健康马喜长时间站立，昂头不动，轮歇后蹄，形态自然。有时卧地，人一接近即行站立，一旦患病则可表现出各种不同的姿势。

腹痛时，常表现起卧打滚，前肢刨地，后肢踢腹等动作。《元亨疗马集·七十二症》对马属动物腹痛证的动态表现有详细的记载："冷痛者，寒伤所致也。其病有五……形状：直尾行，大肠痛；卷尾行，小肠痛；蹲腰踏地，胞经痛；肠鸣泄泻，冷气痛；急起急卧，脾经痛。"这不仅说明冷痛是由于受寒所引起，并具体指出病变的部位及其症状。马患结症时也有起卧症状，但与冷痛有所不同。一般来说，冷痛初期肠鸣泄泻，连连起卧，回头顾腹，后则呈间歇性腹痛；结症时，肚腹胀痛，不时起卧，站立不安，摇头摆尾，回头顾腹，粪便难下。若起卧过程中突然腹痛停止，出现气促喘粗，鼻回粪水，浑身肉颤，汗出如浆，多为胃破裂或肠断裂。

四肢疼痛时，常表现出各种异常姿势和点头行步。《元亨疗马集·点痛论》一文，对跛行诊断概括得十分简练：如昂头点，膊尖痛；平头点，下栏痛；偏头点，乘重痛；低头点，天臼痛；难移前脚，抢风痛等，都是点痛动态的特点，并指出疼痛所在的部位。如耳紧尾直，闪骨外露，牙关紧闭，口内流涎，四肢僵硬，形如木马，则为破伤风。腰背板硬，四肢如柱，转弯不灵，常为风寒湿痹。伸头直项，回顾不灵，头项难低，多为颈风湿。膘肥体壮，束步难行，四肢如攒，多为五攒痛（蹄叶炎）。如突然停食，烦躁不安，伸头缩项，口鼻回涎，连声咳嗽，出气喘促，不断做呕吐和吞咽动作，常为草噎。

马属动物的外形动态表现在区别重症、危症上很有参考价值。例如，精神萎靡，喘息低微者危；行走蹒跚，张口呼吸者危（濒死期）；急起急卧，突然住卧者危（内脏破裂）；汗出无休，心经危（虚脱、心衰、中毒）；鼻回粪水，命须危（食滞性胃扩张及胃破裂前期）等。

2. 牛 健康牛在休息时，常半侧卧，鼻镜有汗，两耳前后扇动，或用舌舔鼻镜或被毛。人一接近即行起立，起立时前肢跪地，后肢先起，前肢再起。卧地或站立时，常间歇性地倒嚼。

牛患病后，首先表现精神倦怠，食欲不振，反刍减少或停止，行步迟缓，两耳不扇。若站立时前肢开张，频频换脚，下坡斜走，磨牙吭声，常为心经痛（多见于创伤性心包炎）。若左侧腹胀如鼓，喘息气粗，摇尾踏地，则为肚胀（瘤胃臌气）。若反刍停止，鼻镜干燥，牵行后鼻镜又有少量汗珠流出，排粪干小如算盘珠样，多为百叶干（瓣胃阻塞）。

观察牛的动态在判断预后上也有重要的参考价值。若长期卧地不起，不能动弹，则属气血俱败。卧地不起，头贴于地或弯抵于肷部，鼻镜龟裂，磨牙呻吟，常属危重之证。

3. 羊 羊，尤其是绵羊合群性强，不论采食或休息，常聚集在一起，休息时亦多呈半侧卧姿势，人一接近即行起立。发病后则食欲、反刍减损，出现各种异常姿势，其表现大致与牛相同，且有掉队现象。

4. 猪 健康猪性情活泼，不时拱地，被毛光润，鼻盘湿润，目光明亮有神，行走时尾巴不时摆动，贪食，当人呼唤叫食时，即应声而望或速向食槽跑来，饱后多睡卧。一旦患病，常表现精神不振，呆立一隅，或伏卧不起，常钻草堆。喂饲时也不想吃食，或走到食槽边闻一闻，又无精打采地离去。行走时，常躯体摇摆，四肢交叉。

若气粗喘急，颌下硬肿，咳嗽连声，口鼻流出黏液，行步不稳，甚至伸头低项，张口喘息，多为锁口风（猪肺疫）。如咳嗽缠绵不愈，且鼻咋喘粗，两肷扇动，严重者张口喘息，气如抽锯，或呈犬坐姿势，常为喘气病。若突然不吃，体表发热，呼吸喘促，眼红流泪，鼻流清涕，浑身寒战，多为外感热证。若站立时后肢张开，卷尾少动，弓腰努责，卧多立少，粪球干小或不见排粪，多为便秘。若食欲停止，喜立少卧，反胃呕吐，常为胃内宿食停滞。若卧地不起，声音嘶哑，四肢发凉等，多属危证。

5. 犬 健康犬姿势自然、动作灵活而协调。若站立姿势不自然，表现跛行及运动障碍时，则可能为骨骼、关节或肌肉有疼痛性疾病。四肢轻瘫或瘫痪，企图站立而反复挣扎，常见于后肢截瘫、腰扭伤及母犬产后风等。

二、望 局 部

望局部主要观察五官九窍及其分泌物、排泄物和躯干、四肢、呼吸、饮食等的变化。

（一）望眼

眼为肝之外窍，五脏六腑之精气皆上注于目。因此，眼的变化不仅与肝有关，而且与五脏六腑都有密切的关系。望眼时，首先对双眼进行整体观察，然后检查单个眼睛。检查马时，术者一手握住笼头，一手食指掀起上眼睑，拇指拨开下眼睑，眼结膜和瞬膜即可露出。检查牛时，则需用两手拇指同时用力，上下拨开眼睑，此时方可看到结膜、瞬膜；若要观察巩膜，则要两手握住牛角，将牛头扭向一侧，巩膜即可外露。猪、羊、犬、猫则以拇、食指直接翻开上下眼睑即可，或同牛结膜检查法。

健康动物眼结膜呈淡红色。若双目赤肿，结膜潮红，多为肝经风热或全身发热性疾病的表现。若忽见单眼赤红暴肿，结膜潮红，常见于外伤或局部炎症所致。结膜苍白，见于各种类型的贫血、寄生虫病、大失血或内出血。结膜黄染，是血液中胆红素增加的结果，见于肝炎、溶血性黄疸和阻塞性黄疸等。结膜发绀，是因缺氧，血中还原血红蛋白增多或变性血红蛋白增多的结果，见于呼吸困难性疾病、心力衰竭、亚硝酸盐中毒等。

患畜眼泡水肿而不红者为气虚、水肿初起之征；眼窝下陷，多见于吐泻之后的伤津脱液。第三眼睑外露，是破伤风的早期症状之一。

古人认为，眼内、外眦为血轮，内应于心；上、下眼睑为肉轮，内应于脾；白睛为气轮，内应于肺；黑睛为风轮，内应于肝；瞳仁为水轮，内应于肾。若目眦红赤多属心火；目眦淡白多属血虚。眼睑色红，甚则红肿湿烂为脾胃有热或脾胃湿热。白睛红，多是热证；白睛黄浊，多是有湿。黑睛内混浊昏黄，多为月盲。眼白如絮，为白内障。瞳孔散大，多见于脱证、中毒或其他重危病证。

(二) 望耳

耳为肾之外窍，"十二经脉皆连于耳"，因此，耳的动态除与动物的精神好坏有关外，还与肾及其他脏腑的某些病证有关。望耳包括观察耳的轮廓、位置及皮肤变化等。对于犬、猫还应注意观察耳内清洁度、气味，软耳道的厚度、适应性，以及耳道和鼓膜等。

健康动物两耳灵活，听觉正常，对触摸有所反应。若两耳下垂无力，多为肾气亏乏、心气不足或劳伤过度；若单耳下垂，弛缓无力，兼有口眼歪斜，多为面神经麻痹。两耳热而竖立，有惊急状态者，多为热邪侵心。两耳背部血管暴起而延至耳尖者，多为表热证。两耳凉而背部血管缩小不见者，多为表寒证。对呼唤无反应者，多属耳聋。两耳歪斜，不时前后转动，多为失明患畜的警惕表现。

(三) 望鼻

鼻为肺之外窍，故鼻的外观变化多与肺有关。望鼻主要应注意鼻孔的张缩，鼻液的有无及其性质。在牛、犬、猫、猪还应注意观察鼻镜（鼻盘）。

健康动物鼻孔周围洁净而湿润，鼻孔微有张缩，呼吸均匀，能够分辨饲料和饮水的气味，如果发生疾病，必然出现异常表现。鼻孔的张缩主要反映呼吸机能的变化。鼻孔开张，鼻翼扇动，并兼有呼吸迫促者，多为肺经实热；鼻孔开张如喇叭状，并兼有呼吸极度困难者，为呼吸道狭窄或阻塞。

鼻液的性状对判断病性、病位有一定意义。鼻液清白滑利，多属寒证。鼻液黄稠黏滞，多为热证。鼻液灰白污秽，腥臭难闻，多为肺痈。若两侧鼻孔流脓性鼻液，下颌淋巴结肿大，常见于腺疫；一侧鼻孔流脓性鼻液，或团块状或豆腐渣样者，常见于脑颡（副鼻窦炎）。此外，鼻浮面肿，松骨肿大，口吐混有涎沫的草团，多为反胃吐草（骨软症）。饮食难咽，饮水时常由鼻孔反流者，多为颡黄（咽炎）。

健康牛的鼻镜湿润，常有汗珠；健康犬、猫的鼻端一般凉而湿润。如鼻镜干燥无汗，多为热证。汗珠时有时无，多为风邪初犯，见于感冒及其他热性感染性疾病的初期。鼻镜湿润，汗水成片，多为寒湿伤肾，见于肾冷拖腰（腰胯风湿）。鼻镜干燥龟裂及鼻冷似铁者，多属重病危候。

(四) 望口唇

口唇是脾之外应，口唇的变化不仅可以反映脾气的盛衰，而且可以反映出全身功能状态。望口唇，不仅要从外部观察唇的形态及运动，还要打开口腔，观察唇、颊、舌、齿、腭、咽等各部位的情况和变化。

健康动物口唇端正，运动灵活。如寒唇似笑（上唇揭举），为冷伤脾的表现，常见于痉挛疝的病程中；下唇不收，为脾虚的表现，常见于慢性消化不良。在病证垂危，气脱不收时，也可出现口唇松弛无力、下垂的现象。其他脏腑或经络的疾病也可在口唇上反映出来，如口禁难开，牙关紧闭，多为破伤风；口唇歪斜，咀嚼障碍，则为歪嘴风。

口内检查除观察口色之外，还应注意唇、舌、颊、腭有无疮肿、水疱、溃烂、斑疹和破伤，牙齿是否整齐以及牙关松紧。若口内生疮，口舌糜烂，多为心经有热。如上腭发红肿胀，多属胃热。舌体肿胀板硬，则为木舌症。犬、猫还应检查牙床、上腭的完整性以及是否有系带裂伤；压低舌基部可观察扁桃腺和软腭的变化和是否有吞咽或呕吐现象。

涎，健康动物分泌正常，一般不流出口外。如涎呈泡沫状者，多属肺寒吐沫，见于唾液腺炎。口垂清涎，不思水草者，多属胃寒。涎黏稠牵丝者，多属脾胃积热。此外，药物中毒，也可引起流涎。口津减少，多见于久病或热性疾病。

（五）望躯干

望躯干，主要观察胸背、腰、肷等部位的变化，注意有无胀、缩、拱、陷等外形异常。健康动物的胸背端正，左右对称。若鬐甲及脊背两侧肿胀，破溃流血水、脓液，多为鞍伤。肋骨折伤时，胸部陷塌。腹部被牛顶伤时，呈现浮动性肿胀。

腰部的病变多反映肾功能的变化。如腰部拱起，腰背紧硬，常为肾受寒湿。腰胯疼痛，难起难卧者，多为闪伤。腰背板硬，全身肌肉强直，牙关紧闭，瞬膜外露，则为破伤风。

健康动物肷部稍凹而平整，随呼吸与胸腹部协调运动。肷部胀满，伴有腹痛，多为胀肚或结症。肚痛卷缩，伴有肢体瘦弱，多为消化不良或久病虚弱等。

尾的检查应首先观察尾位置和摆动情况，观察有无肿块或毛发的缺损，同时向头部轻拉尾，检查有无腰骶疼痛。

（六）望四肢

望四肢，即观察患畜四肢站立和走动时的姿势和步态，以及四肢各部分的形状变化，可通过触摸、弯曲和拉伸每一个关节，看是否有渗出物、疼痛和发热等现象，从而确定患肢和具体部位。

健康动物站立时四肢平稳（马常轮歇后蹄），行走时步调均匀整齐、屈伸灵活有力，各部关节、筋腱和蹄爪的形态均无异常。在疾病情况下，四肢的异常表现多种多样。患肢有疼痛性疾病，在站立时表现不敢负重，经常伸向前方、后方、内方或外方，用蹄尖、蹄踵或蹄侧负重，有时患肢完全不负重而提举悬垂，有时则负重不实而体重偏向健侧；在运步时随着患肢及病变所在部位的不同，在点头及臀部升降、肢蹄负重、关节屈伸及步样等方面发生相应的变化。如病痛在肢的上部，行走时表现以抬举和迈步困难为主；如病痛在肢的下部，行走时，则表现为踏地小心和不能着地为主，即"敢踏不敢抬，病必在胸怀；敢抬不敢踏，病必在脚下"。

（七）望二阴

二阴即前阴和后阴。前阴，指阴茎、睾丸与阴门；后阴指肛门。

阴茎萎缩，交配时不能勃起，为阳痿，多属肝肾不足。阴茎勃起，未交即泄，为早泄；或不交即泄，为滑精，均属肾虚精关不固。阴茎长期垂脱于包皮之外，不能缩回，为垂缕不收，属肾经虚寒。病程中出现垂缕不收，常为气脱肌肉松弛，病情危重。阴囊或睾丸肿胀，为外肾黄，硬而凉者为阴肾黄，热而痛者为阳肾黄。但若肿大而柔软，时大时小，常伴有腹痛症状者，可能是肠入阴（阴囊疝）。

观察阴门应注意其形态、阴道黏膜色泽及分泌物有无异常。母畜发情时，阴门略红肿，并有少量黏性分泌物排出，俗称吊线。产后阴门经久排出紫红色或污黑液体，为恶露不尽。妊娠动物未到产期而阴户虚肿、外翻，有黄白色分泌物流出者，多为流产征兆。阴户一侧内陷，有腹痛表现者，见于子宫扭转。

望肛门，一般应注意其松紧、伸缩及周围的情况。若肛门松弛、内陷，多为气虚。肛门随呼吸而前后伸缩运动，常为劳伤气喘的症状之一。直肠脱出于肛门之外，为脱肛，因中气下陷所致。肛门、尾根及飞节有粪渣污染，则常见于泄泻。

（八）望呼吸

呼吸异常往往与肺有关，多见于各种肺病的过程中，但发热、疼痛、气血瘀滞或不足，以及其他脏腑的功能失调等,均可影响气机而造成呼吸功能的变化,因此在临床上不论何种疾病都要对呼吸进行检查。

健康动物呼吸调匀,随呼吸动作而胸腹部微有起伏。呼吸计数可观察动物胸廓及腹肌起伏动作,在冬季可观察呼出的气流。呼吸频率可随动物品种、年龄、运动、气候有一定的变动范围。一般幼龄动物呼吸数比成年稍多,外界气温过高、妊娠后期,呼吸数可生理性增多。

在疾病过程中,呼吸的次数及状态常发生变化。虚寒证,呼吸多慢;实热证,呼吸多快。呼吸时腹部起伏加快加深,多为胸内有病,如胸膜炎、胸痛、慢性肺泡气肿、肋骨骨折等。胸部起伏加快加深,多为肚腹内有病,常见于肚胀、胃扩张、腹膜炎、肠臌胀等。若吸气时间延长、费力,说明上呼吸道狭窄。危重患畜出现呼吸哽噎,张口咽气,不相连接,往往是气机将绝的表现。

(九) 望饮食

望饮食,包括观察饮食欲、饮食量、采食动作和咀嚼吞咽情况等。牛、羊、骆驼等反刍动物,还应注意观察反刍情况。

在正常情况下,脾胃功能良好,食欲旺盛,机体活动正常。草料减少或食欲废绝,是最常见的症状之一,与脾胃功能有最直接的关系。但是五脏六腑及其他组织的病患也常常影响出现食欲改变。在各种疾病过程中,食欲的好坏,反映胃气的强弱,对判断病情的和预后上有重要意义。病情虽重若食欲尚好,胃气尚存,预后良好;反之,草料不进,胃气衰败,百药难施。所以《内经》说:"安谷则昌,绝谷则亡。"

疾病不同,食欲改变的程度也有所不同。食欲减退,见于各种疾病的初期、感冒和胃肠道疾病。食欲废绝,多由急性热性病引起。食欲时好时坏,多为消化不良。动物有异食癖,常见于矿物质、微量元素和维生素缺乏、某些寄生虫病。如连续几天不思饮食,为病情严重,多预后不良;经过治疗,饮食逐渐增加,为疾病好转的表现。

观察饮食动作及咀嚼、吞咽情况,也有助于诊断。健康动物唇舌运动灵活,咀嚼有力,吞咽自如。采食动作异常,如牛不能用舌卷,马不能用唇摄而用牙啃,或欲食而口紧难开,多见于唇舌麻木肿痛或破伤风牙关紧闭。咀嚼缓慢无力,表现小心或疼痛,多为口腔或牙齿有病,如口疮、生长贼牙、牙齿磨缺不齐。

反刍,是牛、羊、驼等反刍动物的生理现象。正常情况下,反刍的次数、时间均有一定的规律。在感冒、发热、宿草不转、百叶干、脾胃虚弱时,都可出现反刍减少或停止。

(十) 望粪尿

粪尿的数量、颜色、气味、形态等,随动物品种、饲养管理情况的不同而有所差异,但总的来说,在正常情况下是比较恒定的,患病以后,则出现各种异常变化。

大便不出,为胃肠积食、肠梗阻、肠套叠;粪便干燥,多为实热或津液耗伤;粪便稀软带水或清稀如水,多属虚寒;粪渣粗糙,完谷不化,稀软带水,稍有酸臭,多见于脾胃虚弱。粪成糊状,腥臭难闻,或见脓血,则为大肠湿热。粪便带血,为便血。在严重的全身性虚弱、肛门括约肌松弛、脊髓麻痹和意识丧失时,见有不随意的排粪。阻塞性黄疸时,粪呈灰白的黏土色,质地坚硬等。

尿色深而少,多属热证;尿色淡而多,多属寒证。尿淋漓,点滴而下,或久时排不出尿,排尿时卷尾、蹲腰、踏地,有腹痛症状者,为淋证,临床有气淋、血淋、膏淋、劳淋、石淋等五淋之分，常见于膀胱积热、尿结石等证。尿液色红带血者，为血尿。尿液完全不能排出，为尿闭，见于膀胱麻痹及膀胱括约肌痉挛。排尿失禁或遗尿，见于脊髓挫伤及虚脱证。

三、察口色

察口色，就是观察口腔各部位的色泽，以及舌苔、舌形、舌态等的变化，以诊断脏腑病证的方法。口色是气血的外荣，是脏腑功能活动的外在表现，口色的变化反映着体内气血盛衰和脏腑虚实。因此，口色对病证诊断和预后具有重要意义。《元亨疗马集·脉色论》说："口色，验疾之所也"，"伐柯者，匪斧而不能克；察病者，非脉色何能知之"。

（一）方法与部位

检查马属动物时，检查者一手拉住笼头，另一手的食指和中指在近嘴角处拨开上下唇，观察唇内、口角、排齿的颜色，然后将两指从口角伸入口腔感觉其干湿温凉，再用二指撑开口腔，观察舌色、舌苔、舌形及卧蚕；最后将舌头拉出口外，仔细观察舌苔、舌体及卧蚕等的细微变化。

检查牛时，先看鼻镜，然后一手提住鼻环（或鼻孔），一手拨开嘴唇，观察颊部、舌底及仰池（卧蚕周围的凹陷部）的变化，若需详细观察，可以一手的食指与拇指握住鼻中隔向上提，另一手牵出舌并下压下颌，翻转舌体，即可较全面地观察。

检查猪、羊时，可用开口器或棍棒撬开口腔观察。

检查犬、猫时，对性情温顺者，可令助手握紧前肢，检查者两手分别掐压上、下唇两侧，翻开上、下唇并打开口腔。有咬癖者，以绷带圈绕于上、下腭，打开口腔，借助毛巾将舌头拉出。必要时用开口器打开口腔。

动物种类不同，察口色的部位有所侧重。马属动物主要看唇、排齿、舌和卧蚕，而以舌为主；牛、羊主要看颊部、舌底、卧蚕及仰池，以颊部、舌底最为重要；猪主要看舌；骆驼主要看上唇内侧正中两旁黏膜的颜色及仰池。犬、猫主要看颊部黏膜、牙床、上腭、舌及扁桃腺等。

（二）口色

1. 正常口色 正常口色一般是舌质淡红，不胖不瘦，活动灵活自如，微有薄白的舌苔，稀疏均匀；干湿得中，不滑不燥。由于四季气候不同，气血盛衰在正常范围内也有一定差异，口色上就会有一些变化。如夏季炎热，气血旺盛趋外，口色偏红；冬季寒冷，气血运行衰退向内，口色偏淡，正如古人云："春如桃花夏似血，秋如莲花冬似雪。"

动物种类、品种、年龄不同，或一些其他因素的影响，口色也有差异和变化。猪的口色稍偏红，马、骡次之，反刍动物偏淡；幼龄动物偏红，老龄动物偏淡。有时，由于口腔黏膜的某种固有颜色（尤其是牛），或采食青绿饲料，或灌服中草药，或戴衔铁等引起的染色，应注意辨别。

2. 有病口色 有病口色应从舌色、舌苔、舌形、舌态等方面观察。

（1）舌色：常见的病色及主证有下述几种。

白色：主虚证，为气血不足之兆。血虚不能营润，气虚则血液化生和运行力量不足，故显白色。淡白，为血虚，见于长期脾胃虚弱、贫血、虫积和内伤杂病等。苍白，是气血极度虚弱的反映，见于严重的虫积或大出血。

赤色：主热证，为气血运行加速的反映。热盛则气血沸涌，血脉充盈，故显赤色。鲜红，多是热在卫分、气分，见于感染性疾病的初、中期；赤紫，为热入营血、热极伤阴或气滞血瘀的反映，见于感染性疾病的后期及喘气病、肠扭转、肠臌气、结症后期等。此外，舌尖红，为心火上炎；舌边红，为肝胆有热。舌红而干，为热盛伤津。舌红无苔，为阴虚火旺。红而兼有瘀点，为热毒炽盛、发斑的先兆。

青色：主寒证、痛证、风证，为气血瘀阻的象征。寒盛，则气滞血瘀、经脉拘急，损伤阳气致使血液瘀阻；血液瘀阻不通，不通则痛；血滞不行，血不养筋，而见风动。青白，见于脏腑虚寒、冷痛等。青黄，见于寒湿困脾、冷肠泄泻等。青紫，为寒极、肝风内动或气血瘀滞。

黄色：主湿证，为湿蕴肝胆之征。黄色鲜明如橘者，为阳黄，因湿热熏蒸肝胆，致使胆汁横溢入血而发黄色，多见于急性肝炎、胆管阻塞及血液寄生虫病等。黄色晦暗如烟熏色，为阴黄，因寒湿郁阻肝胆，阻遏气机，胆汁排泄不利而溢于皮下，多见于慢性肝炎等。

黑色：主寒极、热极。阴寒内盛，经脉拘急；或阳热炽盛，耗津伤气，血热搏结，使气滞血瘀至极，故显黑色。寒极黑而有津，热极黑而无津。

（2）舌苔：舌苔由胃气熏蒸而成。舌苔的变化可反映胃气的强弱、病邪的深浅、病性的寒热和病情的进退。健康动物舌苔薄白，稀疏均匀，干湿适中。有病舌苔，主要在苔色和苔质发生变化。

①苔色：常见的病色及主证有以下三种。

白苔：主表证、寒证。表证时，外邪尚未传里，脾胃功能尚未受到影响，舌苔往往无明显变化；寒证时，由于寒性收引，机体气化功能下降，无苔可生。故均显接近正常的薄白苔。

黄苔：主里证、热证。里证时，由于热邪熏灼，所以苔现黄色。淡黄热轻，深黄热重，焦黄热结。

灰黑苔：主热证、寒湿证。热愈重，苔生愈多、颜色愈深，舌苔由黄转焦黄至灰黑。寒性收引，湿性黏滞，二者均使气机收敛，口腔清洁功能下降，加之寒性凝滞，气血不畅，故显灰黑苔。灰黑苔表示病情危重。

在疾病过程中，苔色的变化可作为判断病情变化的标志之一，如苔色加重，则为疾病向深重发展；反之，则正胜邪退，疾病好转。

②苔质：指舌苔的有无、厚薄、润燥、腐腻等。

有无：舌苔的有无，表示病情的进退和胃气的复衰。一般来说，舌苔由无到有，表明胃气渐复，病情好转；舌苔由有到无，表明胃气虚衰，缺乏生发之机，病情欠佳。

厚薄：薄苔，表示病邪浅，病情轻；厚苔，表示病邪深，病情重。在疾病过程中，舌苔由薄变厚，表示病邪深入，病情加重；舌苔由厚变薄，表示病邪渐退，病情好转；如果苔退急骤，突然变为无苔，属胃气将绝之危候。

润燥：舌苔湿润，表示津液未伤。若苔面水分过多，多为水湿内停。舌苔干燥，说明津液已伤，因热盛伤津，久病阴液亏耗，或阳虚气化不利，津不上承所致。在特殊情况下，也有湿邪内蕴舌苔反燥，而热邪内炽舌苔反润的现象。

腐腻：腐苔，苔质颗粒疏松，粗大而厚，如豆腐渣堆积于舌面，揩之可去，为胃肠宿食化腐的征象，说明内有积滞而胃气尚好。腻苔，苔质颗粒致密，细腻而薄，揩之不去，刮之不脱，上面罩有一层油腻状黏液，因湿浊内蕴，阳气被遏所致，见于湿浊、痰饮、食积、湿热等证。

（3）舌形：指舌体的形状，包括胖瘦、老嫩、舌面的荣枯。

胖瘦：指舌体的大小。胖大舌（齿痕舌），舌体较正常舌为大，伸舌满口。胖大而色淡白，多为脾肾阳虚；胖大而色赤红，多属热毒亢盛；胖大而色暗紫，多为中毒血瘀。瘦薄舌，舌体瘦小而薄，见于气血阴液不足。瘦薄而色淡，多为气血两虚；瘦薄而色红干燥，多是阴虚火旺。

老嫩：老，指舌质纹理粗糙，形色坚敛苍老，属实证、热证。嫩，指舌质纹理细腻，形色浮胖娇嫩，属虚证、寒证。

荣枯：舌质滋润，红活鲜明为荣舌；舌质干枯，色泽晦暗为枯舌。荣枯可衡量正气盛衰，估计病情轻重和预后。荣舌为有神主病吉；枯舌为无神主病凶。

裂纹舌：舌面有裂沟，多由于阴液亏损，不能荣润舌面所致。有裂纹且色红绛，为热盛津伤；有裂纹而色淡白，为血虚。

芒刺舌：舌乳头高起如刺，摸之刺手，多为热邪亢盛之征。

（4）舌态：指舌体运动变化。

强硬舌：舌体僵硬，运动不灵活，见于风证（热极生风、肝风内动）、木舌症（舌炎、放线菌肿）。

痿软舌：绵软无弹性，运动无力，见于虚证。

颤动舌：舌体颤动不定，不能自主，见于虚证、风证。

吐舌：舌伸长吐露于口外，见于疫毒攻心（常伴有高热神昏）或正气已绝。

弄舌：舌时时微露口外，立即收回，为风证先兆，如破伤风。

歪斜舌：舌体偏于一侧，为中风或中风先兆。

3. 绝色 绝色是危重症或濒死期的口色。一般认为，青黑或紫黑是绝色。如《司牧安骥集》说："大抵怕青黑"，《元亨疗马集》记载："青黑两兼，骐骥天年数尽。"《元亨疗马集·脉色论》又载"青如翠玉者生，似靛染者死；赤如鸡冠者生，似衃血者死；白如豕膏者生，似枯骨者死；黑如乌羽者生，似炲煤者死；黄如蟹腹者生，似黄土者死。"前五种颜色光泽鲜明，说明正气未伤，生机尚存，预后良好；而后五种颜色晦暗无光，表示正气已伤，生机全无，预后可疑，甚至是死候，故有"明泽则生，枯夭则死"之说。

当然，不能仅凭口色来判断疾病的预后和生死，必须四诊合参，全面检查和分析。如《元亨疗马集·脉色论》中说"色脉相应者生，相反者死；阴病见阳色者生，阳病见阴色者死"，在诊断上具有一定的意义。

第二节 闻 诊

闻诊是通过听觉和嗅觉了解病情的一种诊断方法，包括耳闻声音和鼻嗅气味两个方面。

一、闻 声 音

（一）叫声

健康动物在求偶、呼群、唤子、警告等情况下，往往发出宏亮明快而有节奏的各种叫声。疾病过程中，叫声的宏微高低、节奏、方式常有变化。叫声宏亮者，多为正气未衰，病情较轻；声音低微者，多为正气已衰，病情较重。叫声平起而后延长的，正气尚存，病虽严重，仍有救治希望；叫声怪猛而音短促的，多属毒邪攻心，病较难治；叫声清脆者，病轻好治；叫声嘶哑如破锣者，病重难医。动物在病情严重及异常痛苦时，常发出低微的呻吟声。应当注意，喉颡的局部疾患，往往影响叫声。

（二）呼吸音

健康动物呼吸平和，一般不易听到声音。但用听诊器在胸部听诊时，可听到不同动物各自不同的呼吸音，剧烈运动和劳役时，呼吸音变为粗大。

在患病过程中，如患畜气息平和，表示病情轻；气息不调的，则病情较重。若呼吸气粗，多属热属实；气息微弱者，多见于内伤劳损，属虚。呼吸时伴有痰声作响者，为痰饮壅聚之症。呼吸困难而促迫，甚则发出抽锯声，则为病重；呼吸鼻出哽气者，为病势危重。呼吸时气息急促者，称为喘。

（三）咳嗽声

健康动物一般不咳嗽。咳嗽是肺经病的一个重要症状。由于疾病的性质和病程不同，咳嗽的声音、时间及伴随的症状也不相同。凡咳嗽声音洪大而有力的属实，多系暴发性新病；咳嗽声音低弱而无力的属虚，多见于劳伤久病。咳嗽有痰为湿咳，见于支气管炎的中、后期；咳嗽无痰为干咳，见于慢性支气管炎、胸膜肺炎等。大声咳嗽的，为肺气盛而病轻；半声咳嗽的，为肺气滞塞而病重。白天咳嗽频繁，为阳咳，多属肺经实热，易于治疗；夜间咳嗽频繁，为阴咳，多属肺经虚寒，治疗较难。另外，其他脏腑有病也可影响到肺而致咳嗽，故《元亨疗马集·王良咳嗽论》中有"五脏六腑，皆令兽咳，非独肺也"。

（四）咀嚼声

健康动物在采食时可听到清脆而有节奏的咀嚼声。患病过程中，如咀嚼缓慢小心，声音很低时，多为牙齿松动、疼痛。口内无食物而牙齿咬磨作响，称磨牙，多由疼痛引起，常常是病重、病危的象征。

（五）肠音

肠音，是指肠蠕动时发出的鸣响音。健康动物小肠音如流水声，大肠音如远方雷声，有一定的节律。犬、猫的小肠不如其他动物发达，故胁部听诊难以区分大肠音或小肠音。

患畜肠音增强或亢进，肠鸣如雷，多属肠中虚寒，如冷痛、冷肠泄泻等证。肠音减弱或寂然无声，多为胃肠滞塞不通，如胃肠积滞、便秘或结症等。肠臌气时，由于肠管充气紧张，可听到金属音。在疾病过程中，肠音的变化也可帮助诊断病势的进退。

对牛、羊等反刍动物，还应注意瘤胃蠕动音。正常时表现为捻发音，有一定的持续和间隔时间。瘤胃蠕动音减弱或停止，多见于脾胃虚弱、宿草不转、百叶干、网胃创伤等证。

二、嗅 气 味

（一）口气

健康动物口内无异臭，带有草料味。若口气秽臭，多为胃内有热；若口气酸臭多属胃内积滞、消化不良；口气腥臭、腐臭，多见于口腔黏膜糜烂溃疡。

（二）鼻气

健康动物鼻无特殊气味。若出现难闻的鼻臭，主要见于肺经疾患。若鼻流黄灰色脓涕，气味腥臭，多属肺痈。鼻流黄色或黄白色脓涕，气味尸臭，多属肺败，也见于异物呛肺后期、肺脓肿及鼻疽等。一侧鼻孔流出黏稠的灰白色或黄白色鼻液，气味恶臭，常见于鼻窦蓄脓。呼出的气体气味也可作为某些疾病的征兆，如尿毒症、酮血症等。

(三) 粪

各种动物的粪便都有一定的臭味。在某些胃肠疾病过程中，粪便的气味会发生变化。如粪便稀薄带水，臭味不显者，多属脾虚泄泻。如粪便气味酸臭，多属伤食。如粪便腥臭难闻，多属湿热证，见于痢疾等。

(四) 尿

马属动物的尿液有一定的刺鼻臭味，其他动物尿液的气味较小。若尿液浓稠短少，气味熏臭，多为实热；若尿液清长，无异常臭味，多属虚寒；如尿液短少，混浊而有恶臭者，多为膀胱积热；如尿色深褐而气味腥臭者，多为肾损伤。

(五) 带下

母畜带下的气味和性状对疾病诊断有一定意义。带下气味不重、清稀而色白者，多属脾肾虚寒。气味较重黏稠而色黄者，多属湿热下注。产后带下散发腐败臭味时，为恶露不尽。

(六) 脓汁

脓汁的气味及性状对疮疡的鉴别有重要意义。脓汁恶臭、黄稠、混浊者，属实证、阳证，多为毒火内盛；脓汁腥臭、灰白、清稀者，属虚证、阴证，多为毒邪未尽，气血衰败。

第三节 问 诊

问诊，就是与畜主及有关人员有目的地交谈，对患畜进行调查了解的一种方法。通过问诊可以获得很多与疾病有关的信息。问诊的内容主要有下列几项。

一、问 发 病

主要询问发病的时间，起病时的主要症状和发展过程。从发病的时间可以了解病证处在初期、中期还是后期，是急性病还是慢性病。如系突然发病，死亡头数多，症状基本相同，就应考虑急性时疫或中毒。

了解疾病的发展情况，对于疾病的诊断具有指导意义。如病程长，饮食时好时坏，排粪时干时稀，日渐消瘦，则可能是脾胃虚弱。如病初排少量干小粪球，随之排粪停止，而腹痛随之加重，多为结症。瘤胃缓慢臌气多是前胃弛缓所致，而急性臌气则由贪食豆科饲草或青绿、幼嫩、多汁饲料引发。

二、问 病 因

通过了解病畜的来源、饲养管理、生产使役、疫病流行等情况，推断发病原因。

(一) 动物来源

了解患病动物是自繁自养的，还是由外地引进的。如属引进不久，则应考虑原产地的疫病情况，以及引进后气候水土及饲养管理条件的改变等对动物发病的影响。如属自繁自养，还应了解是否因运输而外出某些地区，结合当时各地区的情况进行分析。

(二) 饲养管理

询问饲料的种类、来源、品质、调制和饲喂方法等情况。如长期饲喂干草，饥饱不匀，空肠饮冷水，或突然改变饲料，或饲料霉败不洁等，容易引起腹痛、腹胀、腹泻等胃肠道疾病。询问有无圈舍，厩舍的保暖、通风、防暑、光照、卫生等情况。如寒夜拴系于外，厩舍寒冷、污秽、潮湿、泥泞，均易引起风寒感冒、风湿痹痛、蹄部疾患及乳房炎等。饲槽不洁，常引起脾胃病。动物体卫生不良，常引起皮肤病。

(三) 生产使役

从生产性能、使役种类、使役量、使役方法、鞍具、挽具、役畜搭配等方面了解。如使役过重，长途乘挽，容易发生心、肺经病证、四肢病和劳伤等。鞍挽具不良，容易发生鞍伤、背疮等。夏季烈日下使役，易引起中暑。奔驰跳跃，易致闪伤、骨折。奶牛挤奶过度易致气血两虚、生产瘫痪。

(四) 疫病流行

对于突然发病、病势紧急、病情严重的病例，应询问同群或附近同类动物患类似疾病的数目和比例，其他种类动物是否也有类似疾病发生。这对判断是否为时疫流行，并及时采取防治措施是很重要的。如同群或附近同类动物也有类似的疾病，发病急促，数目较多，并伴有高热，则可能为瘟疫流行。如无发热，且为误食某种饲料后发病者，可疑为中毒。如发病不甚急促，但数目很多，又无误食毒物的病史，应考虑某种营养物质缺乏。

三、问 病 史

问病史就是问病畜以往的发病情况、病畜来源及当地疫病流行情况。

(一) 既往病史

询问病畜以往的发病情况。如患过猪瘟、鸡新城疫、羊痘等病或进行过免疫注射、驱虫时，一般不再复发此病。如曾发生过破伤，可怀疑破伤风。眼病反复发作，可能是月盲。长期吐草、跛行，可能是翻胃吐草等。另外，久病多虚，病程较久的多为虚证或虚实错杂证。

(二) 诊疗经过

询问是否进行过诊断治疗，曾诊断为何种病证，用过什么药，用药后有什么变化和反应与效果等。了解这些情况，对于疾病的确诊，合理用药，提高疗效，避免医疗事故的发生，以及判断预后等方面，都是非常重要的。例如，结症患畜在短时期内已用过大量泻剂，而药效尚未完全发挥出来，如不询问清楚，盲目再用大量泻剂，必致过量，产生不良后果。

(三) 生殖性能

配种、妊娠、产仔，与疾病的发生、诊断、治疗有密切关系。公畜配种过于频繁，往往导致性欲降低、滑精、阳痿等肾虚证。母畜在胎前产后容易发生某些胎产病，如产前不吃、难产、胎衣不下、子宫内膜炎等。所以在治疗用药方面，产前应避免使用妊娠禁忌药，在哺乳期，应注意药物对乳质和哺育后代及人类的影响。

幼龄动物的某些疾病也与其父母的配种和胎产情况有密切关系，需要询问清楚，如幼驹溶血病、仔猪孱弱、犊牛龙凤胎等。

第四节 切 诊

切诊是医生用手指对畜体进行切、按、触、叩，从而获得病情资料的一种诊察方法，包括切脉和触诊两部分。

一、切　脉

切脉又称脉诊，是医生用手指切按患畜一定部位的动脉，根据脉象了解和推断病情的一种诊断方法。《元亨疗马集·脉色论》中说："脉色者，气血也"，即脉象能反映脏腑气血的盛衰。

（一）切脉的部位和方法

1. 切脉部位　切脉一般选择浅表动脉，部位随动物的种类而异。马、骡，以往切双凫脉，现在切颔外动脉；牛、骆驼，切尾动脉；猪、羊、犬、猫，切股动脉；犬、猫还可切前肢的正中动脉。

2. 切脉方法　切马、骡的颔外动脉时，医生站在马头一侧，一手握住笼头，另一手拇指置于下颌骨外侧，食指、中指、无名指伸入下颌支内侧，前后、上下滑动寻找颔外动脉。切牛、驼的尾动脉时，医生站在牛、驼后方，一手将尾略向上举，另一手拇指置于尾背面，食指、中指、无名指按于尾腹面寻找尾动脉。切猪、羊、犬、猫的股动脉时，令畜主协助保定好患畜，医者蹲于患畜侧面，一手握住患畜后肢的下部，另一手拇指置于股外侧，食指、中指和无名指伸入大腿内侧寻找股动脉。摸到脉动后，三指布于寸、关、尺部位，先轻按（浮取），再中度用力（中取）、重度用力（沉取）诊察脉象，此为"三部九候"。

诊脉时，首应环境宁静。患畜如刚刚经过较大的劳役和运动，应先让其休息片刻，待停立安静、呼吸平稳、气血调匀后再行切脉。医生也要保持呼吸稳定，全神贯注，仔细体会。所以《素问·脉要精微论》曰："持脉有道，虚静为保。"《元亨疗马集·脉色论》也说："凡察脉色，必得从容，宁心静态，如执玉捧盈。"每次诊脉时间，一般不少于3min。

（二）脉象

脉象，就是脉动应指的征象，包括部位、速率、强度、节律、流利度及波幅等。脉象分健康无病之脉象、反常有病之脉象和病势垂危之脉象三种，分别简称平脉、反脉、易脉（怪脉、绝脉）。

1. 平脉　表现为不浮不沉，不快不慢，至数一定，节律均匀，中和有力，连绵不断。正常脉象随机体内外因素的差异变化而稍有相应改变。

（1）四季气候：受四季气候的影响，平脉有"春弦夏洪，秋毛冬石"的变化。这是因为春季虽然阳气已升，但寒未尽除，气机有约束之象，故脉偏弦。夏季阳气隆盛，脉气来势盛而去势衰，故脉偏洪。秋季阳气欲敛，脉气来势洪盛已减，轻而如毛，故脉偏浮。冬季阳气潜藏，脉气来势沉，故脉偏沉。

（2）动物种类：马、骡一息三至，牛一息四至，猪、羊一息五、六至。

（3）性别：雌性动物较雄性动物濡弱而略快。怀孕后，脉多偏滑。

（4）年龄：年龄越小，脉搏越快。

（5）体格：膘肥体壮者脉多沉而有力，体瘦单薄者脉多浮而无力。

2. 反脉　是反常有病之脉。由于病证多样，故脉象的变化也就相应复杂，这里仅介绍临床上常见的几种病脉及其主证。

（1）浮脉与沉脉：是脉搏显现部位相反的两种脉象。

①浮脉：

脉象：轻按即得，重按反觉脉减，如触水中浮木。

主证：主表证。浮而有力为表实证，浮而无力为表虚证。

脉解：浮脉主表，反映病邪在肌表。外邪侵表，卫阳奋起抗邪而趋向于外，正邪相争在表，故脉浮。若内伤久病的虚证见于浮脉，是虚阳外浮的表现；体质虚弱而外感病邪，脉不见浮，是卫阳鼓动无力，不能外达体表之故。脉见浮大而空，按之如葱管样，称为芤脉，见于大失血者。

②沉脉：

脉象：轻取不应，重按始得，如触水中沉石。

主证：主里证。沉而有力为里实证，沉而无力为里虚证。

脉解：沉脉主里，为病在脏腑的反映。邪郁于里，气血内滞，正邪相争在里，故见脉沉。若表邪初感脉见沉者，为表邪外束，卫阳不能外达，被遏于里之故。

（2）迟脉与数脉：是脉搏快慢相反的两种脉象。

①迟脉：

脉象：脉来迟慢。马、骡一息不足三至，牛一息不足四至，猪、羊一息不足五、六至。

主证：主寒证，亦可见里实热证。迟而有力为实寒证，迟而无力为虚寒证；浮迟是表寒，沉迟为里寒。

脉解：寒易伤阳，其性凝滞、收引，致使气滞血瘀，气血运行不畅，故脉见迟象。若热邪结聚，阻滞血脉流行，也可见迟脉，脉见迟而有力，伴腹满便秘、发热等胃肠实热证。

②数脉：

脉象：脉来急促。马、骡一息四至以上，牛一息五至以上，猪、羊一息七、八至以上。

主证：主热证。数而有力为实热证，数而无力为虚热证；浮数是表热，沉数为里热。

脉解：邪热亢盛，鼓动血脉，脉行加速，故见数脉。若虚阳外越，也可见数脉，但数而无力，按之豁然而空。

（3）虚脉与实脉：是脉动力量相反的两种脉象。

①虚脉：

脉象：按之无力而空虚。

主证：主虚证。多为气血两虚及脏腑诸虚。

脉解：虚为气血不足的表现，气不足无以运其血，故脉来无力，血不足无以养其气、充其脉，故按之空虚。

②实脉：

脉象：按之有力而实满。

主证：主实证。

脉解：邪气亢盛，正气不衰，正邪相搏，气血壅盛，脉道实满，故应指有力。

（4）滑脉与涩脉：是脉动流利度相反的两种脉象。

①滑脉：

脉象：往来流利，应指圆滑，如盘走珠。

主证：主痰饮、食滞、实热。

脉解：实邪壅盛于内，气实血涌，故脉来往甚为流利，应指圆滑。母畜妊娠亦常见滑脉，其是气血充盛而调和的表现。

②涩脉：

脉象：往来艰涩不畅，应指如轻刀刮竹。

主证：精亏血少、气滞血瘀。

脉解：精亏血少，不能濡养经脉，血行不畅，脉气往来艰涩而无力；气滞血瘀，血行受阻，故脉见艰涩而有力。

（5）洪脉与细脉：是脉搏幅度相反的两种脉象。

①洪脉：

脉象：脉来如波涛汹涌触之满手，来盛去衰。特点是脉宽，且波动大而有力。

主证：热盛。

脉解：内热充斥，脉道扩大，气盛血涌，汹涌有余，滔滔满指。若热病伤阴，阴虚于内，阳盛于外，也可见洪脉，但按之无力。

②细脉：

脉象：脉细如线，但应指明显，特点是脉窄，且波动小。

主证：诸虚劳损，以阴血虚为主。

脉解：阴血亏虚，脉道失充，故呈现细脉。

（6）促脉、结脉、代脉：是脉动节律不齐，或兼有间歇的脉象，又称歇止脉或间歇脉。

①促脉：

脉象：脉来急数，时而一止，止无定数，即脉来急数而有不规则的间歇。

主证：阳盛实热，兼有气滞、血瘀、食积等。

脉解：阳盛实热，阴不和阳，脉气阻滞，故脉来急数而时有间歇。

②结脉：

脉象：脉来缓慢，时而一止，止无定数，即脉来迟缓而有不规则的间歇。

主证：阴盛气结，寒痰瘀血。

脉解：阴盛而阳不和，气机阻滞，血脉不畅，故见结脉。

③代脉：

脉象：脉来动而中止，不能自还，良久复动，止有定数，即脉来缓弱而有规则的间歇。

主证：脏气衰微，风证，痛证，惊恐，跌打损伤。

脉解：脏气衰败，气血亏损，元气不足，以致脉气不能衔接而止有定数。

因为疾病是复杂的，临证时，一种疾病并不是只出现一种单一的脉象，而常常出现两种或两种以上的相兼脉，即复合脉象。如表热证，脉见浮数；里寒证，脉见沉迟；贫血、失血性疾病时，脉见细数；某些中毒性疾病时，脉见迟缓。

3. 易脉 就是四时变易之脉，也称"怪脉"、"绝脉"。是脉形大小不等，快慢不一，节律全无，散乱无序，在疾病危重期出现的脉象，表示生机已绝，疾病已到垂危阶段。据此可以判断病证的预后。易脉有以下多种表现：

（1）雀啄脉：脉来急数，节律不定，数次一停，止而复作，如雀啄食之状。主脾气已绝。

（2）屋漏脉：脉来很久一次，且间歇时间不匀，慢而无力，如屋漏残水，良久一滴。主胃气将绝。

（3）虾游脉：脉来时隐隐约约，去时一跃而消逝，如虾游之状。为孤阳无依，躁动不安之候。

(4) 解索脉：脉来忽疏忽密，散乱无序，如解乱绳之状。多主肾与命门之气皆亡。

(5) 鱼翔脉：脉来浮在皮肤、散漫不拘，似有似无，如鱼翔时头不动尾动。主三阴寒极，阳亡于外。

(6) 弹石脉：脉来极硬，辟辟凑指，如指弹石，歇止不定。主肾气竭绝。

(7) 釜沸脉：脉来浮数之极，有出无入，浮而无根，至数不清，如釜中水沸。主三阳热极，阴液枯竭。

临床上，脉与证在多数情况下是相符的，如表证见浮脉，里证见沉脉，热证见数脉，寒证见迟脉等。但有时病情复杂，机体阴阳失调严重，脉与证也会相反。此时就需全面分析病情，排除假象，或舍脉从证，或舍证从脉，做出正确的诊断。

二、触　　诊

触诊是对患畜各部位进行触摸按压，以探察冷热温凉、软硬虚实、局部形态及疼痛感觉等方面的变化，为辨证论治提供有关资料和依据。

(一) 凉热

就是触摸耳、鼻、口、体表、四肢等部位的温度，以判断病证的寒热虚实。现代常与体温测定相结合。体温升高，见于发热性疾病、流行性感冒、内科病等。体温低下，见于心力衰竭、贫血、某些中毒病、各种疾病的垂危期等。

1. 口温　健康动物口温比较恒定，除口腔疾患时口温较高外，一般表现为温和而湿润。若口温偏凉，多属虚寒证；口温增高，多属实热证；口内冰凉，多属阳气衰竭或寒极，其病重危。口温高而干燥，则为里热化火；口舌燥热，干裂津枯，多属热极，也是危重的象征。

2. 鼻温　用手掌遮于患畜的鼻头，感觉鼻端和呼出气体的温度。健康动物则温和而有湿润感。若温度较高，多为热证。鼻冷气凉，则属虚寒，阳气衰微。

3. 耳温　健康动物耳根部较温，耳尖部较凉。若耳根、耳尖均热，多属热证；耳根、耳尖均凉，多属寒证。耳根、耳尖俱冷，表示阳气败绝，病多重危。

诊断牛、羊病时，常还触摸角的凉热。四指并拢，虎口向角尖，小指触角基部有毛与无毛交界处，握住牛角，若小指与无名指感热，体温一般正常；若中指也感热，则体温偏高；若食指也感热，则属发热无疑。全身热盛而角温冷者，多属危症。

4. 体表及四肢温凉　健康动物体表和四肢不热不凉，温湿无汗。若体表和四肢偏热，病多属热，体表和四肢偏凉，病多属寒。若四肢冰冷，称为厥冷，属寒极，阳气将竭，病多危重。

(二) 肿胀

摸肿胀，主要为了察明肿胀的性质、形状、大小及敏感度等方面的情况。肿胀坚硬如石，多为骨肿；肿胀坚韧，多为肌肿或筋胀；手压有痕，多为水肿；按压软而有波动感，则为脓肿、血肿或淋巴外渗。淋巴结急性肿胀、有热痛感，提示周围组织、器官的急性感染。

(三) 咽喉及槽口

触诊咽喉，主要注意有无温热、疼痛及肿胀等异常变化。常用两手同时由两侧耳根部向下逐渐滑行并轻轻按压以感知其周围组织的状态。如咽喉部触诊敏感，出现明显的肿胀和热感并有疼痛，多属嗓黄；触之喉部即发咳嗽者，多属肺经有病。必要时，可用开口器打开口腔，将舌向前拉出，小动物可用压舌板压下舌根，观察咽喉。

摸槽口多用于马、骡。健康马、骡槽口清利，皮肤柔软松弛而有弹性。若有肿胀疙瘩，甚则肿满槽口，触之热痛，常为槽结或肺败。

颈部食道可通过外部触诊，判断有无敏感疼痛或异物阻塞。胸部食道，需用胃管探诊，以探查食道有无阻塞、扩张及狭窄。必要时用X线造影进行检查。

（四）胸腹

用手按压或叩打两侧胸壁时，患畜躲避或拒按，则多为胸内疼痛，常见于肺痈（肺脓疡、化脓性肺炎）。触压牛的剑状软骨部如疼痛不安，站立时前肢开张，下坡斜走，胸前出现水肿等，多为心包-网胃炎。

按压腹部主要探察腹内的虚实。如牛、羊肚腹胀大（左侧尤为明显），用手叩击呈鼓音者，则为肚胀（瘤胃臌气）；触诊左侧肷部，瘤胃蠕动减弱，感觉内有宿食坚满而硬者，常为宿草不转（瘤胃积食）；触诊右侧肷下腹壁，腹壁紧张下沉，撞击坚满而打手者，多为真胃阻塞；触诊两侧腹壁，腹肌紧张，腹部下沉，有拍水音和疼痛反应者，多为腹膜炎。

马、骡肷部臌胀，叩击呈鼓音者为肠胀（肠臌气）。犬、猫腹部触摸往往可以确定胃肠异物、肠套叠等。

（五）谷道入手

谷道（直肠）入手是直肠检查和按压破结的手法，主要应用于马、牛等大动物，尤其对于马、骡的结症及奶牛妊娠的检查，具有重要的临床意义。

中兽医在直肠检查和按压破结方面，积累了丰富的经验。《元亨疗马集·起卧入手论》中对直肠检查的准备、方法步骤和破碎结粪的手法有较详细的记述，如"凡入手者，切须细意推详……先将右手指甲剪尽，于石上滑磨齐肉，不致绾破肠胃，以温暖油水三升，先灌于谷道之中，然后再将油水于臂膊上下润湿通滑，免教入手涩滞，徐徐用意向前，于大肠九襟之中，左右前后，穿肠慢慢寻取，如遇横弦立肚（肠系膜在腹痛时紧张成索），玉女关津，即须廻避，勿令伤绾，再于别窍搜寻。凡有滑硬如球打手者，则为病之结粪也。得见病粪，休得卤莽慌忙……医家须当细意从容，以右手为度，就以大指虎口，或以四指尖梢，于腹中摸定硬粪，应对无偏，隔肠轻轻按切，以病粪破碎为验，但有一、二破碎者，便见其效，无不通利矣"；"打结之时靠外手"，"靠门结时燕口取"，"背手结时翻手转，合在手里恰一般"，"垂结之时靠梁打，虎口按破便能安"等。

谷道入手还可用以诊断其他疾患，如公畜的肠入阴，骨盆和腰椎骨折，骨瘤，肾脏、膀胱、子宫、卵巢等脏器疾病。

犬、猫的直肠检查，可用食指或小指轻轻伸入肛门，感知肛门收缩力以检查肛门括约肌有无麻痹，直肠内有无蓄粪，蓄粪软硬度，直肠壁的厚度、黏膜上有无息肉、荐骨的轮廓和有无疼痛等。此外，还应探知肛周腺和肛门腺的变化。

第七章

辨　　证

辨证是中兽医诊断所拥有的独特内容，是治疗所需立法处方的主要依据。中兽医的辨证方法很多，如八纲辨证、脏腑辨证、气血津液辨证、六经辨证和卫气营血辨证等。这些辨证方法，虽各有特点和侧重，但又互相联系，互相补充。

第一节　八纲辨证

八纲，是指表、里、寒、热、虚、实、阴、阳八个辨证纲领。根据病情资料，运用八纲进行分析综合，从而辨别疾病病变部位的浅深、病情性质的寒热、邪正斗争的盛衰和病证类别的阴阳，作为辨证纲领的方法，称为八纲辨证。

八纲是从各种具体证候的个性中抽象出来的带有普遍规律的共性纲领。即任何一种疾病，从大体病位来说，总离不开表或里；从基本性质来说，一般可区分为寒与热；从邪正斗争的关系来说，主要反映为实与虚；从病证类别来说，都可归属于阴或阳。因此，八纲辨证是中兽医辨证的总纲，是用于分析各种疾病共性的辨证方法，在诊断中能起到执简驭繁、提纲挈领的作用。

一、八纲的基本证候

表证与里证、寒证与热证、虚证与实证、阴证与阳证，是四对既相互对立而又互相联系的证候。其实，它们并不是完整而具体的证，只是对病情的大体分类而已。

（一）表里辨证

表里是辨别疾病病位浅深、病情轻重及病势进退的一对纲领。

表里是一个相对的概念，如体表于脏腑相对而言，体表为表，脏腑为里；脏与腑相对而言，腑属表，脏属里；皮肤与筋骨相对而言，皮肤属表，筋骨属里；经络中三阳经与三阴经相对而言，三阳经属表，三阴经属里等。

在辨证学中，其表里有着特定的含义。从病位而论，通常身体的皮毛、肌腠、经络为外，属表；脏腑、骨髓、血脉为内，属里。一般把外邪侵袭肌表者称为表证，病在内者称为里证。表证病浅而轻，里证病深而重。从病势进退来看，外感病中病邪由表入里，是病渐加重为势进；若病邪由里出表，是病渐减轻为势退。因而前人有"病邪入里一层，病深一层；出表一层，病轻一层"之说。但临床辨别表里证候时，一定要以临床表现为依据，不能机械地将表里当作固定的解剖部位来理解。

任何疾病的辨证，都应分辨病位的表里，而对于外感病来说，其意义则显得尤为重要。这是因为内伤杂病的证候一般属于里证范畴，故分辨病位的表里意义不大，而外感病则往往由表入里、由浅而深、由轻而重的传变发展过程。所以，表里辨证可说明病情的深浅轻重及病机变化的趋势，从而掌握疾病的演变规律，取得诊疗的主动权。从某种意义上说，六经辨证、卫气营血辨证，都可理解为表里浅深、轻重层次划分的辨证分类方法。

1. 表证 是指外邪经皮毛、肌腠、口鼻侵入机体时，正（卫）气与之抗争所表现出的证候的概括，具有起病急、病程短、病位浅的特点。

［主症］恶风寒（被毛逆立、寒战）或恶寒发热，头身疼痛，鼻塞，流涕，微咳嗽，苔薄，脉浮等。

［分析］表证主要见于外感病的初期，一般有感受六淫等外邪的原因。外邪入侵肌表，邪正相争，阻遏卫气故恶寒（或恶风）发热；邪气壅滞经络，气血流通不畅，则头身疼痛；肺失宣降，窍道受阻，故鼻塞、流涕、微咳嗽；邪未入里，没有影响胃气的功能，故苔薄；邪正相争在表，脉气鼓动于外，故脉浮。

2. 里证 泛指病变部位在内，由脏腑、气血、骨髓等受病所致的证候，多见于外感病的中、后期及一切内伤病。

［主症］里证的范围极为广泛，一般很难以某几个症状概括或代表里证的临床特征，其一般证候特征是以脏腑症状为主要表现。

［分析］里证的形成原因有三个方面：一是外邪袭表，表证未解，内传入里；二是外邪直接入里，侵犯脏腑；三是情志内伤、饥饱劳役等直接伤及脏腑气血，或脏腑气血功能紊乱而成。

不同的里证，可表现为不同的证候，但其基本特征是一般病情较重，病位较深，病程较长。里证的病位虽然同属于"里"，但仍有浅轻与深重之分，一般病变在上、在气、在腑者，较浅轻，在下、在血、在脏者，较深重。

3. 表里证鉴别要点 辨别表证和里证，主要是审查寒热症状、内脏证候、舌象、脉象等变化（表7-1）。此外，尚应参考起病的缓急、病情的轻重、病程的长短等。

表7-1 表证与里证的鉴别简表

证候	寒热症状	内脏证候	舌象	脉象
表证	并见	不明显	少变化	浮
里证	单见	明显	多变化	沉

（二）寒热辨证

寒热是辨别疾病性质的两个纲领。寒证与热证可反映机体阴阳的偏盛与偏衰。

寒热辨证，不能孤立地根据个别症状做判断，而是需要对四诊收集的所有症状、体征及资料进行全面的辨别、分析、综合和归纳。具体地说，热证是一组以热象为主的症状和体征；寒证是一组以寒象为主的症状和体征。

必须注意，恶寒、发热与寒证、热证不同。恶寒、发热只是疾病的现象，疾病所表现寒热征象有真假之别，而寒证、热证则是对疾病本质的判断。

1. 寒证 指感受寒邪，或阳虚阴盛所表现的具有冷、凉特点的证候。由于阴盛可表现为寒的证候，阳虚亦可表现为寒的证候，故寒证有实寒证、虚寒证之分。

［主症］形寒肢冷，蜷卧喜暖，口淡不渴，鼻涕清稀量多，尿清长，粪稀薄，苔白而润滑，脉迟或紧等。

［分析］多因外感阴冷寒气，或因内伤久病而阳气耗损，或过服生冷寒凉，阴寒内盛所致。起病急骤，体况壮实者多为实寒证；因内伤久病，阳气虚弱而阴寒偏盛者，多为虚寒

证。寒邪袭于表，多为表寒证；寒邪客于脏腑，或因阳虚阴盛所致者，多为里寒证。

寒邪侵犯，阳气不足，不能发挥其温煦形体的作用，故形寒肢冷，蜷卧喜暖；阴寒内盛，津液未伤，故口淡不渴；阳虚不能温化津液，以致涕、尿等分泌物、排泄物皆澄澈清冷而量多；寒邪伤脾或脾阳久虚，则运化失司而粪便稀薄；阳虚不化，水湿内生，则苔白而润滑；阳虚则鼓动血脉运行之力不足，故脉迟；寒主收引，脉道受寒则收缩而拘急，故脉紧。

2. 热证 指感受热邪，或脏腑阳气亢盛，或阴虚阳亢，导致机体机能活动亢进所表现的具有温、热特点的证候。由于阳盛可表现为热的证候，阴虚亦可表现为热的证候，故热证有实热证、虚热证之分。

[主症] 发热，恶热喜冷，口渴喜冷饮，烦躁或神昏，或鼻涕黄稠，或吐血、衄血，尿短赤，粪干结，舌红苔黄燥，脉数等。

[分析] 多因外感阳热之邪，或寒湿等邪化热，或七情过激，气郁化热，或饮食不节，食积化热，或配种劳伤，阴虚阳亢所致。病势急骤，形体壮实者，多为实热证；因内伤久病，阴液耗损而阳气偏亢者，多为虚热证。风热之邪袭于表，多为表热证；热邪盛于脏腑，或因阴虚阳亢所致者，多为里热证。

阳热偏盛，则发热，恶热而喜冷；热盛伤阴，津液被耗，津伤必引水自救，故口渴喜冷饮，尿短赤，粪干结；热邪扰乱心神，则烦躁不宁，甚者神昏；津液被火热煎熬浓缩，则鼻涕黄稠；热邪迫血妄行，灼伤血络，则吐血、衄血；舌红苔黄燥为里热伤阴之征。阳热亢盛，加速血行，故见脉数。

3. 寒热证鉴别要点 重点是肢体寒热的轻重程度及对冷暖的喜恶，口渴及饮水情况，粪尿的固泄，以及苔象、脉象等（表7-2）。

表7-2 寒证与热证的鉴别简表

证型	寒热	口渴	四肢	神态	鼻涕	二便	苔象	脉象
寒证	恶寒喜暖	不渴	冷	蜷卧少动	清稀色白，量多	粪稀薄，尿清长	白而润滑	迟或紧
热证	恶热喜冷	渴喜冷饮	热	烦躁多动	黄稠	粪干结，尿短赤	黄而干燥	数或滑

（三）虚实辨证

虚实是辨别邪正盛衰的两个纲领，主要反映病变过程中机体正气的强弱和致病邪气的盛衰。

虚，主要指正气不足，实，主要指邪气盛实。由于邪正斗争是疾病过程中的根本矛盾，阴阳盛衰及其形成的寒热证候，亦存在着虚实之分，所以分析疾病过程中邪正的虚实关系，是辨证的基本要求。通过虚实辨证，可以了解疾病的邪正盛衰，为治疗提供依据。实证宜攻，虚证宜补，虚实辨证准确，攻补方能适宜，才能避免犯"实实""虚虚"之误。

1. 虚证 指机体阴阳、气血、津液、精髓等正气亏虚，而邪气不盛，表现为不足、松弛、衰退特征的各种证候。

[主症] 各种虚证的表现极不一致，各脏腑虚证的表现更是各不相同，所以很难用几个症状全面概括。临床一般以久病、病势缓、耗损过多、体质素弱者多虚证。

[分析] 虚证的形成，可以由先天禀赋不足而导致，但主要是由后天失调和疾病耗损所致，如饮食失调，营血生化之源不足；过度劳倦，耗伤气血营阴；采精或配种过度，耗损肾精元气；久病失治、误治，耗伤正气；大吐、大泻、大汗、大出血等导致阴液气血耗损等，

均可形成虚证。

2. 实证 指机体感受外邪，或疾病过程中阴阳气血失调，体内病理产物蓄积，以邪气盛、正气不虚为基本病理，表现为有余、亢盛、停聚特征的各种证候。

［主症］由于感邪性质的差异，致病的病理因素不同，以及病邪侵犯、停积部位的差别，因而证候表现各不相同，所以很难以几个症状作为实证的代表。临床一般是新起、病势急、暴病、体质壮实者多实证。

［分析］实证的病因主要可概括为两个方面：一是六淫、疫疠以及虫毒等侵犯机体，正气奋起抗邪，故病势较为亢奋、急迫。二是内脏功能失调，气血障碍，导致气机阻滞，形成痰饮、水湿、瘀血、宿食等有形病理物质，壅聚停积于体内。

3. 虚实证鉴别要点 主要可从病程、病势、体质及症状、舌脉等方面鉴别（表7-3）。

表7-3 虚证与实证的鉴别简表

证型	寒热	腹痛	汗出	神态	呼吸声音	二便	舌象	脉象
虚证	畏寒肢冷为阳虚，五心烦热为阴虚	轻微，时发时止，喜按	自汗或盗汗	神疲乏力，精神不振	气息微弱，声低	便溏，尿清长	舌淡嫩，少苔或无苔	无力
实证	恶寒重为实寒，壮热为实热	剧烈，持续不解，拒按	无汗或大汗	烦躁或神昏	气急息粗，声高	便秘，尿短赤	舌苍老，苔厚腻	有力

（四）阴阳辨证

阴阳是辨别疾病类别的一对纲领，是八纲的总纲。由于阴阳分别代表事物的两个方面，表里、寒热、虚实均可区分阴阳。而表里与寒热之间不能互相归属，故只有阴阳可作为类证的纲领，张景岳"二纲六变"之说即有此意。

1. 阴阳是辨证的总纲 根据阴阳学说中阴与阳的基本属性，凡见兴奋、躁动、亢进、明亮、向上等表现的表证、热证、实证，以及症状表现于外的、向上的，或病邪性质为阳邪致病、病情变化比较快等，都属于阳证；凡见抑制、沉静、衰退、晦暗、向下等表现的里证、寒证、虚证，以及症状表现于内的、向下的，病邪性质为阴邪致病、病情变化比较慢等，可归属为阴证。由此可见，阴阳是证候分类的总纲，是辨证归类的最基本纲领。

阴证与阳证是对其他六类纲领性证候的概括，临床运用阴阳来辨别病证类别时，可依据表证与里证、热证与寒证、实证与虚证的表现特征做出判别。但应注意，阴证与阳证的划分不是绝对的，是相对的。如表证与里证相对而言，表证属于阳证，里证属于阴证，但表证、里证都可有寒热之分，表热证属阳，里寒证属阴，而表寒证与里热证相对而言，则表寒证是阳位中的阴证，里热证是阴位中的阳证。因此，对具体病证进行阴阳归类时，会存在阴中有阳、阳中有阴的情况。

2. 阴阳辨证的特定内容 主要有阴虚证、阳虚证、亡阴证、亡阳证等。

（1）阴虚证：指体内阴液亏少而无以制阳，滋润、濡养等作用减退所表现的虚热证候。阴虚证可见于多个脏器组织的病变，并表现出各自脏器的证候特征。

［主症］形体消瘦，口燥咽干，干咳少痰，低热不退，午后潮热，盗汗，尿短黄，粪干结，舌红少苔或无苔，脉细数等。

［分析］阴虚多由热病之后，或杂病日久，耗伤阴液，或因五志过极、配种或采精过度、

过服温燥之品等，使阴液耗损而成。阴液亏少，则机体失却濡润滋养，同时由于阴不制阳，则阳热之气相对偏旺而生内热，故表现为一派虚热、干燥不润、虚火内扰的证候。

(2) 阳虚证：指机体阳气亏损，其温养、推动、蒸腾、气化等功能减退所表现的虚寒证候。阳虚可见于许多脏器组织的病变，并表现有各自脏器的证候特征。

[主症] 畏寒肢冷，不渴，或喜热饮，或自汗，尿清长或尿不利，粪稀薄，舌淡苔白滑，脉沉迟无力，可兼有神疲、乏力、气短等气虚的表现。

[分析] 阳虚多由病程日久，或久居寒凉之处，阳热之气逐渐耗伤，或因气虚进一步发展，或因年老而命门之火不足，或因过服苦寒清凉之品等所致。由于阳气亏虚，机体失却温煦，不能抵御阴寒之气，而寒从内生，故出现畏寒肢冷等一派病性属虚、属寒的证候。阳虚水湿不化，则不渴；阳虚不能温化和蒸腾津液上承，则喜热饮。阳气不能蒸腾、气化水液，则尿清长或尿不利、粪稀薄，舌淡苔白滑，脉沉迟是阳虚有湿的表现。

(3) 亡阴证：指机体阴液严重耗损而欲竭所表现的危重证候。亡阴若救治不及，势必阳气亦随之而衰亡。

[主症] 身灼肢温，皮肤皱瘪，眼眶深陷，烦躁或昏迷，汗出味咸而黏、如珠如油，唇干舌红，口渴喜饮冷水，尿极少，呼吸急促，脉细数无力等。

[分析] 亡阴一般出现在高热大汗或发汗过多，或剧烈吐泻，或失血过多，或久病重病，或严重烧伤等情况下。阴液欲竭，阴不能制阳，故见身灼烦渴，唇舌干燥，呼吸急促，脉细数等阴竭阳盛的证候；阳热逼迫欲竭之阴液外泄，故见汗出如油。

(4) 亡阳证：指机体阳气衰竭而欲脱所表现的危重证候。阳气衰微欲脱，可使阴液亦消亡。

[主症] 冷汗淋漓，汗质稀淡，肌肤不温，四肢厥冷，精神萎顿，口不渴或渴喜饮温水，呼吸气弱，舌淡而润，脉微欲绝等。

[分析] 亡阳一般是在阳气由虚而衰的基础上的进一步发展，但亦可因阴寒之邪极盛而致阳气暴伤，还可因大汗、失精、大失血等阴血消亡而阳随阴脱，或因剧毒刺激、严重外伤、血瘀、痰阻心窍等而使阳气暴脱而致。阳气极度衰微而欲脱，失却温煦、固摄、推动之能，故见冷汗，肌肤不温，四肢厥冷，精神萎顿，呼吸气弱，脉微欲绝等垂危之症。

因为阴阳互根，所以亡阴与亡阳皆可相互累及而最终导致同损俱亡。但具体证候中，常有先后、主次之别。

(5) 亡阳、亡阴鉴别要点：主要可从汗质的稀冷如水或黏热如油，结合病情，身凉或身灼、四肢厥逆或温和、脉微或细数等方面鉴别（表7-4）。

表7-4 亡阳证与亡阴证的鉴别简表

证型	汗液	寒热	四肢	气息	口渴	唇舌象	脉象
亡阳证	稀冷如水，味淡	身冷，畏寒	厥逆	微弱	不渴或喜饮温水	唇舌白润	脉微欲绝
亡阴证	黏热如油，味咸	身热，恶热	温和	息粗	口渴喜饮冷水	唇舌干红	细数无力

二、八纲证候间的关系

八纲各自概括疾病一个方面的病理本质。然而机体病理本质的各个方面是互相联系着的，即寒热病性、邪正相争不能离开表里病位而存在，反之也没有可以离开寒热虚实等病性而独立存在的表证或里证。因此，用八纲来分析、判断、归类证候，并不是彼此孤立、静止不变的，而是相互之间存在多种联系，并随着病程发展而不断变化。临床辨证时，不仅要注意八纲基本证候的识别，也要把握八纲证候之间的相互联系，才能对复杂的病证有全面清楚的认识。

八纲证候之间的相互关系，可主要归纳为证候相兼、证候转化、证候真假三种类型。

（一）证候相兼

证候相兼是指八纲证候的兼见并存。其中，既有对立两纲证候的同时出现，如表里同病、寒热错杂、虚实夹杂等；又有非对立两纲或三纲证候的并见，如表虚证、里寒证、表实热证、里虚热证等。

1. 表里同病 表证和里证在同一时期出现，称表里同病。出现的原因有：一是外感和内伤同时致病；二是外感表证未解病邪入里；三是先有内伤而又感受外邪，或先有外感，又伤饮食等。

表里同病时，若以表里与虚实或寒热分别组合，可见表 7-5 所列八种相兼证候类型

表 7-5 常见表里同病的病因病机及临床表现简表

类型	形成原因	临床表现
表里俱寒	里有寒而表寒外束	身痛，恶寒，肢冷，腹痛，吐泻，脉迟等
	外感寒邪，内伤饮食生冷	
表里俱热	素有内热，又感风热之邪	发热，汗出而喘，咽干喜饮，烦躁或神昏，便秘尿涩，舌红，苔黄燥或起芒刺，脉数等
表寒里热	表寒未解而里热已作	恶寒发热，身痛，口渴喜饮，烦躁等
	本有里热而外感寒邪	
表热里寒	素体阳气不足，或伤于饮食生冷，同时感受温热之邪	发热汗出，饮食难化，便溏尿清，舌胖，苔稍黄等
	少阴病，始得而发热、脉沉者	
	表热证未解，过用寒凉药以致损伤脾胃阳气	
表里俱实	外感寒邪未解，内有痰瘀食积	恶寒发热，无汗，身痛，腹部胀满，二便不通，脉实等
表里俱虚	气血双亏，阴阳两虚	自汗，恶风，食少，便溏，脉虚等
表虚里实	内有痰瘀食积，但卫气不固	自汗，恶风，腹胀拒按，纳呆，便秘，苔厚等
表实里虚	素体虚弱，复感外邪	恶寒发热，无汗，身痛，时有腹痛，纳少或吐、自利（慢性腹泻）等

2. 寒热错杂 寒热错杂是指同时出现寒证和热证，呈现寒热交错的现象。寒热错杂有上下寒热错杂和表里寒热错杂的不同，现以上热下寒证、上寒下热证为例加以介绍。

（1）上热下寒证：患畜在同一时间内，上部表现为热、下部表现为寒的证候。譬如，症见胸中有热，咽痛口干，又见腹痛喜暖、粪便稀薄等，此即热在胸中（上焦）而寒在胃肠（中焦）的上热下寒证。

（2）上寒下热证：患畜在同一时间内，上部表现为寒，下部表现为热的证候。譬如，症见肚腹冷痛、呕吐清涎，又见尿频、尿急、尿痛、尿短赤等，此即寒在胃（中焦）而热在膀胱（下焦）的上寒下热证。

3. 虚实夹杂　在同一个体，既有虚证，又有实证，虚实证候夹杂出现，称为虚实夹杂。虚实夹杂的辨证关键，在于分辨虚实的孰多孰少，邪正的孰缓孰急。

（1）虚证夹实：病情的性质以虚为主，而又夹有某些实证的表现，即为虚中夹实。如脾胃虚弱，复伤饮食，出现脾虚食滞的虚中夹实证。虚证夹实常见于久病不愈者。

（2）实证夹虚：病情的性质以实为主，而又夹有某些虚弱的证候，即为实中夹虚。如外感温热病中，常见实热伤津的证候。实证夹虚常见于新病势急者。

（二）证候转化

证候转化是指疾病在其发展变化过程中，其病位、病性，或邪正盛衰的状态发生变化，由一种证候转化为对立的另一种证候。

证候转化是证候的本质与现象均已变换，因此它与证候相兼的概念不同。但应看到，在证候转化这种质变之前，往往有一个量变的过程，因而在证候转化之先，又可以呈现出证候相兼的关系。

证候转化有两种可能：一是病情由浅及深、由轻而重，向加重方向转化；二是病情由重而轻、由深而浅，向好转方向转化。

1. 表里出入　是指疾病在发展过程中，若表证不解，可以内传而变成里证，称为表证入里；某些里证，其病邪可以从里透达向外，称为里邪出表。一般而言，这种病位上的变化，由表入里多提示病情较重，由里出表多预示病情减轻。掌握病势的表里出入变化，对于预测疾病的发展与转归，及时改变治法，截断、扭转病势，或因势利导，均具有重要意义。

（1）由表入里：指证候由表证转化为里证，表明病情由浅入深，病势发展。

六淫等邪袭表，若表邪不解，则常常内传入里。表现为表证的症状消失而出现里证的证候。如先有恶寒发热、脉浮等表证的证候，当恶寒消失，出现发热不恶寒、舌红苔黄、脉洪数等症时，表示表证已转为里证。

表证转化为里证，一般见于外感病的初、中期阶段，由于机体未能抗邪向外，或邪气过盛，或护理不当，或失治误治等原因，邪气不从外解，以致向里传变，使病情加重。

（2）由里出表：指在里之病邪，有向外透达之势，表明邪有去路，病情向痊愈的方向发展。

某些里证治疗及时、护理得当时，机体抵抗力增强，祛邪外出，从而表现出病势向外透达的症状或体征。如外感温热病中，见发热烦躁等症，随汗出而热退身凉，烦躁减轻，并见疹现等症，便是邪气向外透达的表现。

由里出表是在里之邪向外透达的结果，但这并不是里证转化成表证。正如《景岳全书·传忠录》所说："病必自表而入者，方得谓之表证。若由内以及外，便非表证矣。"

2. 寒热转化　是指疾病的寒热性质发生相反的转变，寒证化热示阳气旺盛，热证转寒示阳气衰惫。

（1）寒证化热：指原为寒证，后出现热证，而寒证随之消失。

寒证化热常见于外感寒邪未及时发散，而机体阳气偏盛，阳热内郁到一定程度，寒邪化热，形成热证；或是寒湿之邪郁遏，而机体阳气不衰，由寒而化热；或因使用温燥之品太过，亦可使寒证转化为热证。如寒湿痹痛，初为关节冷痛、重着、麻木，病程日久，或过服温燥药物，而变成患处红肿灼痛。

（2）热证转寒：指原为热证，后出现寒证，而热证随之消失。

常见于邪热毒气严重的情况下，或因失治、误治，以致邪气过盛，耗伤正气，正不胜邪，机能衰败，阳气耗散，故而转为虚寒证，甚至出现亡阳的证候。如毒痢初期，高热烦渴，舌红脉数，泻痢不止，若急骤出现四肢厥冷、脉微，或病程日久，而表现出畏冷肢凉、舌淡，皆是由热证转化为寒证的表现。

寒证与热证的相互转化，是由邪正力量对比所决定的，其关键又在机体阳气的盛衰。寒证转化为热证，是机体正气尚强，阳气较为旺盛，邪气才会从阳化热，提示机体正气尚能抵御邪气；热证转化为寒证，是邪气虽衰而正气不支，阳气耗伤并处于衰败状态，提示正不胜邪，病情加重。

3. 虚实转化 是指疾病的虚实性质发生相反的转变，提示邪与正之间的盛衰关系出现了本质性变化。实证转虚为疾病的一般规律，虚证转实常常是证候的虚实夹杂。

（1）实证转虚：指原先表现为实证，后来表现为虚证，提示病情发展。

邪正斗争的趋势，或是正气胜邪而向愈，或是正不胜邪而迁延。故病情日久，或失治误治，正气伤而不足以御邪，皆可形成实证转化为虚证。如初见高热、汗出、口渴、脉洪数，后见神疲嗜睡、咽干、无苔、脉细数等，此为邪虽去而正已伤，由实证转化为虚证。

（2）虚证转实：指正气不足，脏腑机能衰退，组织失却濡润充养，或气机运化迟钝，以致气血阻滞，病理产物蓄积，邪实上升为矛盾的主要方面，而表现以实为主的证候。

虚证转实，由于虚证仍在，故并非真正的"转"实，也非病势向好的方向转变，而是提示病情发展。如脾肾阳虚，不能温运气化水液，以致水湿泛滥，形成水肿；失血之后，舌淡、脉细，为血虚之候，由于血虚不能润肠，以致腑气不畅，而见粪便燥结难下、腹胀等症。这些都是因虚而致实。总之，所谓虚证转化为实证，并不是指正气来复，病势转为亢盛，邪盛而正不虚的实证，而是在虚证基础上转化为以实证为主要矛盾的证候。

（三）证候真假

某些疾病在病情危重阶段，可以出现一些与疾病本质相反的"假象"，掩盖了病情的真相。所谓"真"，是指与疾病内在本质相符的表现；所谓"假"，是指与疾病内在本质不相符的某些表现。对于证候的真假，必须认真辨别，才能去伪存真，抓住疾病的本质，对病情做出准确的判断。

1. 寒热真假 当病情发展到寒极或热极的时候，有时会出现一些与其寒、热本质相反的"假象"症状或体征，即所谓真寒假热、真热假寒。

（1）真寒假热：指内有真寒而外见某些假热的"寒极似热"证候。

如阴寒内盛，阳气虚衰，临床有时会出现体表发热，苔黑，口渴，脉大等症状，从表面来看似属热证，但这些"热象"与真正热证的表现还是有所不同，体表虽热而不烫手，苔虽黑却湿润滑利，口虽渴，却欲饮热水，且饮水不多，脉虽大却按之无力，更有四肢厥冷、尿清长、粪不燥或下利清谷等一派内寒之象。这种情况下，体表发热，苔黑，口渴，脉大就是假热的现象，而内寒才是疾病的本质。这些表现实际上是由于阴寒内盛，逼阳趋外，或拒阳于外，致虚阳浮游于上、格越于外的结果。这些"热象"仍然是寒证本质的反映，为阴盛格阳的表现，只不过较一般寒证的病机和表现更为复杂。

（2）真热假寒：指内有真热而外见某些假寒的"热极似寒"证候。

如里热炽盛，临床有时会出现四肢冰冷，苔黑，脉迟等症状，从表面来看似属寒证，但这些"寒象"与真正寒证的表现还是有所不同，四肢虽厥冷但体温极高，苔虽黑而干燥，脉虽迟而按之必有力，更见口渴喜饮冷水、口臭，尿短赤，粪燥结，舌色深红等一派内热之象。这种情况下，四肢冰冷，苔黑，脉迟就是假寒的现象，而内热才是疾病的本质。这些表现实际上是由于邪热内盛，气血运行不畅，阳气郁闭于内而不能布达于外所致。这些"寒象"仍然是热证本质的反映，为阳盛格阴的表现，只不过较一般热证的病机和表现更为复杂。

（3）寒热真假辨别要点：辨别寒热证候的真假，应以表现于内部、中心的症状为准、为真，肢末、外部的症状可能为假象，故胸腹的冷热是辨别寒热真假的关键，胸腹灼热者为热证，胸腹部冰冷者为寒证。

2. 虚实真假　是指当疾病发展至严重阶段或病情复杂时，会出现假虚或假实的现象，即所谓"至虚有盛候"的真虚假实证和"大实有羸状"的真实假虚证。

（1）真虚假实：指本质为虚证，反见某些盛实现象的证候。

如正气严重虚弱，可有腹部胀满，呼吸喘促，或二便闭塞等貌似"盛实"的表现。但其病机多为脏腑虚衰，气血不足，运化无力，气机不畅，故而出现腹部胀满、呼吸喘促、二便闭塞等类似实证的假象。病变的本质属虚，故腹虽胀满而有时缓解，或内无肿块而喜按，可知并非实邪内积，而是脾虚不运所致；喘促而气短息弱，可知并非邪气壅滞、肺失宣降，而是肺肾气虚、摄纳无权之故；粪便闭塞而腹部不甚硬满，系阳气失其温运之能而腑气不行的表现；阳气亏虚而不能气化水液，或肾关开合不利，可表现为尿不利；更有神疲乏力、舌淡胖嫩、脉虚弱等正气亏虚的本质表现。

（2）真实假虚：指本质为实证，反见某些虚羸现象的证候。

如实邪内盛，可有精神倦怠、泄泻、脉象沉细等貌似"虚羸"的表现。但其病机是由于热结肠胃、痰食壅积、湿热内蕴、瘀血停蓄等邪气积聚，以致经脉阻滞，气血不能畅达，因而表现出精神倦怠、泄泻、脉象沉细等类似虚证的假象。病变的本质属实，故虽精神倦怠但动后觉舒，虽泄泻不止，但泻后痛减，脉虽沉细却按之有力。故知病变的本质属实，虚为假象。

（3）虚实真假辨别要点：关键在于脉象的有力与无力，其次是舌质的苍老与胖嫩，叫声的洪亮与低怯，呼吸的粗糙与微弱以及腹痛的程度、久暂、是否拒按；体质的强弱、疾病的新久缓急、治疗的经过等都是参考因素。

应当指出，临床上反映于虚实方面的证候，往往虚实夹杂者更为常见，即既有正气虚的方面，又有邪气实的方面，病性的虚实夹杂与虚实真假难以截然区分。临床辨证时，应区分虚实的孰轻孰重，并分析其间的因果关系。

三、八纲辨证与八证论

八纲辨证是中医学的基本辨证方法，它把极其复杂的疾病证候归纳为表、里、寒、热、虚、实、阴、阳八类证候，用以指导临床治疗。

八证论是中兽医学的基本辨证方法，它把各种复杂的疾病归纳为正、邪、表、里、寒、热、虚、实八种证候。其中，表证和里证、寒证和热证、虚证和实证的含义与八纲辨证完全相同，而正证和邪证是辨别动物健康和疾病状态的两个纲领。

正证，是动物的健康状态；邪证，是与正证相对而言，泛指动物的有病状态。

中兽医学用正证和邪证作为辨别动物健康和疾病状况的两个纲领，是因为动物不同于人，它没有语言，病痛不能自行陈述，其有病无病，真病假病，必须靠人从各个方面的体征和表现来鉴别和判断。因此，辨证首先要辨清动物有没有病，这对于兽医具有重要的临床实际意义。

根据以上分析可知，八纲辨证和八证论的区别仅在于八纲辨证以阴和阳概括分辨病证的基本属性，是病证的总纲；八证论以正和邪概括分辨动物体的健康与有病状态，是中兽医不同于中医的特点之一。因此，八纲和八证完全可以结合起来，从而使中兽医的辨证纲要更加全面和完整。就是说，中兽医的辨证纲要包括正、邪、阴、阳、表、里、寒、热、虚、实十个字，或者概括成正邪、阴阳、六要三个部分。在临床实践中，辨正邪，就是分辨有病和无病；辨阴阳，是总的分辨病证的属性，提纲挈领地把握病证的根本；辨六要，则是具体地分辨疾病的病位、病情、病势和病性及正邪关系。这样，中兽医的辨证纲要就比较全面，层次也就更加清楚。

第二节　脏腑辨证

脏腑辨证，是在认识脏腑生理功能、病理变化的基础上，对四诊所收集的症状、体征及资料，进行分析、综合，以判断疾病的病因病机，确定脏腑证型的一种辨证方法。

脏腑辨证是诊察、识别疾病证候的基本方法，在辨证体系中占有突出的地位。临床应用的辨证方法颇多，各具特色，各有侧重，但均与脏腑定位密切相关，最终大多要落实到脏腑辨证上来。而且脏腑辨证的内容较为系统、完整，纲目清楚，明确具体，便于辨证思维的应用与拓展，也有利于对其他辨证方法的阐明与发挥。因此，脏腑辨证是临床各科辨证的基础，是临床辨证论治的核心部分。

一、心与小肠病证

心的病变主要反映在心脏本身及其主血脉功能的失常、藏神功能的异常，常见心悸、怔忡、躁动易惊、神志昏迷、脉结代或促等症。此外，某些舌体病变，亦常责之于心。

小肠的病变主要反映在泌别清浊功能和气机的失常，常见腹胀、腹痛、肠鸣、腹泻等症。

1. 心气虚　指心气不足，鼓动无力，以心悸、神疲及气虚症状为主要表现的虚弱证候。

［主症］心悸，气短，神疲乏力，运动后加重，或有自汗；舌淡苔白，脉虚。

［分析］本证多因素体久虚，或久病失养，或禀赋不足，或老龄脏气衰弱所致。

心气虚，鼓动无力，故心悸；心气不足，胸中宗气运转无力，故气短；心藏神，气是神的物质基础，气虚则神疲，神疲则力乏；劳累耗气，故运动后心气更虚，诸症加剧；气虚卫外不固，心液不能摄敛，故自汗；心气虚运血无力，血不上荣，故舌淡苔白；气虚血行失其鼓动，脉行无力则脉虚。

2. 心阳虚　指心阳虚衰，鼓动无力，虚寒内生，以心悸、怔忡及阳虚症状为主要表现的虚寒证候。

［主症］除有心气虚的主症外，兼有形寒肢冷，耳鼻四肢不温；舌质淡胖或紫暗，苔白滑，脉迟弱或结代。

［分析］本证常由心气虚进一步发展，或由其他脏腑病证波及心阳而成。

气虚日久，损伤心阳，阳虚不能温煦肢体，故形寒肢冷，耳鼻四肢不温；心阳不足，无力推动血行，脉道失充或气血滞涩于脉道，故舌色淡胖或紫暗，苔白滑是阳虚寒盛之象；心阳不足，致络脉瘀阻，加之鼓动无力，或脉气不能衔接，则脉迟弱或结代。

心气虚与心阳虚均可见心悸、气短等症，但气虚证疲乏等症表现明显，阳虚证有畏寒肢冷等表现。

3. 心血虚 指血液亏虚，心与神失养，以心悸、躁动易惊及血虚症状为主要表现的虚弱证候。

[主症] 心悸，躁动，易惊；唇舌色淡，脉细弱。

[分析] 本证多因脾虚生血之源匮乏，或失血过多，或久病失养，或劳心耗血所致。

心血不足，心失所养，心动失常，故心悸；血不养心，神不内守，则躁动易惊；血虚不能上荣，故唇舌色淡。血少脉道失充，故脉细弱。

4. 心阴虚 指心阴亏损，心与神失养，虚热内扰，以心悸、躁动易惊及阴虚症状为主要表现的虚热证候。

[主症] 除有心血虚的主症外，兼有低热不退，午后潮热，盗汗；舌红少津，脉象细数。

[分析] 本证多因久病或热病，耗伤心阴所致。

阴虚则阳亢，虚热内生，故低热不退，午后潮热。夜间阳气衰微，卫阳之气不足，表无所固，加之寐则阳气入阴，营阴受蒸则外流而为盗汗；阴不制阳，虚热内生则舌红少津；脉象细为阴虚，数是阴虚内热之象。

心血虚与心阴虚虽均可见心悸，躁动，易惊等症，但血虚以"色白"为特征而无热象，阴虚以"色赤"为特征而有明显热象。

5. 心火亢盛 指心火内炽，扰乱心神，迫血妄行，上炎口舌，下移小肠，以发热、吐衄、舌红生疮、尿赤等为主要表现的实热证候。

[主症] 高热，大汗，精神狂躁，气促喘粗，粪干尿少，口渴喜饮；舌红，脉象洪数。或兼见舌尖红绛，舌体糜烂或溃疡；或兼见尿赤涩灼痛。

[分析] 本证多因情志抑郁，气郁化火，或火（热）、暑之邪内侵，或过食辛热温补之品，久蕴化火，内炽于心所致。

心热内盛，上焦积热，故高热；热逼心液外泄，故大汗；热邪扰心，心神不宁，故精神狂躁；心肺同居上焦，心热波及于肺，故气促喘粗；内热过盛，热伤津液，故粪干尿少，口渴喜饮；舌红，脉象洪数均是热证的表现。火热循经上炎故舌尖红绛；灼伤脉络则成糜烂或溃疡；心火循经下移小肠，则见尿赤涩灼痛。

若以口舌生疮、赤烂疼痛为主症者，常称为"心火上炎证"；若以尿赤涩灼痛为主症者，则常称"心热下移证"。

6. 痰蒙心神 指痰浊蒙蔽心神，以神志异常、痰浊内盛为主要表现的证候，又称痰迷心窍（包）证。

[主症] 或神志痴呆，行如酒醉，或突然昏仆，不省人事，口吐涎沫，喉中痰鸣；舌苔白腻，脉滑。

[分析] 本证多因感受湿浊之邪，阻遏气机，或因情志不遂，气机郁滞，气不行津，津聚为痰，或痰浊夹肝风内扰，致痰浊蒙蔽心神所致。

痰浊蒙蔽心窍，心神不能自主，故神志痴呆，行如酒醉；痰浊挟肝风闭阻心神，故突然昏仆，不省人事；痰浊不化，随气而升，口吐涎沫，喉中痰鸣；舌苔白腻，脉滑，均为痰浊内盛之征。

7. 痰火扰神 指火热痰浊交结，扰乱心神，以狂躁及痰热症状为主要表现的证候，又名痰火扰心证。

〔主症〕发热，气粗，眼急惊狂，蹬槽越桩，狂躁奔走，咬物伤人，以及其他兴奋表现，喉间痰鸣；舌红，苔黄腻，脉滑数。

〔分析〕本证多因情志刺激，气机郁滞化火，煎熬津液为痰，痰火内盛，闭扰心神，或外感湿热之邪，蕴成痰火，或外感热邪，邪热亢盛，灼津为痰，致痰火上扰心窍引起。故痰火扰神有内伤和外感之分。

火热之邪亢盛，里热蒸腾，可见发热，气粗；火热上炎，充斥眼目，故眼急；火热之邪炼液为痰，痰与火结，扰及心神，神志错乱，故惊狂，蹬槽越柱，狂躁奔走，咬物伤人等兴奋表现；邪热炼液为痰则喉间痰鸣；舌红，苔黄腻，脉滑数为痰火内盛之象。

8. 小肠实热 指心火下移，致小肠里热炽盛，以尿赤、涩灼、疼痛与心火热炽症状为主要表现的证候。

〔主症〕尿赤涩，尿道灼痛，尿血，舌红，苔黄，脉数，以及心火热炽的某些症状。

〔分析〕本证多因心热下移或六淫内郁化热所致。

小肠积热，分别清浊的功能失调，故尿赤涩；火热之邪灼伤脉络，故尿道灼痛，尿血；舌红，苔黄，脉数均为实热之象。心与小肠相表里，小肠实热可上炎于心，故出现心火热炽的相应症状。

二、肺与大肠病证

肺的病变主要反映在呼吸功能失常，宣降功能失调，通调水道、输布津液失职，以及卫外机能不固等方面。常见咳嗽、气喘、咽喉痒痛、声音嘶哑或水肿等症。

大肠的病变主要反映在粪便传导功能的失常。常见便秘、腹泻、便下脓血以及腹痛、腹胀等症。

1. 肺气虚 指肺气虚弱，呼吸无力，卫外不固，以咳嗽无力、气短而喘、自汗等为主要表现的虚弱证候。

〔主症〕久咳气喘，咳喘无力，动则喘甚；或自汗，畏风，易于感冒，神疲体倦；舌淡苔白，脉弱。

〔分析〕本证多因久病咳喘、劳累过度，耗伤肺气，或脾虚气血化生不足，肺失充养所致。

肺气亏虚，宗气不足，肺失宣降，气逆于上，故久咳气喘，气虚推动无力，故咳喘无力；动则耗气，则咳喘益甚。肺气亏虚，不能宣发卫气于肌表，腠理不密，表卫不固，故自汗，畏风，且易受外邪侵袭而感冒；气虚则神疲体倦；舌淡苔白，脉弱，均为气虚之象。

2. 肺阴虚 指肺阴亏虚，虚热内扰，以干咳、气喘、潮热、盗汗等为主要表现的虚热证候。

〔主症〕干咳连声，昼轻夜重，甚则气喘，低热不退，或午后潮热，盗汗，口燥咽干，粪球干小，尿少色浓；舌红少津，脉细数。

〔分析〕本证多因燥热伤肺，耗伤肺阴；或汗出伤津，阴液耗泄，或久咳不愈，耗伤肺阴，均可导致肺阴亏虚。

肺为娇脏，性喜柔润，职司清肃，肺阴不足，虚火内生，灼肺伤津，以致肺热叶焦，失于清肃，则气逆于上，表现为干咳连声，甚则气喘；白天阳盛，阳气的布津功能旺盛，肺阴不足减轻，而夜间阳衰，阳气的布津功能减弱，肺阴不足加重，故干咳昼轻夜重；低热不退或午后潮热，盗汗，口燥咽干，粪球干小，尿少色浓，舌红少津，脉细数均是阴虚内热的表现。

3. 风寒束肺　指风寒侵袭，肺卫失宣，以咳喘、鼻流清涕、恶风寒等为主要表现的证候。

[主症] 以咳嗽，气喘为主，兼有恶寒重而发热轻，鼻流清涕，或身痛，口色青白；苔薄白，脉浮紧。

[分析] 本证多因外感风寒之邪，侵袭肺卫，肺气失宣所致。

肺合皮毛，且为娇脏，外感风寒，袭表犯肺，肺气被束，失于宣降，故咳嗽，气喘；肺主气属卫，风寒犯表，损伤卫阳，肌表失于温煦，故恶寒，正气抗邪则发热；鼻为肺窍，肺气失宣，津液不布，则鼻流清涕；风寒犯表，邪滞经络，经气不利，故身痛；口色青白，苔薄白，脉浮紧为风寒束表之征。

4. 风热犯肺　指风热侵袭，肺卫失宣，以咳喘、鼻流浊涕、发热恶风等为主要表现的证候。

[主症] 以咳嗽，气喘为主，兼有发热重而恶寒轻，鼻流浊涕，或咽喉疼痛，叫声嘶哑；舌尖红，苔薄黄，脉浮数。

[分析] 本证多因外感风热，侵犯肺卫所致。

风热袭肺，肺失清肃，肺气上逆，故咳嗽，气喘；肺主气属卫，肺卫受邪，卫气抗邪则发热，卫气郁遏，肌表失于温煦，故恶寒；肺气失宣，鼻窍不利，津液为热邪所熏，故鼻流浊涕；风热上扰，咽喉不利，故咽喉疼痛，叫声嘶哑；舌尖红，苔薄黄，脉浮数为风热袭表之征。

风热犯肺与风寒束肺多见于外感新病，均有咳嗽、气喘及表证症状。但前者为发热重恶寒轻，流浊涕，舌苔薄黄，脉浮数等风热表证之象；后者为恶寒重发热轻，流清涕，舌苔薄白，脉浮紧等风寒表证之象。

5. 燥邪犯肺　指燥邪犯肺，肺失宣降，以干咳、气喘、鼻咽口舌干燥和表证之象为主要表现的证候，亦称肺燥（外燥）证。据其偏寒、偏热之不同，而有温燥袭肺和凉燥袭肺之分。

[主症] 干咳气喘，咳而不爽，或见鼻衄、咯血、口、唇、鼻、咽、皮肤干燥，发热，微恶风寒，粪干尿少，无汗或少汗，苔薄而干燥少津，脉浮数或浮紧。

[分析] 本证多因时处秋令，或干燥少雨之地，感受燥邪，耗伤肺津，肺卫失和，或因风温之邪化燥伤津，侵犯肺卫所致。

肺喜润恶燥，职司清肃，燥邪犯肺，易伤肺津，肺失滋润，清肃失职，故干咳气喘，咳而不爽；燥邪化火，灼伤肺络则鼻衄、咯血；"燥胜则干"，燥邪伤津，失于滋润，则见口、唇、鼻、咽、皮肤干燥；燥袭卫表，卫气失和，故发热，微恶风寒；燥邪伤津，肠道失润，故粪干；津液耗伤则尿少；若燥与寒并，寒主收引，腠理闭塞，故无汗，脉浮紧；燥与热合，腠理开泄，则见少汗，脉浮数；苔薄而干燥少津，为燥邪袭表犯肺之象。

燥邪犯肺和肺阴虚都有干咳气喘的表现，但前者属外感新病，常兼有表证，干燥症状突出，虚热之象不明显；后者属内伤久病，无表证，虚热内扰的症状明显。

6. 肺热炽盛　指火热炽盛，壅积于肺，肺失清肃，以咳喘气粗、鼻翼扇动等为主要表现的实热证候，习称肺热证或肺火证。

［主症］发热，口渴，咳嗽，气粗而喘，甚则鼻翼扇动，鼻息灼热，或有咽喉红肿疼痛，粪便干燥，尿液短赤；舌红苔黄，脉洪数。

［分析］本证多因风热之邪入里，或风寒之邪入里化热，蕴结于肺所致。

里热蒸腾，向外升散，则见发热；热盛伤津，则口渴；肺热炽盛，肺失清肃，气逆于上，故见咳嗽，气喘，甚则鼻翼扇动，气粗息灼；肺热上熏于咽喉，气血壅滞，故咽喉红肿疼痛；热盛伤津，故粪便干燥，尿液短赤；舌红苔黄，脉洪数为邪热内盛之征。

7. 寒痰阻肺　指寒饮或痰浊停聚于肺，肺失宣降，以咳喘、鼻液量多色白与寒象为主要表现的证候，又名寒饮阻肺或痰浊阻肺。

［主症］咳嗽，气喘，鼻液量多色白、质稠或清稀，或喉中有哮鸣声，恶寒，肢冷；舌质淡，苔白腻或白滑，脉弦或滑。

［分析］本证多因素有痰疾，罹患寒邪，内客于肺；或因外感寒湿，侵袭于肺，转化为痰；或因脾阳不足，寒从内生，聚湿成痰，上阻于肺所致。

寒痰阻肺，肺失肃降，肺气上逆，则咳嗽，气喘；痰饮随肺气上逆，从肺窍而出，鼻液量多色白，痰浊为甚，质稠；寒饮为甚，清稀；痰气搏结，上涌气道，故喉中痰鸣，时发哮喘；寒性凝滞，阳气被郁而不能外达，故恶寒，肢冷；舌质淡，苔白腻或白滑，脉弦或滑，为寒饮痰浊内停之象。

8. 大肠液亏　指津液亏损，肠失濡润，传导失职，以粪便燥结、排便困难及阴液不足症状为主要表现的证候。

［主症］粪球干小而硬，或粪便秘结干燥，努责难下，口臭，口干；舌红少津，苔黄燥，脉细涩。

［分析］本证多因素体阴亏，或年老阴血不足，或久病、吐泻、热病后期等津伤未复，或母畜产后出血过多，以致阴血津液亏虚，大肠失于濡润。

大肠津亏，肠道失濡，故粪球干小而硬，或粪便秘结，干燥难下；腑气不通，秽浊不能下排而上逆，则口中出气秽臭；阴液亏损，不能上润，则口干；舌红少津，苔黄燥均为津亏有热；阴液不能充盈濡润脉道，则脉细涩。

9. 食积大肠　指草料停于肠中，腑气不通，以粪便不通、肚腹胀满、不时起卧、饮食欲废绝为主要表现的实热证候，又名大肠热结证。

［主症］粪便不通，肚腹胀满，回头观腹，不时起卧，饮食欲废绝，口腔酸臭，尿少色浓，口色赤红，舌苔黄厚，脉象沉而有力。

［分析］本证多因过饥暴食，或突然更换草料，或久渴失饮，或劳逸失度，或老畜咀嚼不全，致使草料停于肠中，而成此证。多见于结症。

粪便停滞，聚而成结，阻塞肠腔，故粪便不通，肚腹胀满；六腑以通为用，草料阻滞肠中，气血不通，不通则痛，故回头观腹，不时起卧；胃喜润恶燥，热伤胃津，受纳无权，故食欲废绝；结粪停于肠内，浊气上逆，则口腔酸臭；结粪留滞肠中，化热化燥，故尿少色浓，口色赤红，舌苔黄厚；脉象沉而有力，是肠中实邪存在之故。

10. 大肠湿热 指湿热内蕴，阻滞肠道，以腹痛，下痢脓血，或暴泻如水，粪便稠秽臭以及湿热症状为主要表现的证候。

［主症］发热，腹痛起卧，下痢脓血，或暴泻如水，或腹泻不爽、里急后重，粪便稠秽臭，口干舌燥，口渴贪饮，尿短赤，舌质红，苔黄腻，脉滑数。

［分析］本证多因夏秋之季，暑湿热毒之邪侵犯肠道；或饮食不节，进食腐败不洁之物，湿热秽浊之邪蕴结肠道，耗伤气血而成。见于急性胃肠炎、菌痢等病程中。

湿热蒸达于外，则发热；湿热互结，壅积大肠，气血受阻，故腹痛起卧；湿热内蕴，损伤肠络，瘀热互结，则下痢脓血；湿热侵袭肠道，气机紊乱，水液下趋，则暴注下迫；火性急迫而湿性黏滞，湿热疫毒侵犯，肠道气机阻滞，则腹痛阵作而欲泻，却排便不爽，肛门滞重，故呈里急后重；肠道湿热不散，秽浊蕴结不泄，则腹泻不爽而粪便黏稠秽臭；热邪伤津，泻下耗液，则口干舌燥，口渴贪饮，尿短赤；舌质红，苔黄腻，脉滑数为湿热内蕴之象。

11. 大肠冷泻 指大肠受凉，传化糟粕功能失常，以耳鼻寒凉、腹痛肠鸣、泻粪如水症状为主要表现的证候。

［主症］耳鼻寒凉，肠鸣如雷，泻粪如水，或腹痛，尿少而清，口色青黄，舌苔白滑，脉象沉迟。

［分析］多由外感风寒或寒邪直中（如喂冰冻草料，暴饮冷水）而发病。

外感风寒或寒邪直中，阳气受伤，故耳鼻寒凉；大肠受寒，肠中冷气冲击，故肠鸣如雷；大肠受凉，传送糟粕功能失常，故泻粪如水；寒凝则气滞，气滞则血瘀，气血不通则痛，故腹痛；大肠受寒，吸收水液的功能下降，故尿少而清；口色青黄，舌苔白滑，脉象沉迟均是内有寒湿的表现。

三、脾与胃病证

脾的病变主要以运化、升清功能失职，水谷、水湿不运，消化吸收功能减退，水湿潴留，化源不足，痰湿内生，以及不能统血等为主要的病理改变。常见食欲不振、腹胀腹痛、便溏、全身水肿、脏器脱垂、慢性出血等症。

胃的病变主要反映在受纳、腐熟功能障碍以及胃失和降、胃气上逆等方面。常见食纳异常、肚腹痞胀疼痛、恶心呕吐等症。

1. 脾气虚 指脾气不足，运化失职，以食少、腹胀、便溏及气虚症状为主要表现的证候。

［主症］食欲减退，腹胀或食后饱胀，粪便稀溏，神疲或体倦乏力，消瘦或水肿；舌质淡或胖嫩有齿痕，苔白润，脉缓弱或沉细弱或虚大。

［分析］本证多因饮食失调，劳倦思虑过度，或吐泻日久，损伤脾土，或禀赋不足，素体虚弱以及其他慢性疾患耗伤脾气所致。

脾气不足，运化失健，胃气亦弱，受纳腐熟功能减退，故食欲减退；脾胃虚弱，清气不升，浊阴不降，故见腹胀；食后脾气愈困，消化更难，故腹胀尤甚；脾虚失运，水湿不化，清浊不分，并走肠中，故粪便稀溏；脾为气血生化之源，主肌肉四肢，脾虚不运，日久则气血亏虚，心神、肌肉、肢节失其推动、充养，故神疲或体倦乏力，消瘦；脾虚失运，水湿流注肌肤则水肿；水湿不运，浸渍于舌，而致舌胖嫩有齿痕；舌质淡苔白润，脉缓弱或沉细弱或虚大为脾气虚弱之象。

2. 脾阳虚 指脾阳虚衰，失于温运，阴寒内生，以食少、腹胀腹痛、便溏等为主要表现的虚寒证候，又名脾虚寒证。

［主症］在脾气虚主症基础上，同时出现腹痛绵绵，喜温喜按，畏寒肢冷，口淡不渴，粪便稀溏，甚至完谷不化，或周身水肿，尿短少；舌质淡胖或边有齿痕，苔白滑，脉沉迟无力。

［分析］本证多由脾气虚进一步发展而来；也可因饮食失调，过食生冷，或过服寒凉药物，损伤脾阳；或因肾阳不足，命门火衰，火不生土而致。

脾阳虚衰，寒凝气滞，故腹部绵绵作痛，且喜温喜按；脾阳虚衰，失于温煦，故畏寒肢冷；阳虚气化无力，水湿内盛，则口淡不渴；水湿不化，流注肠中，故见粪便稀溏，甚则完谷不化；水湿泛滥肌肤，则周身水肿；脾阳不振，温运无力，水湿内停，则尿短少；舌淡胖或边有齿痕，苔白滑，脉沉迟无力，均为阳虚湿盛之象。

本证有畏寒肢冷、肚腹隐痛喜温等寒象，可与脾气虚相区别。

3. 脾虚气陷 指脾气亏虚，中气下陷，以肚腹重坠、久泻久痢、脏器垂脱及气虚症状为主要表现的证候，又名脾气下陷或中气下陷。

［主症］肚腹坠胀，食后益甚，或便意频数，肛门坠胀，或久泻久痢不止，甚或脏器垂脱（直肠脱、阴道脱、子宫脱等）。常伴有肢倦乏力，气少气短，叫声低微，形体消瘦，食少便溏；舌质淡，苔薄白，脉缓弱。

［分析］本证多由脾气虚进一步发展而来，或素体虚弱，或久泻久痢，或劳累过度，或母畜孕产过多，产后失于调护等原因损伤脾气所致。

脾气虚弱，健运失职，精微不布，清阳不升，故肚腹坠胀；食后脾气被困，消化更难，故腹胀益甚；食积胃肠，排空加剧，故便意频数，肛门坠胀；脾气主升，能升发清阳，脾不升清，则见"清气在下，则生飧泄"，故久泻久痢不止，甚至肛脱；脾气亏虚，无力升举内脏，故见脏器垂脱；脾气虚弱，健运失职，气血生化匮乏，气虚则肢倦乏力，气少气短，叫声低微；血少可见形体消瘦；食少便溏，舌质淡，苔薄白，脉缓弱皆为脾气虚的表现。

4. 脾不统血 指脾气虚弱，不能统摄血液，以各种慢性出血与气血亏虚症状为主要表现的证候，又名脾（气）不摄血证。

［主症］如便血、尿血、肌衄、齿衄、鼻衄等各种慢性出血表现。常伴有食少腹胀，便溏，神疲乏力，气短气少；舌淡苔白，脉细弱。

［分析］本证多因久病脾气虚弱，或劳倦损伤脾气所致。

脾气亏虚，统摄无权，血不循经而溢于脉外，故见便血、尿血、肌衄、齿衄、鼻衄等各种慢性出血表现；脾气不足，运化失健，故食少腹胀，便溏；脾虚气血生化乏源，加之反复出血，气血两虚，故神疲乏力，气短气少；舌淡苔白，脉细弱，为气血亏虚之象。

5. 寒湿困脾 指寒湿内盛，脾阳受困，脾失温运，以食欲不振、腹胀、便溏、身重与寒湿症状为主要表现的证候，又名寒湿中阻、太阴寒湿。

［主症］草料迟细，肚腹胀满，腹痛便溏，头身困重（耳聋头低，四肢沉重喜卧），或眼、口、鼻等可视黏膜发黄，黄而晦暗如烟熏；或肢体水肿，尿短少，口淡不渴；舌淡胖，苔白腻，脉濡缓或沉细。

〔分析〕本证多因饮食不节，过食冰冻草料，暴饮冷水，致使寒湿停滞中焦；或气候阴雨多湿，冒雨涉水，久居潮湿，致寒湿内侵困脾；或因嗜食肥甘，内湿素盛，困阻中阳。外湿内湿，互为因果，以致寒湿困阻，脾阳失运。

脾喜燥恶湿，与胃相表里，寒湿内盛，中阳受困，脾胃运纳升降失常，故草料迟细，肚腹胀满，腹痛便溏；湿为阴邪，其性重着，流注肢体，阻遏清阳，以致头身困重；寒湿困阻中焦，气机不畅，肝胆疏泄失职，致胆汁外溢，故身目发黄，黄而晦暗如烟熏；脾阳为寒湿所困，失于温化，水湿泛滥肌肤，故肢体水肿，尿短少；口淡不渴，舌淡胖苔白腻，脉濡缓或沉细均为寒湿内盛之象。

脾阳虚证与寒湿困脾证均有食欲不振、腹胀、便溏等表现，但脾阳虚证为阳虚运化失职，导致寒湿内阻，以虚为主；寒湿困脾证为寒湿内盛，阻遏脾阳，以实为主。

6. 湿热蕴脾 指湿热内蕴，脾失健运，以食欲不振、腹胀、便溏不爽、发热、身重与湿热症状为主要表现的证候，又名中焦湿热、脾经湿热。

〔主症〕食欲不振，肚腹胀满，便溏不爽或便秘，头身困重（耳耷头低，四肢沉重喜卧），或眼、口、鼻等可视黏膜发黄，色泽鲜明如橘皮色，尿黄；或身热起伏，汗出热不解；舌红苔黄腻，脉濡数。

〔分析〕本证多因感受湿热之邪，或本为脾气虚弱，湿邪中阻，湿郁化热；或饮食不节，过食肥甘厚腻，酿湿生热，内蕴脾胃所致。

湿热蕴结脾胃，运纳失职，升降失常，故食欲不振，肚腹胀满。湿热交阻，下迫大肠，可见便溏不爽；或湿热蕴结肠胃，腑气不通，故便秘。湿性重着，内困于脾，浸渍肢体，阻遏清阳，则头身困重。湿热内蕴脾胃，熏蒸肝胆，疏泄失职，致胆汁不循常道，外溢肌肤，故身目发黄，黄而鲜明如橘皮色；湿热下注，膀胱气化失司，则尿黄。湿遏热伏，热处湿中难以透达，故身热起伏，汗出热不解；舌红苔黄腻，脉濡数皆为湿热内蕴之象。

寒湿困脾其性属寒，湿热蕴脾其性属热，舌脉症的表现各有不同。

湿热蕴脾与大肠湿热，均属湿热为病，可见发热、口渴、尿赤、舌红、苔黄腻、脉滑数等症。但前者病势略缓，除有纳呆、呕恶、腹胀、便溏等胃肠症状外，并有身热不扬、汗出热不解、肢体困重、渴不多饮，或有黄疸等症状；后者则病势较急，病位以肠道为主，腹痛、暴泻如水、下痢脓血、粪便稠秽臭等为突出表现。

7. 胃阴虚 指胃阴不足，胃失濡润，和降，以肚腹时胀、隐痛、饥不欲食等为主要表现的证候。

〔主症〕形体消瘦，肚腹时胀，隐痛，饥不欲食，口燥咽干，粪球干小，尿少色浓；舌红少津，苔少或剥苔，脉细数。

〔分析〕本证多因温热病后期，胃阴耗伤，或因吐泻太过，伤津耗液，或用温燥药物太过，耗伤胃阴，或因饮食不节，过食辛辣香燥之品，或情志不节，气郁化火所致。

纳少津亏，肌肤失之充养，故见形体消瘦；胃阴不足，虚热内生，热郁于胃，胃失通降，故肚腹时胀，隐隐灼痛；胃中虚热扰动，消食较快，则有饥饿感，而胃阴失滋，纳化迟滞，则饥不欲食；阴亏津不上承，故口燥咽干；阴亏津不下润，则粪球干小；津液不足则尿少色浓；舌红少津，苔少或剥苔，脉细数均为阴虚内热之征。

8. 胃寒 指寒邪侵袭于胃，阻滞气机，以肚腹冷痛、痛势急剧等为主要表现的实寒证候。

[主症] 形寒肢冷，耳鼻发凉，肚腹冷痛，痛势急剧，得温痛减，遇寒痛甚，食欲减退，或恶心呕吐，吐后痛缓，腹泻清稀，尿液清长，口淡不渴或口泛清水；口色青白，舌苔白润，脉象沉迟紧。

[分析] 本证多因长期过食冰冻草料，暴饮冷水，或肚腹受凉，以致寒凝于胃所致。

寒邪阻遏，阳气不能外达，则形寒肢冷，耳鼻发凉；寒邪侵犯于胃，凝滞气机，故肚腹冷痛，痛势急剧；寒邪得温则散，故疼痛得温则减；遇寒气机凝滞加重，则痛势加剧；寒伤阳气，胃受纳和腐熟功能失职，故食欲减退；胃气上逆，则恶心呕吐；吐后气滞暂得缓解，则吐后痛减；寒伤阳气，水湿下注，则腹泻清稀；寒不伤津，故口淡不渴，尿液清长；寒伤胃气，水饮不化，随胃气上逆，则口泛清水；口色青白，舌苔白润，脉象沉迟紧，为阴寒内盛之象。

9. 胃热 指火热壅滞于胃，胃失和降，以胃灼痛、消谷善饥等为主要表现的实热证候。

[主症] 耳鼻温热，胃灼痛，拒按，消谷善饥，口干舌燥，口渴贪饮，或口臭，牙龈肿痛溃烂，齿衄，尿短少色浓，粪球干小，舌红苔黄，脉象洪数。

[分析] 本证多因胃阳素强，过食辛辣、燥烈刺激之品，化热生火；或因情志不遂，肝郁化火犯胃；或为邪热内侵，胃火亢盛所致。

胃内积热，热邪外泄，故耳鼻温热；火热之邪熏灼，壅塞胃气，则胃灼痛而拒按；胃火炽盛，受纳腐熟功能亢进，则消谷善饥；胃热炽盛，耗伤津液，故口干舌燥，口渴喜饮，尿短少色浓，粪球干小；胃火内盛，胃中浊气上逆，故口臭；胃之经脉上络于齿龈，胃火循经上熏，气血壅滞，则牙龈肿痛，甚至溃烂；热伤龈络，则齿衄；舌红苔黄，脉象洪数，为火热内盛之象。

胃阴虚与胃热均可见胃痛、口渴、脉数等症，但前者为虚热，常见饥不欲食，舌红少苔，脉细数等症；后者为实热，常见消谷善饥、口臭、牙龈肿痛、齿衄、脉洪数等症。

10. 胃食滞 指草料停滞于胃，以不食、肚腹胀满疼痛、嗳气酸臭等为主要表现的证候。

[主症] 不食，肚腹胀满疼痛，拒按，嗳气酸臭，或吐出酸腐食物，吐后胀痛得减，或腹痛，肠鸣，矢气酸臭，泻下不爽、粪便酸腐臭秽，或便秘不通，口色深红而燥，舌苔厚腻，脉滑或沉实。

[分析] 本证多因饮食不节，暴饮暴食，伤及脾胃，食滞不化；或草料不易消化，停滞于胃，或因素体胃气虚弱，稍有饮食不慎，即积滞难化而成。

胃主受纳，食积于内，拒于受纳，故不食；草料停滞于胃，胃气郁滞，气机不畅，则见肚腹胀满疼痛、拒按；宿食内停，胃失和降，浊气上逆，则嗳气酸臭，或吐出酸腐食物；吐后胃气暂时舒通，故胀痛得减；宿食、浊气下移肠道，阻塞气机，则腹痛，肠鸣，矢气多而味酸臭，泻下不爽；腐败食物下注，则粪便酸腐臭秽；若食积气滞，腑气郁塞，则见便秘不通。积食化热，故口色深红而燥；舌苔厚腻，脉滑或沉实为食积之象。

11. 胃肠气滞 指胃肠气机阻滞，以肚腹胀痛走窜、嗳气、肠鸣、矢气等为主要表现的证候。

[主症] 肚腹胀满疼痛，走窜不定，痛而欲吐或欲泻，泻而不爽，嗳气，肠鸣，矢气，得嗳气、矢气后痛胀缓解，或无肠鸣、矢气则胀痛加剧，或便秘，苔厚，脉弦。

[分析] 本证多因情志不遂，外邪内侵，病理产物或病邪停滞，导致胃肠气机阻滞而成。

胃肠气机阻滞，通降失司，则肚腹胀满疼痛；气或聚或散，故胀痛走窜不定；胃失和降而上逆，则嗳气，欲吐；肠道气滞不畅，则肠鸣、矢气频作，欲泻但不爽；嗳气，矢气之后，阻塞之气机暂得通畅，故胀痛得减；若气机阻塞严重，上不得嗳气，下不得矢气，气聚而不散，则肚腹胀痛加剧；胃肠之气不降，则便秘；苔厚，脉弦，为浊气内停、气机阻滞之象。

胃寒本有气滞的病机，故胃肠气滞与胃寒均可见肚腹胀满及疼痛、呕泻等症。但胃寒有寒邪刺激的病因，有冷痛喜温、恶寒肢冷、脉紧等属寒的表现；胃肠气滞则以胀痛为主，嗳气、肠鸣、矢气等症明显，而无寒因、寒症。

四、肝与胆病证

肝的病变主要反映在疏泄失常，气机逆乱，精神情志变化，消化功能障碍；肝不藏血，全身失养，筋膜失濡，以及肝经循行部位经气受阻等多方面的异常。常见情志抑郁或烦躁易怒，肢体震颤或抽搐，以及目疾、阴部疾患等症。

胆的病变主要反映在影响消化和胆汁排泄、情绪活动等的异常，常见黄疸、胆怯、易惊等症。

1. 肝血虚　指肝血亏虚，肝失濡养，以眩晕、视力减退、肢麻震颤及血虚症状为主要表现的证候。

［主症］两目干涩，视力减退，甚至夜盲，内障，爪甲枯槁不泽，或眩晕（站立不稳，时欲倒地），或肢体麻木，关节拘急不利，四肢、肌肉震颤；口色淡白，脉弦细。

［分析］本证多因脾肾虚弱，化源不足；或因失血过多，或因久病重病耗伤肝血，失治、误治伤及营血所致。

肝开窍于目，肝血亏虚，则血不上濡，肝窍失养，故两目干涩，视力减退，甚至夜盲，内障；肝主筋，其华在爪，肝血不足，不能滋养筋爪，外华不荣，则爪甲枯槁不泽；血虚不能养肝，肝阳上扰，故眩晕，站立不稳，时欲倒地；肝血亏损，筋脉失去营血的濡养，血虚生风而肢体麻木，关节拘急不利，四肢、肌肉震颤；口色淡白，脉弦细为肝血虚常见之症状。

2. 肝阴虚　指阴液亏损，肝失濡润，虚热内扰，以眩晕、目涩、烦热等为主要表现的虚热证候。

［主症］除肝血虚的症状外，兼有低热不退，午后潮热，盗汗，口咽干燥；舌红少津，脉弦细数。

［分析］多由五志化火，或温热病后，耗损肝阴，或因肾阴亏虚，水不涵木，或湿热侵犯肝经，久则耗伤肝阴所致。

阴虚不能制阳，虚热内生，则低热不退，午后潮热；夜间阳气衰微，卫阳之气不足，表无所固，加之夜间阳气入阴，营阴受蒸则外流而为盗汗；阴液不能上承，则口咽干燥；舌红少津，脉弦细数，为肝阴亏虚、虚热内扰之征象。

3. 肝火炽盛　指火热炽盛，内扰于肝，气火上逆，以目赤、耳疮、烦躁与实热症状为主要表现的证候，又名肝火上炎、肝经实热。

［主症］两目红肿，羞明流泪，睛生翳膜，视力障碍，耳内肿痛流脓，或鼻衄，烦躁，粪便秘结，尿液短黄；舌质红，苔黄，脉弦数。

[分析]本证多因情志不遂，气郁化火，或火（热）、暑之邪内侵，或因过食辛辣刺激之物，酿热化火，犯及肝经，以致肝火上逆所致。

肝开窍于目，肝火上炎，循经上攻头目，故两目红肿，羞明流泪，睛生翳膜，视力障碍；若肝热移于胆，胆热循经入耳，则耳内肿痛流脓；肝火上逆，灼伤脉络，迫血妄行而致鼻衄；肝火内炽，肝性失柔，则烦躁；火热内盛，灼伤津液，故粪便秘结，尿液短黄。舌质红，苔黄，脉弦数，为肝火炽盛之征。

4. 肝风内动 泛指因肝阳、火热、阴血亏虚等所致，以肢体抽搐、眩晕、震颤等为主要表现的证候。

根据病因病性，临床表现的不同，常分为肝阳化风、热极生风、阴虚动风和血虚生风四种类型。

（1）肝阳化风：指肝阳上亢，肝风内动，以眩晕、肢麻震颤，唇歪眼斜等为主要表现的证候。

[主症]神昏似醉，站立不稳，眩晕欲仆，头向左或向右盘旋不停（头摇而痛），偏头直颈，唇歪眼斜，肢麻震颤，拘挛抽搐；舌质红，脉弦数有力。

[分析]本证多因久病阴亏，或肝郁化火，营阴内耗；或素体肝肾阴液不足，阴不制阳，阳亢日久则亢极化风所致。

肝阳亢极，化风生火，风火气血伴走冲逆于上，蒙蔽清窍，心神受扰，故神昏似醉，站立不稳，眩晕欲仆，头摇而痛；风窜经络，故有偏头直颈，唇歪眼斜；风动筋脉挛急，则肢麻震颤，拘挛抽搐；舌质红，脉弦数有力，为肝经有热之征。

（2）热极生风：指邪热炽盛，热极动风，以高热、神昏、抽搐为主要表现的证候。

[主症]高热，抽搐，颈项强直，甚则角弓反张，牙关紧闭；烦躁不宁、冲墙撞壁，或神志昏迷，圆圈运动；舌质红绛，苔黄燥，脉弦数。

[分析]本证多因外感温热病邪，邪热亢盛，热扰心神，燔灼筋膜，伤津耗液，筋脉失养所致。

热邪蒸腾，充斥肌肤，故高热；邪热炽盛，燔灼肝经，津液受损，筋脉骤然失养挛急，而见抽搐，颈项强直，甚则角弓反张，牙关紧闭；高热内盛，扰乱神明，故烦躁不宁，冲墙撞壁；邪热闭阻心窍，则神志昏迷，圆圈运动；热邪内犯营血，故舌质红绛；苔黄燥，脉弦数为肝经热盛内灼营血之象。

（3）阴虚动风：指阴液亏损，虚风内动，以眩晕、肢麻震颤与阴虚症状为主要表现的证候。

[主症]形体消瘦，四肢蠕动，午后潮热，口咽干燥；舌红少津，脉弦细数。

[分析]多因外感热病后期阴液耗损，或内伤久病，阴液亏虚而发病。

阴液枯竭，不能充养肌肉筋骨，故形体消瘦；阴液亏虚，肝脉失养，故四肢蠕动；虚热内蒸，故午后潮热；阴液亏虚不能上润，故口咽干燥；舌红少津，脉弦细而数均是阴虚内热之征。

（4）血虚生风：指肝血亏虚，虚风内动，以眩晕、肢麻震颤及血虚症状为主要表现的证候。

[主症]除有血虚所致的眩晕站立不稳，时欲倒地，蹄壳干枯皲裂，口色淡白，脉细等主症之外，尚有肢体麻木、震颤、四肢拘挛抽搐的表现。

［分析］多由急慢性出血过多，或久病血虚所引起。

眩晕、蹄壳干枯皲裂、口色淡白、脉细，均为肝血虚之象。血虚不能濡养筋脉，故又见肢体麻木，震颤，四肢拘挛抽搐。

5. 肝胆湿热 指湿热内蕴，肝胆疏泄失常，以可视黏膜黄染、阴部疾患及湿热症状为主要表现的证候。

［主症］眼、口、鼻等可视黏膜发黄，色泽鲜明如橘皮色，尿液短赤或黄而浑浊；或公畜睾丸肿胀热痛，阴囊湿疹，母畜带下黄臭，阴部瘙痒；舌红，苔黄腻，脉弦数或滑数。

［分析］本证多因感受湿热之邪；或脾胃运化失常，湿浊内生，郁而化热，以致湿热蕴结，阻于肝胆所致。

湿热熏蒸肝胆，致使肝胆疏泄失职，胆汁不循常道而横溢入血，呈于肌肤，则眼、口、鼻等可视黏膜发黄，色泽鲜明如橘皮色；湿热下注，膀胱气化失司，故尿短赤或黄而浑浊；肝脉绕阴器，湿热循经下注，湿热浸淫外阴，故公畜睾丸肿胀热痛，阴囊湿疹，母畜带下黄臭，阴部瘙痒；舌红，苔黄腻，脉弦数或滑数，皆为湿热内蕴肝胆之象。

五、肾与膀胱病证

肾的病变主要以生长发育迟缓，生殖机能障碍，水液代谢失常，呼吸功能减退，脑、髓、骨、毛发、耳及粪尿异常等为主要病理变化。常见腰胯无力、耳聋、被毛不泽、公畜阳痿、母畜发情周期紊乱、水肿、呼吸气短而喘、粪尿异常等症。

膀胱的病变主要反映在排尿功能的异常。常见尿频、尿急、尿痛、尿闭等症。

1. 肾阳虚 指肾阳亏虚，机体失却温煦，以腰膝冷痛、性欲减退、夜尿多为主要表现的虚寒证候，又称命门火衰。

［主症］精神萎靡，形寒肢冷，耳鼻四肢不温，后肢为甚，腰痿，腰腿不灵，难起难卧，四肢下部水肿，或公畜性欲减退，阳痿不举，垂缕不收，母畜宫寒不孕，或久泄不止，完谷不化，五更泄泻，或尿频数清长，夜间尤甚；舌淡，苔白，脉沉迟无力。

［分析］本证多因素体阳虚，或年老肾亏，或久病伤肾，以及配种、采精过度，或其他脏腑病变伤及肾阳所致。

阳虚不能鼓舞精神，则精神萎靡；命门火衰，不能温煦肌肤，故形寒肢冷，耳鼻四肢不温，肾处下焦，阳气不足，阴寒内盛于下，尤以后肢为甚；腰为肾府，肾主骨，肾阳虚衰，不能温养腰府及骨髓，则腰痿，腰腿不灵，难起难卧；肾阳虚衰，气化不足，水液不行，侵淫肌肤，故四肢下部水肿；肾主生殖，肾阳不足，命门火衰，生殖机能减退，公畜则性欲减退，阳痿不举，垂缕不收，母畜则宫寒不孕；肾司二便，命门火衰，火不生土，脾失健运，故久泻不止，完谷不化或五更泄泻；肾阳虚，气化失职，肾气不固，故尿频数清长，夜间尤甚；舌淡，苔白，脉沉迟无力，均是肾阳虚衰的虚寒表现。

2. 肾虚水泛 指肾的阳气亏虚，气化无权，水液泛滥，以水肿、尿少、畏冷肢凉等为主要表现的证候。

［主症］体虚无力，腰脊板硬，耳鼻四肢不温，肢体水肿，尤以后肢水肿较为多见，严重者宿水停脐，或阴囊水肿，按之凹陷不起，尿液短少，甚则腹部胀满，或见心悸，气短，咳喘痰鸣；舌淡胖，苔白滑，脉沉迟无力。

［分析］本证多由久病损伤肾阳，或素体阳气虚弱，不能温化水液，水邪泛滥而上逆，

或外溢肌肤所致。

肾阳虚衰，不能正常发挥其推动和温煦形体腰肢的作用，故体虚无力，腰脊板硬，耳鼻四肢不温；肾阳不足，不能蒸腾气化，水湿内停，趋下外溢于肌肤，故肢体水肿；肾居下焦，阳虚气化不利，故泛滥水湿尤以后肢水肿较为多见，严重者宿水停脐，或阴囊水肿，按之凹陷不起；肾阳不足，不能化气行水，水液内停，故尿液短少；水气犯脾，脾失健运，则腹部胀满；水气凌心，抑遏心阳，则心悸，气短；水湿泛滥，上逆犯肺，肺失宣降，则咳喘痰鸣；舌淡胖，苔白滑，脉沉迟无力为阳虚水停之征。

肾阳虚与肾虚水泛均为虚寒证，其鉴别要点是前者偏重于脏腑功能衰退，性功能减弱；后者偏重于气化无权而以水肿、尿少为主症。

3. 肾阴虚　指肾阴亏损，失于滋养，虚热内扰，以腰胯无力、公畜滑精、母畜发情周期不正常等为主要表现的虚热证候。

[主症] 形体瘦弱，腰胯无力，低热不退，或午后潮热，盗汗，粪便干燥，公畜举阳滑精或精少不育，母畜发情周期不正常，不孕，口咽干燥；舌红少津，脉细数。

[分析] 本证多因久病伤肾，或温热病后期，或禀赋不足，配种或采精过度，或其他脏腑阴虚而伤及于肾，或过服温燥劫阴之品所致。

阴虚不能濡养机体，故形体瘦弱；腰为肾府，肾阴虚不能滋骨生髓，故腰胯无力；阴虚不足以制阳则虚热内生，故低热不退或午后潮热；阴虚而阳弱，卫阳不能固表则见津液外越之盗汗；肾阴虚不能滋润大肠，故粪便干燥；阴虚则阳亢，相火妄动，扰动精室，故举阳滑精，致使精少不育；母畜以血为用，阴虚则血少，血少则发情周期不正常，不孕；阴液不足，津液不能上濡，故口咽干燥；舌红少津，脉细数是阴虚有热之象。

4. 肾气不固　指肾气亏虚，失于封藏固摄，以腰膝痿软，膀胱失约，尿频数，或冲任失约，精关，带脉或胎气不固，以及气虚症状等为主要表现的证候。

[主症] 神疲乏力，腰膝痿软，腰腿不灵，难起难卧，尿频数而清，夜间尤甚，或尿后余沥不尽，或尿失禁。公畜滑精早泄，母畜带下清稀，或胎动不安；舌淡苔白，脉沉弱。

[分析] 本证多因先天禀赋不足，年幼肾气未充；老年体弱，肾气衰退；或采精、配种、生育过度，劳损肾气；或久病失养，耗伤肾气，失其封藏固摄之权所致。

肾主骨生髓充脑，肾气不足，脑髓失养，心神不能自主，故神疲乏力，腰膝痿软，腰腿不灵，难起难卧；肾与膀胱相表里，肾气虚，则膀胱失约，故尿频数而清；气虚排尿无力，故尿后余沥不尽，甚或尿失禁；肾藏精，肾气不足，冲任失约，精关不固，则见公畜滑精早泄，带脉不固，则见母畜带下清稀，胎元不固，则见胎动不安；舌淡苔白，脉沉弱是肾气虚的表现。

5. 肾不纳气　指肾气不足，摄纳无权，以久病咳喘、呼多吸少、动则喘甚和气虚症状为主要表现的证候。

[主症] 咳嗽无力，气短而喘，呼多吸少，动则喘甚，重则咳而遗尿，形寒肢冷，腰膝痿软，自汗，乏力，叫声低微；舌淡，脉虚浮。

[分析] 本证多因久病咳喘，耗伤肺气，肺虚及肾；或劳役过度，先天不足，老年体弱等伤及肾气，纳气无权所致。

肾主纳气，肾气不足，摄纳无权，气不归元而上逆，故咳嗽无力，气短而喘，呼多吸少；动则气耗，肾气愈虚，故咳喘加剧；严重者，因肾虚而致膀胱失约，故咳而遗尿；肾阳气虚,失其温煦推动之功,故形寒肢冷,腰膝痿软;肾阳气虚,卫阳不固,故自汗;乏力,叫声低微,舌淡,脉虚为气虚之征,若肾阳虚衰欲脱,则因虚阳外越而出现浮脉。

6. 膀胱湿热 指湿热侵袭,蕴结膀胱,以尿频而急、灼涩疼痛及湿热症状为主要表现的证候。

[主症]尿频而急,灼热涩痛,短赤,或尿淋漓,或尿混浊,或有脓血,或有沙石,发热,口渴;舌红,苔黄腻,脉滑数。

[分析]本证多因外感湿热之邪,侵袭膀胱;或饮食不节,嗜食辛辣,化生湿热,下注膀胱,致使膀胱气化不畅所致。

湿热郁蒸膀胱,气化不行,下迫尿道,故尿频,尿急,灼热涩痛;湿热内蕴,耗伤津液,则尿短少而色赤;湿热蕴结,气机被阻,故尿淋漓;湿热煎灼尿液,故尿混浊;湿热伤及血络,迫血妄行,则尿血,甚至尿中带有脓血;湿热久恋,煎熬尿液,日久成石,则可见尿中沙石;发热,口渴,舌红,苔黄腻,脉滑数为湿热内蕴之征。

心热下移与膀胱湿热,均可见尿频急、灼涩疼痛等症。但前者为火热炽盛,灼伤津液,兼有口舌生疮等症;后者为湿热蕴结膀胱,气机不畅,有苔黄腻、脉滑数等湿热证。

六、脏腑兼病辨证

两个或两个以上脏腑的证候并见者,称为脏腑兼病证候。

但其不是任意两个或两个以上的脏腑证候的简单相加,而是在生理、病理上有着一定内在联系的脏腑,如存在生克乘侮关系的脏腑,经络相通的脏腑或脏器直接相连的脏腑,才常常在其相关的方面出现兼病关系。因此,辨证时应当注意辨析脏腑之间有无先后、主次、因果、生克等关系,这样才能明确其病理机制,做出恰当的辨证论治。

脏腑兼病证候在临床上甚为多见,其证候也较为复杂。这里仅将临床上常见的脏腑兼病证候介绍如下。

1. 心肺气虚 指心肺两脏气虚,以心悸、咳喘与气虚症状为主要表现的证候。

[主症]心悸,咳喘,动则尤甚,神疲,气短,力乏,叫声低微,自汗,舌淡苔白,或唇舌青白,脉沉弱或结代。

[分析]本证多因久病咳喘,耗伤肺气,累及于心,或因年老体虚,劳倦太过等,使心肺之气虚损所致。

心气虚弱,鼓动无力,则心悸;肺气虚弱,肃降无权,气机上逆,而为咳喘。动则耗气则活动后诸症加剧;气虚全身机能活动减弱,推动功能下降,则神疲,气短,力乏,叫声低微;肺气虚,卫外不固,则自汗;舌淡苔白,或唇舌青白,脉沉弱或结代为心肺气虚之征。

2. 心脾两虚 指脾气虚弱、心血不足,以心悸、神疲、食少、腹胀、便溏等为主要表现的虚弱证候。

[主症]患畜既有心悸、易惊等心虚的症状,同时又有食欲不振、肚腹虚胀、粪便稀薄、神疲乏力、倦怠肯卧等脾虚的症状。口唇无华,或见皮下出血;舌质淡嫩,脉细弱。

[分析]本证多因劳役过度,或饮食不节,或思虑过度,或久病失调,内伤脾气,脾气虚弱,血的生化之源不足,而致心血虚;或由于使役过重,劳伤心血,脾失去心血的滋养和心气的推动,而脾的运化功能减弱,或因慢性失血,血亏气耗,渐致心脾气血两伤所致。

心血不足,心神失养,神不守舍,则心悸,易惊;脾虚气弱,运化失健,故食欲不振,肚腹虚胀，粪便稀薄；脾为气血生化之源，脾气不足，气血生化乏源，心神、肌肉四肢失其所养，故神疲乏力，倦怠肯卧，口唇无华；脾虚不能摄血，可见皮下出血；舌质淡嫩，脉细弱均为心脾两虚、气血不足之征。

3. 心肝血虚 指血液亏少，心肝失养，以心悸、眩晕、肢麻与血虚症状为主要表现的证候。

[主症] 心悸，眩晕，两目干涩，或肢体麻木，震颤拘挛，爪甲不荣，舌质淡白，脉细弱。

[分析] 本证多因思虑过度，或失血过多，或脾虚化源不足等所致。

心血不足，心失所养，心神不宁，故心悸；肝血不足，头目失养，则眩晕，两目干涩；筋脉、爪甲失于濡养，则肢体麻木，震颤拘挛，爪甲不荣；舌质淡白，脉细弱为血虚之征。

4. 心肾阳虚 指心与肾的阳气虚衰，失于温煦，以心悸、水肿等为主要表现的虚寒证候，又名心肾虚寒证。水肿明显者，可称水气凌心证。

[主症] 畏寒肢冷，神疲力乏，腰胯痿弱，心悸怔忡，气喘，肢体水肿，尿不利；舌青白，苔白滑，脉弱。

[分析] 本证多因心阳虚衰，病久及肾；或因肾阳亏虚，气化无权，水气凌心所致。

心肾阳虚，失于温煦，推动，则畏寒肢冷，神疲力乏，腰胯痿弱；水气上犯凌心，则心悸怔忡，气喘；肾阳不振，蒸腾气化无权，水液内停，泛溢肌肤，则肢体水肿，尿不利；温运无力，血行不畅，则舌青白；苔白滑，脉弱为心肾阳虚之象。

5. 心肾不交 指心与肾的阴液亏虚，虚火内扰，以心悸、躁动易惊、腰胯无力等为主要表现的虚热证候，又名心肾阴虚。

[主症] 心悸，躁动，易惊，腰胯无力，难起难卧，低热不退，午后潮热，盗汗，公畜举阳滑精或精少不育，母畜发情周期不正常、不孕，口咽干燥；舌红少津，脉细数。

[分析] 本证多因久病伤阴，或劳损过度致使肾水亏虚于下，不能上济于心，心火亢于上，不能下交于肾；或因外感热病，致使心阴耗损，心阳亢盛，心火不能下交于肾，造成心肾水火不相既济而成。临床上以肾水不足，不能上滋心阴者最为常见。

心肾阴虚，虚阳偏亢，上扰心神，神不内守，故心悸，躁动，易惊；腰为肾府，肾精亏虚，腰膝失养，故腰胯无力，难起难卧；阴虚不能制阳则虚热内生，故低热不退或午后潮热；阴虚阳弱，肌表不固而见盗汗；阴虚阳亢，相火妄动，扰动精室，故举阳滑精；滑精日久，必精少不育；肾精亏乏，冲任不足，故母畜发情周期不正常，不孕；口咽干燥，舌红少津，脉细数为阴虚火旺之征。

6. 肺肾阴虚 指肺肾阴液亏虚，虚热内扰，以干咳、咳喘无力、腰胯无力、公畜滑精、母畜发情周期不正常等为主要表现的虚热证候。

[主症] 咳嗽无力，干咳连声，昼轻夜重，腰胯无力，形体消瘦，低热不退，午后潮热，盗汗，公畜举阳滑精，精少不育，母畜发情周期不正常，不孕，口燥咽干；舌红，少苔，脉细数。

[分析] 本证多因燥热耗伤肺阴；或久病咳喘，损伤肺阴，病久及肾；或配种、采精太过，肾阴耗伤，不能滋养肺阴，加之虚火上炎，灼伤肺阴所致。

肺为气之主，肾为气之根，肺阴不足，失于清肃，肾阴亏损，失于摄纳，二者致使咳喘无力，干咳连声，昼轻夜重；腰为肾之府，肾精亏乏，腰府失养，故腰胯无力；阴虚阳亢，则公畜举阳滑精，精少不育；阴精血少，则母畜发情周期不正常，不孕；形体消瘦，低热不退，午后潮热，盗汗，口燥咽干，舌红，少苔，脉细数均是阴虚内热之象。

7. 肺脾气虚 指肺脾气虚，以咳嗽、气喘、食少、腹胀、便溏与气虚症状为主要表现的证候。

［主症］食欲不振，肚腹虚胀，便溏，久咳不止，气短而喘，鼻液清稀，叫声低微，神疲乏力；舌质淡，苔白滑，脉细弱。

［分析］本证多因久病咳喘，耗伤肺气，宣发肃降无能，痰湿留积，困扰脾气，子病及母，影响脾气，而致脾气虚；或饮食不节，劳倦及脾，脾胃受损，中虚胃弱，运化无力，气血生化无源，不能输精于肺，土不生金，累及于肺所致。临床上以先见脾气虚，后见肺气虚者居多。

脾气虚，运化失健，则食欲不振，肚腹虚胀，便溏；肺气虚，呼吸功能减弱，宣降失职，则久咳不止，气短而喘；脾肺气虚，清阳不升，宗气不足，故叫声低微，神疲乏力。又脾虚则水湿内停，肺虚则水津不布，二者皆可导致湿浊内生，湿浊随肺气上逆从肺窍流出，故而鼻液清稀；舌质淡，苔白滑，脉细弱为气虚之征。

8. 脾肾阳虚 指脾肾阳气亏虚，虚寒内生，以久泻久痢、水肿等为主要表现的虚寒证候。

［主症］形寒肢冷，耳鼻不温，腰膝或下腹冷痛，久泻久痢不止，或五更泄泻，完谷不化，粪质清冷，倦怠肯卧，食欲减退，四肢或腹下水肿，重者宿水停脐或阴囊水肿，尿不利；舌质淡胖，舌苔白滑，脉沉迟无力。

［分析］本证多由久泻久痢，脾阳受损，不能运化水谷精气以充养肾阳；或水邪久居，肾阳受损，不能温煦脾阳，导致脾肾阳气同时损伤，虚寒内生，温化无权，水谷不化，水液潴留。

肾阳虚衰，不能温煦形体被毛，故形寒肢冷，耳鼻不温，腰膝冷痛；阳虚阴寒内盛，气机凝滞，故下腹冷痛；脾主运化，肾司二便，脾肾阳虚，运化、吸收水谷精微及排泄二便功能失职，则久泻久痢不止；寅卯之交，阴气极盛，阳气未复，故五更泄泻；脾阳不足，运化失常，不能腐熟水谷，则见完谷不化，粪质清冷；脾失健运，气血化生乏源，加之泄泻，津液气血大耗，故倦怠肯卧，食欲减退；肾主水，脾主运化水液，脾肾阳虚则水湿内停，故四肢或腹下水肿，甚则水停于腹腔或阴囊部；肾阳虚，膀胱气化失职，故尿不利；舌质淡胖，舌苔白滑，脉沉迟无力，均为阳虚水寒内停之征。

9. 肝脾不调 指肝失疏泄，脾失健运，以胁胀作痛、情志抑郁、腹胀、便溏等为主要表现的证候。有肝木乘土和土壅侮木两种类型。

（1）肝木乘土：每因捕捉、失群、离仔、惊恐等使肝气郁结，疏泄失常，影响到脾的功能，导致脾不健运而成为肝脾不调证。

［主症］躁动不安，草料迟细，粪便稀薄，肠鸣矢气，腹痛泄泻，泻必痛，泻后疼痛不减，苔白，脉弦。

［分析］本证多因情志不遂，郁怒伤肝，肝失条达，横乘脾土。

肝主怒，肝失疏泄，经气郁滞，气郁化火，失柔顺之性，情志异常，故躁动不安；肝郁气滞，不能疏泄脾土，脾失健运，故草料迟细，粪便稀薄；脾失健运，水湿内生，水肠互击，故见肠鸣；气滞于胃肠，故频频矢气；气机郁滞则痛，脾失健运则泻，痛泻并作，故腹痛泄泻，泻必痛；泻后肝气郁滞未解，故疼痛不减；苔白，脉弦是肝脾不调的表现。

（2）土壅侮木：脾失健运，气滞于中，湿阻于内，影响肝气的疏泄，致使肝脾不调。

［主症］情志抑郁，草料迟细，便溏不爽，肠鸣矢气，腹痛欲泻，泻后痛减，口色稍红而干，苔腻，脉弦数。

［分析］本证多因饮食不节，劳倦太过，损伤脾气，脾失健运，水湿阻滞，致使肝失疏泄，出现肝脾不调。

脾主思，脾失健运，气机郁结不畅，故情志抑郁；脾失健运，气机阻滞，水浊内生，致使肝失疏泄，故草料迟细，便溏不爽，肠鸣矢气，腹痛欲泻；排粪后气滞得畅，故泻后疼痛得以缓解；肝脾气郁，郁而化热，故口色稍红而干；脾失健运，湿邪内盛较重，故苔腻；脉弦数是肝阳虚亢的表现。

10. 肝肾阴虚 指肝肾阴液亏虚，虚热内扰，以腰胯无力、眩晕、听力减损、眼睛干涩、公畜滑精、母畜发情周期不正常等为主要表现的虚热证候。

［主症］眩晕，两眼干涩，视力减退，夜盲内障，腰胯软弱，后躯无力，重者难起难卧或卧地不起，公畜可见举阳滑精，母畜发情周期不正常，不孕，低热不退，午后潮热，盗汗，口燥咽干；舌红少苔，脉细数。

［分析］肝藏血，肾藏精，精血互生，肝肾相互滋养。肝血充足，则可下藏于肾；肾精旺盛，则可上滋于肝。因此在病理情况下，肝血不足可致肾阴虚，肾精亏损也可致肝血不足。本证多因久病失调，阴液亏虚；或因情志内伤，阳亢耗阴；或因配种、采精过度，肾之阴精耗损；或因温热病日久，肝肾阴液被劫，皆可导致肝肾阴虚。

肾阴亏虚，水不涵木，则肝阳上亢，虚火上扰，故眩晕；肝肾阴虚，眼目失其所养，故两眼干涩，视力减退，夜盲内障；腰为肾府，肾主骨生髓，肝主筋，肝肾阴虚，骨、髓、筋失其濡养，故腰胯软弱，后躯无力，重者髓亏、骨衰、筋弱，而难起难卧或卧地不起；阴虚阳亢，虚火内生，扰动精室，故公畜举阳滑精；肝肾阴虚，冲任失养，故母畜发情周期不正常，不孕；低热不退，午后潮热，盗汗，口色红，舌无苔，脉细数均为阴虚内热之象。

第三节 气血津液辨证

根据气血津液的生理功能和病理特点，分析、判别气血津液的亏虚及运行、代谢障碍所反映的不同证候，对疾病进行辨证。

气血津液辨证是八纲辨证在气血津液不同层面的深化和具体化，同时，由于气血津液与脏腑功能活动密切相关，因此，气血津液辨证应同脏腑辨证的内容相互参照。

一、气病证候

气病临床常见的证型主要有气虚证、气陷证、气滞证、气逆证四种。

1. 气虚证 指元气不足，气的推动、固摄、防御、气化等功能减退，或脏腑组织的机能减退，以气短、乏力、神疲、脉虚等为主要表现的虚弱证候。

［主症］精神疲惫，耳耷头低，四肢无力，气短气少，叫声低微，舌质淡嫩，脉虚，或自汗，动则诸症加重。

［分析］形成气虚证的原因，主要有久病、重病、过劳等，使元气耗伤太过；先天不足，

后天失养，导致元气生成匮乏；年老体弱，脏腑机能减退而元气自衰。

元气不足，脏腑机能衰退，故见精神疲惫，耳聋头低，四肢无力，气短气少，叫声低微；气虚而不能推动营血上荣，则舌质淡嫩；卫气虚弱，不能固护肌表，则自汗；劳则气耗，故劳累则上述诸症加重；气虚鼓动血行之力不足，故脉虚。

气虚而以某脏腑机能减退所表现的证候为主者，临床常见证有心气虚、肺气虚、脾气虚、肾气虚等，甚至可是多脏腑气虚证候同在。

2. 气陷证 指气虚无力升举，清阳之气下陷，以脏器垂脱为主要表现的虚弱证候。

[主症] 气短乏力，粪便稀溏，或见脏器垂脱，如肛脱、阴道脱、子宫脱等。

[分析] 气陷多是气虚的发展，或为气虚的一种特殊表现形式，一般指脾（中）气的下陷。

气虚机能衰退，故气短乏力；脾失健运，水谷精微下趋，则见粪便稀溏；气陷无力升举，不能维持脏器在正常位置，故见脏器垂脱诸症。

3. 气滞证 指某一脏腑、经络的气机阻滞、运行不畅，以胀满疼痛为主要表现的证候。

[主症] 胸胁、肚腹等处胀满或疼痛，症状时轻时重，部位不固定，按之一般无形，痛胀常随嗳气、肠鸣、矢气等而减轻，或症状随情绪变化而增减，脉象多弦，舌象可无明显变化。

[分析] 引起气滞证的原因，主要有三方面：一是痰饮、瘀血、宿食、沙石等病理性产物阻塞，或阴寒凝滞，湿邪阻碍等，导致气机郁滞；二是脏气虚弱，运行乏力而气机阻滞；三是情志不舒，忧郁悲伤，思虑过度，而致气机郁滞。

气的运行发生障碍，气机不畅则胀满，不通则疼痛，气得运行则痛减。临床常见的气滞证有肺气壅滞、肝气郁结、胃肠气滞等证。

4. 气逆证 是指气机升降失常，逆而向上所引起的证候。临床以肺胃之气上逆和肝气升发太过的病变较为多见。

[主症] 肺气上逆，则见咳嗽频作，呼吸喘促；胃气上逆，则见呃逆、嗳气不止，或呕吐、呕血；肝气上逆，则见头痛、眩晕，甚至昏厥、咯血等。

[分析] 气逆一般是在气滞基础上的一种表现形式。表现为气机升降反常，当降不降反而上逆，或升发太过。导致气逆的原因，可有外邪侵袭，痰饮瘀血内停，寒热刺激，情志过激等。

气逆只是一种病机，并不是一个完整的证名，临床应注意辨别病因、病位，气逆才能构成一个完整的病证，如胃寒气逆、肺气上逆、肝火气逆证等。

二、血病证候

血病临床常见的证型主要有血虚证、血瘀证、血热证、血寒证四类。

1. 血虚证 指血液亏虚，不能濡养脏腑、经络、组织，以可视黏膜淡白，甚至苍白，脉细为主要表现的虚弱证候。

[主症] 可视黏膜淡白，甚至苍白，眼睛干涩，心悸，神疲，肢端麻木，脉细无力等。

[分析] 导致血虚的原因，主要有两方面：一是血液耗损过多，新血未及补充，主要见于各种出血之后，或久病、大病之后，阴血暗耗，或因虫积肠道，耗吸营血等；二是血液生化不足，可见于脾胃运化机能减退，或进食不足，或因其他脏腑功能减退不能化生血液，或

瘀血阻塞脉络，使局部血运障碍，影响新血化生等。

血液亏虚，脉络失充，形体组织缺乏濡养荣润，则可视黏膜淡白，甚至苍白，脉细无力；血虚脏器、组织得不到足够的营养，则眼睛干涩，心悸，肢端麻木；血虚失养而心神不宁，故见神疲等。

血虚证主要指心血虚证和肝血虚证，并可有血虚肠燥、血虚生风等证。

2. 血瘀证　指瘀血内阻，血行不畅，以固定刺痛、肿块、出血、瘀血等为主要表现的证候。

［主症］局部肿块，疼痛拒按，痛有定处，夜间尤甚。皮肤粗糙、出血，舌有瘀点、瘀斑，脉细涩。

［分析］形成血瘀证的主要原因有：一是外伤、跌仆等损伤造成离经之血蓄积形成瘀血；二是气滞导致血行不畅而形成瘀血；三是血寒而致血脉凝滞；四是血热而致血液壅聚浓缩而成瘀血；五是气虚推动无力导致血行缓慢而形成瘀血。

瘀血内停，脉络不通，气机受阻，不通则痛；瘀血为有形之邪，阻碍气机运行，故疼痛剧烈，部位固定不移；按压则气机更窒，故疼痛益甚而拒按；夜间阳气入脏，阴气用事，阴血凝滞更甚，故疼痛更剧；瘀血凝聚局部，日久不散，便成肿块；若久瘀不消，阻碍营血运行，肌肤失其濡养，则皮肤粗糙；瘀在胃肠，则见便血；瘀在膀胱，则见尿血；舌有瘀点、瘀斑，脉细涩，均是血瘀之象。

瘀血可阻滞于各种脏器、组织，而有不同的血瘀证名，如心脉瘀阻、瘀阻脑络等证。

3. 血热证　指火热内炽，侵迫血分，以身热口渴、斑疹吐衄、烦躁神昏、舌绛、脉数等为主要表现的实热证候。

［主症］躁扰不宁，甚或狂乱，神昏，身热夜甚，口渴，或见各种出血，或斑疹显露，或为疮痈，舌绛，脉数等。

［分析］血热证的形成，主要是外感热邪，或感受他邪化热，传入血分。

血热内扰心神，而见躁扰不宁，甚则狂乱，神昏；热邪升腾，耗伤津液，则身热夜甚，口渴；火热迫血妄行，可见各种出血，或斑疹显露；热邪内犯营血，灼肉腐血，可为疮痈脓疡；热在血分，血行加速，脉道扩张，则见舌绛、脉数。

血热证常见于外感温热病中，即卫气营血辨证中的血分证；也可见于外科疮疡病、产科病、内科杂病之中。

4. 血寒证　指寒邪客于血脉，凝滞气机，血行不畅，以患处冷痛拘急、畏寒、可视黏膜青紫等为主要表现的实寒证候。

［主症］形寒肢冷，畏寒，患处疼痛拘急，得温痛减，可视黏膜青紫；舌淡，苔白滑，脉沉迟等。

［分析］血寒证主要因寒邪侵犯血脉，或阴寒内盛，凝滞脉络而成。

寒凝脉络，气血运行不畅，阳气不得流通，组织失于温养，加之寒性凝滞收引，故见形寒肢冷、畏寒；血行不畅，瘀阻不通，故患处疼痛拘急；血得热则行，故得温痛减；气血运行受阻，不能上荣，故可视黏膜青紫；舌淡，苔白滑，脉沉迟等，均为血行不畅之瘀血征象。

三、津液病证候

津液病临床常见的证型，主要有津液亏虚、水液停聚两种。

1. 津液亏虚证　指体内津液亏少，脏腑、组织、官窍失却滋润、濡养、充盈，以口渴尿少，官窍及皮肤、粪便干燥等为主要表现的证候。

［主症］口、鼻、唇、舌、咽喉、皮肤等干燥，皮肤枯瘪而缺乏弹性，眼球深陷，口渴欲饮水，尿短黄而少，粪便干结；舌红，脉细数等。

［分析］大汗、大吐、大泻、高热、烧伤等，使津液耗损过多；外界气候干燥，或体内阳气偏亢，使津液耗损；饮水过少，或脏器虚衰，使津液生成不足，均可形成津液亏虚的证候。

津液亏少，不能充养、濡润脏器、组织、官窍，则见口、鼻、唇、舌、咽喉、皮肤等干燥，皮肤枯瘪而缺乏弹性，眼球深陷，口渴欲饮水等一派干燥少津的症状；津液亏少，阳气偏旺，则有尿短黄而少，粪便干结，舌红、脉细数等。

一般津液损伤程度较轻，仅为水液亏少者，称为伤津或津亏，以干燥症状为主要表现；继发于汗、吐、泻等之后；液体暴失，津液损伤程度较重者，称为耗液或液脱，常有皮肤枯瘪，眼球深陷的临床特征。但临床上常将二者并称而不做严格区分。

津液亏虚的常见证有肺燥津伤、胃燥津亏、肠燥津亏等证，均有干燥见症。

2. 水液停聚证　水液停聚主要表现为痰、饮、水、湿四种，痰、饮和湿的主症和分析参阅病因病机章节，这里着重介绍水停证。

水停证是指体内水液因气化失常而停聚，以肢体水肿、尿不利，或腹大膨胀、舌淡胖等为主要表现的证候。

［主症］身体困重，头面、肢体甚或全身水肿，按之凹陷不易起，或为腹水而见腹部膨隆，叩之音浊，尿短少不利；舌淡胖，苔白滑，脉濡缓等。

［分析］由水液停聚所导致的证候，称为"水停证"。导致水停的原因，可为风邪外袭，或湿邪内阻，亦可因久病肾虚等，影响肺、脾、肾的气化功能，使水液运化，输布失常而停聚为患。此外，瘀血内阻，经脉不利，亦可影响水液的运行，使水蓄积在腹腔等部位，而成血瘀水停。

水为有形之邪，水液输布失常而泛溢肌肤，故以身体困重，水肿为主症；水液停聚腹腔，而成腹水，故见腹部膨隆，叩之音浊；膀胱气化失司，水液停蓄而不泄，故见尿短少不利；舌淡胖，苔白滑，脉濡缓是水湿内停之征。

根据形成水停的机理、脏器的不同，临床常见的水停证有风袭水停、脾虚水泛、肾虚水泛、水气凌心等证。

第四节　六经辨证

六经辨证是东汉的张仲景在《素问·热论》的基础上，根据伤寒病的证候特点和传变规律而创立的一种辨证方法，用于外感病的辨证。

六经辨证是以六经所系经络、脏腑的生理、病理为基础，将外感疾病演变过程中的各种证候，进行综合分析，归纳其病变部位、寒热趋向、邪正盛衰，区分为太阳病、阳明病、少阳病、太阴病、少阴病和厥阴病六类证候，用来阐述外感病不同阶段的病理特点，并指导临床治疗。

六经病证以阴阳为总纲，分为三阳病和三阴病两大类，即太阳病、阳明病和少阳病，合称为三阳病；太阴病、少阴病和厥阴病，合称为三阴病。凡正盛邪实，抗病力强，病势亢奋，表现为热、为实的，多属三阳病；凡正气虚衰，病邪未除，抗病力衰减，病势虚衰，表现为寒、为虚的，多属三阴病。

伤寒病的发生，是机体感受风寒等外邪，始从皮毛、肌腠，渐循经络，由表入里，进而传至脏腑。因此，当其病势浅在肌表经络，则表现为表证；若寒邪入里化热，则转为里实热证；在正虚阳衰的情况下，寒邪多易侵犯三阴经，出现一系列阳虚里寒的病理变化。

六经病证的临床表现，均以经络、脏腑病变为其病理基础，其中三阳病以六腑的病变为基础，三阴病以五脏的病变为基础。所以六经辨证的应用，不限于外感时病，也可用于内伤杂病。但由于其重点在于分析外感风寒所引起的病理变化及其传变规律，因而对内伤杂病的辨证不具有广泛性，不能等同于脏腑辨证。

一、六经病证

1. 太阳病证 太阳主表，为诸经之藩篱，太阳经脉循行于项背，统摄营卫之气。太阳之腑为膀胱，贮藏水液，经气化而排出则为尿液。风寒侵袭机体，多先伤及体表，正邪抗争于肤表浅层所表现的证候，即为太阳经证，是外感风寒而致病的初起阶段；若太阳经证不愈，病邪可循经入腑，而出现太阳腑证。

（1）太阳经证：根据感邪之不同和动物体质的差异，太阳经证又分为太阳中风证和太阳伤寒证。

①太阳中风证：指风邪为主的风寒之邪侵袭太阳经脉，卫强营弱，以发热、汗出、恶风、脉浮缓等为主要表现的证候。

［主症］恶风，发热，汗出，脉浮缓。

［分析］肌表是动物体之藩篱，由卫阳之气充填，营养。感受以风邪为主的风寒，卫阳受损，不能护卫肌表，藩篱疏松不密，故见恶风；风邪犯表，卫阳抗邪，正邪相争，则发热；风性开泄，以致卫外不固，营不内守，则汗自出；汗出，则肌腠疏松，营阴不足，则脉缓。

②太阳伤寒证：指寒邪为主的风寒之邪侵犯太阳经脉，卫阳被遏，毛窍闭伏，以恶寒、发热、无汗、关节疼痛、脉浮紧等为主要表现的证候。

［主症］恶寒，发热，无汗，关节疼痛，跛行，咳嗽，气喘，脉浮紧。

［分析］寒邪为主的风寒侵犯，卫阳受损，肌肤失于温煦，则恶寒；寒邪束表，卫阳被郁，故发热；寒性凝滞，皮毛腠理紧闭，故无汗；寒袭肌表，体表经络，阳气受损，气血运行不畅，故见关节肌肉疼痛，跛行；肺外合皮毛，寒邪外束，肺气不得宣发，故见咳嗽，气喘；寒邪外束皮毛，正邪相搏于表，故脉浮；寒性收引，经脉拘挛，故脉紧。

（2）太阳腑证：太阳经证不解，病邪由太阳之表内传膀胱、小肠所表现的证候。根据病机之不同，又分为太阳蓄水证和太阳蓄血证。

①太阳蓄水证：指太阳经证不解，邪与水结，膀胱气化不利，水液停蓄，以发热恶寒、尿不利等为主要表现的证候。

［主症］发热恶寒，尿不利，小腹满，口渴，或水入即吐，脉浮或浮数。

［分析］太阳经证不解，故见发热，恶寒，脉浮等表证；病邪内传膀胱，气化失职，邪与水结，水液停蓄，故尿不利，小腹满；水停而气不化津，津不上承，故口渴；若饮多则水

停于胃，胃失和降，可见饮入即吐；病邪内传化热，则脉数。

②太阳蓄血证：指太阳经证不解，病邪传里，与血结于小肠，以少腹急结或硬满、便血等为主要表现的证候。

[主症] 少腹急结或硬满，精神亢奋，尿自利，便血，脉沉涩或沉结。

[分析] 太阳经证失治，病邪化热，邪热随经内传，与血相结，瘀热结于小肠，故少腹急结，甚则硬满；瘀热内结，上扰心神，故精神亢奋；病在血分，未影响膀胱气化功能，故尿自利；瘀血下行随粪便而出，则便血；脉沉涩或沉结是瘀热阻滞、脉气不利之征。

2. 阳明病证 指伤寒病发展过程中，阳热亢盛，胃肠燥热所表现的证候。阳明病属里实热证，是邪正斗争的极期阶段，分为阳明经证和阳明腑证。

（1）阳明经证：指邪热亢盛，充斥阳明之经，弥漫全身，肠中尚无燥屎内结，以高热、汗出、口渴、脉洪等为主要表现的证候。

[主症] 身大热，不恶寒，反恶热，汗大出，大渴引饮，心烦躁扰，气促喘粗，苔黄燥，脉洪大。

[分析] 阳明病证多由太阳经证不解，或因少阳病失治，邪热内传入里而成，或因素体阳盛，初期邪侵即成里实热证。

阳明为多气多血之经，阳气旺盛，邪入阳明最易化燥化热，里热炽盛，弥漫全身，蒸腾于外，故身大热，不恶寒，反恶热；邪热内炽，迫津外泄，故汗大出；热盛伤津，且汗出复伤津液，故大渴引饮；邪热上扰，心神不宁，则烦躁；热迫于肺，呼吸不利，故气促喘粗；脉洪大有力，苔黄燥为阳明里热炽盛之象。

（2）阳明腑证：邪热内盛，与肠中糟粕相搏，燥屎内结，以潮热、腹满痛、便秘、脉沉实等为主要表现的证候。

[主症] 日晡潮热，脐腹胀满疼痛，拒按，粪便秘结，甚则狂躁、神昏，苔黄燥，或起芒刺，甚至苔焦黑燥裂，脉沉实或滑数。

[分析] 阳明经气旺于日晡，四肢禀气于阳明，肠腑实热弥漫，故日晡潮热；邪热与糟粕结于肠中，腑气不通，故脐腹胀满而痛，拒按，粪便秘结；邪热上扰心神，则狂躁，甚则神昏；苔黄燥有芒刺，或焦黑燥裂，为燥热内结、津液被劫之故；邪热亢盛，有形之邪阻滞，脉道壅滞，故脉沉实，若邪热迫急则脉滑数。

3. 少阳病证 指邪犯少阳胆腑，枢机不运，经气不利，以寒热往来、不欲饮食等为主要表现的证候。

[主症] 寒热往来（恶寒时精神沉郁，出现寒战现象，皮温降低，耳鼻发凉；发热时精神稍有好转，寒战现象消失，皮温稍高，耳鼻转热），不欲饮食，脉弦。

[分析] 本证多由太阳经证不解，邪传少阳胆经及胆腑所致，亦可由厥阴病转出而成。

邪出于表与阳争，正胜则发热；邪入于里与阴争，邪胜则恶寒，邪正相争于半表半里，故寒热往来；邪热扰胃，胃失和降，则不欲饮食；脉弦为肝胆受病之征。

4. 太阴病证 指脾阳虚弱，寒湿内生，以腹胀时痛、不欲食、腹泻等为主要表现的虚寒证候。

[主症] 腹满时痛，食纳减少，粪便清稀，口不渴，四肢欠温，脉沉缓或弱。

[分析] 太阴病证可由寒湿之邪直接侵犯脾胃而成，亦可因三阳病治疗失当，损伤脾阳所致。太阴病为三阴病之轻浅阶段，属里虚寒证。

脾阳虚弱，寒湿内生，气机阻滞，故腹满时痛；脾失健运则食纳减少；寒湿下注则粪便清稀；寒湿内生，口不渴；阳虚而失于温煦，故四肢欠温；脾阳虚弱，鼓动无力，故脉沉缓或弱。

5. 少阴病证 指伤寒病后期，全身阴阳衰惫，以脉细微、嗜睡为主要表现的证候。少阴病证的病位在心肾。病性有寒化证和热化证之别。

（1）少阴寒化证：指心肾阳气虚衰，阴寒独盛，病性从阴化寒，以畏寒肢凉、下利清谷等为主要表现的虚寒证候。

［主症］无热恶寒，嗜睡，四肢厥冷，下利清谷，呕不能食，或食入即吐，脉微细。

［分析］病至少阴，心肾阳气俱虚，故表现为整体的虚寒证候。阳气衰微，阴寒内盛，失于温养，故无热恶寒，嗜睡，肢厥；肾阳虚，火不暖土，脾胃纳运，升降失职，故下利清谷，呕不能食，或食入即吐；心肾阳虚，鼓动无力，则脉微细。

（2）少阴热化证：指心肾阴虚阳亢，病性从阳化热，以烦热不安、舌尖红、脉细数等为主要表现的虚热证候。

［主症］烦躁不安，口燥咽干，舌尖红，脉细数。

［分析］邪入少阴，从阳化热，热灼真阴，水不济火，心火独亢，侵扰心神，故烦躁不安；阴亏失润，则口燥咽干；阴虚阳盛，故舌尖红，脉细数。

6. 厥阴病证 指伤寒病发展传变的最后阶段，表现为阴阳对峙，寒热交错，厥热胜复的证候。临床常见有以下三种类型。

（1）寒厥：指阳衰阴盛，以四肢厥冷、恶寒、口舌淡白、脉细微等为主要表现的证候。

［主症］四肢厥冷，无热恶寒，口舌淡白，体温偏低，脉细微。

［分析］寒厥是阳虚阴盛，阴阳之气不能顺接，故四肢厥冷；寒气极盛而阳气衰则无热恶寒，口舌淡白，体温偏低；阳气衰，推动、化生血液不足，则脉细微。

（2）热厥：指阳气独亢，热邪深入，津液耗伤，而致阳气郁结，不能通达四肢，以四肢厥冷、恶热、口腔干燥等为主要表现的证候。

［主症］四肢厥冷，恶热，口舌色红，口腔干燥，尿短赤。

［分析］热蕴于内，阻阴于外，阴阳之气不相顺接，故四肢厥冷；里热炽盛，故恶热，口舌色红；热盛伤津，故口腔干燥，尿短赤。

（3）蛔厥：指蛔虫感染引起，以寒热交替、四肢厥冷与复温交替、口渴欲饮、呕吐或吐蛔等为主要表现的证候。

［主症］寒热交替，四肢厥冷和复温交替出现，口渴欲饮，呕吐或吐蛔，黏膜黄染。

［分析］蛔厥属寒热错杂又有蛔虫之证。正邪交争，正胜则热，邪胜则寒，故寒热交替；邪胜则四肢厥冷，正胜则四肢复温；正邪交争，耗伤津液，则口渴欲饮；蛔虫扰动，则呕吐或吐蛔；蛔虫窜入胆管，则见黏膜黄染。

二、六经病证的传变

六经病证是脏腑、经络病变的反映，而脏腑、经络之间又是相互联系而不可分割的整体，因此六经病证可以相互传变，从而表现为传经、直中、合病、并病等。

1. 传经 指病邪自外侵入，逐渐向里发展，由某一经病证转变为另一经病证。其中若按伤寒六经的顺序相传者，称为"循经传"，如太阴病不愈，传入少阴，少阴病不愈，传入厥阴。若是隔一经或两经以上相传者，称为"越经传"，如太阳病不愈，不经少阳阶段，而直入阳明。若相互表里的两经相传者,称为"表里传",如太阳病传入少阴等。

2. 直中 指伤寒病初起不从三阳经传入,而病邪直入于三阴者。如直中太阴、直中少阴。

3. 合病 指伤寒病不经传变,两经或三经同时出现的病证。如太阳与阳明合病、太阳与太阴合病等。

4. 并病 指伤寒病凡一经病证未罢,又见他经病证者。如太阳少阴并病、太阴少阴并病等。

第五节 卫气营血辨证

卫气营血辨证,是清代叶天士在《外感温热篇》中所创立的一种适用于外感温热病的辨证方法。即将外感温热病发展过程中,不同病理阶段所反映的证候,分为卫分证、气分证、营分证、血分证四类,用以说明病位的浅深、病情的轻重和传变的规律,并指导临床治疗。

张仲景创立的六经辨证,以及后世医家对温热邪气致病的认识,为卫气营血辨证的形成奠定了理论基础。叶氏借用《内经》中关于卫、气、营、血四种物质的分布及功能不同而又密切相关的生理概念,将温热之邪侵袭机体分为由浅入深传变的四个阶段。温热病邪由卫分入气分到营分及血分,说明病情逐渐加重。

卫气营血辨证就其病位及层次、病变发展趋势而言,卫分证主表,邪在肺与皮毛,为外感温热病的初始阶段;气分证主里,病在胸、膈、胃、肠、胆等脏腑,为邪正斗争的亢盛期;营分证为邪热陷入心营,病在心与心包络,病情深重;血分证则为病变的后期,邪热已深入心、肝、肾等脏器,重在耗血、动血,病情更为严重。故叶天士《外感温热篇》说"温邪上受,首先犯肺,逆传心包,肺主气属卫,心主血属营。""大凡看法,卫之后方言气,营之后方言血。"

一、卫气营血证

1. 卫分证 指温热病邪侵袭肌表,卫气功能失调,肺失宣降,以发热、微恶风寒、脉浮数等为主要表现的表热证候。

[主症] 发热重而恶寒轻,咳嗽,咽喉肿痛,口干微渴;舌边红,苔薄黄,脉浮数。

[分析] 卫分证是温热病的初起阶段,温热之邪侵及卫表,卫阳被遏不能布达于外,故发热、恶寒,卫阳与温热邪气郁蒸,故多为发热重而恶寒轻;温邪上犯,肺失清肃,气逆于上则咳嗽;温热之邪上灼咽喉,气血壅滞,故咽喉红肿疼痛;邪在肺卫之表,津伤不重,故口干微渴;舌边红,苔薄黄,脉浮数为邪热在卫表的征象。

2. 气分证 指温热病邪内传脏腑,正盛邪炽,阳热亢盛所表现的里实热证候。根据邪热侵犯肺、胃、肠等脏腑的不同,而兼有不同的表现。

[主症] 发热不恶寒,汗出,躁动不安,口渴,尿赤,舌红,苔黄,脉数有力。或兼咳喘,胸痛;或兼腹胀痛拒按,便秘或下秽臭稀水,苔黄燥,甚则焦黑起刺,脉沉实等。

[分析] 气分证多由卫分证不解,邪传入里所致,亦有初感温热邪气即直入气分者。邪正剧争,里热炽盛,故身热盛,不恶寒;邪热蒸腾,迫津外泄,则汗出;热扰心神,则躁动不安;热灼津伤,则口渴、尿赤;热盛血涌,则舌红,脉数有力;苔黄是里热盛的表现。

若邪热恋肺,肺失肃降,肺气不利,则咳喘,胸痛;若热结肠道,腑气不通,则腹胀痛拒按，便秘；燥屎结于肠中，邪热迫津从旁而下，则下利稀水，秽臭不堪；实热内结，故苔黄而干燥，甚或焦黑起刺，脉沉实。

3. 营分证　指温热病邪内陷，营阴受损，心神被扰，以身热夜甚、斑疹隐隐、舌绛等为主要表现的证候。

〔主症〕身热夜甚，口不甚渴或不渴，躁动不安，甚或神昏，斑疹隐隐，舌质红绛，脉细数。

〔分析〕营分证是温热病发展过程中较为深重的阶段。可由气分证不解，邪热传入营分，或由卫分证直接传入营分证而成；亦有营阴素亏，初感温热邪盛，来势凶猛，发病急骤，起病即见营分证者。

邪热入营，灼伤营阴，阴虚则身热夜甚；邪热蒸腾营阴上潮于口，故口不甚渴，或不渴；邪热传入营分，侵袭心神，故躁动不安，甚则神昏；热伤血络，则斑疹隐隐；舌质红绛，脉细数为邪热入营，营阴劫伤之象。

4. 血分证　指温热病邪深入血分，耗血、动血、动风、伤阴，以发热、神昏、抽搐、斑疹、吐衄、舌质深绛等为主要表现的证候。

〔主症〕身热夜甚，躁扰不宁，甚或神昏，斑疹显露，色紫黑，吐血、衄血、便血、尿血，舌质深绛，脉细数；或见抽搐，颈项强直，角弓反张，牙关紧闭，脉弦数；或见持续低热，暮热早凉，神疲嗜睡，形体消瘦，脉细虚。

〔分析〕本证由邪在营分不解，传入血分；或气分热炽，劫营伤血，直入血分；或素体阴亏，已有伏热内蕴，温热病邪直入血分而成。

血分证是温热病发展过程中最为深重的阶段，病变主要累及心、肝、肾三脏。主要表现为热盛动血、热盛动风、热盛伤阴三大类型。

邪热入血，灼伤阴血，阴虚内热，夜间阳入于阴，故身热夜甚；血热内扰心神，故躁扰不宁，甚或神昏；邪热迫血妄行，则有斑疹及出血诸症；邪热灼津，血行壅滞，故斑疹紫黑，舌质深绛，脉细数。

若血分热炽，燔灼肝经，筋脉挛急，则见抽搐，颈项强直，角弓反张，牙关紧闭，脉弦数等动风诸症。

若邪热久羁，劫灼肝肾之阴，阴虚内热，故低热，或暮热早凉；神失所养则神疲嗜睡，形失所养则体瘦；脉虚细为精血不充之象。

二、卫气营血证的传变规律

温热病的整个发展过程，实际上就是卫气营血证候的传变过程。卫气营血证候的传变，一般有顺传和逆传两种形式。

1. 顺传　指病变多从卫分开始，依次传入气分、营分、血分。它体现了病邪由表入里、由浅入深，病情由轻而重、由实致虚的传变过程，反映了温热病发展演变的一般规律。

2. 逆传　指邪入卫分后，不经过气分而直接深入营分、血分。实际上"逆传"只是顺传规律的一种特殊类型，病情更加急剧、重笃。

此外，由于病邪和机体反应的特殊性，温病的传变也有不按上述规律传变者，如发病之初无卫分证，而径见气分证或营分证；卫分证未罢，又兼气分证，而致"卫气同病"；气分证尚存，又出现营分证或血分证，称"气营两燔"或"气血两燔"等。

第八章

防治法则

第一节 预 防

预防，就是采取一定的措施，防止动物疾病的发生和发展，前人称其为"治未病"。

祖国医学历来就重视预防，如《素问·四时调神大论》中就有"是故圣人不治已病治未病，不治已乱治未乱……夫病已成而后药之，乱已成而后治之，譬犹渴而穿井，斗而铸锥，不亦晚乎！"的记载。这种"治未病"的预防思想，在指导后世医学的医疗实践中，起着极为重要的作用。

"治未病"包括三方面的内容：一是未病先防，二是既病防变，三是病后防复。

一、未病先防

未病先防，就是在动物未发病之前，采取各种有效措施，预防疾病的发生。疾病的发生，关系到邪正两个方面。邪气侵犯是导致疾病发生的重要条件，而正气不足是疾病发生的内在原因和根据，外邪通过内因而起作用。所以，未病先防，重在培养机体的正气，增强其抗邪能力。培养正气，主要着手于以下三个方面。

（一）加强饲养管理，合理使役

加强饲养管理，合理使役是预防疾病发生的关键。正如《元亨疗马集》中所说："冬暖，夏凉，春牧，秋厩，节刍水，知劳役，使寒暑无侵，则马骡无疴瘵也。"很多兽医古籍中都记载了有关饲养、管理和使役的注意事项，如《元亨疗马集·三饮三喂刍水论》中论述得就很详细：在饲养方面，提出过于饥渴时不能暴食暴饮，劳役前后不能饮喂过饱，饮水和草料必须清洁，不能混有杂物；有汗和料后不能立即饮水，膘大马、休闲马和夏季要减料等。在管理方面，提出厩舍要冬暖夏凉，经常打扫干净。在使役方面，提出要先慢步，后快步，快慢要交替使用；使役后不可立即卸掉鞍具，待休息后方可饮喂等。

（二）针药调理

针药调理就是根据地区、气候以及动物体质的情况，采用放六脉血和灌四季药的方法来预防疾病。这种通过针药调理，使动物更好地适应外界环境的条件变化，以减少疾病发生的方法在临床上广为使用。

（三）疫病预防

中兽医对于疫病的认识可见于历代农书和兽医专著，如《元亨疗马集》说："都中战马，遍染瘟疫……癣瘟癣瘅，不可不御也"；《三农记·卷八》记载："人疫传人，畜疫传畜，染其形似者；豕疫可传牛，牛疫可传豕，当知避焉"；《陈旉农书》中说："已死之肉，经过村里，其气尚能相染也。欲病之不相染，勿令与不病者相近"；《三农记》中还说："倘逢天时行灾，重加利剂，宜避疫之药常熏栏中"；《齐民要术》中还有对羊传染性疫病早期诊断与隔离的记载，指出"羊有病，辄相污。欲令别病，法当栏前作渎，深二尺，广四尺。往还皆跳过者，无病；不能过者，入渎中行，过，便别之"。从这些记载可以看出，古人很早就对动物的传染性疾病有了一定认识，并根据当时的社会条件和科学水平采取了一些力所能及的防治办法，如隔离、预防性给药（利剂的使用，贯仲、苍术等泡水，使动物饮用）、药熏（利用苍术、石菖蒲、艾叶、雄黄等药物燃烟熏棚厩的定期消毒）、粪便堆放发酵以及搞好清洁卫生工作（水洁、料洁、草洁、槽洁、圈洁、动物体洁净等），均是预防动物疾病发生的重要措施。

二、既病防变

未病先防，是积极的预防措施。如果疾病已经发生，就应及早诊断和治疗，以防止疾病的进一步发展与传变，此为既病防变，也是"治未病"的重要内容。

（一）早期诊治

一般来说，疾病之初，病位较浅，病情多轻，病邪伤正程度轻浅，正气抗邪、抗损害和康复能力均较强，因而早期诊治有利于疾病的早日痊愈，防止因病邪深入而加重病情。如《素问·阴阳应象大论》说："邪风之至，疾如风雨，故善治者治皮毛，其次治肌肤，其次治筋脉，其次治六腑，其次治五脏。治五脏者，半死半生也。"这说明外邪侵入机体后，如果不做及时处理，病邪就有可能逐步深入，由表入里，侵犯内脏，使病情越来越复杂，治疗也越来越困难，由此可见早期诊治的重要性。《元亨疗马集》中也有"每遇饮马，就便看验有无病患，交点匹数，每三日一次……令兽医遍看口色，有病者灌啖，甚者别槽医治"的记载，说明古代兽医就非常重视对病畜的早期发现，及早诊治，防止疾病进一步的发展与恶化。

（二）防止传变

机体各脏腑密切相关，一脏有病，可以影响它脏。因此，治疗时要掌握疾病传变的规律，先安未受邪之地，治其未病之脏腑，以防止疾病的传变。如《难经·七十七难》说："上工治未病，中工治已病者，何谓也？然：所谓治未病者，见肝之病，则知肝当传之于脾，故先实其脾气，无令得受肝之邪，故曰治未病也。中工治已病，见肝之病，不晓相传，但一心治肝，故曰治已病也。"就是强调根据肝病易于传脾的特点，在治疗肝病时应注意调补脾脏，使脾气充实，防止肝病向脾的传变。又如温热病伤及胃阴，若病势进一步发展多耗及肾阴，故应在甘寒养胃的方药中加入某些咸寒滋肾之品，这些均是既病防变法则的具体应用。

三、病后防复

病后防复是指疾病治疗后，病邪基本消除，正气尚未复原，处于初愈的康复阶段，此时，各方面都需采取有效措施，着力祛除留滞未尽之余邪，恢复机体气血精神、脏腑功能，促使机体完全恢复健康状态，谨防疾病反复。对此，应从驱邪务尽、防食复、防劳复、防交配复等方面加以注意。

（一）驱邪务尽

既病初愈，正气渐复，残留的邪气易稽而不去，呈正虚邪恋状态，叶天士喻此为"炉烟虽熄，灰中有火"。此时应在积极扶持正气的同时，继续清除余邪，使邪尽正复，以防死灰复燃。可给予病畜适当针药调理，以调养气血，恢复正气，促进疾病康复。

（二）防食复

疾病初愈，食欲乍复，但胃气尚薄，纳化能力还处于恢复之中，因而饮食当有节度，宜进食一些易消化的精软饲料，逐渐加量。若病后不加考虑，随便饲喂，极易造成脾胃呆滞，既影响远期恢复，又易致疾病反复。《素问·热论》指出："病热少愈，食肉则复，多食则遗，此其禁也。"说明病后如饮食不当，对疾病的转归、预后以及复发等都有影响。

（三）防劳复

大病初愈之际，不应大量运动或过于安逸，以免影响正气的恢复。过于运动，可影响病后元气恢复及脏腑功能的协调；过于安逸，则会造成气血周流不畅，正气难以鼓动，这些均可使疾病反复。因此，病后应视情况做适当运动。

（四）防交配复

大病之后，元气未复，若此时交配，则易致精血亏损，引发病复，甚则危及生命，此乃肾元枯竭，五脏失养，病邪骤复所致。因而，病后一段时间内严禁交配是非常必要的。

第二节 治 则

治则，就是治疗疾病的法则。它是以四诊所收集的客观资料为依据，在对疾病综合分析和判断的基础上提出的临证治疗规律，是各种证候具体治疗方法的指导原则，包括扶正与祛邪、治病求本、同治与异治、三因制宜和治疗与护养等方面的内容。这些原则对于指导临床具体立法和处方用药具有重要的意义。

一、扶正与祛邪

疾病的过程，是正邪双方相互斗争的过程。正邪斗争的胜负，决定着疾病的进退，邪胜则病进，正胜则病退。因此，在治疗法则上也就离不开"扶正"和"祛邪"两个方面，即通过扶助正气或祛除邪气，借以改变正邪双方力量的对比，使疾病向痊愈的方面转化。总的来说，各种治疗措施都是根据扶正和祛邪这两个原则而制定的。

（一）扶正与祛邪的概念及其关系

扶正，就是使用补益正气的方药及加强病畜护养等方法，以扶助机体正气，提高机体抵抗力，达到祛除邪气，战胜疾病，恢复健康的目的。祛邪，就是使用祛除邪气的方药，或采用针灸、手术等方法，以驱除病邪，达到邪去正复的目的。

扶正与祛邪，虽然方法不同，但二者密切相关，相互为用，相辅相成。扶正，能使正气加强，有助于机体抗御和祛除病邪，也就是说扶正是为了更好地祛邪；祛邪，能够排除病邪的侵害和干扰，使邪去正安，也就是说祛邪的目的是为了保存正气以及有利于正气的恢复。因此，从这个意义上讲"扶正即可以祛邪，祛邪即可以安正"。但由于在疾病过程中，正气是矛盾的主要方面，任何治疗措施都是通过机体的生理功能而起作用的，因此中兽医学非常重视机体的内在因素，在扶正与祛邪二者之间尤其强调扶助正气。然而，无论是扶正还是祛邪都要运用适当，做到祛邪而不伤正，扶正又不留邪。

（二）扶正与祛邪的运用原则

扶正，适用于以正气虚为主而邪气也不盛的虚证，具体有益气、养血、滋阴、助阳等方法。祛邪，适用于以邪气盛为主而正气也未衰的实证，具体有发汗、攻下、清解、消导等方法。

中兽医学重视机体的内在因素，但并不排除外在因素的致病作用，亦不忽略祛除病邪在治疗上的重要作用。一般在临床运用的时候，须结合邪正盛衰消长的具体情况，根据正邪双方在疾病过程中所占的地位，区别扶正和祛邪的主次、先后，灵活掌握。当病情比较简单，或是正虚，或是邪实时，单独扶正或祛邪，即可达到治疗目的。但在很多疾病过程中，邪正虚实往往混杂出现，所以在运用中应把扶正与祛邪两方面辩证地结合起来，根据病畜的具体情况，分别采用祛邪兼扶正、扶正兼祛邪、先扶正后祛邪、先祛邪后扶正等方法，才能收到预期的效果。

1. 祛邪兼扶正 适用于邪盛为主兼有正衰的病证。在处方用药时，应在祛邪的方剂中，稍加一些补益药。如治疗年老体虚、久病或产后津枯肠燥便秘的当归苁蓉汤就是一个实例。

2. 扶正兼祛邪 适用于正虚为主兼有留邪的病证。在处方用药时，应在补养的方剂中，稍加一些祛邪药。如治疗奶牛前胃弛缓而有食滞时就应采用此法。

3. 先扶正后祛邪 适用于正虚邪不盛，或正虚邪盛而以正虚为主的病证。如此时兼以祛邪，反而更伤正气，只有先扶正，待正气增强后再祛邪。

4. 先祛邪后扶正 适用于邪盛正不太虚，或邪盛正虚的病证。如此时兼以扶正，反而会有留邪的弊端，故只能先祛邪，然后再扶正。如阳明腑证之热结肠腑，便闭不通，导致化燥化热而阴伤，则须急下存阴，以免热结愈甚而阴津更伤，故应先施以大承气汤泻下热结，待结去后再以养阴生津药物进行调理。

总之，扶正与祛邪是最基本的治则，在临床运用时，要根据病情，灵活掌握，特别是在需要扶正与祛邪同时并用时，应分清主次，有所偏重。

二、治病求本

治病求本，是指在治疗疾病时，必须寻求出疾病的本质，针对本质进行治疗。它是辨证论治的一个基本原则，对于疾病的治疗具有重要的指导意义。如《素问·阴阳应象大论》说："治病必求于本。"

治病求本的具体内容很多，如"治标与治本"、"正治与反治"即体现了这一基本原则。

（一）治标与治本

本，指疾病的本质；标，指疾病的现象。标与本是一个相对的概念，常用来概括说明事物的本质与现象、因果关系以及病变过程中矛盾的主次关系等。就其在治则中的运用而言，应随疾病过程中的具体情况加以区分。以正邪关系言，则正气为本，邪气为标；就病因与症状言，则病因为本，症状为标；以病之先后言，则先病为本，后病为标，原发病为本，继发病为标；就病位表里言，则脏腑病为本，肌表经络病为标等。

一般来说，本是疾病的主要矛盾或矛盾的主要方面，起着主导和决定的作用；标是病变的次要矛盾或矛盾的次要方面，处于从属和次要的地位。辨证论治的一个根本原则，就是要抓住疾病的本质，并针对本质进行治疗。例如，马患结症而继发肠臌气时，结症为本，气胀为标；如果病势缓慢，气胀不重，只要破除结症之本，气胀之标也就随之消失。正如《景岳全书·求本论》说："直取其本，则所生诸病，无不随本皆退。"

但是，在疾病过程中矛盾是错综复杂的，在一定条件下是可以转化的。因此，标和本常有主次轻重的不同，治疗也就相应地有了先后缓急的区分。

1. 急则治其标 指疾病过程中标症紧急时采取的一种急救治标法，若不及时治疗就会危及生命或影响本病治疗。例如，结症继发肠臌气，显然结症是本，臌气是标，但若臌气严重，病势急剧，如不能快速解除，就会危及生命，同时也影响了直肠入手破结，此时当务之急就是穿刺放气或用其他办法解除气胀以治标，待气胀缓解后再破结通肠以治本。由此可见，急则治其标仅为权宜急救之法，待危象消除，病势缓解后还必须治本，才能拔除病根。

2. 缓则治其本 指在一般情况下，凡病势缓而不急的，皆需从本论治，它对指导慢性病的治疗更有意义。如脾虚泄泻之证，若泄泻不甚，无伤津脱液的严重症状，只需健脾补虚，使脾虚之本得治，则泄泻之标自除。

3. 标本兼治 当标病与本病俱重，在时间或条件上又不允许单独治标或单独治本时，应采取标本兼治的方法。当然，标本兼治，也不是治标与治本不分主次地平均对待，而是仍然要分清主次，有所侧重。例如气虚感冒时，先病正气虚为本，后感外邪为标，单纯益气则表邪难去，仅用发汗解表则更伤正气，所以常采用益气为主兼以解表，标本同治的原则。

应当指出，在临床应用时，不能将急则治其标，缓则治其本的原则绝对化，急的时候也未尝不可治本。如亡阳虚脱，急用回阳救逆，就是治本；大出血后，气随血脱之时，急用益气固脱也是治本。同样，缓的时候也不是不可以治标，有时治标反更有利于治本。总之，在辨证论治中，分清疾病的标本缓急，是抓主要矛盾，解决主要问题的一个重要原则。急则先治是基本要求，治病求本才是关键。若标本不明，主次不清，势必影响疗效，甚至延误病机，造成不良后果。

（二）正治与反治

1. 正治 又称逆治，是逆着疾病征象而治的一种治疗法则。逆，是指所采用方药的性质与疾病征象的性质相反。

正治适用于疾病的征象与其本质相一致的病证。临床上，大多数疾病的征象与疾病的本质是一致的。如热证见热象，寒证见寒象，虚证见虚象，实证见实象。此时，应采用正治法，即采用"热者寒之"、"寒者热之"、"虚者补之"、"实者泻之"的治疗法则。正治含有正规和常规治疗的意思。

2. 反治 又称从治，是顺从疾病外在假象而治的一种治疗法则。从，是所指采用方药的性质与疾病假象的性质相同。

反治适用于疾病的征象与其本质不一致的病证。临床上，有时会因病情复杂或病势严重，机体不能如常地反映出正邪相争的情况，而出现一些与疾病性质不相符合的假象。如寒证出现热象，热证出现寒象，虚证出现实象，实证出现虚象等。在治疗时，就不能简单地见寒治寒，见热治热，而应透过现象，治其本质。因在此情况下，疾病所表现出的症状与疾病的本质相反，所以采用了和疾病假象性质相同的药物来治疗，但实际上仍是逆着疾病的本质进行的治疗。反治法有"热因热用"、"寒因寒用"、"塞因塞用"、"通因通用"等几种不同的具体运用。

（1）热因热用：指用温热性药物治疗具有假热征象的病证。主要适用于阴寒内盛，阳气格拒于外的真寒假热证。因热象是假，而阳虚寒盛才是其本质，故仍应以温热药进行治疗。

（2）寒因寒用：指用寒凉性药物治疗具有假寒征象的病证。主要适用于里热极盛，格阴于外的真热假寒证。因寒象是假，而热盛才是其本质，故仍需用寒凉药物进行治疗。

（3）塞因塞用：指用补益性药物治疗具有闭塞不通症状的虚证。主要适用于真虚假实证。如因中气不足，脾虚不运所致的肚腹胀满，就得用健脾益气，以补开塞的方法来进行治疗。

（4）通因通用：指用通利的药物治疗具有通泄症状的实证。主要适用于真实假虚证。如由于食积停滞，影响运化所致的腹泻，当用消导泻下药以去其积滞，方能奏效。

从上述可以看出，正治法一般适用于病情比较单纯，疾病本质与症状表现相一致的病证；反治法一般适用于病情比较复杂，疾病本质与症状表现不一致的病证。但不管正治还是反治，都是紧紧扣住治病求本的根本原则。从疾病的本质来分析，反治法仍不失热以治寒、寒以治热、补以治虚、泻以治实之意。因此，反治法在本质上和正治法是一致的。

此外，还有一种反佐法，也属反治法之范畴。当疾病发展到阴阳格拒的严重阶段而出现假象，或对大寒证、大热证进行治疗时，若单纯以热治寒，或以寒治热，往往会发生药物下咽即吐的格拒不纳现象而影响治疗效果。此时，就要用反佐法以起诱导作用，防止疾病对药物的格拒、对抗作用。反佐法的具体运用有两种：一种是药物反佐，就是在临证配方时在大寒剂中佐以少许温热药，或在大热剂中佐以少许寒凉药；另一种是服法反佐，就是热证用寒凉药采取温服法，寒证用温热药采取冷服法。

三、同治与异治

同治与异治，即异病同治和同病异治。

（一）异病同治

不同的疾病，由于病机相同或处于同一性质的病变阶段，可以采用同一种治法。例如，久泻、久痢、脱肛、阴道脱和子宫脱等证候，属气虚下陷者，均可用补中益气的相同方法治疗。又如，在许多不同的传染病过程中，只要出现气分证，都可以用清热生津的方法治疗。

（二）同病异治

同一种疾病，由于病因、病机以及发展阶段的不同，可采用不同的治法。例如，同为感冒，由于有风寒和风热的不同病因和病机，治疗就有辛温解表和辛凉解表之分。又如，同属外感温热病，由于有卫、气、营、血四个病变阶段，治疗也相应地有解表、清气、清营和凉血的不同治法。

四、三因制宜

三因制宜，包括因时制宜、因地制宜和因畜制宜。机体与外界环境之间有着密切的关系，四时气候、地域环境以及患畜本身的性别、年龄、体质等因素，对于疾病的发生、发展变化与转归，都有着不同程度的影响。因而，在治疗疾病时，就必须根据这些具体因素，区别对待，采取相应的治疗措施。

（一）因时制宜

就是根据不同季节的气候特点来考虑治疗用药的原则。如春夏季节，气候由温渐热，阳气升发，动物腠理疏松开泄，即使是患外感风寒，也不宜过用辛温发散之品，以免开泄太过，耗伤阳气；而秋冬季节，气候由凉变寒，阴气日增，动物腠理致密，阳气内敛，此时若非大热之证，就当慎用寒凉之品，以防苦寒伤阳。《素问·六元正纪大论》说："用热远热，用温远温，用寒远寒，用凉远凉"就是这个意思。再如，暑邪致病带有明显的季节性，且暑多挟湿，故暑天治病，应注意清暑化湿。

（二）因地制宜

就是根据不同地区的地理环境特点来考虑治疗用药的原则。如南方气候炎热而潮湿，病多湿热或温热，故多用清热化湿之品；北方气候寒冷而干燥，病多风寒或燥证，故常用温热润燥之味。即或是同一种疾病，地域不同，采用的治则可能也不同，如同为感冒，在东南地区，以风热为多，常用辛凉解表之法；而在西北地区，则以风寒居多，常用辛温发汗之法。即使相同的病证，治疗用药也应当考虑不同地域的特点，如外感风寒证，在西北、东北严寒地区，药量可以稍重，而在南方温热地区，药量就应稍轻。

（三）因畜制宜

就是根据动物年龄、性别、体质等不同特点来考虑治疗用药的原则。

1. 年龄 成年动物正气旺盛，体质强健，病多实证，治宜攻邪泻实，药量亦可稍重。老龄动物生机减退，脏腑气血已衰，病多虚证或虚中挟实，治疗时要注意扶正补虚，即令祛邪也勿伤其正。幼龄仔畜生机旺盛，但脏腑娇嫩，气血未充，因而治疗幼仔疾患，忌用峻剂，药量宜轻。此外，幼畜多外感病和胃肠病，故又当重视宣肺散邪和调理脾胃功能。

2. 性别 性别不同，生理、病理特点各异，治疗用药亦各有不同。母畜有经产、妊娠、分娩等特点，治疗时要注意安胎，妊娠禁忌，通经下乳等问题。公畜有精室及性功能等特有病证，治疗多应补肾滋阴。

3. 体质 体质不同，机体的反应性也不相同，病证的属性有别，治法方药也应当有所不同。一般说来，体质强壮者，其病多为实证、热证，其体耐受攻伐，药量稍重亦无妨；体质瘦弱者，其病多为虚证、寒证或虚中挟实，其体不耐克伐，应注意采用温补之剂，即令有邪而挟实，也应攻补兼施。

三因制宜的原则，充分体现了中兽医治病的整体观念和在实际应用时的原则性和灵活性。只有把天时气候、地域环境、患畜的年龄性别体质因素，同疾病的病理变化结合起来全面分析，采用适宜的方法，才能取得较好的疗效。

五、治疗与护养

针药治疗与护理调养，是医治动物疾病不可分割的两个方面。经验证明，对病畜护养的好坏，直接影响治疗效果。《三农记》中指出："人但知药能治病，而不知调护，无药而治也。"《元亨疗马集·七十二症》中，每症也多有调理一项，提出寒病忌凉，不可寒夜外拴，宜养于暖厩之中；热病忌热，栅内不可过温，宜拴于阴凉之处；伤食者少喂，伤水者少饮，伤热者宜饮凉水，伤冷者宜饮温水；表散之病忌风，勿拴巷道檐下；四肢拘挛，步行艰难之病，则昼夜放纵；低头难者宜用高槽，肩膊痛者宜用低槽；破伤风患畜，背上宜搭毡毯，养于安静光暗之厩舍，时时给以粒状饲料；患腰瘫腿瘓者，必须在卧地多垫软草，不可卧于潮湿之处；患肚痛起卧者，必须专人照料，防止跌滚。凡此种种，都是前人的宝贵经验，说明中兽医对病畜的护养工作向来十分重视。

第三节 治 法

治法，指临证时对某一具体病证所确定的治疗方法，是治则理论在临床中的具体应用，主要包括内治法和外治法两大类。

一、内治法

（一）八法

八法指汗、吐、下、和、温、清、补、消八种药物治疗的基本方法。药物治疗在临床上应用最为广泛，而八法又是其中最为主要的内容。正如《医学心悟》所说："论病之源，以内伤外感四字括之。论病之情，以寒、热、虚、实、表、里、阴、阳八字统之。而论治病之方，则以汗、吐、下、和、温、清、补、消八法尽之。盖一法之中，八法备焉，八法之中，百法备焉。"

1. 汗法 又称解表法，是运用具有解表发汗作用的药物，以开泄腠理、驱除病邪、解除病证的一种治疗方法，主要用于治疗表证。外邪致病，大多先侵犯肌表，当病邪在肌表，尚未传里时，应采取发汗解表法，使表邪从汗而解，从而控制疾病的传变，达到早期治疗的目的。由于表证有表寒、表热之分，汗法又分辛温解表和辛凉解表两法。

（1）辛温解表法：主要由味辛性温的解表药如麻黄、桂枝、紫苏、生姜等组成方剂，适用于表寒证，代表方为麻黄汤、桂枝汤等。

（2）辛凉解表法：主要由味辛性凉的解表药如薄荷、柴胡、桑叶、菊花等组成方剂，适用于表热证，代表方为银翘散、桑菊饮等。

根据兼证的不同，汗法又有加减之变通。如阳虚者，宜补阳发汗；阴虚者，宜滋阴发汗；兼有湿邪在表者，则应于发汗药中配以祛风除湿药。

（3）注意事项：使用汗法时，应注意以下几点：

①体质虚弱、下痢、失血、自汗、盗汗、热病后期等有津亏情况时，原则上禁用汗法。若确有表证存在，必须用汗法时，也应妥善配以益气、养阴等药物。

②发汗应以汗出邪去为度，不可发汗太过，以防耗散津液，损伤正气。

③夏季或平素表虚多汗者，应慎用辛温发汗之剂。

④发汗后，应忌受寒凉。

2. 吐法 又称涌吐法或催吐法，是运用具有涌吐性能的药物，使病邪或有毒物质从口中吐出的一种治疗方法，主要适用于误食毒物、食积胃脘等证。代表方为瓜蒂散、浓盐探吐方等。

吐法是一种急救方法，用之得当，收效迅速，用之不当，易伤元气，损伤胃脘。因此，如非急证，只是一般性的食积，尽可能用导滞的方法，特别是草食动物，由于生理特点不易呕吐，更不适用吐法。

使用吐法时，应注意以下两点：

①心衰体弱的病畜不可用吐法。

②怀孕或产后、失血过多的动物，应慎用吐法。

3. 下法 又称攻下法或泻下法，是运用具有泻下通便作用的药物，以攻逐邪实，达到排除体内积滞和积水，以及解除实热壅结的一种治疗方法，主要适用于里实证，凡胃肠燥结、停水、虫积、实热等证，均可以用本法治疗。根据病情的缓急和患病动物体质的强弱，下法通常分为以下三类：

（1）攻下法：是使用泻下作用猛烈的药物以泻火、攻逐胃肠内积滞的一种方法。适用于膘肥体壮，病情紧急，粪便秘结，腹痛起卧，脉洪大有力的病畜。代表方为大承气汤。

(2) 润下法：是使用泻下作用较缓和的药物，治疗年老、体弱、久病、产后气血双亏所致津枯肠燥便秘的一种治疗方法。代表方为当归苁蓉汤。

(3) 逐水法：是使用具有攻逐水湿功能的药物，治疗水饮聚积的实证，如胸水、腹水、粪尿不通等的一种治疗方法。代表方为大戟散。

(4) 注意事项：使用下法时，应注意以下几点：

①表邪未解不可用下法，以防引邪内陷。

②病在胃腑而有呕吐现象者不可用下法。

③体质虚弱，津液枯竭的便秘不可峻下。

④怀孕或产后体弱母畜的便秘不可峻下。

⑤攻下法、逐水法，易伤气血，应用时必须根据病情和体质，掌握适当剂量，一般以邪去为度，不可过量使用或长期使用。

4. 和法 又称和解法，是运用具有疏通、和解作用的药物，以祛除病邪、扶助正气和调整脏腑间协调关系的一种治疗方法，主要适用于病邪既不在表，又未入里的半表半里证和脏腑气血不和的病证（如肝脾不和）。前者的代表方为小柴胡汤，后者为逍遥散、痛泻要方。

使用和法时，应注意以下几点：

①病邪在表，未入少阳经者，禁用和法。

②病邪已入里的实证，不宜用和法。

③病属阴寒，证见耳鼻俱凉，四肢厥逆者，禁用和法。

5. 温法 又称祛寒法或温寒法，是运用具有温热性质的药物，促进和提高机体的功能活动，以祛除体内寒邪、补益阳气的一种治疗方法，主要适用于里寒证或里虚证。根据寒邪所在的部位及其程度的不同，温法又可分为以下三种：

(1) 回阳救逆：适用于肾阳或心阳虚衰，阴寒内盛，亡阳欲脱的病证。代表方为四逆汤。

(2) 温中散寒：适用于脾胃阳虚所致的中焦虚寒证。代表方为理中汤。

(3) 温经散寒：适用于寒气偏盛，气血凝滞，经络不通，关节活动不利的痹证。代表方为黄芪桂枝五物汤。

(4) 注意事项：使用温法时，应注意以下两点：

①素体阴虚，体瘦毛焦，阴液将脱者不用温法。

②热伏于内，格阴于外的真热假寒证禁用温法。

6. 清法 又称清热法，是运用具有寒凉性质的药物，清除体内热邪的一种治疗方法，主要适用于里热证。临床上常把清法分为以下几种：

(1) 清热泻火：适用于热在气分的里热证。由于热邪所在脏腑的不同，选择的方剂也不同，如白虎汤、麻杏甘石汤、龙胆泻肝汤、清胃散等。

(2) 清热凉血：适用于温热病邪入于营分、血分的病证。代表方有清营汤、犀角地黄汤等。

(3) 清热解毒：适用于热毒亢盛所引起的病证，如疮黄肿毒等。代表方有消黄散、黄连解毒汤等。

(4) 清热燥湿：适用于湿热证。根据湿热所在的脏腑不同，选用的方剂也不同，如茵陈蒿汤、白头翁汤、八正散等。

(5) 清热解暑：适用于暑热证。代表方为香薷散。

(6) 注意事项：使用清法时，应注意以下几点。

①表邪未解，阳气被郁而发热者禁用清法。

②体质素虚，脏腑本寒，胃火不足，粪便稀薄者禁用清法。

③过劳及虚热证禁用清法。

④阴盛于内，格阳于外的真寒假热证禁用清法。

7. 补法 又称补虚法或补益法，是运用具有补益作用的药物补养动物体阴阳气血不足，改善衰弱状态的一种治疗方法，适用于一切虚证。因临床上虚证有气虚、血虚、阴虚、阳虚的不同，故补法也就分为了补气、养血、滋阴、助阳四种。

(1) 补气：适用于气虚证，是运用补气的药物如党参、黄芪、白术等以增强脏腑之气的方法。代表方有四君子汤、参苓白术散、补中益气汤等。

(2) 补血：适用于血虚证，是运用补血的药物如当归、白芍、阿胶等以促进血液化生的方法。代表方为四物汤、归芪益母汤等。

(3) 滋阴：适用于阴虚证，是运用补阴的药物如熟地黄、枸杞、麦冬等以补阴精或增津液的方法。代表方为六味地黄汤、百合固金汤。

(4) 助阳：适用于阳虚证，是运用补阳的药物如巴戟天、淫羊藿、肉苁蓉等以壮脾肾之阳的方法。代表方为肾气丸。

气血阴阳是相互联系的，气虚常兼血虚，血虚常导致阴虚，气虚亦常导致阳虚，所以在使用补法时，必须针对病情，全面考虑，灵活运用，才能取得较好的疗效。

脾胃乃后天之本，水谷之海，气血生化之源，所以补气血应以补中焦脾胃为主；肾与命门为水火之脏，是真阴真阳化生之源，所以补阴阳应以补下焦肾与命门为主。

通常情况下，补不宜急，"虚则缓补"。但在特殊情况下，如大出血引起的虚脱症，必须用急补法。

(5) 注意事项：使用补法时，应注意以下几点：

①在一般情况下，使用补法切忌纯补，应于补药之中配合少量疏肝和脾之药，达到补而不腻的目的。否则，易造成脾胃气滞，影响消化，不仅妨碍食欲，而且也影响药物的吸收和补益效果。

②应注意"大实有羸状"，诊断时必须认清虚实的真假，避免"误补益疾"的错治。

③在邪盛正虚或外邪尚未完全消除的情况下，忌用纯补法，以防"闭门留寇"而致留邪之弊。

8. 消法 又称消导法或消散法，是运用具有消散破积作用的药物，以达到消散体内气滞、血瘀、食积等的一种治疗方法。临床上常用的有以下三种：

(1) 行气解郁：适用于气滞证。代表方如越鞠丸等。

(2) 活血化瘀：适用于瘀血停滞的瘀血证。代表方如桃红四物汤等。

(3) 消食导滞：适用于胃肠食积。代表方如曲蘖散等。

消法用于食积时，其作用与下法相似，都能驱除有形之实邪，但在临床运用上又有所不同。下法着重解除粪便燥结，目的在于猛攻逐下，作用较强，适应于急性病证；而消法则具有消积运化的功能，目的在于渐消缓散，作用缓和，适应于慢性病证。

消法虽较下法作用缓和，但过度使用也可使患畜气血损耗。因此，当孕畜和虚弱动物患有积食、气滞、瘀血等证时,应配合补气养血药使用,并掌握好剂量。

(二) 八法并用

汗、吐、下、和、温、清、补、消八种治疗方法,各有其适用范围,但疾病往往是错综复杂的,有时单用一种方法难以达到治疗目的,必须将八法配合使用,才能提高疗效。

1. 攻补并用 实证宜攻,虚证宜补,这是治疗的常规,但在临证时亦应灵活运用。如正虚而邪实的病证,若单纯用补法,会使邪气更加固结;若单纯用攻法,又恐正气不支,造成虚脱。在这种情况下,既不能先攻后补,也不能先补后攻,必须采取攻补并用的治疗方法,祛邪兼扶正,才是两全之计。临床上年老体弱或久病、产后动物所患的结症,就属于这种正虚邪实的证候,常用当归苁蓉汤等方剂,或以当归、黄芪等药补气血,大黄、芒硝等药攻结粪,以期达到邪去正复的目的。

2. 温清并用 温法和清法本是两种互相对抗的疗法,原则上不能并用。但对寒热错杂的病证,如单纯使用温法或清法,皆会偏盛一方,引起不良的变证,使病情加重。对此,必须采取温清并用的方法,才能使寒热错杂的病情,趋于协调。例如,肺脏有火,表现气促喘粗,鼻液黏稠,口色鲜红;肾脏有寒,表现尿液清长,肠鸣便稀,口流清涎,即为上热下寒的特有症状,对此病证只能温清并用。常用方剂为温清汤(知母、贝母、苏叶、桔梗、桑枝、郁李仁、白芷、官桂、二丑、小茴香、猪苓、泽泻)。此外,为了协助治疗兼证,也有温清并用的情况,如白术散治胎病,方中以温补为主,补脾养血,但因热能动血,故用黄芩以清热而安胎。

3. 消补并用 是把消导药和补养药结合起来使用的治疗方法。对正气虚弱,复有积滞,或积聚日久,正气虚弱,必须缓治而不能急攻的,皆可采取消补并用的方法进行治疗。如脾胃虚弱,消化不良,又贪食精料,致使草料停积于胃,此时单用消导药效果不够显著,最好配合补养药,临床上常将四君子汤和曲糵散合用,就是这个道理。

4. 汗下清并用 邪在表宜用汗法,邪在里宜用下法,有热邪在宜用清法,如果既有表证,又有里证,且又寒热错杂之时,则当汗、下、清三法并用。例如,动物在夏季,内有实火,证见口腔干燥、粪干尿赤、苔黄厚、脉洪数,又外受雨淋,复患风寒感冒,又见发热、恶寒、精神沉郁、食欲不振等表证,对于这种风寒袭于表,蕴热结于里的复杂证候,应当采取汗、下、清三法并用,如防风通圣散就是这样的方剂。

二、外 治 法

外治法是不通过内服药物的途径,直接使药物作用于病变部位的一种治疗方法。同内治法一样,在应用外治法时,要根据辨证的结果,针对不同的病证,选择不同的治法。外治法内容丰富,临床常见的有贴敷、掺药、点眼、吹鼻、熏、洗、口噙、针灸等方法。

(一) 贴敷法

把药物碾成细面,或把新鲜药物捣烂,加酒、醋、鸡蛋清、植物油或水调和,贴敷在患部,使药物在较长时间内发挥作用。凡疮疡初起、肿毒、四肢关节和筋骨肿痛以及体外寄生虫,常用不同处方的药物贴敷。如雄黄散(《元亨疗马集》)用醋水调敷治疗疮疡初起,有清热消肿解毒的功用。

(二) 掺药法

疮疡破溃后,疮口经过清理,在患部撒上药面称掺药法。根据所用方药的不同,可具有消肿散瘀、拔毒去腐、止血敛口、生肌收口等不同作用。消肿散瘀的方药如治马心火舌疮的冰硼散、拔毒去腐的九一丹等，多用于疮疡初期脓多之证；止血敛口常用的桃花散，不仅有止血、结痂、促进伤口愈合的作用，还有防止毒物吸收等作用；生肌收口常用的生肌散，适用于疮疡溃后久不收口。

（三）点眼法

是将极细药面或药液滴入眼中，以达明目退翳作用的方法。常用的有拨云散。

（四）吹鼻法

将药面吹入鼻内，使患畜打喷嚏，以达到理气辟秽、通关利窍作用的方法。如通关散吹鼻内治疗冷痛及高热神昏、痰迷心窍等。

（五）熏法

是将药物点燃后用烟熏治疗某些疾病的方法。如用硫黄熏治羊疥癣，用艾叶熏治袖口黄。

（六）洗法

是将药物煎熬成汤，趁热擦洗患部，以达活血止痛、消肿解毒作用的方法。常用于跌打损伤、疥癞、脱肛等。如防风汤，水煎去渣，候温清洗直肠脱出部位。

（七）口噙法

是将药面装入长形纱布袋内，两端系绳噙于口内，以达清热解毒、消肿止痛作用的方法。如将青黛散装入纱布袋内，噙于口内，治疗心火舌疮。

（八）针灸疗法

是运用各种不同针具，或用艾灸、熨、烙等方法，对动物体表的某些穴位或特定部位施以适当的刺激，从而达到治疗目的的方法。

第九章 中药总论

中药是在中（兽）医理论指导下，用于预防和治疗各种动物疾病的药物。它主要来源于天然药物及其加工品，包括植物、动物和矿物以及部分化学和生物制品。20世纪末期全国中药资源调查资料表明，我国的中药资源非常丰富，种类已达12 800余种，其中药用植物11 100余种，药用动物1 580余种，药用矿物80种，其品种之多，数量之大，居世界首位。因中药中植物药占绝大多数（87%），所以古代将记载中药的著作称为"本草"，即本源于草（植物）之意。"本草"一词，初见于《汉书·平帝纪》，到五代时韩保昇指出："按药……而直云本草者，为诸药中草类最多也"。

第一节 产地、采集、加工及贮藏

中药的产地、采集、加工及贮藏，直接影响药材质量和临床疗效。不合理、无计划的滥采，还会严重破坏药物资源。因此，必须了解药材产地，严格掌握采收季节，注意科学的加工和贮藏方法，以保证药材质量和保护中药资源。

（一）产地

我国幅员辽阔，南北气候和生态环境差异较大，天然药材产量和质量有明显的地域性，正如《本草衍义》所言"凡用药必须择土地所宜者，用药力具，用之有据。"长期以来，人们将具有地区特色、品质优良、产量丰富、疗效显著的药材称为"道地药材"，如甘肃的当归，青海的大黄，宁夏的枸杞，内蒙古的黄芪，山西的党参，山东的阿胶，浙江的贝母，广东的砂仁，云南的茯苓，四川的黄连、川芎、附子，河南的地黄、山药、牛膝，东北的人参、细辛、五味子等。然而道地药材的生产毕竟有限，在不影响药效的前提下，不应过分拘泥于药材的地域限制。除此之外，积极开展道地药材的生态环境、栽培技术研究，并创造特定的生产条件，对保障药材产量、质量和开拓新药源具有十分重要的意义。

（二）采集

中药有效成分是其防治疾病的物质基础，而有效成分的质和量与采集的季节、时间和方法密切相关。《千金要方·序》指出："早则药势未成，晚则盛势已歇。"《用药法象》指出"凡诸草木昆虫，产之有地，根叶花实，采之有时，失其地则气味少异，失其时则气味不全。"《千金翼方》也指出："夫药采集，不知时节，不依阴干暴干，虽有药名，终无药实，故不依时采取与朽木不殊，虚费人工，卒无裨益。"由此可见，正确的采集方法是确保药材质量和临床疗效的重要环节。

中药入药部位有根、茎、叶、花、果实和种子的区别，采集时间不完全相同，应尽量选择有效成分含量高时采收。根据历代的实践经验，药材采集的一般规律概括如下。

1. 全草类 多在植株充分生长、茎叶茂盛或花朵初开时采收。茎较粗或较高的可用镰刀割取地上部分，如荆芥、益母草、紫苏等；茎细或较矮带根全草入药的可连根拔起，如夏枯草、紫花地丁、蒲公英等；有的在花未开前采收，如薄荷、青蒿等；有的须在初春采其嫩苗，如茵陈。采集时，应将生长苗壮的植株留下一些，以利再生。

2. 根和根茎类 多在秋末春初采集，因为这一时期药用部分的有效成分含量高，质量好。古人的经验以阴历二、八月为佳，认为春初"津润始萌，未充枝叶，势力淳浓"，"至秋枝叶干枯，津润归流于下"，故"春宁宜早，秋宁宜晚"。秋末以土地封冻之前，植物地上部分尚未枯萎时采挖为好。过早浆水不足，质地松泡；过晚则不易寻找，也不易采挖，如丹参、沙参、天南星等。春初以开冻植物刚刚发芽或露苗时采挖较好，过晚则药用成分趋于枝叶，影响质量。但也有些植物，如半夏、延胡索等要在夏天采收。在采挖过程中必须深挖，尽量将根全部挖出，并注意做到挖大留小，以利来年生长。

3. 树皮和根皮类 通常在春季或初夏（即清明至夏至）时采集最好。此时植物生长旺盛，不仅质量较佳，而且树皮内养料丰富，植物的液汁较多，形成层细胞分裂迅速，树皮易于剥离，如杜仲、黄柏、厚朴等。但肉桂多在十月采收，因此时油多容易剥离。木本植物生长周期长，应尽量避免伐树取皮或环剥树皮等简单方法，以保护药源。

至于根皮，则与根和根茎相类似，应于秋后苗枯，或早春萌发前采集，如牡丹皮、地骨皮等。采取根皮时，先将根部挖出，然后利用击打法或抽心法取皮。击打法是将新鲜根部洗去泥土后，用木槌击打，使皮部与木部分离，如地骨皮等。抽心法是将洗净的根在日光下晒半天，此时水分大部分蒸发，全部变软，即可将中央的木质部抽出，如牡丹皮等。

4. 叶类 通常在花蕾将开放或正在盛开的时候采摘。此时，正当植物生长茂盛的阶段，叶子健壮，有效成分含量较高，药力雄厚，最适于采收，如大青叶、枇杷叶、紫苏叶等。荷叶在荷花含苞欲放或盛开时采收者，色泽翠绿，质量最好。有些特定的品种，如霜桑叶，需在深秋或初冬经霜后采集较佳。

5. 花类 一般在含苞未放或刚开放时分批采摘花蕾。过早不但产量少且香气不足；过迟则气味散逸、花瓣脱落和变色，影响药物质量，如菊花、旋覆花等。有些花要求在含苞欲放时采摘花蕾，如金银花、槐花、辛夷等；有的在刚开放时采摘最好，如月季花；而红花则在花冠由黄变红时采收为宜。至于蒲黄之类以花粉入药的，则应在花朵盛开时采收。

6. 果实和种子类 多数果实类药材，当于果实成熟后或将成熟时采收，如瓜蒌、枸杞、马兜铃等；少数品种要求采收未成熟的幼嫩果实，如乌梅、青皮、枳实等。以种子入药的，多在种子完全成熟时采集，如车前子、牛蒡子等；有些干果成熟后很快脱落，或果壳开裂，种子散失，最好在果实成熟尚未开裂时采收，如茴香、牵牛子等。

动物类药材因品种不同，采收各异。具体时间，以保证药效和易于获取为原则。如桑螵蛸宜在三月中旬前采收，过迟虫卵便会孵化；驴皮应在冬至后剥取，其皮厚质佳；对于潜藏在地下的虫类可在夏、秋季活动期捕捉，如地龙、蜈蚣等。也有的没有一定的采收时间，如兽类的皮、骨、脏器等。

至于矿物类，随时都可以采收，也可以结合开矿进行。

（三）加工

中药采收后，除少数供鲜用的以外，都应进行干燥处理，及时除去新鲜药材中的大量水分，避免发霉、变质、虫蛀及有效成分的分解和破坏，保证药材的质量，利于贮藏。

药物干燥的方法，一般有下面四种。

1. 晒干 将采集后经过挑选、洗刷等初步处理的药材摊开放在席子上，在阳光下暴晒。

如有条件搭架子，把席子放在架子上则干燥更快。晒干常用于不怕光的皮类、根和根茎类药材。叶、花和全草类药材，尤其是芳香性药材（含挥发油）长时间曝晒容易变色，甚至使有效成分损失，不宜采用此法。

2. 阴干 将药物放在通风的室内或遮阴的棚下，避免阳光直射，利用室温和空气流通，使药材中的水分自然蒸发而达到干燥的目的。凡高温、日晒易失效的药材，如芳香性的花、叶和全草类药材均可应用此法。

3. 烘干 是在室内利用人工加温促使药材干燥的方法，特别适用于阴湿多雨的季节。烘干通常在干燥的室内进行，室内有多层的架子，架上放置网筛，将药材在网筛上摊成薄层（易碎的花、叶等，需在网筛上衬上纸或布）。干燥室必须通风良好，以利于排出潮湿空气。多汁的浆果（如枸杞）、多汁的根茎（如黄精）等要求迅速干燥，温度可调至 70～90℃；具有挥发性的芳香药材和含有油性的果实、种子以及动物药，如川芎、乌梢蛇等，需用较低温度（以 25～30℃ 为宜），缓缓干燥。

4. 石灰干燥 易生虫、发霉的少量高价药材如人参，应放入石灰缸内贮藏。

生药在干燥后还需做进一步的加工，除去杂质、泥沙、变色和霉烂部分，使符合有关规定的质量要求。

（四）贮藏

中药如果贮藏不当，则会发生虫蛀、霉烂、变色、变味等败坏现象，使药物变质，影响药效。因此，贮藏药物的库房必须具备一定条件。首先，必须保持干燥。因为没有水分，许多化学变化就不易发生，微生物也不易生长。其次，应保持凉爽。因为低温不仅可以防止药材有效成分变化或散失，还可以防止菌类孢子和虫卵的生长繁殖。一般当温度低于 10℃ 时，霉菌和虫卵就不易生长。第三，要注意避光。凡易受光线作用而引起变化的药物，应贮藏在暗处或陶瓷容器、或有色玻璃瓶中。第四，有些药物易氧化变质，应存放在密闭的容器中。

对于剧毒药材，应贴上"剧毒药"标签，按国家规定，设置专人、专处妥善保管。

此外，对每次新到的药材应加以检查。4～9月间为害虫最易活动的时期，更应勤于检查，并注意经常翻晒。

第二节 炮 制

中药必须经过炮制之后才能入药，这是中兽医用药的一个特点。炮制，又称炮炙、修事或修治，是根据中兽医药理论，依照辨证用药的需要和药物的自身性质，以及调剂、制剂的不同要求所采取的一项传统制药技术，包括对药材的一般修治整理和对部分药材的特殊处理。经炮制后的药物成品，习惯上称为饮片。

中药大都是生药，其中有些具有毒性或烈性而不能直接应用；有的因易变质而不利于贮存；也有的需经过特定的炮制方法处理，才能充分发挥药效。有的药物炮制时还要加用适当的辅料，同时也十分注意对炮制技术的要求。因此，中药按照不同的药性和治疗要求，而有多种炮制方法。正如《本草蒙筌》中指出："制药贵在适中，不及则功效难求，太过则气味反失。"这充分说明炮制方法是否得当，与提高药物质量和保证药效有密切的关系。

一、炮制目的

（一）清除杂质及非药用部分，保证药物的纯净清洁

植物根茎类药物要洗去泥沙，刮去粗皮，尽可能地去除非药用部分，如枇杷叶去毛、杏仁去皮，远志去心等；有些动物类药物，如蜈蚣、全蝎、蝉蜕等要去头、足、翅等非药用部分；矿物类药物要拣去杂质。

（二）减少或消除药物的毒性、烈性和副作用

有些药物虽有较好的疗效，但因毒性或副作用较大，临床使用不安全，炮制能够降低这些药物的毒性或副作用。如川乌、草乌生用内服易于中毒，用甘草、黑豆煮或蒸后可显著降低其毒性；巴豆、续随子泻下作用剧烈，宜去油取霜用，以缓和其泻下作用；常山酒炒可去其催吐的副作用等。

（三）增强药物的疗效或转变药物的性能和作用

中药除了通过配伍来提高疗效外，炮制是达到这一目的的又一有效途径和手段。如切制可增加药物有效成分的溶出；醋制延胡索、三棱，能增强其活血止痛作用；马兜铃、款冬花蜜炙后可增强润肺止咳功效；淫羊藿用羊脂油制后能增强助阳作用等。有些药物可通过炮制改变其原有性能和作用，使之更能适合病情需要。如地黄生用清热凉血，制成熟地黄后则滋阴补血；生姜煨熟，其发散力减缓，而温中之效增强；何首乌生用泻下通便，制熟后则失去了泻下作用而专补肝肾等。

（四）便于制剂、服用和贮藏

药物在制成各种剂型前，应先进行干燥或煅炒，以便于加工和贮藏。如植物类药物用水浸润后，便于切片；矿物类药物质地坚硬，经煅、淬后，易于粉碎。药物经过切片、粉碎后，既便于制剂和贮藏，又易于煎出有效成分以及便于服用等。

（五）改变药物作用趋向，引药入经

中兽医常以升降沉浮来表示药物在动物体内的作用趋向，炮制可以改变某些药物的作用部位和趋向，引药入经。如知母、黄柏盐制后有助于引药入肾，更好地发挥治疗肾经疾病的作用。再如柴胡、青皮醋制后有助于引药入肝，更有效地治疗肝经疾病。

（六）矫味、矫臭

动物类或其他具有特殊不良气味的药物，经麸炒、酒制后能起到矫味和矫臭作用。如酒制蛇蜕，酒制胎盘，麸炒椿根皮等。

二、炮制方法

（一）修治

1. 纯净 指借助一定工具，以手工或机械的方法，采用挑、拣、簸、筛、刷、刮、挖、撞等手段去掉非药用部分以及灰屑、杂质等，使药物清洁纯净。如拣去槐花中的枝、叶，刷除枇杷叶、石苇叶背面的绒毛，刮去厚朴、肉桂的粗皮，麻黄去根，山茱萸去核等。

2. 粉碎 以捣、碾、研、磨、镑、锉等方法，使药物粉碎达到符合制剂和其他炮制方法要求的程度。如牡蛎捣碎便于煎煮；川贝母捣粉便于灌服；犀角、羚羊角镑成薄片，或锉成粉末，便于制剂和服用。

3. 切制 采用刀具将药材切成段、片、块、丝等规格的"饮片"，使药物有效成分易于

溶出，并便于调剂、制剂以及其他炮制，也利于干燥、贮藏和调剂时称量。根据药材的性质和医疗需要，切片有很多规格。如天麻、槟榔切薄片，泽泻、白术切厚片，黄芪、黄芩切斜片，陈皮、桑白皮切丝，白茅根、麻黄切段，茯苓、葛根切块等。

（二）水制

用水或其他液体辅料处理药材的方法称为水制法。水制的目的主要是清洁药物、软化药物（便于切制）和减低药物的毒性、烈性及不良气味等。常用的有淋、洗、泡、漂、浸、润、水飞等。

1. 淋法 即用清水浇淋药材。将药材整齐地直立堆起，用清水自上而下浇淋（一般 2～4 次），使茎和根部浸软，稍润或不润，即可。适用于质地疏松的全草类药材。如佩兰、薄荷、香薷等，以清水浇淋 1～2 次即可。用淋法处理后仍不能软化的部分，可选用其他方法再行处理。

2. 洗法（抢水法） 指将药材投入清水中，快速洗涤并及时取出，稍润或不润。由于药材与水接触时间短，故又称为抢水洗。采用本法处理的药材通常为质地松软、水分易渗入者，如陈皮、桑白皮等。大多数药材洗一次即可，但有些药材需水洗数遍，以洁净为准。除花类药物不宜用水洗外，一般有泥沙的药物都可以洗。

3. 泡法 指将质地坚硬的药材用清水浸泡一定时间。某些不适合淋法、洗法处理的药材，软化时可采用泡法，使其变软以便去皮。如桃仁、杏仁用沸水浸泡以便去皮；麦冬浸泡以便抽去木心等。但应注意，防止药材有效成分的损失，浸泡的时间不宜过长。

4. 润法 指将渍湿的药材置于一定容器内或堆集于润药台上，以物遮盖，使药材外部的水分徐徐渗入其内部，使药材软化，便于切制。药材用淋法、洗法、泡法处理后，其软化程度仍不能达到切制要求者，必须采用润法处理，如大黄、何首乌、泽泻、川芎等。润法以无损药效，而又利于切制为前提。

5. 漂法 是将药物置于多量的清水中，经常换水，反复漂洗，以溶解清洗去药物中的毒性、盐分或腥味。如天南星、半夏漂去毒性；盐附子、肉苁蓉、海藻等漂去咸味等。

6. 浸法 指用清水或加液体辅料较长时间浸泡药材使之柔软，又不致过湿，便于切片。如槟榔需浸渍 7d，桂枝需浸 2d，木通需浸 1d。亦有用浸渍法将中药制成注射剂者，方法是将能溶于水或醇而不耐热的中药粉碎后放入玻璃瓶内，加入溶剂（如冷水、热水、稀醇、浓醇及热醇等），浸渍 3～4d，甚至 5～10d，每隔 6～12h 搅拌 1 次，连浸 3 次后进行浓缩、沉淀、过滤、灭菌、分装即可应用。

7. 水飞法 是利用某些不溶于水的矿物药，其粗细粉末在水中悬浮性不同而分离获取细粉的方法。本法能使药物更加细腻和纯净，便于内服和外用，并防止研磨药物时的粉末飞扬。将药物置乳钵或碾槽内加水共研，经过多次研磨和搅拌，使极细而纯净者悬浮于上，较粗大颗粒及杂质沉淀于下，即时倾出混悬液。下沉的粗粒再行研磨，如此反复操作，直至研细为止。将前后倾出的混悬液合并静置，待沉淀后，倾去上面的清水，将干燥沉淀物研磨成极细粉末。如水飞朱砂、滑石等。

（三）火制法

将药材直接或间接用火加热处理的方法称为火制法。其目的是使药物达到干燥、松脆、焦黄、炭化等，以便应用和贮藏。主要方法有炙、炒、烘、焙、炮、煨、煅等，以下介绍常用的几种方法。

1. 清炒法（直接炒） 将药物放在锅里加热，不断翻动，炒至一定程度取出。根据炒的时间和火力大小，可分为炒黄、炒焦、炒炭。

（1）炒黄（炒香）：以将药物炒至表面呈淡黄色为度。种子类药材多炒黄，如杏仁、苏子等；有的药物则炒至有爆裂声为度，称为炒响，如王不留行需炒至爆花，葶苈子需炒响等。炒后药材松脆破裂，便于煎透和有效成分的析出。

（2）炒焦：比炒黄的火候大，时间较久，以药物表面呈焦褐色，并可闻到焦糊气味为度。炒焦可增强健脾助消化作用，如山楂、六神曲等。

（3）炒黑（炒炭）：将药物炒至大部分变黑或完全变黑（表面炭化，里面焦黄）。炒时火要大，但要注意存性，如杜仲、地榆等。所谓存性，就是虽然炒成炭，但仍能尝出药物固有的气味，不能炒成灰烬。炒炭能缓和药物的烈性、副作用，或增强收敛止血作用。

2. 拌炒法（加辅料炒） 是将某种辅料放入锅内加热至规定程度，投入药物共同拌炒的方法。如土炒白术、山药；麸炒枳壳、苍术；米炒党参、斑蝥等。与沙、滑石或蛤粉同炒的方法习称为烫，如沙炒鳖甲、蛤粉炒阿胶等。辅料有中间传热作用，能使药物受热均匀，炒后质变酥脆，减小毒性，缓和药性，增强疗效。

3. 炙法 用液体辅料拌炒药物，使辅料渗入药物组织内部，以改变药性、增强疗效或减少副作用的炮制方法。常用的液体辅料有蜜、酒、醋、姜汁、盐水等。如蜜炙黄芪、甘草可增强补中益气作用；蜜炙百部、款冬花可增强润肺止咳作用；酒炙川芎可增强活血之功；醋炙香附可增强疏肝止痛之效；盐炙杜仲可增强补肾功能；姜汁炙半夏可加强和胃止呕作用等。方法是将液体辅料与药物拌匀，闷润后炒干；或是边炒边喷洒液体辅料，炒至液体辅料吸收药干为止。

4. 烘焙法 将药物用文火间接或直接加热，使之充分干燥，以便于粉碎和贮藏的方法。烘，是将药物置于近火处或利用烘箱、干燥室等设备使所含水分徐徐蒸发。焙，是将药物置于金属容器或锅内，用文火较短时间加热，不断翻动，焙至药物颜色加深、质地酥脆为度，如焙地龙、土鳖虫、蜈蚣等。烘焙法不同于清炒法，一定要用文火，并要勤加翻动，以免药物焦化。

5. 煨法 将药物用面糊或湿纸包裹，埋于加热的滑石粉中或热火灰中；或将药物直接埋于加热的麦麸中煨之使熟的方法。煨后可除去药物中的部分挥发性及刺激性成分或脱去油脂，以降低副作用，缓和药性，增强疗效。如煨肉豆蔻、煨诃子、煨木香等。

6. 煅法 是将药物直接放于无烟炉火中或适当的耐火容器内煅烧的方法。高温（300～700℃）煅烧，能改变药物的原有性状，使其质地变得疏松，有利于粉碎和煎熬；同时改变了药物的理化性质，减少或消除了副作用，从而提高了疗效。坚硬的矿物药或贝壳类药多用火直接煅烧，以煅至红透为度，如石膏、石决明、牡蛎等。间接煅是将药物置于耐火容器中密闭煅烧，以容器底部红透为度，如棕榈炭、血余炭等。

（四）水火共制

将中药通过水、火共同加热，使之由生变熟、某些性能改变、毒性降低、疗效增强，以符合药用要求的炮制方法称为水火共制。一般分为蒸、煮、燀、淬等方法。

1. 蒸法 是将净选后的药物加辅料（酒、醋等）或不加辅料（清蒸）装入蒸制容器（笼屉）内以水蒸气或隔水加热蒸熟的方法。蒸法可改变药物性能，扩大用药范围，如蒸地黄、蒸何首乌等；缓和药性或减少副作用，如大黄、黄精等；保存药效，利于贮藏，如黄芩、桑螵蛸（杀死虫卵防止孵化）等；便于切片，如木瓜等。

2. 煮法 是将药物加辅料（固体辅料需先捣碎）或不加辅料置于锅内，加适量清水煎煮的方法。在100℃左右的温度下较长时间加热，使辅料渗入药物中，以煮透（药物中心无白色）或辅料被吸收为度。此法可消除或降低药物的毒性，如煮川乌和醋煮商陆、芫花等；改善药性，增强疗效，如远志等。半夏、天南星等需放在清水内煎煮；芫花需用醋煮后才能使用。

3. 焯法（水烫法） 将药物置沸水中短暂潦过，立即取出的方法。常用于种子类药物的去皮和肉质多汁类药物的干燥处理。如焯杏仁、桃仁以去皮；焯马齿苋、天门冬以便于晒干贮藏。

4. 炖法 是蒸法的发展，即将药物并加辅料密闭于搪瓷或铜制容器中，置水锅内加热炖一定时间。如酒炖黄精、地黄等。

5. 淬法 是将药物煅烧至红透，趁热迅速投入冷水、醋或其他液体辅料中，骤然冷却，使之松脆的方法。多用于质地坚硬经过高温仍不能酥脆的矿物类、介壳类药物，如龟板、自然铜、代赭石等。淬法除使药物酥脆，易于粉碎，利于有效成分煎出外，还可改变药物的理化性质，增强疗效，减少副作用，除去不纯成分。

（五）其他制法

除上述的方法外，还有发芽、发酵、制霜及复制等加工炮制方法，目的在于改变或缓和药物的原有性能，增加新的疗效，降低或消除药物的毒性或副作用，使药物达到一定的净度，便于粉碎和贮藏等。

1. 发芽法 是将成熟的果实或种子，在一定的温度和湿度条件下，促使萌发幼芽的方法，亦称"蘖法"。目的是通过发芽使其具有新的功效，如麦芽等。

2. 发酵法 指在一定温度（30～37℃）和相对湿度（70%～80%）条件下，通过霉菌和酶的催化分解作用，使药物发泡、生衣的方法。发酵能改变药物的原有性能，产生新的治疗作用，扩大用药品种，如六神曲等。

3. 制霜法 指药物经过去油制成松散粉末或析出细小结晶的方法，目的是降低毒性，缓和药性，消除副作用，增强疗效，如巴豆霜、续随子霜等。

4. 复制法 也称法制，有如法炮制之意。是将净选后的药物加入一种或数种辅料，按规定程序，反复炮炙的方法。复制后可增强疗效，如附子用鲜姜、白矾制后，除降低其毒性外，增强了祛风逐痰的功效；改变药性，如天南星用胆汁制后，其性味由辛温变为苦凉；降低或消除药物的毒性，如半夏用甘草、石灰制后，毒性降低，疗效增强。

第三节 中药的性能

中药的性能，是指其与疗效有关的性味和效能。研究中药的性能及其运用规律的理论，称为药性理论。

中药防治疾病的基本作用不外是祛除病邪，消除病因，扶正固本，恢复或重建脏腑经络功能的协调，纠正阴阳偏盛偏衰的病理现象，使机体在最大程度上恢复到阴平阳秘的和谐状态。中药之所以能够针对病情发挥上述基本作用，是由于不同中药各自所具有的若干特性和作用，前人称之为药物的偏性。以药治病，即是以药物的偏性纠正疾病所表现的阴阳盛衰。

把中药治病的不同性质和作用加以概括，主要有四气五味、升降浮沉、归经、毒性等，统称为中药的性能，简称药性。药性是人们在长期医疗实践中逐步摸索总结出来的，从不同方面说明了中药的作用。熟悉和掌握中药性能，对指导临床用药具有重要的现实意义。

一、性　味

《神农本草经·序例》说："药有酸、咸、甘、苦、辛五味，又有寒、热、温、凉四气。"即指出药有四气和五味，表示中药的药性和药味两方面。它对认识各种中药的共性和个性，以及临床用药，都有实际意义。

（一）四气

药物具有的寒、凉、温、热四种不同药性称为四气，也称四性。其中寒凉与温热属于两类不同的性质；而寒与凉，温与热则是性质相同，仅在程度上有所差异，凉次于寒，温次于热。此外，尚有一些药物的药性不甚显著，作用比较平缓，称为平性。实际上，它们或多或少偏于温性，或偏于凉性，属微凉或微温，并未越出四气范围，故习惯上仍称四气。

药性的寒、凉、温、热，是古人根据药物作用于机体所产生的效应和对于病证的治疗效果而做出的概括性的归纳，是同所治病证的寒、热性质相对而言的。凡是能够治疗热性证候的药物，便认为是寒性或凉性；能够治疗寒性证候的药物，便认为是温性或热性。一般说来，寒性和凉性的中药属阴，具有清热、泻火、凉血、解毒、攻下等作用，如石膏、薄荷等；温性和热性的中药属阳，具有温里、祛寒、通络、助阳、补气、补血等作用，如干姜、肉桂等。

《素问·至真要大论》云："寒者热之，热者寒之"，《神农本草经·序例》曰："疗寒以热药，疗热以寒药"，即热证用寒凉药，寒证用温热药，这是中兽医的治病常法，也是临床用药的原则。至于寒热夹杂的病证，则可将与病情相适应的热性药与寒性药适当配伍应用。

（二）五味

中药所具有的辛、甘、酸、苦、咸五种不同药味，称为五味。有些中药具有淡味或涩味，所以实际上不止五种，但是习惯上仍然称为五味。前人在长期的临床用药实践中，发现药物的味和它的功用之间有一定联系，即不同味道的药物对疾病有不同的治疗作用，从而总结出了五味的用药理论。《素问·至真要大论》将中药五味的作用简要地归纳为"辛散、酸收、甘缓、苦坚、咸软"。后世医家又进一步发展为"辛能散行、甘能缓补、酸能收涩、苦能燥湿、咸能软下"。

1. 辛味　有发散、行气、行血等作用。如用于治疗表证的麻黄、薄荷，治疗气血阻滞的木香、红花等都有辛味。

2. 甘味　有补益、和中、缓急等作用。用于治疗虚证的滋补强壮药，如补气的党参、补血的熟地黄；缓和拘急疼痛或调和药性的甘草、大枣等，皆有甘味。

3. 淡味　有渗湿、利尿的作用，多用以治疗水肿、尿不利等，如猪苓、茯苓等。

4. 酸味　有收敛、固涩等作用，多用于治疗虚汗、泄泻等，如山茱萸、五味子涩精敛汗，五倍子涩肠止泻。

5. 涩味　与酸味药作用相似，多用以治疗虚汗、泄泻、尿频、滑精、出血等。如金樱子涩精，诃子涩肠止泻。

酸味药的作用与涩味药相似但不尽相同。如酸能生津、酸甘化阴等皆是涩味药所不具备的作用。

6. 苦味 有泄降、燥湿、坚阴的作用。如大黄通泄，适用于热结便秘；杏仁降泄，适用于肺气上逆的喘咳；栀子清泄，适用于三焦热盛等。燥湿则多用于湿证，而其有寒湿、湿热之不同，温性苦味药如苍术，适用于寒湿；寒性苦味药如黄连，适用于湿热。黄柏、知母坚阴，多用于肾阴虚亏、相火亢盛，具有泻火存阴的作用。

7. 咸味 有软坚、散结和泻下等作用，多用于热结便秘、痰核、瘰疬、痞块等。如泻下通便的芒硝，软坚散结的牡蛎等都有咸味。

药味的确定，最初是依据药物的真实滋味，由口尝而知。如黄连、黄柏之苦，甘草、枸杞之甘，桂枝、川芎之辛，乌梅、木瓜之酸，芒硝、食盐之咸等。后来由于将中药的滋味与作用相联系，并以药味来解释和归纳中药的作用，便逐渐地根据药物的作用确定其味。如凡有发表作用的中药，便认为有辛味；有补益作用的中药，便认为有甘味等。由此就出现了本草所载中药的味，与实际味道存在一定偏差的情况。例如葛根味辛、石膏味甘、玄参味咸等，均与口尝不符。所以药物的味，已不能完全以舌感辨别，它已包括了药物作用的含义。

五味也可归属于阴和阳两大类，即辛、甘、淡味属阳，酸（涩）、苦、咸味属阴，具体见表9-1。

表9-1 五味属性和作用

属性	五味	作 用	药物举例
阴	酸	收敛、固涩	乌梅、诃子
	苦	清热、燥湿、泄降	黄连、黄柏
	咸	泻下、软坚	芒硝、牡蛎
阳	辛	发散、行气、行血	防风、桂枝
	甘	缓和、滋补	党参、甘草
	淡	利尿	茯苓、猪苓

（三）四气和五味的相互关系

四气、五味是中药性能的主要标志，也是论述药性的主要依据。由于每一种药物都具有性和味，因此必须将两者综合起来。一般说来，药物的气味相同，则常具有类似的作用；气味不同，则作用不同。如同一温性，有麻黄的辛温发汗，大枣的甘温补脾；杏仁的苦温降气，乌梅的酸温收敛，蛤蚧的咸温补肾；同一辛味，有薄荷的辛凉解表，石膏的辛寒除热，砂仁的辛温行气，附子的辛热助阳。尚有一药数味者，其作用范围也相对较广，如当归辛甘温，可以补血活血，行气散寒；天门冬甘苦大寒，既能补阴，又能清火。所以，不能把性和味孤立起来看。性与味显示了药物的部分性能，也显示出某些药物的共性。只有认识和掌握每一药物的全部性能，以及性味相同药物之间同中有异的特性，才能全面而准确地了解和使用药物。

二、升降浮沉

升降浮沉，是指药物进入机体后的作用趋向，是与疾病表现的趋向相对而言的。升是上升，降是下降，浮是上行发散，沉是下行泄利的意思。升与浮、降与沉的趋向类似，只是程度上有所差别，故通常以"升浮"、"沉降"合称。

由于各种疾病在病机和证候上，常有向上（如呕吐、喘咳）、向下（如泻痢、脱肛），或向外（如自汗、盗汗）、向内（如表证未解）等病势趋向的不同，以及在上、在下、在表、在里等病位的差异。因此，能够针对病情，改善或消除这些病证的药物，相对说来也就分别具有升降浮沉的不同作用趋向。药物的这种性能，有助于调整紊乱的脏腑气机，使之归于调达；或因势利导，祛邪外出。

升浮药主上行而向外，属阳，有升阳、发表、祛风、散寒、催吐、开窍等作用；沉降药主下行而向内，属阴，有潜阳、熄风、降逆、止吐、清热、渗湿、利尿、泻下、止咳、平喘等功效。此外，个别药物还存在着双向性，如麻黄既能发汗，又可平喘利水。凡病变部位在上、在表者，用药宜升浮不宜沉降，如外感风寒表证，当用麻黄、桂枝等升浮药来解表散寒；在下在里者，用药宜沉降不宜升浮，如肠燥便秘之里实证，当用大黄、芒硝等沉降药来泻下攻里。病势上逆者，宜降不宜升，如肝火上炎引起的两目红肿，羞明流泪，应选用石决明、龙胆等沉降药以清热泻火、平肝潜阳；病势下陷者，宜升不宜降，如久泻脱肛或子宫脱垂，当用黄芪、升麻等升浮药来益气升阳。一般说来，治病用药不得违反这一规律。

影响药物升降浮沉的主要因素，有四气五味、质地轻重、炮制和配伍等。

1. 药物升降浮沉与四气五味的关系　李时珍说："酸咸无升，辛甘无降，寒无浮，热无沉"，便是对四气五味的升降浮沉所做的概括性归纳，只是此处的"无"应理解为"大多数不"。也就是说，凡味属辛、甘，性属温、热的药物，大多数为升浮药；味属酸、涩、苦、咸，性属寒、凉的药物，大多数为沉降药。

2. 药物升降浮沉与质地轻重的关系　一般说来，花、叶及质地轻松的药物，大多升浮，如菊花、薄荷、升麻等；子、实、矿石及质地重坠的药物，大多沉降，如苏子、枳实、磁石等。不过也有例外的，如"诸花皆升，旋覆花独降"，"诸子皆降，牛蒡子独升"。

3. 药物炮制和配伍的影响　药性的升降浮沉，每随炮制或配伍转化。如李时珍云："升者引之以咸寒，则沉而直达下焦，沉者引之以酒，则浮而上至巅顶。"就炮制而言，生用主升，熟用主降，酒制能升，姜汁炒则散，醋炒则收敛，盐水炒则下行。以药物配伍来说，如少量升浮药物在大队的沉降药物中，便随之下降；少量沉降药物在大队的升浮药物中也能随之上升。还有少数药物可以引导其他药物上升或下降，如张元素说："桔梗为舟楫之剂，能载药上浮"；朱丹溪云："牛膝能引诸药下行"；李时珍曰："升降在物，亦可在人"。也就是说，药物的升降浮沉并不是一成不变的。所以，在临床运用中药这一性能时，除掌握一般原则外，还要知道影响升降浮沉变化的因素，才能针对病情合理地选用中药。

三、归　　经

归经，指中药对机体某部分的选择作用，即主要对某经（脏腑及其经络）或某几经发生明显的作用，而对其他经则作用较小，或没有作用。如同属寒性的药物，都具有清热作用，然有黄连偏于清心热，黄芩偏于清肺热，龙胆偏于清肝热等不同，各有所专。再如，同是补药，也有党参补脾，蛤蚧补肺，杜仲补肾等区别。因此，将各种药物对机体各部分的治疗作用进行系统归纳，便形成了归经理论。

中药归经，是以脏腑、经络理论为基础，以所治具体病证为根据的。由于经络能够沟通畜体的内外表里，所以一旦畜体发生病变，体表的病证可以通过经络而影响内在脏腑，而脏腑的病变也可以通过经络反映到所属体表。各个脏腑、经络发生病变时所产生的症状是各不相同的，如肺经病变，每见咳嗽、气喘等；心经病变，每见心悸、神昏等；脾经病变，每见食滞、泄泻等。在临床上，将药物的疗效与病因、病机以及脏腑、经络联系起来，就可以说明药物与归经之间的相互关系，如桔梗、杏仁能治咳嗽、气喘，则归肺经；朱砂能安神，则归心经；麦芽能消食，则归脾、胃经等。由此可见，药物的归经理论，具体指出了药效之所在，它是从客观疗效观察中总结出来的规律。

至于一药有归数经者，是其对数经的病变都能发挥作用。如杏仁归肺与大肠经，它既能平喘止咳，又能润肠通便；石膏归肺与胃经，能清肺火和胃火。

但是，在应用中药的时候，如果只掌握其归经，而忽略了四气五味、升降浮沉等性能，那是不够全面的。因为同一脏腑经络的病变，有寒、热、虚、实以及上逆、下陷等不同；同归一经的药物，其作用也有温、清、补、泻以及上升、下降的区别。因此，不可只注意归经，而将入该经的药物不加区分的应用。譬如，同归肺经的中药，黄芩清肺热，干姜温肺寒，百合补肺虚，葶苈子泻肺实。在其他脏腑经络方面，亦是如此。

中药归经理论对于中药的临床应用具有重要指导意义：其一是根据动物脏腑经络的病变"按经选药"，如肺热咳喘，应选用入肺经的黄芩、桑白皮；胃热，宜选用入胃经的石膏、黄连；肝热或肝火，当选用入肝经的龙胆、夏枯草；心火亢盛，应选用入心经的黄连、连翘。其二是根据脏腑经络病变的相互影响和传变规律选择用药，即选用入它经的药物配合治疗。如肺气虚而见脾虚者，在选择入肺经的药物的同时，选择入脾经的补脾药物以补脾益肺（培土生金），使肺有所养而逐渐恢复健康；又如肝阳上亢而见肾水不足者，在选用入肝经药物的同时，选择入肾经滋补肾阴的药物以滋肾养肝（滋水涵木），使肝有所涵而虚阳自潜。总之，既要全面了解和掌握中药性能，又要熟悉脏腑、经络之间的相互关系，才能更好地指导临床用药。

四、毒　性

中药的毒性，是指药物对畜体产生的毒害作用。中药的毒性与副作用不同，前者对动物体的危害性较大，甚至可危及生命；后者是指在常用剂量时出现的与治疗需要无关的不适反应，一般比较轻微，对机体危害不大，停药后能消失。为了确保用药安全，必须认识中药的毒性，了解产生毒性的原因，掌握中药中毒的解救方法和预防措施。

何谓毒？"物之能害人即为毒"。然自古至今，毒的含义有所不同。

其一认为，毒为一切药物之总称，如《周礼·天官》说："医师掌医之政令，聚毒药以供医事"；《景岳全书》云："凡可辟邪安正者，皆可称为毒药"。这里将药与毒并列，可见药即毒，毒即药，毒乃一切药物的总称。

其二认为，毒指药物的偏性。古人认为药物之所以能治病，就在于利用其偏性来祛除病邪，协调脏腑功能，纠正阴阳盛衰，增强抗病能力。如《类经》说："药以治病，因毒为能，所谓毒者，以气味之有偏也。盖气味之正者，谷食之属是也，所以养人之正气。气味之偏者，药饵之属是也，所以去人之邪气"；"欲救其偏，则惟气味偏者能之，正者不及也"。

其三认为，毒指药物作用的强弱。每味药物性味不同，作用强弱也不同，古人常用无毒、小毒、常毒、大毒、剧毒等来加以区分。如《素问·五常政大论》便根据药物偏性之大小指出："大毒治病，十去其六；常毒治病，十去其七；小毒治病，十去其八；无毒治病，十去其九。谷肉果菜，食养尽之，无使过之，伤其正也"。

除上述三方面含义外，毒还指中药的毒副作用。现代中药学中所说的毒，一般仅指中药的毒副作用。

在本草书籍中，常标明药物"小毒"、"有毒"、"大毒"、"剧毒"或"无毒"，这是掌握药性必须注意的问题。

（1）无毒：指所标示的药物服用后一般无副作用，使用安全。

（2）小毒：指所标示的药物使用较安全，虽可出现一些副作用，但一般不会导致严重后果。

（3）有毒、大毒：指所标示药物容易使人畜中毒，用时必须谨慎。

（4）剧毒：指所标示的药物毒性强烈，临床上多供外用，或极小量入丸散内服，并要严格掌握炮制、剂量、服法、宜忌等。

毒性反应是临床用药时应当尽量避免的。由于毒性反应的产生与中药贮藏、加工炮制、配伍、剂型、给药途径、用量、使用时间的长短以及动物的体质、年龄、证候性质等都有密切关系，因此使用有毒药物时，应从上述各个环节进行控制，避免中毒发生。

有毒中药偏性强，根据以偏纠偏、以毒攻毒的原则，有其可以利用的一面。自古至今，人们在利用某些有毒中药治疗恶疮肿毒、疥癣、瘰疬、癌肿、癥瘕等方面，积累了丰富的经验，获得了肯定的疗效。

值得注意的是，虽然古代文献中有关中药毒性的记载大多是合理的，但由于历史条件和个人经验与认识的局限性，其中也存在不少偏差之处。如《本经》认为朱砂无毒，且列于上品药之首；《本草纲目》认为马钱子无毒等。因此，既要借鉴古代的用药经验，亦应借鉴现代药理学的研究成果，更应重视临床报道，以便更好地认识中药的毒性。

中药的四气五味、升降浮沉、归经理论、毒性等，虽然在指导临床用药时有一定的实际意义，但也有它的局限性。因此，在发掘祖国医学遗产时，既要重视前人的经验，又要结合现代科学进行研究，加以总结和提高。

第四节　配伍禁忌

一、配　伍

动物疾病是复杂多变的，往往数病相兼，或表里同病，或虚实互见，或寒热错杂，所以在治疗时，就必须适当选用多种药物配合起来应用，才能适应复杂多变的病情，取得很好的治疗效果。配伍就是根据动物病情的需要和药物的性能，有目的地将两种以上的药物配合在一起应用。药物的配伍应用是中兽医用药的主要形式。

两味或两味以上的药味配在一个方剂中，相互之间会产生一定的配伍效应。这种效应有的对动物体有益，有的则有害。根据传统的中药配伍理论，将其归纳为七种，称为药性"七情"。

1. 单行　就是指用单味药治病。病情比较单纯，选用一种针对性较强的药物即可获得疗效，如清金散单用一味黄芩治肺热咳嗽，独用蒲公英治疗疮黄肿毒等。

2. 相须　就是将性能功效相似的同类药物配合应用，以起到协同作用，增强药物的疗效。如大黄与芒硝配合应用，能明显增强泻下通便的作用；石膏与知母配合应用，能明显增强清热泻火的作用。

3. 相使 就是将性能功效有某种共性的不同类药物配合应用，而以一种药物为主，另一种药物为辅，能提高主要药物的功效。如补气利水的黄芪与利水健脾的茯苓配合应用，茯苓能提高黄芪补气利水的作用；清热泻火的黄芩与攻下泻热的大黄配合应用，大黄能提高黄芩清热泻火的作用。

4. 相畏 就是一种药物的毒性或副作用，能被另一种药物减轻或消除。如生半夏、生南星的毒性能被生姜减轻或消除，所以说生半夏、生南星畏生姜。

5. 相杀 就是一种药物能减轻或消除另一种药物的毒性或副作用。如绿豆能减轻巴豆毒性，所以说绿豆杀巴豆毒；生姜能减轻或消除生半夏、生南星的毒性或副作用，所以说生姜杀生半夏、生南星的毒。由此可知，相畏、相杀实际上是同一配伍关系的两种不同提法。

6. 相恶 就是两种药配合应用，能相互牵制而使作用降低甚至丧失药效。如黄芩能降低生姜的温性；莱菔子能削弱人参（或党参）的补气功能，所以说生姜恶黄芩，人参恶莱菔子。

7. 相反 就是两种药物配合应用，能产生毒性反应或副作用。如甘草反甘遂，乌头反半夏。

李时珍在《本草纲目》中曾对此进行过精辟的概括："独行者，单方不用辅也；相须者，同类不可离也；相使者，我之佐使也；相畏者，受彼之制也；相杀者，制彼之毒也；相恶者，夺我之能也；相反者，两不相合也。凡此七情，合而视之，当用相须相使者良，勿用相恶相反者。若有毒制宜，可用相畏相杀者，不尔不合用也。"实际上，上述七情归纳起来不外协同和拮抗两个方面（表 9-2）。

表 9-2 "七情"归类

单行：单方不用辅（从所含成分看也不外乎协同和拮抗）

七情
- 协同
  - 相须：同类不可离（疗效协同）——当用
  - 相使：我之佐使（辅佐配合）——当用
  - 相反：两不相合（增强毒性）
- 拮抗
  - 相恶：夺我之能（抵销疗效）——勿用
  - 相畏：受彼之制（毒性受制）——有毒制宜
  - 相杀：制彼之毒（抑制毒性）——有毒制宜

综上所述，药性"七情"除了单行之外，其余六个方面都是药物的配伍关系，用药时需要加以注意，其中相须、相使是产生协同作用而增进疗效，在临床用药时要充分利用，以便使药物更好地发挥疗效；相畏、相杀是有些药物由于相互作用而能减轻或消除原有的毒性或副作用，在应用毒性药或剧烈药时，必须考虑选用；相恶就是有些药物可能互相拮抗而抵消或削弱原有功效，用药时应加以注意；相反是一些本来无毒的药物，却因相互作用而产生毒性反应或强烈的副作用，则属于配伍禁忌，原则上应避免配用。

二、禁　　忌

在临证用药处方时，为了安全起见，有些药物或配伍关系应当慎用或禁止使用。在长期的医疗实践中，古人积累了许多有关配伍禁忌的经验，主要有"十八反"、"十九畏"、妊娠禁忌等。

（一）十八反

根据历代文献记载，配伍应用可能对动物产生毒害作用的药物有十八种，故名"十八反"，即：甘草反甘遂、大戟、海藻、芫花；乌头反贝母、瓜蒌、半夏、白蔹、白及；藜芦反人参、沙参、丹参、玄参、细辛、芍药。《元亨疗马集》中有十八反歌诀:"本草明言十八反,逐目从头说与君。人参芍药与沙参,细辛玄参及紫参,苦参丹参并前药,一见藜芦便杀人;白及白蔹并半夏,瓜蒌贝母五般真,莫见乌头怕乌啄,逢之一反疾如神;大戟芫花并海藻,甘遂以上反甘草,若还吐逆及翻肠,寻常犯之都不好。蜜蜡莫与葱相睹,石决明休见云母,藜芦莫使酒来浸,人若犯之都是死。"还有一个比较简单的歌诀:"本草明言十八反,半蒌贝蔹及攻乌,藻戟遂芫俱战草,诸参辛芍叛藜芦"更便于诵读记忆。

(二) 十九畏

历来认为相畏的药物有十九种,实际上它们也是"相反"的配伍,属于配伍禁忌,即:硫黄畏朴硝,水银畏砒霜,狼毒畏密陀僧,巴豆畏牵牛子,丁香畏郁金,川乌、草乌畏犀角,牙硝畏荆三棱,官桂畏赤石脂,人参畏五灵脂。《元亨疗马集》十九畏歌云:"硫黄原是火中精,朴硝一见便相争;水银莫与砒霜见;狼毒最怕密陀僧;巴豆性烈最为上,偏与牵牛不顺情;丁香莫与郁金见;牙硝难令荆三棱;川乌草乌不顺犀;人参又忌五灵脂;官桂善能调冷气,石脂相见便跷蹊。大凡修合看顺逆,炮燫炙煨要精微。"务必注意,"十九畏"中所说的"畏",与"七情"中的"相畏"涵义决然不同,不可混淆。

上述十八反及十九畏,一般均作为处方用药的配伍禁忌。据研究,当甘草与甘遂合用时,是否有毒与二者的用量配比有关,甘草的用量若与甘遂相等或大于甘遂,则毒性较大;细辛和藜芦配伍,可导致实验动物中毒死亡;而贝母和半夏分别与乌头配伍,则未见明显毒性增强。在古今方剂中,也有一些应用十八反或十九畏的例子。但一般说来,在临证处方时,如果没有充分的把握,还是应该在方剂中避免配伍相反及相畏的药物,以免导致不良后果。

(三) 妊娠禁忌

动物妊娠期间,为了保护胎儿的正常发育和母畜的健康,应当禁用或慎用具有堕胎作用或对胎儿有损害作用的药物。属于禁用的多为毒性较大或药性峻烈的药物,如巴豆、水银、大戟、芫花、商陆、牵牛子、斑蝥、三棱、莪术、虻虫、水蛭、蜈蚣、麝香等。属于慎用的药物主要包括祛瘀通经、行气破滞、辛热、滑利等方面的中药,如桃仁、红花、牛膝、牡丹皮、附子、乌头、干姜、肉桂、瞿麦、芒硝、天南星等。禁用的药物一般不可配入处方,慎用的药物有时可根据病情需要谨慎应用。《元亨疗马集》中载有妊娠禁忌歌:"蚖斑水蛭及虻虫,乌头附子配天雄,野葛水银并巴豆,牛膝薏苡与蜈蚣,三棱代赭芫花麝,大戟蛇蜕黄雌雄,牙硝芒硝牡丹桂,槐花牵牛皂角同,半夏南星与通草,瞿麦干姜桃仁通,硇砂干漆蟹甲爪,地胆茅根都不中",可供参考。

第五节 剂 量

所谓剂量,是指每一药物的常用治疗量。药用量的大小,直接关系到治疗的效果和药物对畜体的毒性反应。一般中药的用量安全度比较大,但个别有毒的药物仍需注意。此外,如果药物用量的变化超越一定的范围,还会引起功效的改变,如大黄量小能健胃,量大则泻下。所以,对待中药的剂量必须持严谨的态度。确定药物用量的一般原则如下:

1. 根据药物的性能 凡有毒的、峻烈的药物用量宜小,且应从小量开始使用,逐渐增加,中病即停,谨防中毒事故发生。对质地较轻或容易煎出的药物,可用较小的量;对质地较重或不容易煎出的药物,可用较大的量。此外,新鲜的药物,用量可大些。

2. 根据配伍与剂型 在一般情况下,同样的药物复方配伍时比应用单味药时用量要轻些。汤剂、酒剂等易于吸收的，其用量较不易吸收的散剂、丸剂等要小些。

3. 根据病情的轻重 一般病情轻浅的，用量宜轻；病情较重的，用量可适当增加。

4. 根据动物种类和体型大小 动物种类和体形大小不同，剂量大小差异悬殊。现将各种动物用药剂量的相对比例列于表9-3，仅供参考。

表9-3 不同种类动物用药剂量比例

动物种类	用药剂量比例	动物种类	用药剂量比例
马（体重300kg左右）	1	猫（体重4kg左右）	1/32～1/20
黄牛（体重300kg左右）	1～1¼	鸡（体重1.5kg左右）	1/40～1/20
水牛（体重500kg左右）	1～1½	鱼（每1kg体重）	1/30～1/10
驴（体重150kg左右）	1/3～1/2	虾、蟹（每1kg体重）	1/300～1/200
羊（体重40kg左右）	1/6～1/5	蚕（5%熟蚕时，10 000只）	1/20～1/10
猪（体重60kg左右）	1/8～1/5	蜂（每个标准群）	1/100～1/50
犬（体重15kg左右）	1/16～1/10		

此外，还要根据动物的年龄、性别以及地区、季节等因素不同来确定用量。总之，中药的用量并不是一成不变的，应根据临床治疗的具体情况，在全面的考虑基础上进行增减。

本书中常用中药的［用法与用量］，除另有说明的外，用法均指内服，用量指成年马、牛、驼、羊、猪、犬、猫、兔、禽及鱼、蚕、蜂等动物的一日常用剂量，必要时可酌情增减。常用方剂［组成］中的用量指成年中等个体马（体重300kg左右）的一日常用剂量，其他动物可按表9-3中的用药剂量比例折算。

第十章 常用中药

第一节 解表药

凡以发散表邪、解除表证为主要作用的药物，称为解表药。解表药多具有辛味，辛能发散，故有发汗、解肌的作用。适用于邪在肌表的病证，即《内经》所说的"其在皮者，汗而发之。"根据解表药物的性能，一般将其分为辛温解表药和辛凉解表药两类。

1. 辛温解表药 性味多为辛温，具有发散风寒的功能，发汗作用较强，适用于风寒表证，如恶寒战栗，发热无汗，耳鼻发凉，口润不欲饮水，舌苔薄白，脉浮紧等。

2. 辛凉解表药 性味多辛凉，具有发散风热的功能，发汗作用较为缓和，适用于风热表证，如发热汗出，恶寒较轻，耳鼻发热，目赤多眵，口干贪饮，舌苔淡黄，脉浮数等。

使用解表药应注意：①用量不宜过大或使用太久，以免耗损津液，造成大汗亡阳。②炎热季节，畜体腠理疏松，容易出汗，用量宜轻，而寒冷季节，量可稍大。③对于体虚或气血不足的病畜（如重剧的腹泻、大汗、大出血及重病以后所致的表证等），要慎用或配合补养药以扶正祛邪。④本类药物一般不宜久煎，以免气味挥发，损耗药力。

一、辛温解表药

麻 黄

为麻黄科植物草麻黄 *Ephedra sinica* Stapf.、中麻黄 *Ephedra intermedia* Schrenk. et C A. Mey. 或木贼麻黄 *Ephedra equisetina* Bge. 的干燥草质茎。秋季采割绿色的草茎，除去木质茎、残根及杂质，切段，生用或蜜炙用。主产于山西、内蒙古、河北等地，以山西大同产者为佳。

[性味与归经] 辛、微苦，温。归肺、膀胱经。

[功能] 解表散寒，宣肺平喘，利水消肿。

[主治]

（1）外感风寒表实证：本品发汗作用较强，是辛温发汗的主药，适用于外感风寒引起的恶寒战栗、发热无汗等，常与桂枝相须为用，以增强发汗之力，如麻黄汤。

（2）咳嗽、气喘：用于感受风寒、肺气壅遏者，常与杏仁、甘草等同用；用于热邪壅肺者，常与石膏、杏仁等配伍。

（3）水肿实证：用于水肿实证而兼有表证者，常与生姜、白术等同用。

[用法与用量] 马、牛 15～30g，羊、猪 3～9g。

桂 枝

为樟科植物肉桂 *Cinnamomum cassia* Presl 的干燥嫩枝。春、夏两季采收，除去叶，晒干,或切片晒干。主产于广西、广东、云南等地,尤以广西为多。

[性味与归经] 辛、甘,温。归肺、膀胱经。

[功能] 发汗解肌,温经通阳。

[主治]

(1) 风寒表证:本品善祛风寒,其作用缓和,可用于风寒感冒,发热恶寒,不论无汗或有汗均可使用。如风寒表证,发热无汗,常与麻黄等同用,可促使发汗;用治感受风寒、表虚自汗等,则与芍药等配伍,有调和营卫的作用,如桂枝汤。

(2) 关节痹痛:配附子、羌活、防风等,用治寒湿性痹痛,尤其是前肢关节、肌肉的麻木疼痛,为前肢的引经药。

(3) 水湿停滞:用脾阳不振、水湿内停而致的痰饮,常配茯苓、白术等;用膀胱失司、尿不利,常与猪苓、泽泻等配伍,如五苓散。

[用法与用量] 马、牛15~45g,羊、猪3~10g。

防 风

为伞形科植物防风 *Saposhnikovia divaricata*(Turcz.)Schischk. 的干燥根。春、秋两季采挖未抽花茎植株的根,除去须根及泥沙,晒干。切片生用或炒用。主产于黑龙江、吉林、内蒙古、辽宁等地。

[性味与归经] 辛、甘,微温。归膀胱、肝、脾经。

[功能] 解表祛风,胜湿,解痉。

[主治]

(1) 风寒感冒:本品能散风寒,其性甘缓不燥,善于通行全身,是一味祛风的要药。常与荆芥、羌活、前胡等配伍,如荆防败毒散。

(2) 风湿痹痛:常与羌活、独活、附子、升麻等配伍,如防风散。

(3) 破伤风:常配天南星、蝉蜕、天麻等,如千金散。

[用法与用量] 马、牛15~60g,羊、猪5~15g。

荆 芥

为唇形科植物荆芥 *Schizonepeta tenuifolia* Briq. 的干燥地上部分。夏、秋两季花开到顶、穗绿时采割,除去杂质,晒干。切段生用、炒黄或炒炭用。主产于江苏、浙江、江西等地。

[性味与归经] 辛,微温。归肺、肝经。

[功能] 解表散风,理血,炒炭止血。

[主治]

(1) 风寒、风热感冒:本品轻扬、芳香而散,既有发汗解表之力,又能祛风,其作用较为缓和。常配防风、羌活等,用治风寒感冒;配薄荷、连翘等,用治风热感冒。

(2) 衄血、便血、子宫出血:常炒炭配伍其他止血药。

[用法与用量] 马、牛15~60g,羊、猪6~12g。

细 辛

为马兜铃科植物北细辛 *Asarum heterotropoides* Fr. Schmidt var. *mandshuricum* (Maxim.) Kitag.、汉城细辛 *Asarum sieboldii* Mig. var. *seoulense* Nakai. 或华细辛 *Asarum sieboldii* Miq. 的根及根茎，前两种习称"辽细辛"。夏季果熟期或初秋采挖，除净地上部分和泥沙，阴干。切段生用或蜜炙用。主产于辽宁、吉林、陕西、山东、黑龙江等地。

[性味与归经] 辛，温。归心、肺、肾经。

[功能] 祛风散寒，通窍止痛，温肺化饮。

[主治]

(1) 风寒感冒：本品既能疏散外风，又可驱逐里寒，多与麻黄、附子配伍，用于阳虚而又感受寒邪的病畜。

(2) 风湿痹痛：辛散温行，既可发散风寒，又有较强的止痛作用。常用于风寒湿邪所致的风湿痹痛，多与羌活、川乌等配伍。

(3) 痰多咳喘：多与干姜、半夏等配伍。

[用法与用量] 马、牛 9～15g，羊、猪 1.5～3g。

[注意] 不宜与藜芦同用。

白 芷

为伞形科植物白芷 *Angelica dahurica*（Fisch. ex Hoffm.）Benth. et Hook. f. 或杭白芷 *Angelica dahurica*（Fisch. ex. Hoffm.）Benth. et Hoot. f. var. *formosana*（Boiss.）Shan et Yuan 的干燥根。夏、秋间叶黄时采挖，除去须根及泥沙，晒干或低温干燥。切片入药。主产于四川、东北、浙江、江西、河北等地。

[性味与归经] 辛，温。归胃、大肠、肺经。

[功能] 散风祛湿，消肿排脓，通窍止痛。

[主治]

(1) 风寒感冒：配羌活、防风、蔓荆子等。

(2) 风湿痹痛：配独活、桑枝、秦艽等。

(3) 疮黄疔毒：配瓜蒌、贝母、蒲公英等，治疗乳痈初起；若脓成而不溃破者，与金银花、天花粉、皂角刺同用。

(4) 脑颡鼻脓：用于鼻炎、鼻窦炎等，常与辛夷、苍耳子、薄荷等配伍。

[用法与用量] 马、牛 15～30g，羊、猪 3～9g。

辛 夷

为木兰科植物望春花 *Magnolia biondii* Pamp.、玉兰 *Magnalia denudate* Desr. 或武当玉兰 *Magnolia sprengeri* Pamp. 的干燥花蕾。冬末春初花未开放时采收，除去枝梗，阴干。捣碎生用或炒炭用。主产于河南、安徽、四川等地。

[性味与归经] 辛，温。归肺、胃经。

[功能] 散风寒，通鼻窍。

[主治] 脑颡鼻脓。本品能祛风散寒，其性升散，引诸药上行，善通鼻窍，为治鼻病的要药。常配知母、黄柏、沙参、木香、郁金等，用治感冒鼻塞、脑颡鼻脓等，如辛夷散。

[用法与用量] 马、牛 15～60g，羊、猪 3～9g。

苍 耳 子

为菊科植物苍耳 *Xanthium sibiricum* Patr. 的干燥成熟带总苞的果实。秋季果实成熟时采收，干燥，除去梗、叶等杂质。生用或炒用。主产于山东、安徽、江苏、湖北等地。

[性味与归经] 辛、苦，温；有毒。归肺经。

[功能] 散风湿，通鼻窍，解疮毒。

[主治]

(1) 脑颡鼻脓：本品散风通窍，常用治风寒感冒，鼻窍不通，浊涕下流，脑颡流鼻等，多与辛夷、白芷、薄荷等同用。

(2) 风湿痹痛：祛风兼能止痛，治风湿痹痛，常与威灵仙、苍术、羌活等配伍。

[用法与用量] 马、牛 15～45g，羊、猪 3～15g，兔 1～2g。

生 姜

为姜科植物姜 *Zingiber officinale* Rosc. 的新鲜根茎。秋、冬两季采挖，除去须根及泥沙。切片生用。全国各地均产。

[性味与归经] 辛，微温。归肺、脾、胃经。

[功能] 解表散寒，温中止呕，化痰止咳。

[主治]

(1) 外感风寒：本品散在表之寒，但其发汗作用较弱，常加入辛温解表剂中，可增强发汗效果，如桂枝汤。

(2) 胃寒呕吐：温胃和中，降逆止吐，为止呕之要药。治疗胃寒呕吐，常与半夏、陈皮等同用。

[用法与用量] 马、牛 15～60g，羊、猪 6～15g，兔 1～3g。

二、辛凉解表药

薄 荷

为唇形科植物薄荷 *Mentha haplocalyx* Briq. 的干燥地上部分。夏、秋两季茎叶茂盛或花开至三轮时，选晴天，分次采割，晒干或阴干。切段生用。主产于江苏、江西、浙江等地。

[性味与归经] 辛，凉。归肺、肝经。

[功能] 疏散风热，清利头目，利咽，透疹。

[主治]

(1) 外感风热：本品轻清凉散，为疏散风热的要药，有发汗作用，治风热感冒，常配荆芥、牛蒡子、金银花等辛凉解表药，如银翘散。

(2) 咽喉肿痛：善于疏散上部之风热，用于风热上犯所致的目赤、咽喉肿痛等，常与桔梗、牛蒡子、玄参等同用。

[用法与用量] 马、牛 15～45g，羊、猪 3～9g，兔 0.5～1.5g。

柴 胡

为伞形科植物柴胡 *Bupleurum chinense* DC. 或狭叶柴胡 *Bupleurum scorzonerifolium* Willd. 的干燥根。按性状不同，分别习称为"北柴胡"及"南柴胡"。春、秋两季采挖，除去茎叶及泥沙，干燥。切片生用或醋炙用。北柴胡主要产于辽宁、甘肃、河北、河南等地，南柴胡主要产于湖北、江苏、四川等地。

[性味与归经] 苦，微寒。归肝、胆经。

[功能] 发表和里，升阳举陷，疏肝解郁。

[主治]

（1）寒热往来：本品轻清升散，退热作用较好，为和解少阳经之要药。用治寒热往来，常与黄芩、半夏、甘草等同用。

（2）久泻、子宫垂脱、脱肛：本品长于升举清阳之气，适用于气虚下陷所致的久泻、子宫脱垂、脱肛等，常配伍黄芪、党参、升麻等，如补中益气汤。

（3）肝气郁结：本品性善疏泄，具有良好的疏肝作用，是治疗肝气郁结的要药。配伍当归、白芍、枳实等，治疗乳房肿胀、胸肋疼痛等。

[用法与用量] 马、牛 15～45g，羊、猪 3～10g，犬 3～5g，兔 1～3g。

升 麻

为毛茛科植物大三叶升麻 *Cimicifuga heracleifolia* Kom.、兴安升麻 *Cimicifuga dahurica* (Turcz.) Maxim. 或升麻 *Cimicifuga foetida* L. 的干燥根茎。秋季采挖，除去泥沙，晒至须根干时，燎去或除去须根，晒干。切片生用。主产于辽宁、黑龙江、湖南、山西等地。

[性味与归经] 辛、微甘，微寒。归肺、脾、胃、大肠经。

[功能] 发表透疹，清热解毒，升举阳气。

[主治]

（1）痘疹透发不畅：本品发表力弱，一般表证较少应用，但能透发，可用于猪、羊痘疹透发不畅等，多与葛根同用。

（2）咽喉肿痛：本品善解阳明热毒。常用于胃火亢盛所致的口舌生疮、咽喉肿痛，多与石膏、黄连配伍。

（3）久泻、脱肛、子宫垂脱：本品长于升举脾胃清阳之气。其作用与柴胡相似，适用于气虚下陷所致的久泻、脱肛、子宫脱垂脱等，常与黄芪、党参、柴胡等同用。

[用法与用量] 马、牛 15～45g，驼 30～60g，猪、羊 3～10g，兔 1～3g。

蝉 蜕

为蝉科昆虫黑蚱 *Cryptotympana pustulata* Fabricius. 的若虫羽化时脱落的皮壳。夏、秋两季收获，除去泥沙，晒干用。全国各地均产。

[性味与归经] 甘，寒。归肺、肝经。

[功能] 散风热，利咽喉，退云翳，解痉。

[主治]

(1) 外感风热：本品为疏散皮肤风热的主药，用于风热感冒、咽喉肿痛、皮肤瘙痒等，常与薄荷、连翘等同用。

(2) 目赤翳障：用治肝经风热所致的目赤、翳障，常与菊花、谷精草、白蒺藜等配伍。

(3) 破伤风：用治破伤风引起的四肢抽搐，可与全蝎、天南星、防风等同用。

[用法与用量] 马、牛 15～30g，猪、羊 3～10g。

葛　根

为豆科植物野葛 *Pueraria lobata*（Willd.）Ohwi 的干燥根，习称野葛。秋、冬两季采挖，趁鲜切成厚片或小块，干燥。生用。以浙江、广东、江苏等地产量较多。

[性味与归经] 甘、辛，凉。归脾、胃经。

[功能] 解肌退热，生津，透疹，升阳止泻。

[主治]

(1) 外感发热：本品能发汗解表，解肌退热。适用于外感发热，尤善于治疗表证而兼有项背强硬者，常与麻黄、桂枝、白芍等配伍；若治疗风热表证，则和柴胡、黄芩等同用。

(2) 脾虚泄泻：本品能升发阳气，鼓舞脾胃阳气上升而止泻。用治脾虚泄泻，常与党参、白术、藿香等配伍。

(3) 痘疹：本品有透发斑疹的作用，多与升麻配伍。

[用法与用量] 马、牛 20～60g，羊、猪 5～15g，兔 1.5～3g。

桑　叶

为桑科植物桑 *Morus alba* L. 的干燥叶。初霜后采收，除去杂质，晒干。生用或蜜炙用。全国各地均产。

[性味与归经] 甘、苦，寒。归肺、肝经。

[功能] 疏散风热，清肺润燥，清肝明目。

[主治]

(1) 风热感冒，肺热燥咳：本品轻清发散，善治在表之风热和泻肺热，用于外感风热、肺热咳嗽、咽喉肿痛等，常与菊花、银花、薄荷、桔梗等配伍，如桑菊饮。

(2) 目赤肿痛：本品能清泻肝火，常用于肝经风热引起的目赤肿痛，多与菊花、决明子、车前子等配合。

[用法与用量] 马、牛 15～30g，羊、猪 5～10g，兔 1.5～2.5g。

菊　花

为菊科植物 *Chrysanthemum morifolium* Ramat. 的干燥头状花序。9～11 月花盛开时分批采收，阴干或焙干，或熏、蒸后晒干。主产于浙江、安徽、河南、四川、山东等地。

[性味与归经] 甘、苦，微寒。归肺、肝经。

[功能] 散风清热，平肝明目。

[主治]

(1) 风热感冒：本品体轻达表，气清上浮，性凉能清热，但疏风较弱，而清热力较佳。用治风热感冒，多配桑叶、薄荷等，如桑菊饮。

(2) 目赤肿痛：风热或肝火所致的目赤肿痛，均可使用，常与桑叶、夏枯草等同用。

[用量与用法] 马、牛 15～45g，驼 30～60g，羊、猪 3～10g，兔 1.5～3g。

牛 蒡 子

为菊科植物牛蒡 Arctium lappa L. 的干燥成熟果实。秋季果实成熟时采收果序，晒干，打下果实，除去杂质，再晒干。捣碎生用或炒用。主产于河北、东北、浙江、四川等地。

[性味与归经] 辛、苦，寒。归肺、胃经。

[功能] 疏散风热，宣肺透疹，解毒利咽。

[主治]

(1) 外感风热，咽喉肿痛：本品疏散风热，清肺利咽，常与薄荷、荆芥、甘草等配伍。

(2) 痈肿疮毒：对热毒内盛所致的痈肿疮毒，可与清热解毒药配合应用。

[用法与用量] 马、牛 15～45g，羊、猪 5～10g，犬、猫 2～5g。

第二节 清 热 药

凡以清解里热为主要作用的药物，称为清热药。清热药性多寒凉，具有清热泻火、解毒、凉血、燥湿、解暑等功效，主要用于高热、热痢、湿热黄疸、热毒疮肿、热性出血及暑热等热证。根据其主要性能，可分为以下五类：

1. 清热泻火药 能清气分热，有泻火泻热的作用。适用于急性热病，症见高热、汗出、口渴贪饮、尿液短赤、舌苔黄燥、脉象洪数等。

2. 清热凉血药 主要入血分，能清血分热，有凉血清热作用。主要用于血分实热证，温热病邪入营血，血热妄行，症见斑疹和各种出血，以及舌绛、狂躁，甚至神昏等。

3. 清热燥湿药 性味苦寒，苦能燥湿，寒能胜热，有清热燥湿的作用，主要用于湿热证，如肠胃湿热所致的泄泻、痢疾，肝胆湿热所致的黄疸，下焦湿热所致的尿淋漓等。

4. 清热解毒药 有清热解毒作用，常用于瘟疫、毒痢、疮黄肿毒等热度病证。

5. 清热解暑药 有清热解暑作用，用于暑热、暑湿病等。

使用清热药应注意：①清热药性多寒凉，易伤脾胃，影响运化，对脾胃虚弱的病畜，宜适当辅以健胃的药物。②热病易伤津液，清热燥湿药又性多燥，也易伤津液，对阴虚的患畜，要注意辅以养阴药。③清热药性寒凉，多服久服能伤阳气，故对阳气不足、脾胃虚寒、食少、泄泻的患畜要慎用。

一、清热泻火药

为硫酸盐类矿物硬石膏族石膏，主含含水硫酸钙（$CaSO_4 \cdot H_2O$）。采挖后，除去泥沙及杂石，粉碎成粗粉。生用。主产于湖北、甘肃、四川等地，以湖北、安徽产者为佳。

[性味与归经] 甘、辛，大寒。归肺、胃经。

[功能] 清热泻火，生津止渴。

[主治]

（1）气分实热：本品大寒，具有很强的清热泻火作用，善清气分实热。用于肺胃热盛，高热不退等实热亢盛证，常与知母相须为用，以增强清里热的作用，如白虎汤。

（2）肺热喘促：用于肺热咳嗽、气喘、口渴贪饮等实热证，常配麻黄、杏仁以加强宣肺止咳平喘之功，如麻杏甘石汤。

（3）胃热贪饮：用于胃火贪饮等，常与知母、地黄等同用。

[用法与用量] 马、牛60～120g，驼90～180g，羊、猪15～30g，犬、猫3～5g，兔、禽1～3g。

知 母

为百合科植物知母 *Anemarrhena asphodeloides* Bge. 的干燥根茎。春、秋两季可采挖，除去须根及泥沙，晒干，习称"毛知母"；或除去外皮，晒干。切片生用或盐炙用。主产于河北、山西及山东等地。

[性味与归经] 苦、甘，寒。归肺、胃、肾经。

[功能] 清热泻火，滋阴润燥。

[主治]

（1）肺、胃实热：本品苦寒，既泻肺热，又清胃火，适用于肺、胃实热证。常与石膏同用，以增强石膏的清热作用，如白虎汤；若用于肺热痰稠，可配黄芩、瓜蒌、贝母等。

（2）阴虚内热、肺虚燥咳：用于阴虚内热，常与黄柏等同用，如知柏地黄汤；用于肺虚燥咳，常与沙参、麦冬、川贝等同用。

（3）热病贪饮：常与天花粉、麦冬、葛根等配伍。

[用法与用量] 马、牛20～60g，驼45～100g，羊、猪5～15g，犬3～8g，兔、禽1～2g。

栀 子

为草科植物栀子 *Gardenia jasminoides* Ellis 的干燥成熟果实，9～11月果实成熟呈红黄色时采收，除去果梗及杂质，蒸至上汽或于沸水中略烫，取出，干燥。碾碎，炒黄或炒焦用。产于长江以南各地。

[性味与归经] 苦，寒。归心、肝、肺、三焦经。

[功能] 泻火解毒，清热利尿，凉血，止血。

[主治]

（1）目赤肿痛：本品有清热泻火作用，善清心、肝、三焦经之热，尤长于清肝经之火热。多用于肝火目赤以及多种火热证，常与黄连等同用。

（2）湿热黄疸：本品能清三焦火而利尿，兼利肝胆湿热。常用于湿热黄疸，尿液短赤，多与茵陈、大黄同用，如茵陈蒿汤。

（3）尿血、鼻衄：适用于热血妄行，尿血及鼻衄，多与黄芩、地黄等配伍。

[用法与用量] 马、牛15～60g，驼45～90g，羊、猪5～10g，犬3～6g，兔、禽1～2g。外用适量。

淡 竹 叶

为禾本科植物淡竹叶 *Lophatherum gracile* Brongn. 的干燥茎叶。夏季未抽花穗前采割，晒干。切段生用。产于浙江、江苏、湖南、湖北、广东等地。

［性味与归经］甘、淡，寒。归心、胃、小肠经。

［功能］清热，利尿。

［主治］

(1) 心热舌疮，尿短赤：本品上清心热，下利尿液。用于心经实热、口舌生疮、尿短赤等，常与木通、地黄等同用。

(2) 胃热：用于治疗胃热，常与石膏、麦冬等同用。

［用法与用量］马、牛 15～45g，羊、猪 5～15g，兔、禽 1～3g。

芦 根

为禾本科植物芦苇 *Phragmites communis* Trin. 的新鲜或干燥根茎。全年可采挖，除去芽、须根和膜状叶。鲜用或切段后晒干用。各地均产。

［性味与归经］甘，寒。归肺、胃经。

［功能］清热生津，止呕，利尿。

［主治］

(1) 肺热咳嗽、肺痈：本品善清肺热，用于肺热咳嗽、痰稠、口干等，常与黄芩、桑白皮等同用。用于肺痈，常与冬瓜仁、薏苡仁、桃仁同用，如苇茎汤。

(2) 胃热呕吐：本品能清胃热以止呕吐，用于胃热呕逆，常与竹茹等配伍。

(3) 内热口渴：本品能生津止渴，用于热病伤津、烦热贪饮、舌燥津少等，常与天花粉、麦冬等同用。

［用法与用量］马、牛 30～60g，羊、猪 10～20g，犬、猫 5～10g。鲜品用量加倍，捣汁用。

二、清热凉血药

为玄参科植物地黄 *Rehmannia glutinosa* Libosch. 的干燥块根。秋季采挖，除去芦头、须根及泥沙，缓缓烘焙至约八成干。切片生用。主产于河南、河北、内蒙古及东北。

［性味与归经］甘，寒。归心、肝、肾经。

［功能］滋阴生津，清热凉血。

［主治］

(1) 热病伤阴：用治热甚伤阴、津亏便秘，多与玄参、麦冬等配伍，如增液汤。

(2) 阴虚内热：多与青蒿、鳖甲、地骨皮等同用。

(3) 鼻衄、尿血：用于血热妄行而致的鼻衄、尿血等，常与侧柏叶、茜草等同用。

［用法与用量］马、牛 30～60g，羊、猪 5～15g，犬 3～6g，兔、禽 1～2g。

牡 丹 皮

为毛茛科植物牡丹 *Paeonia suffruticosa* Andr. 的干燥根皮。秋季采挖根部，除去细根和泥沙，剥取根皮，晒干。切片用。主产于安徽、山东、湖南、四川、贵州等地。

[性味与归经] 苦、辛，微寒。归心、肝、肾经。

[功能] 清热凉血，活血化瘀。

[主治]

(1) 温毒发斑，衄血、便血：本品具有清热凉血作用，适用于热入血分所致的鼻衄、便血、斑疹等，常与地黄、玄参等同用。

(2) 跌打损伤：本品能活血行瘀，可用于瘀血阻滞、跌打损伤等，常与桂枝、桃仁、当归、赤芍、乳香、没药等配伍。

[用法与用量] 马、牛 15~30g，羊、猪 3~10g，犬 3~6g，兔、禽 1~2g。

地 骨 皮

为茄科植物枸杞 *Lycium chinense* Mill. 或宁夏枸杞 *Lycium barbarum* L. 的干燥根皮。春初或秋后采挖根部，洗净，剥取根皮，晒干。主产于宁夏、甘肃、河北等地。

[性味与归经] 甘，寒。归肺、肝、肾经。

[功能] 凉血退热，清肺降火。

[主治]

(1) 血热妄行：本品入血分而清热凉血，用于治疗血热妄行所致的各种出血证，常与白茅根、侧柏叶等配伍。

(2) 阴虚发热：常与青蒿、鳖甲等配伍。

(3) 肺热咳喘：可与桑白皮等配伍。

[用法与用量] 马、牛 15~60g，羊、猪 5~15g，犬 3~6g，兔、禽 1~2g。

白 头 翁

为毛茛科植物白头翁 *Pulsatilla chinensis* (Bge.) Regel 的干燥根。春、秋两季采挖，除去泥沙，干燥。切片用。主产于东北、内蒙古及华北等地。

[性味与归经] 苦，寒。归胃、大肠经。

[功能] 清热解毒，凉血止痢。

[主治] 热毒血痢。本品既能清热解毒，又能入血分而凉血，为治痢的要药，主要用于肠黄作泻、下痢脓血、里急后重等。常与黄连、黄柏、秦皮等同用，如白头翁汤。

[用法与用量] 马、牛 15~60g，驼 30~100g，羊、猪 6~15g，犬、猫 1~5g，兔、禽 1.5~3g。鱼每 1kg 体重 5~10g，水煎拌饵料投喂。

玄 参

为玄参科植物玄参 *Scrophularia ningpoensis* Hemsl. 的干燥根。冬季茎叶枯萎时采挖，除去根茎、幼芽、须根及泥沙，晒或烘至半干，堆放 3~6d，反复数次至干燥。切片用。主产于浙江、湖南、安徽、山东、四川、河北、江西等地。

[性味与归经] 甘、苦、咸，微寒。归肺、胃、肾经。

[功能] 滋阴降火，凉血解毒。

[主治]

(1) 热病伤阴：本品既能清热泻火，又可滋养阴液，标本兼顾，无论热毒实火，还是阴虚内热均可使用。多与地黄、麦冬、黄连、金银花等配伍，如清营汤。

（2）咽喉肿痛：本品能润燥解毒，用治虚火上炎引起的咽喉肿痛、津枯燥结等，常与地黄、麦冬等配伍。

［用法与用量］马、牛 15～45kg，驼 30～60kg，羊、猪 5～15kg，犬、猫 2～5kg，兔、禽 1～3kg。

［注意］不宜与藜芦同用。

水牛角

为牛科动物水牛 Bubalus bubalis Linnaeus 的角。取角后，水煮，除去角塞，干燥。镑片或锉成粗粉用。南方各地均产。

［性味与归经］苦，寒。归心、肝经。

［功能］清热定惊，凉血止血，解毒。

［主治］

（1）高热神昏：本品能清心热、安神定惊，多用于温热病壮热不退、神昏抽搐等，常与地黄、芍药、牡丹皮配伍，如犀角地黄汤。

（2）血热妄行：本品有凉血、止血作用，可用于血热妄行引起的衄血、便血等，常与地黄、玄参、牡丹皮等同用。

［用法与用量］马、牛 90～150g，羊、猪 20～50g，犬、猫 3～10g，兔、禽 1～3g。

紫草

为紫草科植物新疆紫草 *Arnebia euchroma*（Royle）Johnst. 或内蒙古紫草 *Arnebia guttata* Bunge 的干燥根。春、秋两季采挖，除去泥沙，干燥。切片或切段用。主产于辽宁、湖南、湖北、新疆等地。

［性味与归经］甘、咸，寒。归心、肝经。

［功能］凉血活血，解毒消斑。

［主治］血热毒盛，热毒血斑。本品有清润之力，入血分，长于凉血活血，又能解毒透疹，适用于血热毒盛，郁滞于内，痘疮、斑疹透发不畅等，可与赤芍、蝉蜕等同用。

［用法与用量］马、牛 15～45g，驼 20～60g，羊、猪 5～10g，兔、禽 0.5～1g。外用适量。

三、清热燥湿药

黄　连

为毛茛科植物黄连 *Coptis chinensis* Franch、三角叶黄连 *Coptis deltoidea* C. Y. Cheng et Hsiao 或云连 *Coptis teeta* Wall. 的干燥根茎，分别习称"味连"、"雅连"和"云连"。秋季采挖，除去根须及泥沙，干燥，撞去残留须根。切片、捣碎生用或酒炙、姜汁炙用。主产于四川、云南及我国中部、南部其他地区。

［性味与归经］苦，寒。归心、脾、胃、肝、胆、大肠经。

［功能］清热燥湿，泻火解毒。

［主治］

（1）湿热泻痢：凡属湿热症，均可应用，尤以胃肠湿热壅滞之症最宜，如肠黄作泻、热痢后重等。治肠黄可配郁金、诃子、黄芩、黄柏、大黄、栀子、白芍，如郁金散。

（2）心火亢盛：用治心火亢盛、口舌生疮等，可与黄芩、黄柏、栀子、天花粉、牛蒡子、桔梗、木通等同用，如洗心散等。

（3）火毒疮痈：用治火热炽盛、疮黄肿毒，常配黄芩、黄柏、栀子，如黄连解毒汤。

［用法与用量］马、牛 15～30g，驼 25～45g，羊、猪 5～10g，犬 3～8g，兔、禽 0.5～1g。

黄　芩

为唇形科植物黄芩 *Scutellaria baicalensis* Georgi 的干燥根。春、秋两季采挖，除去根须及泥沙，晒后撞去粗皮，晒干。切片生用或酒炙用。主产于河北、山西、内蒙古、河南以及陕西等地。

［性味与归经］苦，寒。归肺、胆、脾、大肠、小肠经。

［功能］清热燥湿、泻火解毒、止血、安胎。

［主治］

（1）湿热泻痢、黄疸、热淋：治泻痢，常配伍大枣、白芍等；治黄疸，多配伍栀子、茵陈等；治湿热淋症，可配伍木通、地黄等。

（2）肺热实证：本品以清肺热见长。用治肺热咳嗽，可与知母、桑皮等配伍；用治风热犯肺，与栀子、杏仁、桔梗、连翘、薄荷等配伍。

（3）痈肿疮毒：常与金银花、连翘等同用。

（4）胎动不安：治疗热盛、胎动不安，常与白术同用。

［用法与用量］马、牛 20～60g，羊、猪 5～15g，犬 3～5g，兔、禽 1.5～2.5g。

黄　柏

为芸香科植物黄皮树 *Phellodendron chinense* Schneid 的干燥树皮。剥取树皮后，除去粗皮，晒干。切丝生用、盐炙用或炒炭用。产于东北、华北、内蒙古、四川、云南等地。

［性味与归经］苦，寒。归肾、膀胱经。

［功能］清热燥湿，泻火解毒，退虚热。

［主治］

（1）湿热泻痢：其清热燥湿作用与黄芩相似，但以除下焦湿热为佳，用于湿热泄泻、黄疸、淋症、尿短赤等。治疗泻痢，可配白头翁、黄连，如白头翁汤。

（2）阴虚盗汗：盐黄柏滋阴降火，用于阴虚火旺、盗汗等。

（3）疮疡肿毒：外用治疗疮疡肿毒等症。

［用法与用量］马、牛 15～45g，驼 20～50g，猪、羊 5～10g，犬 5～6g，兔、禽 0.5～2g。外用适量。鱼每 1kg 体重 3～6g，水煎拌饵投喂。

龙　胆

为龙胆科植物条叶龙胆 *Gentiana manshurica* Kitag.、龙胆 *Gentiana scabra* Bge、三花

龙胆 *Gentiana triflora* Pall. 或坚龙胆 *Gentiana rigescens* Franch. 的干燥根及根茎。前三种习称"龙胆",后一种习称"坚龙胆"。春、秋两季采挖,洗净,干燥。切段用。我国南北各地均产。

[性味与归经] 苦,寒。归肝、胆经。

[功能] 泻肝胆实火,除下焦湿热。

[主治]

(1) 湿热黄疸、湿疹瘙痒:治黄疸,常与茵陈、栀子等同用;治湿疹瘙痒等,常与黄柏、苦参、茯苓等配伍。

(2) 目赤肿痛等:本品能泻肝经实火,清肝经湿热,故为治肝火之要药。用于肝经风热、目赤肿痛等,常与栀子、黄芩、柴胡、木通等同用,如龙胆泻肝汤;治肝经盛热、热极生风、抽搐痉挛等,多与钩藤、牛黄、黄连等配伍。

[用法与用量] 马、牛 15~45g,驼 30~60g,羊、猪 6~15g,犬、猫 1~5g,兔、禽 1.5~3g。

苦 参

为豆科植物苦参 *Sophora flavescens* Ait. 的干燥根。春、秋两季采挖,除去根头及小支根,洗净,干燥,或趁鲜切片,干燥。主产于山西、河南、河北等地。

[性味与归经] 苦,寒。归心、肝、胃、大肠、膀胱经。

[功能] 清热燥湿,杀虫去积,利水。

[主治]

(1) 湿热泻痢、黄疸:用于治湿热所致黄疸、泻痢等。治黄疸,常与栀子、龙胆等同用;治泻痢,常与木香、甘草等配伍。

(2) 疥癣:外用治疥癣,可与雄黄、枯矾等配伍。

[用法与用量] 马、牛 15~60g,羊、猪 6~15g,兔、禽 0.3~1.5g。外用适量。

[注意] 不宜与藜芦同用。

秦 皮

为木樨科植物苦枥白蜡树 *Fraxinus rhynchophylla* Hance、白蜡树 *Fraxinus chinensis* Roxb.、尖叶白蜡树 *Fraxinus szaboana* Lingelsh. 或宿柱白蜡树 *Fraxinus stylosa* Lingelsh. 的干燥枝皮或干皮。春、秋两季剥取,晒干。切丝用。主产于陕西、河北、河南、辽宁、吉林等地。

[性味与归经] 苦、涩,寒。归肝、胆、大肠经。

[功能] 清热燥湿,收涩,明目。

[主治]

(1) 湿热泻痢:常与白头翁、黄连等同用,如白头翁汤。

(2) 目赤肿痛、云翳:用治肝热上炎的目赤肿痛、睛生翳障等,常与黄连、淡竹叶等配伍。

[用法与用量] 马、牛 15~60g,羊、猪 5~10g,兔、禽 1~1.5g。外用适量。

四、清热解毒药

金银花

为忍冬科植物忍冬 Lonicera japonica Thunb. 的干燥花蕾或带初开的花。夏初花开放前采收，干燥。全国均产，主产于河南、山东等地。

[性味与归经] 甘、苦，寒。归肺、心、胃经。

[功能] 清热解毒，疏散风热。

[主治]

(1) 痈肿疮毒：本品具有较强的清热解毒作用，多用于热毒痈肿，有红、肿、热、痛症状属阳性症者，常与当归、陈皮、防风、白芷、贝母、天花粉、乳香等配伍，如真人（仙方）活命饮。

(2) 风热感冒，瘟病发热：可用于外感风热和温病初起，常与连翘、荆芥、薄荷等同用，如银翘散。

(3) 热毒血痢：常与黄芩、白芍等配伍。

[用法与用量] 马、牛 15~60g，羊、猪 5~10g，犬、猫 3~5g，兔、禽 1~3g。鱼每 1kg 体重 3~5g，或每 $1m^3$ 水体 1~2g，水煎泼洒鱼池。

连翘

为木樨科植物连翘 Forsythia suspensa (Thunb.) Vahl 的干燥果实。秋季果实初熟尚带绿色时采收，除去杂质，蒸熟，晒干，习称"青翘"；果实熟透时采收，晒干，除去杂质，习称"老翘"。主产于山西、陕西、河南等地，甘肃、河北、山东、湖北亦产。

[性味与归经] 苦，微寒。归肺、心、小肠经。

[功能] 清热解毒，消肿散结，疏散风热。

[主治]

(1) 温病发热：广泛用于治疗各种热毒和外感风热或温病初起，常与金银花同用，如银翘散。

(2) 疮黄肿毒：常用于治疗疮黄肿毒等，多与金银花、蒲公英等配伍。

[用法与用量] 马、牛 20~30g，羊、猪 10~15g，犬 3~6g，兔、禽 1~2g。

紫花地丁

为堇菜科植物紫花地丁 Viola. yedoensis Makino 的干燥全草。春、秋两季采收，除去杂质，晒干。切碎用。主产于江苏、福建、云南及长江以南各地。

[性味与归经] 苦、辛，寒。归心、肝经。

[功能] 清热解毒，凉血消肿。

[主治]

(1) 疮黄疔毒：本品有较强的清热解毒作用，多用于治疗疮黄肿毒、丹毒、肠痈等，常与蒲公英、金银花、野菊花等同用，如五味消毒饮。

(2) 毒蛇咬伤：鲜品捣烂外用，可治毒蛇咬伤，解蛇毒。

[用法与用量]马、牛 60～80g，驼 80～120g，羊、猪 15～30g，犬 3～6g。外用鲜品适量。

蒲公英

为菊科植物蒲公英 *Taraxacum mongolicum* Hand.-Mazz.、碱地蒲公英 *Taraxacum sinicum* Kitag. 或同属数种植物的干燥全草。春至秋季花初开时采挖，除去杂质，晒干。切段用。全国各地均产。

[性味与归经]苦、甘，寒。归肝、胃经。

[功能]清热解毒，消痈散结，利尿通淋。

[主治]

(1) 疮毒、肺痈、肠痈、乳痈：本品清热解毒作用较强，常用于治疗痈疽疔毒，多与金银花、野菊花、紫花地丁等同用；治疗肺痈，多配伍鱼腥草、芦根等；治疗肠痈，多与赤芍、紫花地丁、牡丹皮配伍；治疗乳痈，可与金银花、连翘、通草等配伍，如公英散。

(2) 湿热黄疸、热淋：用治湿热黄疸，多与茵陈、栀子配伍；用治热淋，常与白茅根、金钱草等同用。

[用法与用量]马、牛 30～90g，驼 45～120g，羊、猪 15～30g，兔、禽 1.3～5g。外用鲜品适量。

板蓝根

为十字花科植物菘蓝 *Isatis indigotica* Fort. 的干燥根。秋季采挖，除去泥沙，晒干。切片用。主产于江苏、河北、安徽、河南等地。

[性味与归经]苦，寒。归心、胃经。

[功能]清热解毒，凉血利咽。

[主治]

(1) 热毒、瘟疫：有较强的清热解毒作用，能治疗各种热毒、瘟疫等，常与黄芩、连翘、牛蒡子等同用，如普济消毒饮。

(2) 口舌生疮、咽喉肿痛：本品能凉血，兼有利咽作用，治疗口舌生疮、咽喉肿痛等，常与金银花、桔梗、甘草等配伍。

(3) 鱼肠炎、烂鳃、出血。

[用法与用量]马、牛 30～100g，羊、猪 15～30g，犬、猫 3～5g，兔、鸡 1～2g。鱼每 1kg 体重 1～2g，或每 1kg 饲料 20g，水煎拌饵投喂。

射 干

为鸢尾科植物射干 *Belamcanda chinensis* (L.) DC. 的干燥根茎。春初刚发芽或秋末茎叶枯萎时采挖，除去须根及泥沙，干燥。切片用。主产于浙江、湖北、河南、安徽、江苏等地。

[性味与归经]苦，寒。归肺经。

[功能]清热解毒，消痰利咽。

[主治]

(1) 咽喉肿痛：用于治疗热毒郁肺、结于咽喉而致的咽喉肿痛，常与黄芩、牛蒡子、山豆根、甘草等配伍。

(2) 痰涎壅盛、肺热咳喘：适用于肺热咳喘痰多者，常与前胡、贝母、瓜蒌等同用。

[用法与用量] 马、牛 15～45g，羊、猪 5～10g。

山豆根

为豆科植物越南槐 *Sophora tonkinensis* Gagnep. 的干燥根及根茎。秋季采挖，除去杂质，洗净，干燥。切片用。主产于广西、广东、湖南、贵州等地。

[性味与归经] 苦，寒；有毒。归肺，胃经。

[功能] 清热解毒，消肿利咽，祛痰止咳。

[主治] 咽喉肿痛。本品是治疗咽喉肿痛的要药。用治热毒肺火所致之咽喉肿痛，常与射干、玄参、桔梗等同用。

[用法与用量] 马、牛 15～45g，驼 30～60g，羊、猪 5～10g，兔、禽 1～2g。

黄药子

为薯蓣科植物黄独 *Dioscorea bulbifera* L. 的干燥块茎。秋季采挖，洗去泥沙，除去须根，切片，干燥。主产于湖北、湖南、江苏、江西、山东、河北等地。

[性味与归经] 苦，平。归心、肺经。

[功能] 清热凉血，解毒消肿。

[主治]

(1) 咽喉肿痛：常与山豆根、射干、牛蒡子等同用。

(2) 疮黄肿毒：常与栀子、黄芩、黄连、白药子等同用，如消黄散。

(3) 毒蛇咬伤：可与半边莲等配伍。

[用法与用量] 马、牛 15～60g，驼 20～80g，羊、猪 5～15g，兔、禽 1～3g。

白药子

为防己科植物头花千金藤 *Stephania cepharantha* Hayata. 的干燥块根。秋、冬两季采挖，除去须根，洗净，趁鲜切片，干燥。主产于江西、湖南、湖北、广东、浙江、陕西、甘肃等地。

[性味与归经] 苦，寒。归肺、心、脾经。

[功能] 清热解毒，凉血散瘀，消肿止痛。

[主治] 风热咳嗽、咽喉肿痛、湿热下痢、疮黄肿毒等，常与黄药子同用。

[用法与用量] 马、牛 30～60g，羊、猪 5～15g，兔、禽 1～3g。

五、清热解暑药

香薷

为唇形科植物石香薷 *Mosla chinensis* Maxim. 或江香薷 *Mosla chinensis* "Jiangxiangru" 的干燥地上部分。前者习称"青香薷"，后者习称"江香薷"。夏季茎叶茂盛、花盛时择晴天采割，除去杂质，阴干。切段用。主产于江西、安徽、河南等地。

［性味与归经］辛，微温。归肺、胃经。

［功能］发汗解表，和中利湿。

［主治］

（1）伤暑、发热无汗、泄泻腹痛：本品能祛暑解表，多用于外感风邪暑湿、无汗兼脾胃不和之证。治疗牛、马伤暑，常与黄芩、黄连、天花粉等同用，如香薷散；治疗暑湿，常与扁豆、厚朴等配伍。

（2）尿不利、水肿：本品能通利水湿，常与白术、茯苓等同用。

［用法与用量］马、牛15～45g，羊、猪3～10g，犬2～4g，兔、禽1～2g。

绿　豆

为豆科植物绿豆 Phaseolus radiatus L. 的干燥种子。立秋后种子成熟时采收，拔取全株，晒干，打下种子，簸净杂质。各地均有栽培。

［性味与归经］甘，寒。归心、胃经。

［功能］清热解毒，消暑止渴。

［主治］

（1）暑热：常与甘草、葛根、黄连等同用。

（2）热痈肿毒：常与其他清热解毒药同用。仙人掌捣烂与绿豆粉调成糊状外敷，治疗乳腺炎有一定作用。用绿豆粉加冰片调匀外敷，可止湿疹皮炎瘙痒。

（3）药物及食物中毒：常与甘草等同用。

［用法与用量］马、牛500g，羊、猪30～60g。

荷　叶

为睡莲科植物莲 Nelumbo nucifera Gaertn. 的干燥叶。夏、秋两季采收，晒至七八成干时，除去叶柄，折成半圆形或折扇形，干燥。切丝生用或炒炭用。主产于浙江、江西、湖南、江苏、湖北等地。

［性味与归经］苦，平。归肝、脾、胃经。

［功能］解暑，升阳，止泻，凉血止血。

［主治］

（1）暑湿泄泻：本品味苦性平，新鲜者，善清夏季之暑邪，用治暑热、尿短赤等，常与藿香、佩兰等同用。

（2）脾虚泄泻：本品能升发脾阳，用治暑热泄泻、脾虚气陷等，常与白术、扁豆等配伍。

（3）鼻衄、便血、尿血。

［用法与用量］马、牛30～90g，羊、猪10～30g。

青　蒿

为菊科植物黄花蒿 Artemisia annua L. 的干燥地上部分。秋季花盛开时采割，除去老茎，阴干。切段用。各地均产。

［性味与归经］苦、辛,寒。归肝、胆经。
［功能］清热解暑,退虚热,杀原虫。
［主治］

(1) 外感暑热:本品气味芳香,虽苦寒而不伤脾胃,并有清解暑邪、宣化湿热的作用,用治外感暑热和湿热等。治外感暑热,常与藿香、佩兰、滑石等配伍;治湿热,常与黄芩、竹茹等同用。

(2) 阴虚发热:常与地黄、鳖甲、知母、牡丹皮同用,如青蒿鳖甲汤。

(3) 梨形虫病、球虫病。

［用法与用量］马、牛 15～60g,驼 30～100g,羊、猪 5～15g,兔、禽 1～2g。

第三节 泻下药

凡能攻积、逐水,引起腹泻,或润肠通便的药物,称为泻下药。泻下药用于里实证,其主要功能有以下三方面:①清除胃肠道内的宿食、燥粪及其他有害物质,使其从粪便排出。②清热泻火,使实热壅滞通过泻下而得到缓解或消除。③逐水退肿,使水邪从、粪尿排出,以达到祛除停饮、消退水肿的目的。根据泻下药的作用强度和应用范围不同,一般可分为攻下药、润下药、峻下逐水药三类。

1. 攻下药 具有较强的泻下作用,适用于宿食停积,粪便燥结所引起的里实证。又有清热泻火作用,故尤以实热壅滞、燥粪坚积者为宜。常辅以行气药,以加强泻下的力量,并消除腹满证候。

2. 润下药 多为植物、种子或果仁,富含油脂,具有润燥滑肠的作用,故能缓下通便。适用于津枯、产后血亏、病后津液未复及亡血的肠燥津枯便秘等。

3. 峻下逐水药 本类药物作用猛烈,能引起剧烈腹泻,而使大量水分从粪便排出,其中有的药物还兼有利尿作用。适用于水肿、胸腔积水及痰饮结聚、喘满壅实等。

使用泻下药应注意:①泻下药的使用,以表邪已解、里实已成为原则,如表证未解,当先解表,然后攻里;若表邪未解而里实已成,则应表里双解,以防表邪陷里。②攻下药、逐水药攻逐力较猛,易伤正气,凡虚证及孕畜不宜使用,如必要时可适当配伍补益药,攻补兼施。此外,这类药物多具有毒性,应注意剂量,防止中毒。③泻下药的作用与剂量有关,量小则力缓,量大则力峻。与配伍也有关,如大黄配厚朴、枳实则力峻;大黄配甘草则力缓。又如大黄是寒下药,如与附子、干姜配合,又可用于寒实闭结之证。因此,应根据病情掌握用药的剂量与配伍。

一、攻下药

大 黄

为蓼科植物掌叶大黄 *Rheum palmatum* L.、唐古特大黄 *Rheum tanguticum* Maxim. ex Balf. 或药用大黄 *Rheum officinale* Baill. 的干燥根及根茎。秋末茎叶枯萎或次春发芽前采挖,除去细根,刮去外皮,切瓣或段干燥。切片或块生用,酒炙或炒炭用。主产于四川、甘肃、青海、湖北、云南、贵州等地。

[性味与归经] 苦，寒。归脾、胃、大肠、肝、心包经。

[功能] 泻热通肠，凉血解毒，破积行瘀。

[主治]

（1）热结便秘：本品善于荡涤肠胃实热，燥结积滞，为苦寒攻下之要药。多与芒硝、枳实、厚朴同用，如大承气汤。

（2）血热妄行、目赤肿痛、疮黄疔毒疮肿：本品既能泻下，又可泻热，具有凉血解毒的功效。治疗血分实热壅滞诸证，常与黄芩、黄连、牡丹皮等同用。

（3）跌打损伤：本品能活血化瘀，适用于瘀血阻滞之证，可与桃仁、红花等配伍。

[用法与用量] 马、牛 30～120g，驼 30～90g，羊、猪 6～12g，犬、猫 3～5g，兔、禽 1.5～3g，外用适量。鱼每 1kg 体重 5～10g，水煎拌饵投喂；或每 $1m^3$ 水体 2.5～4g，水煎泼洒鱼池。

[注意] 孕畜慎用。

芒　硝

为硫酸盐类矿物芒硝族芒硝，经加工精制而成的结晶体。主含含水硫酸钠（$Na_2SO_4 \cdot 10H_2O$）。主产于河北、河南、山东、江西、江苏及安徽等地。

[性味与归经] 咸、苦，寒。归胃、大肠经。

[功能] 泻热通便，润燥软坚，清火消肿。

[主治]

（1）里热燥结实证：本品有润燥软坚、泻下清热的功效，为治里热燥结实证之要药。适用于实热积滞、粪便燥结、肚腹胀满等，常与大黄相须为用，配木香、槟榔、青皮、牵牛子等治马属动物结症，如马价丸。

（2）目赤肿痛、口腔溃烂及皮肤疮肿：用治热毒引起的目赤肿痛、口腔溃烂及皮肤疮肿。如玄明粉配硼砂、冰片，共研细末，为冰硼散，用治口腔溃烂。

[用法与用量] 马 200～500g，牛 300～800g，羊 40～100g，猪 25～50g，犬、猫 5～15g，兔、禽 2～4g。外用适量。

[注意] 孕畜禁用。

番　泻　叶

为豆科植物狭叶番泻 *Cassia angutifolia* Vahl 或尖叶番泻 *Cassia angutifolia* Delile 的干燥小叶。狭叶番泻叶主产于印度、埃及、苏丹，尖叶番泻叶主产于埃及。

[性味与归经] 甘、苦，寒。归大肠经。

[功能] 泻热导滞，通便，利水。

[主治]

（1）热结便秘、腹痛起卧等：本品有较强的泻热通便的作用，用于热结便秘、腹痛起卧等，常与大黄、枳实、厚朴等同用。

（2）消化不良、食物积滞：配伍槟榔、大黄、山楂等。

（3）腹水：配伍牵牛子、大腹皮等。

[用法与用量] 马 25～40g，牛 30～60g，羊、猪 5～10g，兔、禽 1～2g。

［注意］孕畜慎用。

二、润下药

火麻仁

为桑科植物大麻 Cannabis sativa L. 的干燥成熟果实。秋季果实成熟时采收，除去杂质，晒干。生用或炒黄用。主产于东北、华北、西南等地。

［性味与归经］甘，平。归脾、胃、大肠经。

［功能］润燥滑肠，通便。

［主治］肠燥便秘。本品多脂，润燥滑肠，性质平和，兼有益津作用，为常用的润下药。用于邪热伤阴、津枯肠燥所致的粪便燥结，常与大黄、杏仁、白芍等同用，如麻子仁丸。若用治病后津亏及产后血虚所致的肠燥便秘，常与当归、地黄等配伍。

［用量与用法］马、牛120～180g，驼150～200g，羊、猪10～30g，犬、猫2～6g。

郁李仁

为蔷薇科植物欧李 Prunus humilis Bge.、郁李 Prunus japonica Thunb. 或长柄扁桃 Prunus pedunculata Maxim. 的干燥成熟种子。前两者习称"小李仁"，后一种习称"大李仁"。夏、秋两季采收成熟果实，除去果肉及核壳，取出种子，干燥。捣碎生用。南北各地均有分布，多系野生，主产于河北、辽宁、内蒙古等地。

［性味与归经］辛、苦、甘，平。归脾、大肠、小肠经。

［功能］润燥滑肠，下气，利水。

［主治］

(1) 肠燥便秘：本品富含油脂，体润滑降，具有通便润肠之功效，适用于老弱病畜之肠燥便秘，多与火麻仁、瓜蒌仁等同用。

(2) 四肢水肿、尿不利：常与薏苡仁、茯苓等配伍。

［用法与用量］马、牛15～60g，羊、猪5～10g，兔、禽1～2g。

［注意］孕畜慎用。

蜂蜜

为蜜蜂科昆虫中华蜜蜂 Apis cerana Fabricius 或意大利蜂 Apis mellifera Linnaeus 所酿的蜜。春至秋季采收，滤过。各地均产。

［性味与归经］甘，平。归肺、脾、大肠经。

［功能］补中缓急，润燥，解毒。

［主治］

(1) 肠燥便秘：本品甘而滋润，益气补中，可用于脾虚胃弱等证以及体虚不宜用攻下药的肠燥便秘等。

(2) 肺燥干咳、肺虚久咳：如枇杷叶常用蜂蜜拌炒，以增强润肺之功。

(3) 解毒：可用于缓解乌头、附子等的毒性。

［用量与用法］马、牛120～240g，羊、猪30～90g，兔、禽3～10g。

三、峻下逐水药

牵牛子

为旋花科植物裂叶牵牛 *Pharbilis nil* (L.) Choisy 或圆叶牵牛 *Pharbitis purpuren* (L.) Voigt 的干燥成熟种子。秋末果实成熟、果壳未开裂时采割植株，晒干，打下种子，除去杂质。捣碎，清炒用。各地均产。

[性味与归经] 苦，寒；有毒。归肺、肾、大肠经。

[功能] 泻下，逐水，攻积，杀虫。

[主治]

(1) 肠胃实热壅滞证：本品泻下力强，又能利尿，可使水湿从粪尿排出而消肿，适用于粪便不通及水肿腹胀等证。

(2) 水肿胀满实证：常与甘遂、大戟、大黄等同用。

(3) 虫积腹痛实证。

[用法与用量] 马、牛 15～60g，驼 25～65g，羊、猪 3～10g，兔、禽 0.5～1.5g。

[注意] 孕畜禁用。不宜与巴豆同用。

千金子

为大戟科植物续随子 *Euphorbia lathyris* L. 的干燥成熟种子。夏、秋两季果实成熟时采收，除去杂质，干燥。制霜用。主产于浙江、河北、河南等地。

[性味与归经] 辛，温；有毒。归肝、肾、大肠经。

[功能] 逐水消肿，破血散结。

[主治]

(1) 水肿实证：本品泻下逐水的作用较强，且能利尿，可用于二便不利的水肿实证，常与大黄、大戟、牵牛子、木通等同用。

(2) 血瘀实证：本品能破血散瘀，用于血瘀之证，常与桃仁、红花等配伍。

[用法与用量] 马、牛 15～30g，羊、猪 3～6g。

[注意] 孕畜忌服。

大戟

为大戟科植物大戟 *Euphorbia pekinensis* Rupr. 或茜草科植物红芽大戟 *Knoxia valerianoide* Thorel. 的干燥根。秋、冬两季采挖，洗净，晒干。切片生用或醋煮用。前者习称"京大戟"，后者习称"红大戟"。主产于广西、云南、广东等地。

[性味与归经] 苦，寒；有毒。归肺、脾、肾经。

[功能] 泻水逐饮，消肿散结。

[主治]

(1) 水肿喘满实证：京大戟泻水逐饮的功效较好，适用于水饮泛溢所致的水肿喘满，胸腹积水等。治牛水草肚胀，可与甘遂、牵牛子等配伍，如大戟散。

(2) 疮黄肿毒：本品消肿散结，以红大戟较好，适用于热毒壅所致的疮黄肿毒等。京大戟含大戟甙，有类似巴豆油和斑蝥素的刺激作用，与醋酸作用后，其刺激作用消失。

[用量] 马、牛 10～15g，猪、羊 2～6g，犬 1～3g。

[注意] 孕畜禁用。不宜与甘草同用。

甘　遂

为大戟科植物甘遂 *Euphorbia kansui* T. N. Liou ex T. P. Wang 的干燥块根。春季开花前或秋末茎叶枯萎后采挖，撞去外皮，晒干。醋炙用。主产于陕西、山西、河南等地。

[性味与归经] 苦，寒；有毒。归肺、肾、大肠经。

[功能] 泻水逐痰，通利二便。

[主治]

(1) 水肿胀满，二便不利：本品为泻水逐饮之峻下药，尤长于泻胸腹之积水，适用于水湿壅盛所致的宿水停脐、水肿胀满、二便不利等，常与大戟、芫花等同用。

(2) 湿热肿毒：外用消肿散结等。

[用法与用量] 马、牛 6～15g，驼 10～20g，羊、猪 0.5～1.5g，犬 0.1～0.5g。

[注意] 孕畜及体弱家畜忌服。不宜与甘草同用。

芫　花

为瑞香科植物芫花 *Daphne genkwua* Sied. et Zucc. 的干燥花蕾。春季花未开放时采收，除去杂质，干燥。醋炙用。主产于广西、安徽、江苏、浙江、四川、山东等地。

[性味与归经] 苦，辛，温；有毒。归肺、脾、肾经。

[功能] 泻水逐饮，通利二便，解毒杀虫。

[主治]

(1) 水肿胀满、二便不利：本品泻水逐饮之功效与大戟、甘遂类似，而作用稍逊，以泻胸胁之水饮积聚见长，用于胸胁积水、水草肚胀等，常与大戟、甘遂、大枣等同用。

(2) 痈疽肿毒：外用杀虫治癣。

[用法与用量] 马、牛 6～15g，羊、猪 1.5～3g。外用适量。

[注意] 孕畜禁用。不宜与甘草同用。

第四节　消　导　药

凡能健运脾胃，促进消化，具有消积导滞作用的药物，称为消导药，也称为消食药。消导药适用于消化不良、草料停滞、肚腹胀满、腹痛腹泻等。在临床应用时，常根据不同病情而配伍其他药物，不可单纯依靠消导药物取效。如食滞多与气滞有关，故常与理气药同用；用治便秘，则常与泻下药同用；用治脾胃虚弱，可配健胃补脾药；用治脾胃有寒，可配温中散寒药；用治湿浊内阻，可配芳香化湿药；用治积滞化热，可配苦寒清热药。

六神曲

为面粉和其他药物混合后经发酵而成的加工品，又称六曲或建曲。以大量麦粉、麸皮与杏仁泥、赤豆粉以及鲜青蒿、鲜苍耳、鲜辣蓼自然汁，混合拌匀，使不干不湿，做成小块，放入筐内，覆以麻叶或构树叶，保湿发酵1周，长出菌丝（生黄衣）后，取出晒干即成。原主产于福建，现各地均能生产。

[性味与归经] 辛、甘，温。入脾、胃经。

[功能] 消食化积，健胃和中。

[主治] 本品具有消食健胃的功效，尤以消谷积见长，适用于草科积滞、消化不良、食欲不振、肚腹胀满、脾虚泄泻等，常与山楂、麦芽等同用。

[用法与用量] 马、牛 20～60g，猪、羊 10～15g，犬 5～8g。

山 楂

为蔷薇科植物山里红 *Crataegus pinnatifida* Bge. var. *major* N. E. Br 或山楂 *Crataegus pinnatifida* Bge. 的成熟干燥果实。秋季果实成熟时采收，切片，干燥。炒黄或炒焦用。主产于河北、江苏、浙江、安徽、湖北、贵州、广州等地。

[性味与归经] 酸、甘，微温。归脾、胃、肝经。

[功能] 消食化积，行气散瘀。

[主治]

(1) 伤食腹胀、消化不良：本品能消食健胃，尤以消化积滞见长，常与行气消滞药木香、青皮、枳实等同用。治食积停滞，配六神曲、半夏、茯苓等，如保和丸。

(2) 产后恶露不尽：可与蒲黄、茜草等配伍。

[用法与用量] 马、牛 20～60g，猪、羊 10～15g，犬、猫 3～6g，兔、禽 1～2g。

麦 芽

为禾本科植物大麦 *Hordeum vulgare* L. 的成熟果实经发芽干燥而得。将麦粒用水浸泡后，保持适宜温、湿度，待幼芽长至约 0.5cm 时，晒干或低温干燥。炒黄或炒焦用。各地均产。

[性味与归经] 甘，平。归脾、胃经。

[功能] 生用行气消食，健脾开胃；炒用回乳消胀。

[主治]

(1) 食积不消、肚胀：本品有消食和中的作用，尤以消食草料见长，用治草料停滞、肚腹胀满、食欲不振等。治食积不消，常与山楂、陈皮等同用。

(2) 乳房胀痛、母畜断乳：本品能回乳，可用于乳汁郁积引起的乳房肿胀，母畜断乳等。

[用法与用量] 马、牛 20～60g，羊、猪 10～15g，兔、禽 1.5～5g。

[注意] 哺乳期母畜慎用。

鸡 内 金

为雉科动物家鸡 *Gallus gallus domesticus* Brisson 的干燥砂囊内壁。杀鸡后，取出鸡肫，立即剥下内壁，洗净，干燥。清炒或醋炒用。各地均产。

[性味与归经] 甘，平。归脾、胃、小肠、膀胱经。

[功能] 健胃，消食。

[主治] 食积不消、泄泻。本品消积作用较强，而又具健胃之功，多用于草料停滞而兼有脾虚证。治食积不化、肚腹胀满，常与山楂、麦芽等同用；治脾虚腹泻，常与白术、干姜等配伍。

[用法与用量] 马、牛15～30g，羊、猪3～9g，兔、禽1～2g。

莱菔子

为十字花科植物萝卜 *Raphanus sativus* L. 的干燥成熟种子。夏季果实成熟时采割植株，晒干，搓出种子，除去杂质，再晒干。捣碎生用或炒用。各地均产。

[性味与归经] 辛、甘，平。归肺、脾、胃经。

[功能] 消食导滞，降气化痰。

[主治]

(1) 气滞食积、腹胀：生用具有消食除胀的作用，用于治疗气滞食积、肚腹胀满、嗳气酸臭、腹痛腹泻等，常与六神曲、山楂、厚朴等同用。

(2) 痰饮咳喘：炒熟用于祛痰降气，治痰涎壅盛、气喘咳嗽等证，常与苏子等配伍。

[用法与用量] 马、牛20～60g，驼45～100g，羊、猪5～15g，兔、禽1.5～2g。

第五节 止咳化痰平喘药

凡能消除痰涎，制止或减轻咳嗽和气喘的药物，称为止咳化痰平喘药。此类药物味多辛、苦。根据其性味和功能，可分为如下三类：

1. 温化寒痰药 凡药性温燥，具有温肺祛寒、燥湿化痰作用的药物，称为温化寒痰药。其味辛性温，适用于寒痰、湿痰所致的呛咳气喘、痰涎清稀、喉中痰鸣、鼻液稀薄，或关节疼痛、阴疽流注等。

2. 清化热痰药 凡药性偏于寒凉，以清化热痰为主要作用的药物，称为清化热痰药。此类药物适用于热痰郁肺所引起的呛咳气喘、痰多色黄、鼻液黏稠以及由痰热所致的癫痫、瘰疬等。

3. 止咳平喘药 凡能制止咳嗽、降气平喘的药物，称为止咳平喘药。此类药物适用于多种咳嗽和气喘证候。

临床上，咳嗽每多挟痰，而痰多亦可导致咳嗽。因此，治疗时止咳和化痰药常配合使用。此外，咳喘又有寒热虚实等的不同，应注意配伍。如风寒咳喘，配辛温解表药；风热咳喘，配辛凉解表药；肺热咳喘，配清肺止咳药；肺寒咳喘，配温肺药；肺燥咳喘，配滋阴润肺药；肺虚咳喘，宜配补肺药。

一、温化寒痰药

为天南星科植物半夏 *Pinellia ternata* (Thunb.) Breit. 的干燥块茎。夏、秋两季采挖，洗净，除去外皮及须经，晒干。原药为生半夏，如用凉水浸泡至口尝无麻辣感，晒干加白矾共煮透，取出切片晾干者为清半夏；如与姜、矾煮透，晾干切片入药者为姜半夏；半夏用水浸泡至内无干心，再用甘草煎液与石灰液的混合液浸泡，至剖面黄色均匀，口尝微有麻舌感时，取出，洗净，阴干或烘干，为法半夏。主产于四川、湖北、安徽、江苏、山东、福建等地。

［性味与归经］辛，温；有毒。归脾、胃、肺经。

［功能］燥湿化痰，降逆止呕，消痞散结。姜半夏多用于温中化痰，降逆止呕；法半夏多用于燥湿化痰。

［主治］

（1）湿痰咳喘：本品燥湿化痰，为治湿痰之要药，适用于咳嗽气逆、痰涎壅滞等。属于湿痰者，常与陈皮、茯苓等配伍，如二陈汤。治马肺寒吐沫，与升麻、防风、枯矾、生姜同用，如半夏散。

（2）反胃吐食：本品辛散温燥，降逆止呕之功显著，可用于多种呕吐证，对停饮和湿邪阻滞所致的呕吐尤为适宜。若属热性呕吐，尚需配合清热泻火的药物。

（3）腹胀：能宽中消痞，用治肚腹胀满，常与黄芩、黄连、干姜等同用。

（4）痈肿：用治气郁痰阻的病证，可配厚朴、茯苓、苏叶、生姜等。治瘰疬痰核，常配贝母、夏枯草、昆布、海藻等。此外，生半夏有毒，多用治外科疮黄肿毒，如半夏末、鸡蛋白调涂治乳疮。若用治痈肿未溃者，常用生半夏、生南星等，醋调外敷，有散结消肿之效。

［用法与用量］马、牛 15～45g，驼 30～60g，羊、猪 3～10g，犬、猫 1～5g。外用适量。

［注意］不宜与乌头类药材同用。

天 南 星

为天南星科植物天南星 Arisaema erubescens（Wall.）Schott、异叶天南星 Arisaema heterophyllum Bl. 或东北天南星 Arisaema amurense Maxim. 的干燥块茎。秋、冬两季茎叶枯萎时采挖，除去须根及外皮，干燥。生用或制用。主产于四川、河南、河北、云南、辽宁、江西、浙江、江苏、山东等地。

［性味与归经］苦、辛，温；有毒。归肺、肝、脾经。

［功能］燥湿祛痰，祛风解痉；外用散结消肿。

［主治］

（1）风痰咳嗽：本品燥湿之功更烈于半夏，适用于风痰咳嗽、顽痰咳嗽及痰湿壅滞等，常与陈皮、半夏、白术同用。

（2）口眼歪斜、四肢抽搐、破伤风：本品能祛风解痉，为祛风痰的主药，常用于癫痫、口眼歪斜、中风口紧、全身风痹、四肢痉挛、破伤风等，多与半夏、白附子等配伍。

（3）痈肿：能消肿毒，外敷疮肿，有消肿定痛的功效。

［用法与用量］马 15～30g，牛 15～40g，羊、猪 3～9g，犬、猫 1～2g。

［注意］生品内服宜慎重；孕畜忌服。

旋 覆 花

为菊科植物旋覆花 Inula japonica Thunb. 或欧亚旋覆花 Inula britannica L. 的干燥头状花序。夏、秋两季花开放时采收，除去杂质，阴干或晒干。生用或蜜炙用。主产于广西、广东、江苏、浙江等地。

[性味与归经] 苦、辛、咸，微温。归肺、脾、胃、大肠经。

[功能] 降气，消痰，平喘，行水，止呕。

[主治]

（1）咳嗽气喘：本品能降气平喘，用于咳嗽气喘、气逆不降等，常与苏子、芥子、莱菔子等同用。

（2）痰饮蓄积：能消痰行水，配桔梗、桑白皮、半夏、瓜蒌仁等，治疗痰壅气逆及痰饮蓄积所致的咳喘痰多等证。

（3）呕吐：治痰浊内阻，反胃呕吐，配代赭石、党参、半夏、生姜、大枣、炙甘草等，如旋覆代赭汤。

[用法与用量] 马、牛 15～45g，猪、羊 5～10g，犬 3～6g。

二、清化热痰药

贝　母

为百合科植物川贝母 *Fritillaria cirrhosa* D. Don. 或浙贝母 *Fritillaria thunbergii* Miq. 的干燥鳞茎，切片或打成碎块。生用。主产于四川、浙江、青海、甘肃、云南、江苏、河北等地。

[性味与归经] 川贝母：苦、甘，微寒；浙贝母：苦，寒。均归肺、心经。

[功能] 川贝母：清热润肺，止咳化痰；浙贝母：化痰止咳，清热散结。

[主治]

（1）咳嗽、肺痈：川贝母偏治肺热燥咳，久咳少痰，阴虚劳咳；浙贝母偏治肺热咳嗽、肺痈。如川贝母与杏仁、紫菀、款冬花、麦冬等止咳养阴药配伍治久咳少痰；配炙冬花、百部、百合、紫菀、秦艽等治肺虚咳喘；配麦冬、天冬、玉竹、元参、炙冬花、甘草等治肺燥咳喘。如浙贝母配百合、大黄、天花粉等，用治肺痈鼻脓，如百合散。

（2）乳痈、疮疡肿毒：浙贝母长于清火散结，故适用于瘰疬痈肿未溃者，多与清热散结、凉血解毒药物同用。如配伍天花粉、连翘、蒲公英、当归、青皮等，用治乳痈肿痛；配玄参、龙骨、牡蛎、夏枯草、地黄、海藻等治瘰疬、结核。

[用法与用量] 马、牛 15～30g，驼 35～75g，羊、猪 3～10g，犬、猫 1～2g，兔、禽 0.5～1.5g。

[注意] 不宜与乌头类药材同用。

瓜　蒌

为葫芦科植物栝楼 *Trichosanthes kirilowii* Maxim. 或双边栝楼 *Trichosanthes rosthornii* Harms. 的干燥成熟果实。秋季果实成熟时，连果梗剪下，置通风处阴干。切丝或切块用。主产于山东、安徽、河南、四川、浙江、江西等地。

[性味与归经] 甘、微苦，寒。归肺、胃、大肠经。

[功能] 清热化痰，利气散结，润燥通便。

[主治]

(1) 肺热咳嗽：本品甘寒清润，能清热化痰，用于肺热咳嗽，痰液黏稠等，常与贝母、桔梗、杏仁等同用。

(2) 粪便干燥：下润大肠之燥而通便，用于粪便燥结，可与火麻仁等配伍。

(3) 乳痈：还可用于乳痈初起，肿痛未成脓者，常与蒲公英、乳香、没药等配伍，有散结消肿的功效。

[用法与用量] 马、牛 30～60g，羊、猪 10～20g，犬 6～8g，兔、禽 0.5～1.5g。

[注意] 不宜与乌头类药材同用。

天花粉

为葫芦科植物栝楼 *Trichosanthes kirilowii* Maxim. 或双边栝楼 *Trichosanthes rosthornii* Harms. 的干燥根。秋、冬两季采挖，洗净，除去外皮，切段或纵剖成瓣，干燥。切片生用。主产于山东、安徽、河南、四川、浙江、江西等地。

[性味与归经] 甘、微苦，微寒。归肺、胃经。

[功能] 清热泻火，生津止渴，排脓消肿。

[主治]

(1) 肺热燥咳：本品能清肺化痰，用治肺热燥咳、肺虚咳嗽、胃肠燥热或痈肿疮毒等，常与麦冬、地黄配伍。

(2) 高热贪饮：能养胃生津，用治热证伤津口渴者，常配地黄、芦根等。

(3) 热毒痈肿：治疮黄痈肿，配银花、连翘、蒲公英、浙贝母、皂刺等。

[用法与用量] 马、牛 15～45g，羊、猪 5～15g，犬、猫 3～5g，兔、禽 1～2g。

[注意] 不宜与乌头类药材同用。

桔 梗

为桔梗科植物桔梗 *Platycodon grandiflorum*（Jacq.）A. DC. 的干燥根。春、秋两季采挖，洗净，除去须根，趁鲜剥去外皮或不去外皮，干燥。切片生用。主产于安徽、江苏、浙江、湖北、河南等地。

[性味与归经] 苦、辛，平。归肺经。

[功能] 宣肺，祛痰，利咽，排脓。

[主治]

(1) 咳嗽痰多、咽喉肿痛：本品宣肺祛痰，长于宣肺而疏散风邪，为治外感风寒或风热所致咳嗽、咽喉肿痛等的常用药。用治肺热咳喘，常与贝母、板蓝根、甘草、蜂蜜等配伍，如清肺散。

(2) 肺痈、疮疡不溃：用治肺痈、疮黄肿毒，有排脓之效。

[用法与用量] 马、牛 15～45g，羊、猪 3～10g，犬 2～5g，兔、禽 1～1.5g。

三、止咳平喘药

苦杏仁

为蔷薇科植物杏 *Prunus armeniaca* L.、山杏 *Prunus armeniaca* L. var. *ansu* Maxim.、

西伯利亚杏 *Prunus sibirica* L. 或东北杏 *Prunus mandshurica*（Maxim.）Koehne 的干燥成熟种子。夏季采收成熟果实，除去果肉及核壳，取出种子，晒干。捣碎生用或炒用。主产于我国北方各地。

［性味与归经］苦，微温；有小毒。归肺、大肠经。

［功能］止咳平喘，润肠通便。

［主治］

（1）咳嗽气喘：本品苦泄降气，能止咳平喘，主要用于咳逆、喘促等证。配款冬花、枇杷叶、橘皮等，用治外感咳嗽；配麻黄、石膏、甘草等，用治肺热气喘，如麻杏甘石汤。

（2）肠燥便秘：本品富含脂肪，能润燥滑肠，配桃仁、火麻仁、当归、地黄、枳壳等，用治老弱病畜肠燥便秘和产后便秘。

［用法与用量］马、牛 15～30g，羊、猪 3～10g，犬 3～8g。

紫 菀

为菊科植物紫菀 *Aster tataricus* L. f. 的干燥根及根茎。春、秋两季采挖，除去有节的根茎（习称"母根"）和泥沙，编成辫状晒干，或直接晒干。切片生用或蜜炙用。主产于河北、安徽、河南、东北等地。

［性味与归经］辛、苦，温。归肺经。

［功能］润肺下气，消痰止咳。

［主治］咳嗽、痰多喘急。本品辛散苦泄，有下气化痰止咳的功效，为止咳的要药，用治劳伤咳喘、鼻流脓血等。用治久咳不止，配冬花、百部、乌梅、生姜；用治阴虚咳嗽，配知母、贝母、桔梗、阿胶、党参、茯苓、甘草等；用治外感咳嗽痰多，与百部、桔梗、白前、荆芥等同用，如止嗽散。

［用法与用量］马、牛 15～45g，驼 25～60g，羊、猪 3～6g，犬 2～5g。

款 冬 花

为菊科植物款冬 *Tussilago farfara* L. 的干燥花蕾。12 月或地冻前当花未出土时挖取花蕾，除去花梗及泥沙，阴干。生用或蜜炙用。主产于河南、陕西、甘肃、浙江等地。

［性味与归经］辛、微苦，温。归肺经。

［功能］润肺下气，止咳化痰。

［主治］咳嗽、气喘、肺痈、肺痿。本品为治咳嗽之要药，可用于多种咳嗽。治劳伤咳嗽，常与紫菀等配伍；用治肺燥咳嗽，多与黄药子、僵蚕、郁金、白芍、玄参同用，如款冬花散。蜜炙用，可增强润肺功效。

［用法与用量］马、牛 15～45g，驼 20～60g，羊、猪 3～10g，犬 2～5g，兔、禽 0.5～1.5g。

百 部

为百部科植物蔓生百部 *Stemona japonica*（Bl.）Miq.、直立百部 *Stemona sessilifolia*（Miq.）Miq. 或对叶百部 *Stemona tuberosa* Lour. 的干燥块根。春、秋两季采挖，除去须根，洗净，置沸水中略烫或蒸至无白心，取出，晒干。切片，生用或蜜炙用。主产于江苏、安徽、山东、河南、浙江、福建、湖北、江西等地。

[性味与归经] 甘、苦，微温。归肺经。

[功能] 润肺止咳，杀虫。

[主治]

(1) 咳嗽：本品能润肺止咳，对新久咳嗽均有疗效。配麻黄、杏仁，治风寒咳喘；配紫菀、贝母、葛根、石膏、淡竹叶，治肺劳久咳。

(2) 蛲虫病、蛔虫病、疥癣、体虱：20%的醇浸液，或50%的水浸液外用，对畜、禽体虱、虱卵均具有杀灭力，并善杀蛲虫等，内服外用均有效。

[用法与用量] 马、牛15～30g，羊、猪6～12g，犬、猫3～5g。外用适量。

葶苈子

为十字花科植物独行菜 *Lepidium apetalum* Willd. 或播娘蒿 *Descurainia sophia* (L.) Webb ex Prantl 的干燥成熟种子。前者习称"北葶苈子"，后者习称"南葶苈子"。夏季果实成熟时采割植株，晒干，搓出种子，除去杂质。微炒用。主产于陕西、河北、河南、山东、安徽、江苏等地。

[性味与归经] 辛、苦，大寒。归肺、膀胱经。

[功能] 泻肺平喘，行水消肿。

[主治]

(1) 痰涎壅肺、喘咳痰多：本品苦寒下降，能祛痰定喘，下气行水，常用于痰涎壅滞、肺气喘促、咳逆实证，使气下则喘平，水行则痰去。治肺热喘粗，配板蓝根、浙贝母、桔梗等，如清肺散。

(2) 水肿、胸腹水饮、尿不利：本品能泻肺气之闭，行膀胱之水，故又可用于实证水肿、胀满喘急、尿不利等。

[用法与用量] 马、牛15～30g，驼20～45g，羊、猪5～10g，猫3～5g，兔、禽1～2g。

紫苏子

为唇形科植物紫苏 *Perilla frutescens* (L.) Britt. 的干燥成熟果实。秋季果实成熟时采收，除去杂质，晒干。生用或炒用。主产于湖北、江苏、河南等地。

[性味与归经] 辛，温。归肺经。

[功能] 降气化痰，止咳平喘，润肠通便。

[主治]

(1) 痰壅喘咳：本品性润下降，善于止咳平喘，降气祛痰，以缓和气壅痰滞之喘咳，常用于咳逆痰喘。配前胡、半夏、厚朴、陈皮、甘草、当归、生姜、肉桂，用治上实下虚的咳喘证，如苏子降气汤。

(2) 肠燥便秘：本品质润多油，有润肠的功效，可用于肠燥便秘，常与火麻仁、瓜蒌仁、杏仁等同用。

[用法与用量] 马、牛15～60g，驼20～80g，羊、猪5～10g，犬3～8g，兔、禽0.5～1.5g。

白 果

为银杏科植物银杏 *Ginkgo biloba* L. 的干燥成熟种子。秋季种子成熟时采收，除去肉质外种皮，洗净，稍蒸或略煮后，烘干，去壳，剥去黄色假种皮。捣碎生用或炒用。全国各地均产。

[性味与归经] 甘、苦、涩，平；有毒。归肺经。

[功能] 敛肺定喘，除湿。

[主治]

(1) 劳伤肺气、喘咳痰多：本品能敛肺气，定喘咳，适用于久病或肺虚引起的咳喘。配白果、麻黄、杏仁、黄芩、桑白皮、苏子、款冬花、半夏、甘草，治劳伤咳喘。

(2) 尿浊：本品能收涩除湿，用于湿热、尿白浊等，常与芡实、黄柏等同用。

[用法与用量] 马、牛 15~45g，驼 30~60g，羊、猪 5~10g，犬、猫 1~5g。

[注意] 生食有毒。

第六节　温 里 药

凡是药性温热，主要用于里寒病证，能够祛除寒邪的一类药物，称为温里药或祛寒药。温里药性味辛温或辛热，具有温中散寒、回阳救逆的功效。适用于因寒邪而引起的肠鸣泄泻、肚腹冷痛、耳鼻俱凉、四肢厥冷、脉微欲绝等证。

本类药物多属于辛热之品，还具有行气止痛的作用，凡寒凝气滞、肚腹胀满疼痛等均可选用。此外，温里药中一部分还有健运脾胃的功效。应用温里药时当按实际情况而定其配伍，如里寒而兼表证者，则与发表药配伍；若脾胃虚寒、呕吐下利者，当选用具有健运脾胃作用的温里药物。因此类药物温热燥烈，易伤阴液，故热证及阴虚的患畜应忌用或少用。

附 子

为毛茛科植物乌头 *Aconitum carmichaeli* Debx. 的子根加工品。6 月下旬至 8 月上旬采挖，除去母根、须根及泥沙，习称"泥附子"。主产于广西、广东、云南、贵州、四川等地。

[性味与归经] 辛、甘，大热；有毒。归心、肾、脾经。

[功能] 温中散寒，回阳救逆，补火助阳。

[主治]

(1) 伤水冷痛、冷肠泄泻：本品辛热，温中散寒，能消阴翳以复阳气。凡阴寒内盛之脾虚不运、伤水腹痛、冷肠泄泻、胃寒草少、肚腹冷痛等，应用本品可收温中散寒、通阳止痛之效。

(2) 大汗亡阳、四肢厥冷：本品又能回阳救逆，用于阳微欲绝之际。对于大汗、大吐或大下后，四肢厥冷，脉微欲绝，或大汗不止，或吐利腹痛等虚脱危证，可急用附子回阳救逆，如四逆汤用于亡阳证。

(3) 风寒湿痹：本品有除湿止痛作用，用于风寒湿痹、下元虚冷等，常与桂枝、生姜、大枣、甘草等同用，如桂附汤。

[用法与用量] 马、牛 15~30g，猪、羊 3~9g，犬、猫 1~3g，兔、禽 0.5~1g。

［注意］孕畜忌用。不宜与半夏、瓜蒌、贝母、白及同用。

干 姜

为姜科植物姜 *Zingiber officinale* Rosc. 的干燥根状茎。冬季采挖，除去须根及泥沙，晒干或低温干燥。趁鲜切片晒干或低温干燥者称为"干姜片"。切片生用。炒黑后称"炮姜"。主产于四川、陕西、河南、安徽、山东等地。

［性味与归经］辛，热。归心、脾、胃、肾、肺经。

［功能］温中散寒，回阳通脉，燥湿消痰。

［主治］

(1) 胃寒食少、冷肠泄泻、冷痛：本品善温暖胃肠，治疗脾胃虚寒、伤水起卧、四肢厥冷、胃冷吐涎、虚寒作泻等均可应用。治胃冷吐涎，多配桂心、青皮、益智仁、白术、厚朴、砂仁等，如桂心散；治脾胃虚寒，常配党参、白术、甘草等，如理中汤。

(2) 四肢厥冷：本品性温而守，善除里寒，可协助附子回阳救逆。用治阳虚欲脱证，常与附子、甘草配伍，如四逆汤。

［用法与用量］马、牛 15～30g，猪、羊 3～10g，犬、猫 1～3g，兔、禽 0.3～1g。

肉 桂

为樟科植物肉桂 *Cinnamomum cassia* Presl 的干燥树皮。多于秋季剥取，阴干，用时捣碎。生用。主产于广东、广西、云南、贵州等地。

［性味与归经］辛、甘，大热。归脾、肾、心、肝经。

［功能］补火助阳，温中除寒。

［主治］

(1) 肾阳不足、阳痿、宫冷：本品暖肾壮阳。用治肾阳不足、命门火衰的病证，常与熟地黄、山茱萸等同用，如右归饮。

(2) 脾胃虚寒、冷痛：本品又能温中祛寒，益火消阴，大补阳气以祛寒。用治脾胃虚寒、伤水冷痛、冷肠泄泻等病证，常配附子、茯苓、白术、干姜等。

(3) 风寒痹痛：本品活血止痛，又通血脉。用治风湿痹痛、产后寒痛等证，常与高良姜、当归同用。

［用法与用量］马、牛 15～30g，猪、羊 5～10g，兔、禽 1～2g。

［注意］孕畜禁用。

小 茴 香

为伞形科植物茴香 *Foeniculum vulgare* Mill. 的干燥成熟果实。秋季果实成熟时采割植株，晒干，打下果实，除去杂质。生用或盐水炒用。主产于山西、陕西、江苏、安徽、四川等地。

［性味与归经］辛，温。归肝、肾、脾、胃经。

［功能］散寒止痛，理气和胃。

［主治］

(1) 冷痛、冷肠泄泻、腹胀、寒伤腰胯、宫寒不孕：本品辛能行散，温能祛寒，理气止痛。用治子宫虚寒、伤水冷痛、肚腹胀满、寒伤腰胯等，常与干姜、木香等同用。配肉桂、槟榔、白术、巴戟天、白附子等治寒伤腰胯，如茴香散。

（2）胃寒草少：芳香醒脾，开胃进食，用治胃寒草少，常与益智仁、白术、干姜等配伍。

［用法与用量］马、牛15～60g，猪、羊5～10g，犬、猫1～3g，兔、禽0.5～2g。

艾 叶

为菊科植物艾 Artemisia argyi Levl. et Vant. 的干燥叶。夏末花未开时采摘，除去杂质，晒干。生用、炒炭或揉绒。各地均产，但以湖北蕲州产者为佳，称蕲艾。

［性味与归经］苦、辛，温；小毒。归脾、肝、肾经。

［功能］散寒止痛，温经止血。

［主治］风湿寒痹、肚腹冷痛、宫寒不孕、胎动不安。本品芳香，辛散苦燥，有散寒除湿、温经止血之功。适用于寒性出血和腹痛，特别是子宫出血、腹中冷痛、胎动不安等，常与阿胶、熟地黄等同用。制绒后是灸治的主要原料。

［用法与用量］马、牛15～45g，驼30～60g，猪、羊5～15g，犬、猫1～3g，兔、禽1～1.5g。

花 椒

为芸香科植物花椒 Zanthoxylum bungeanum Maxim. 或青椒 Zanthoxylum schinifolium Sieb. et Zucc. 的干燥成熟果实。秋季采收成熟果实，晒干，除去种子及杂质。生用或炒用。主产于四川、陕西、江苏、河南、山东、江西、福建、广东等地。

［性味与归经］辛，温。归胃、脾、肾经。

［功能］温中散寒，杀虫止痒。

［主治］

（1）冷痛、冷肠泄泻。本品性味热辣，善散阴冷，温中而止痛，常用治脾胃虚寒、伤水冷痛等，多与干姜、党参等同用。

（2）虫积、湿疹、疥癣：用治蛔虫等，常与乌梅等配伍。

［用法与用量］马、牛10～20g，猪、羊3～9g。外用适量。

第七节 祛湿药

凡能祛除湿邪，治疗水湿证的药物，称为祛湿药。湿是一种阴寒、重浊、黏腻的邪气，有内湿外湿之分，湿邪又可与风、寒、暑、热等外邪共同致病，并有寒化、热化的转机，所以湿邪致病的临床表现也有所不同，因而可将祛湿药分为祛风湿药、利湿药和化湿药。

1. 祛风湿药 能够祛风胜湿，治疗风湿痹证的药物，称为祛风湿药。这类药物大多数味辛性温，具有祛风除湿、散寒止痛、通气血、补肝肾、壮筋骨之效。适用于风湿在表而出现的皮紧腰硬、肢节疼痛、颈项强直、拘行束步、卧地难起、筋络拘急、风寒湿痹等。其性多燥，凡阳虚、血虚的患畜应慎用。

2. 利湿药 凡能利尿、渗除水湿的药物，称为利湿药。这类药多味淡性平，以利湿为主,作用比较缓和,有利尿通淋、消水肿、除水饮、止水泻的功效,还能引导湿热下行。所以常用于尿赤涩、淋浊、水肿、水泻、黄疸和风湿性关节疼痛等。但忌用于阴虚津少、尿不利之症。

3. 化湿药 气味芳香,能运化水湿、辟秽除浊的药物,称为化湿药。这类药物,多属辛温香燥。芳香可助脾运,燥可祛湿,用于湿浊内阻、脾为湿困、运化失调等所致的肚腹胀满或呕吐草少、粪稀泄泻、精神短少、四肢无力、舌苔白腻等。但阴虚血燥及气虚者应慎用。

一、祛风湿药

羌 活

为伞形科植物羌活 *Notopterygium incisum* Ting ex H. T. Chang 或宽叶羌活 *Notopterygium forbesii* Boiss. 的干燥根茎及根。春、秋两季采挖,除去须根及泥沙,晒干。切片生用。主产于陕西、四川、甘肃等地。

[性味与归经] 辛、苦,温。归膀胱、肾经。

[功能] 解表散寒,祛风胜湿,止痛。

[主治]

(1) 外感风寒:本品发汗解表兼散风寒,用治风寒感冒、颈项强硬、四肢拘挛等,常配防风、白芷、川芎等,以奏发表之效。

(2) 风湿痹痛:本品能祛风寒,散风通痹,为祛上部风湿主药,多用于项背、前肢风湿痹痛。用治风湿在表、腰脊僵拘,配独活、防风、藁本、川芎、蔓荆子、甘草等。

[用法与用量] 马、牛 15~45g,猪、羊 3~10g,犬 2~5g,兔、禽 0.5~1.5g。

独 活

为伞形科植物重齿毛当归 *Angelica pubescens* Maxim. f. *biserrata* Shan et Yuan 的干燥根。春初苗刚发芽或秋末茎叶枯萎时采挖,除去须根及泥沙,烘至半干,堆置 2~3 天,发软后再烘干至全干。切片生用。产于四川、陕西、云南、甘肃、内蒙古等地。

[性味与归经] 辛、苦,微温。归肾、膀胱经。

[功能] 祛风除湿,通痹止痛。

[主治]

(1) 风寒湿痹:本品能祛风胜湿,为治风寒湿痹,尤其是腰胯、后肢痹痛的常用药物,常与桑寄生、防风、细辛等同用,如独活寄生汤。

(2) 腰肢疼痛:既可发散风寒湿邪,又能止痛。用治外感风寒挟湿、四肢关节疼痛等,常与羌活共同配伍于解表药中。

[用法与用量] 马、牛 15~45g,猪、羊 3~10g,犬 2~5g,兔、禽 0.5~1.5g。

桑 寄 生

为桑寄生科植物桑寄生 *Taxillus chinensis* (DC.) Danser 的干燥带叶茎枝。冬季至次春采割,除去粗茎,略洗,润透,切厚片,干燥,或蒸后干燥。生用。主产于河北、河南、广东、广西、浙江、江西、台湾等地。

[性味与归经] 苦、甘，平。归肝、肾经。

[功能] 祛风湿，补肝肾，强筋骨，安胎元。

[主治]

（1）风湿痹痛、腰胯无力：本品以养血通络、补肝肾、强筋骨见长，适用于血虚、筋脉失养、腰脊无力、四肢痿软、筋骨痹痛、背项强直，常与杜仲、牛膝、独活、当归等同用，如独活寄生汤。

（2）胎动不安：用治肝肾虚损、胎动不安，常与阿胶、艾叶等配合。

[用法与用量] 马、牛 30~60g，猪、羊 5~15g，犬 3~6g。

秦 艽

为龙胆科植物秦艽 *Gentiana macrophylla* Pall.、麻花秦艽 *Gentiana straminea* Maxim.、粗茎秦艽 *Gentiana crassicaulis* Duthie ex Burk. 或小秦艽 *Gentiana dahurica* Fisch. 的干燥根，除去杂质，洗净，润透，切厚片，晒干。生用。主产于四川、陕西、甘肃等地。

[性味与归经] 苦、辛，平。归肝、胆、胃经。

[功能] 祛风湿，退虚热，止痹痛。

[主治]

（1）风湿痹痛、筋脉拘挛、尿血：本品味辛，能散风湿之邪；归肝经，又可舒筋以止痛。多用于风湿性肢节疼痛、湿热黄疸、尿血等。配瞿麦、当归、蒲黄、山栀等，用治努伤尿血，如秦艽散。

（2）阴虚发热：本品味苦性平，退虚热，并有降泄之功，解热除蒸。用治虚劳发热，常配知母、地骨皮等。

[用法与用量] 马、牛 15~45g，猪、羊 3~10g，犬 2~6g，兔、禽 1~1.5g。

乌 梢 蛇

为游蛇科动物乌梢蛇 *Zaocys dhumnades* (Cantor) 的干燥体。多于夏、秋两季捕捉，剖开腹部或先剥皮留头尾，除去内脏，盘成圆盘状，干燥。乌梢蛇，去头及鳞片，切寸段；乌梢蛇肉，去头及鳞片后，用黄酒闷透，除去皮骨，干燥或炙用；酒乌梢蛇，取净乌梢蛇段，照酒炙法炒干。主产于浙江、安徽、贵州、湖北、四川等地。

[性味与归经] 甘，平。归肝经。

[功能] 祛风，活络，止痉。

[主治]

（1）风寒湿痹：本品善行而祛风。常用治风湿麻痹、风寒湿痹等，多与羌活、防风等配伍。

（2）惊痫抽搐、破伤风。用治惊痫、抽搐，常与蜈蚣、全蝎等配伍；用治破伤风，常与天麻、蔓荆子、羌活、独活、细辛等配伍，如千金散。

[用法与用量] 马、牛 15~30g，猪、羊 3~6g，犬 2~3g。

二、利湿药

茯苓

为多孔菌科真菌茯苓 *Poria cocos* (Schw.) Wolf 的干燥菌核,寄生于松树根。其傍附松根而生者,称为茯苓;抱附松根而生者,谓之茯神;内部色白者,称白茯苓;色淡红者,称赤茯苓;外皮称茯苓皮,均可供药用。多于7~9月采挖,挖出后除去泥沙,堆置"发汗"后,摊开晾至表面干燥,再"发汗",反复数次至出现皱纹、内部水分大部散失后,阴干,称为"茯苓个",浸泡,洗净,润后稍蒸,及时切取皮,或切成块或厚片,晒干。生用。主产于云南、安徽、江苏等地。

[性味与归经] 甘、淡,平。归脾、胃、心、肺、肾经。

[功能] 渗湿利水,健脾宁心。

[主治]

（1）痰湿水肿、尿不利：本品味甘而淡,甘能和中,淡能渗湿。一般水湿停滞或偏寒者,多用白茯苓;偏于湿热者,多用赤茯苓;若水湿外泛而为水肿、尿涩者,多用茯苓皮。

（2）脾虚泄泻：脾虚湿困、水饮不化的慢草不食或水湿停滞等,用茯苓有标本兼顾之效,因茯苓既能健脾又能利湿,能补能泻,如参苓白术散。

（3）心神不宁：茯苓、茯神均能宁心安神,以茯神功效较好。朱砂拌用,可增强疗效。

[用法与用量] 马、牛 20~60g,驼 45~90g,猪、羊 5~10g,犬、猫 3~6g,兔、禽 1.5~3g。

猪苓

为多孔菌科真菌猪苓 *Polyporus umbellatus* (Pers.) Fries 的干燥菌核。春、秋两季采挖,除去泥沙,浸泡,洗净,润透,切厚片,干燥生用。主产于山西、陕西、河北等地。

[性味与归经] 甘、淡,平。归肾、膀胱经。

[功能] 渗湿利水。

[主治] 排尿不利、水肿、泄泻、淋浊、带下。猪苓以淡渗见长,利水渗湿作用优于茯苓。用治水湿停滞、排尿不利、水肿胀满、肠鸣作泻、湿热淋浊等,常与茯苓、白术、泽泻等同用,如五苓散。治阴虚之尿不利、水肿,常配阿胶、滑石,如猪苓汤。

[用法与用量] 马、牛 25~60g,猪、羊 10~20g,犬 3~6g。

泽泻

为泽泻科植物泽泻 *Alisma orientalis* (Sam.) Juzep. 的干燥块茎。冬季茎叶开始枯萎时采挖,洗净,干燥,除去须根及粗皮,稍浸,润透,切厚片,干燥,称为泽泻。泽泻片照盐水炙法炒干称盐泽泻。主产于福建、广东、江西、四川等地。

[性味与归经] 甘,寒。归肾、膀胱经。

[功能] 利小便,清湿热。

[主治] 湿热泄泻、尿血、沙石淋、排尿不利、水肿。本品甘淡能利水渗湿,性寒能泻肾火和膀胱热。用治水湿停滞的尿不利、水肿胀满、湿热淋浊、泻痢不止等,常与茯苓、猪

苓等同用；治肾阴不足、虚火偏亢，可配牡丹皮、熟地黄等，如六味地黄汤。

[用法与用量] 马、牛 20～45g，猪、羊 10～15g，犬、猫 2～8g，兔、禽 0.5～1g。

车前子

为车前科植物车前 *Plantago asiatica* L. 或平车前 *Plantago depressa* Willd. 的干燥成熟种子。夏、秋两季种子成熟时采收果穗，晒干，搓出种子，除去杂质，称车前子。车前子照盐水炙法，炒至起爆裂声时，喷洒盐水，炒干，称盐车前子。主产于浙江、安徽、江西等地。

[性味与归经] 甘，微寒。归肝、肾、肺、小肠经。

[功能] 清热利尿，渗湿通淋，清肝明目。

[主治]

(1) 热淋尿血、泄泻：本品性寒而滑利，故能利水通淋，以治热淋为主。配滑石、木通、瞿麦，用治湿热淋浊、水湿泄泻、暑湿泻痢等。

(2) 目赤肿痛：配夏枯草、龙胆、青葙子等，用治眼目赤肿、睛生翳障等。

[用法与用量] 马、牛 20～30g，驼 30～50g，猪、羊 10～15g，犬、猫 3～6g，兔、禽 1～3g。

滑 石

为硅酸盐类矿物滑石族滑石，主含含水硅酸镁 $[Mg_3(Si_4O_{10})(OH)_2]$。采挖后，除去泥沙及杂石，洗净，打碎成小块，粉碎成细粉，或照水飞法水飞，晾干。产于广东、广西、云南、山东、四川等地。

[性味与归经] 甘、淡，寒。归胃、肺、膀胱经。

[功能] 清解暑热，利尿通淋，祛湿敛疮。

[主治]

(1) 热淋、石淋。滑石性寒而滑，寒能清热，滑能利窍，泻膀胱热结而通利水道。用治湿热下注的尿赤涩疼痛、淋证等，常与金钱草、车前子、海金沙配伍；用治马胞转，常配泽泻、灯心草、茵陈、知母、酒黄柏、猪苓，如滑石散。

(2) 暑热、湿热泄泻、湿疹：本品能清热解暑，配甘草为六一散，常用于暑热、暑温、暑湿泄泻等。外用治湿疮、湿疹，常配石膏、枯矾或与黄柏同用。

[用法与用量] 马、牛 25～45g，驼 30～60g，猪、羊 10～20g，犬 3～9g，兔、禽 1.5～3g。

木 通

为木通科植物木通 *Akebia quinnata* (Thunb.) Decne.、三叶木通 *Akebia trifoliate* (Thunb.) Koidz. 或白木通 *Akebia trifoliate* (Thunb.) Koidz. var. *Australis* (Diels) Rehd. 的干燥藤茎。秋季采收，截取茎部，除去细枝，用水浸泡，泡透后捞出，切片，晒干生用。主产于湖南、贵州、四川、吉林、辽宁等地。

[性味与归经] 苦，微寒。归心、小肠、膀胱经。

[功能] 清热泻火，利尿通淋，通经下乳。

[主治]

(1) 口舌生疮、尿赤、五淋、水肿：本品能清心火、利尿，用治心火上炎、口舌生疮、尿短赤、湿热淋痛等，常与地黄、淡竹叶、甘草等配伍。

(2) 乳汁不通：本品通利血脉、下乳通经，用治乳汁不通，常与王不留行同用。通经可与牛膝、当归、红花等配伍。

[用法与用量] 马、牛 10～30g，猪、羊 3～6g，犬 2～4g。

[注意] 孕畜慎用。

通 草

为五加科植物通脱木 Tetrapanax papyriferus (Hook.) K. Koch. 的干燥茎髓。秋季割取茎，截成段，趁鲜取出髓部，理直，晒干。切碎生用。主产于江西、四川等地。

[性味与归经] 甘、淡，微寒。归肺、胃经。

[功能] 清热利尿，通气下乳。

[主治] 湿热尿淋、尿短赤、水肿、乳汁不下。本品淡渗清降，引热下行而利尿。用于尿不利、湿热淋痛等，常与滑石配伍。此外，还有下乳作用，常用于催乳方中。

[用法与用量] 马、牛 15～30g，驼 30～60g，猪、羊 3～10g，犬 2～5g，兔、禽 0.5～2g。

瞿 麦

为石竹科植物瞿麦 Dianthus superbus L. 或石竹 Dianthus chinensis L. 的干燥地上部分。夏、秋两季花果期采割，除去杂质，洗净，稍润，切段，干燥生用。产于湖北、吉林、江苏、安徽等地。

[性味与归经] 苦，寒。归心、小肠经。

[功能] 利尿通淋，破血通经。

[主治] 尿血、血淋、石淋、尿不利。本品苦寒沉降，通心经而行血，利尿液而清热。常用治尿短赤、尿血、热淋、石淋、水肿等，多配木通、萹蓄、车前子、滑石、栀子等，如八正散。

[用法与用量] 马、牛 20～45g，猪、羊 10～15g，犬 3～6g，兔、禽 0.5～1.5g。

[注意] 孕畜慎用。

茵 陈

为菊科植物茵陈蒿 Artemisia capillaris Thunb. 或滨蒿 Artemisia scoparia Waldst. et Kit. 的干燥地上部分。春季幼苗高 6～10cm 时采收，习称"绵茵陈"；秋季花蕾长成时采割，称"茵陈蒿"，除去杂质及老茎，搓碎或切碎，绵茵陈筛去灰屑，晒干生用。主产于安徽、山西、陕西等地。

[性味与归经] 苦、辛，微寒。归脾、胃、肝、胆经。

[功能] 清利湿热，利疸退黄。

[主治] 黄疸。本品苦泄下降，功专清利湿热。配栀子、大黄，如茵陈蒿汤，治湿热黄疸；配黄柏、车前子等，治湿热泄泻；治阳黄，单味大剂量内服即能奏效；治阴黄，则需配

伍温里药，化湿而除阴寒，如茵陈四逆汤。

［用法与用量］马、牛20～45g，猪、羊5～15g，犬、猫3～6g，兔、禽1～2g。

金 钱 草

为报春花科植物过路黄 *Lysimachia christinae* Hance 的新鲜或干燥全草。夏、秋两季采收，除去杂质，略洗，切断，晒干。主产于长江以南各地。

［性味与归经］甘、咸，微寒。归肝、胆、肾、膀胱经。

［功能］清热利湿，利水通淋，排石止痛，消肿。

［主治］

(1) 湿热黄疸：本品能清湿热、利胆退黄，用于湿热黄疸，常与栀子、茵陈等同用。

(2) 热淋、石淋、水肿：利水通淋，用于尿道结石，常配石韦、鸡内金、海金沙等。

(3) 肿毒、毒蛇咬伤：清热消肿，可配鲜车前草捣烂加白酒，擦患处治恶疮肿毒。

［用法与用量］马、牛60～150g，猪、羊15～60g，犬、猫2～12g。

海 金 沙

为海金沙科植物海金沙 *Lygodium japonicum* (Thunb.) Sw. 的干燥成熟孢子。秋季孢子未脱离时采割藤叶，晒干，搓揉或打下孢子，除去藤叶。生用。主产于广东、湖南、安徽、江苏等地。

［性味与归经］甘、咸，寒。归小肠、膀胱经。

［功能］清利湿热，通淋止痛。

［主治］膀胱湿热、尿淋、尿石。本品甘淡而寒，其性下降，善泻小肠、膀胱血分湿热，功专通利水道。常配萹蓄、瞿麦、金钱草、旱莲草等治热淋涩痛，亦可用于尿不利、尿结石、尿血等。

［用法与用量］马、牛30～45g，猪、羊10～20g，兔、禽1～2g。

萹 蓄

为蓼科植物萹蓄 *Polygonum aviculare* L. 的干燥地上部分。夏季叶片茂盛时采收，除去根及杂质，洗净，切断，晒干。切碎生用。产于山东、安徽、江苏、吉林等地。

［性味与归经］苦，微寒。归膀胱经。

［功能］利尿通淋，杀虫，止痒。

［主治］热淋、尿短赤、湿疹。本品能清湿热，利水通淋。用治湿热淋证、尿短赤、尿血等，常与瞿麦、滑石、木通、车前、甘草梢、栀子、大黄等配伍。此外，水煎洗可治湿疹。

［用法与用量］马、牛20～60g，驼30～80g，猪、羊5～10g，兔、禽0.5～1.5g。

三、化 湿 药

藿 香

为唇形花科植物藿香 *Agastache rugosus* (Fisch. et Mey.) O. Ktze 或广藿香 *Pogoste-*

mon cablin（Blanco）Benth. 的干燥茎叶。夏、秋两季枝叶茂盛或花初开时采割，阴干或趁鲜切断阴干，除去杂质及老茎，先抖下叶片，筛净另放。茎用水淋洗，润透，切断，晒干，再与叶混匀。产于广东、吉林、贵州等地。

［性味与归经］辛，微温。归脾、胃、肺经。

［功能］芳香化湿，和中止呕，宣散表邪，行气化滞。

［主治］

（1）反胃吐食、肚胀、脾受湿困。本品芳香化湿，用治湿浊内阻、脾为湿困、运化失调的肚腹胀满、少食、神疲、粪便溏泄、口腔滑利、舌苔白腻等病证，常与苍术、厚朴、陈皮、甘草、半夏等配伍。

（2）夏伤暑湿、暑湿泄泻：本品又能散表邪，常配苏叶、白芷、陈皮、厚朴，用治感冒而夹有湿滞之证。

［用法与用量］马、牛 15～45g，猪、羊 5～10g，犬 3～5g，兔、禽 1～2g。

苍 术

为菊科植物茅苍术 *Atractylodes lancea*（Thunb.）DC. 或北苍术 *Atractylodes chinensis*（DC.）Koidz. 的干燥根茎。春、秋两季采挖，除去泥沙、杂质，洗净，润透，切厚片，干燥，撞去须根，称为苍术；苍术照麸炒法炒至表面深黄色，称为麸炒苍术。主产于江苏、安徽、浙江、河北、内蒙古等地。

［性味与归经］辛、苦，温。归脾、胃、肝经。

［功能］燥湿健脾，祛风散寒，明目。

［主治］

（1）泄泻：本品气香辛烈，性温而燥。用治湿困脾胃、运化失司、食欲不振、消化不良、胃寒草少、腹痛泄泻，常配厚朴、陈皮、甘草等，如平胃散。

（2）风寒湿痹：本品辛温发散而解表，又能祛风湿。用治关节疼痛、风寒湿痹，常配独活、秦艽、牛膝、薏苡仁、黄柏等。

（3）夜盲：可用治眼科疾病。

［用法与用量］马、牛 15～60g，猪、羊 3～15g，犬 5～8g，兔、禽 1～3g。

草 豆 蔻

为姜科植物草豆蔻 *Alpinia katsumadai* Hayata. 的干燥近成熟种子。夏、秋两季采收，晒至九成干，或用水略烫，晒至半干，除去果皮，取出种子团，晒干。打碎生用。主产于广东、广西等地。

［性味与归经］辛，温。归脾、胃经。

［功能］燥湿健脾，温胃止呕。

［主治］

（1）脾胃虚寒、冷痛：本品气味辛香，性温和中，健脾化湿。配砂仁、陈皮、建曲等，用治因脾胃虚寒的食欲不振、食滞腹胀、冷肠泄泻、伤水腹痛等。

（2）呕吐：用治寒湿郁滞中焦、气逆作呕，常与高良姜、生姜、吴茱萸等同用。

［用法与用量］马、牛 15～30g，猪、羊 3～6g，犬 2～5g。

第八节 理 气 药

凡能疏通气机,调理气分疾病的药物,称为理气药。其中理气力量特别强的,习称"破气"药。本类药物大部分辛温芳香,具有行气消胀、解郁、止痛、降气等作用,主要用于脾胃气滞所表现的肚腹胀满、疼痛不安、嗳气酸臭、食欲不振、粪便失常以及肺气壅滞所致咳喘等。此外,有些理气药还分别兼有健胃、祛痰、散结等功效。

使用本类药物时,应针对病情,并根据药物的特长做适宜的选择和配伍。如湿邪困脾而兼见脾胃气滞证,应根据病情的偏寒或偏热,将理气药同燥湿、温中或清热药配伍使用。草料停积,为脾胃气滞中最常见者,每将理气药与消食药或泻下药同用;而脾胃虚弱,运化无力所致的气滞,则应与健脾、助消化的药物配伍,方能标本兼顾。至于痰饮、瘀血而兼有气滞者,则应分别与祛痰药或活血祛瘀药配伍。

理气药多辛温香燥,易耗气伤阴,故对气虚、阴虚的病畜应慎用,必要时可配伍补气、养阴药。

陈 皮

为芸香科植物橘 *Citrus reticulata* Blanco 及其栽培变种的干燥成熟果皮。采摘成熟果实,剥取果皮,除去杂质,喷淋水,润透,切丝,晒干或低温干燥。生用。主产于长江以南各省区。

[性味与归经] 辛、苦,温。归脾、肺经。

[功能] 理气健脾,燥湿化痰。

[主治]

(1) 腹痛、肚胀、泄泻:本品辛能行气,故能调畅中焦脾胃气机,气行则痛止。用于中焦气滞而引起的肚腹胀满、食欲不振、呕吐、腹泻等,常与生姜、白术、木香等配伍。

(2) 痰湿咳嗽:用治痰湿滞塞、气逆喘咳,常配半夏、茯苓、甘草等;用治肚腹胀满、消化不良,常配厚朴、苍术等,如平胃散。

[用法与用量] 马、牛 15~45g,猪、羊 5~10g,犬、猫 2~5g,兔、禽 1~3g。

青 皮

为芸香科植物橘 *Citrus reticulata* Blanco 及其栽培变种的干燥幼果或未成熟果实的果皮。5~6月收集自落的幼果,晒干,习称"个青皮";7~8月采收未成熟的果实,在果皮上纵剖成四瓣至基部,除尽瓤瓣,晒干,习称"四花青皮"。除去杂质,洗净,闷润,切厚片或丝,晒干生用。或照醋炙法炒至微黄色。主产于长江以南各省区。

[性味与归经] 苦、辛,温。归肝、胆、胃经。

[功能] 疏肝胆,破气滞,散结消痰,消积化滞。

[主治]

(1) 胸腹胀痛:本品辛散,苦降温通,故能疏肝破气而止痛。配郁金、香附、柴胡、鳖甲等,用治肝气郁结所致的肚胀腹痛。

(2) 食积不化、气胀、气血郁结:本品健胃之功略同陈皮,而行气散结化滞之力尤胜,多用治食积胀痛、气滞血瘀等。配枳实、三棱、莪术等，用治气血郁滞；配山楂、麦芽、建曲等，用治消化不良。

（3）乳痈：单用可治乳房胀痛等。

[用法与用量] 马、牛 15～30g，猪、羊 5～10g，犬 3～5g，兔、禽 1.3～5g。

木　香

为菊科植物木香 *Aucklandia lappa* Decne. 的干燥根。秋、冬两季采挖，除去泥沙及须根，切段，大的再纵剖成瓣，干燥后撞去粗皮，除去杂质，洗净，稍泡，闷透，切厚片，晾干。或取未干燥的木香片，在铁丝匾中，用一层草纸、一层木香片，间隔平铺数层，置炉火旁或烘干室内，烘煨至木香中所含的挥发油渗至纸上，取出。主产于云南、四川等地。

[性味与归经] 辛、苦，温。归脾、胃、大肠、三焦、胆经。

[功能] 行气止痛，健脾消食。

[主治] 胃肠气滞、食积肚胀、腹痛。木香长于行胃肠滞气，凡消化不良、食欲减退、腹满胀痛等证，皆可应用。配砂仁、陈皮，用治脾胃气滞的肚腹疼痛、食欲不振；配枳实、川楝子、茵陈，用治胸腹疼痛；配黄连等，用治里急后重的腹痛；配白术、党参等，用治脾虚泄泻等。

[用法与用量] 马、牛 30～60g，猪、羊 6～12g，犬、猫 2～5g，兔、禽 0.3～1g。

厚　朴

为木兰科植物厚朴 *Magnolia officinalis* Rehd. et Wils. 或凹叶厚朴 *Magnolia officinalis* Rehd. et Wils. var. *biloba* Rehd. et Wils. 的干燥干皮、根皮或枝皮。4～6 月剥取根皮及枝皮，直接阴干；干皮至沸水中微煮后，堆置阴湿处，"发汗"至内表面变为紫褐色或棕褐色时，蒸软，取出，卷成筒状，干燥。切片生用或制用。主产于四川、云南、福建、贵州、湖北等地。

[性味与归经] 苦、辛，温。归脾、胃、肺、大肠经。

[功能] 下气消胀，燥湿消痰。

[主治]

（1）宿食不消、肚胀、反胃吐食：本品能除胃肠滞气，燥湿运脾。用治湿阻中焦、气滞不利所致的肚腹胀满、腹痛或呃逆等，常与苍术、陈皮、甘草等配伍应用，如平胃散。用治肚腹胀痛兼见便秘属于实证者，常与枳实、大黄等配伍，如消胀汤。

（2）气逆喘咳：因外感风寒而发者，可与桂枝、杏仁配伍；属痰湿内阻之咳喘者，常与苏子、半夏等同用。

[用法与用量] 马、牛 15～45g，驼 30～60g，猪、羊 5～15g，犬 3～5g，兔、禽 1.5～3g。

砂　仁

为姜科植物阳春砂 *Amomum villosum* Lour.、绿壳砂 *Amomum villosum* Lour. var. *xanthioides* T. L. Wu et Senjen. 或海南砂 *Amomum longiligulare* T. L. Wu 的干燥成熟果实。夏、秋间果实成熟时采收，晒干或低温干燥，除去杂质，用时打碎。主产于云南、广

东、广西等地。

[性味与归经] 辛，温。归脾、胃、肾经。

[功能] 行气止痛，健脾止泻，安胎。

[主治]

(1) 脾胃气滞：本品气香性温，醒脾调胃，行气宽中，适用于脾胃气滞或气虚诸证。配木香、枳实、白术，可治气滞、食滞、肚腹胀满、少食便溏等。

(2) 肠鸣泄泻：用治脾胃虚寒，清阳下陷而致冷滑下利不禁者，配干姜以温中散寒，升阳止利。

(3) 胎动不安：用于气滞胎动不安，常与白术、桑寄生、续断等同用。

[用法与用量] 马、牛 15～30g，猪、羊 3～10g，犬 1～3g，兔、禽 1～2g。

枳　　实

为芸香科植物酸橙 *Citrus aurantium* L. 及其栽培变种或甜橙 *Citrus sinensis* Obbeck 的干燥幼果。5～6 月收集自落的果实，除去杂质，较大者自中部横切为两半晒干或低温干燥，较小者直接晒干或低温干燥。切片晒干生用、清炒、麸炒及酒炒用。主产于浙江、福建、广东、江苏、湖南等地。

[性味与归经] 苦、辛、酸，温。归脾、胃经。

[功能] 破气，化痰，消积，除胀。

[主治]

(1) 食积不消、肚胀：用治脾胃气滞，痰湿水饮所致的肚腹胀满、草料不消等，常与厚朴、白术等同用。

(2) 粪便秘结：用治热结便秘、肚腹胀满疼痛者，常与大黄、芒硝等配伍，如大承气汤。

[用法与用量] 马、牛 15～45g，猪、羊 5～10g，犬～4g，兔、禽 1～3g。

[注意] 孕畜慎用。

丁　　香

为桃金娘科植物丁香 *Eugenia caryophyllata* Thunb. 的干燥花蕾。当花蕾由绿转红时采摘，除去杂质，筛去灰屑，晒干。捣碎生用。主产于广东和热带地区。

[性味与归经] 辛，温。归脾、胃、肺、肾经。

[功能] 温中降逆，补肾助阳。

[主治]

(1) 胃寒呕吐、食欲不振：本品暖胃散寒，善于降逆，为治胃寒呕逆之要药。此外，也可用治脾胃虚寒所致的食欲不振等，常与砂仁、白术配伍。

(2) 冷肠泄泻、肾虚阳痿、宫寒：本品能温肾壮阳。用治泄泻、阳痿和子宫虚冷等，可与茴香、附子、肉桂温肾药配伍。

[用法与用量] 马、牛 10～30g，猪、羊 3～6g，犬、猫 1～2g，兔、禽 0.3～0.6g。

[注意] 不宜与郁金同用。

槟 榔

为棕榈科植物槟榔 *Areca catechu* L. 的干燥成熟种子。春末至秋初采收成熟果实,用水煮后,干燥,除去果皮,取出种子,干燥。又称玉片或大白。切片生用或炒用。主产于广东、台湾、云南等地。

[性味与归经] 辛、苦,温。归胃、大肠经。

[功能] 驱虫,消积,行气,利水。

[主治]

(1) 绦虫病、姜片虫病:能驱杀多种肠内寄生虫,并有轻泻作用,有助于虫体排出。以驱除绦猪、鹅、鸭绦虫最为有效,如配合南瓜子同用,效果更为显著。

(2) 宿草不转、积食腹胀、粪便秘结:消积导滞,兼有轻泻之功。用治宿草不转,食积气滞、腹胀便秘、里急后重等,多与理气导滞药同用。

(3) 水肿:行气利水,常与吴茱萸、木瓜、苏叶、陈皮等同用。

[用法与用量] 马 5~15g,牛 12~60g,猪、羊 6~12g,兔、禽 1~3g。鱼每 1kg 体重 2~4g,拌饵投服。

第九节 理 血 药

凡能调理和治疗血分病证的药物,称为理血药。血分病证一般分为血虚、血热、血瘀和出血四种。血虚宜补血,血热宜凉血,血瘀宜活血,出血则宜止血。故调理和治疗血分病证的药物有补血药、清热凉血药、活血祛瘀药和止血药四类。清热凉血药已在清热药中叙述,补血药将在补益药中叙述,本节只介绍活血祛瘀药和止血药两类。

1. 活血祛瘀药 具有活血祛瘀、疏通血脉的作用,适用于瘀血疼痛,痈肿初起,跌打损伤,产后瘀血腹痛、肿块及胎衣不下等病证。由于气与血关系密切,气滞则血凝,血凝则气滞,因此,使用本类药物时,常与理气药配合应用,以增强活血功能。

2. 止血药 具有制止内、外出血的作用,适用于各种出血证,如咯血、便血、衄血、尿血、子宫出血及创伤出血等。治疗出血证,必须根据出血的原因、症状,选择适当药物配伍,以增强疗效。如属血热妄行之出血,应与清热凉血药配伍;属阴虚阳亢的出血,应与滋阴潜阳药配伍;属于气虚不能摄血的出血,应与补气药配伍;属于瘀血内阻的出血,应与活血祛瘀药配伍。

活血祛瘀药兼有催产下胎作用,对孕畜要忌用或慎用。在使用止血药时,除大出血应急救止血外,还应注意有无瘀血,若瘀血未尽,应酌情加入活血祛瘀药,以免留瘀之弊;若出血过多,虚极欲脱时,应配伍补气药以固脱。

一、活血祛瘀药

为伞形科植物川芎 *Ligusticum chuanxiong* Hort. 的干燥根茎。夏季当茎上的结盘显著突出,并略带紫色时采挖,晒后烘干,去须根。切片生用。主产于四川,我国大部分地区均有种植。

[性味与归经] 辛，温。归肝、胆、心包经。

[功能] 活血行气，祛风止痛。

[主治]

(1) 气血瘀滞、跌打损伤：本品用于气血瘀滞所致的难产、胎衣不下，常与当归、赤芍、桃仁、红花等配伍，如桃红四物汤。用于跌打损伤，可与当归、红花、乳香、没药等配伍。

(2) 风湿痹痛：用于风湿痹痛，常与羌活、独活、当归等配伍。

[用法与用量] 马、牛 15～45g，羊、猪 3～10g，犬、猫 1～3g，兔、禽 0.5～1.5g。

丹 参

为唇形科植物丹参 *Salvia miltiorrhiza* Bge. 的干燥根及根茎。春、秋两季采挖，除去杂质，干燥。切片，生用或酒炙用。主产于四川、安徽、湖北等地。

[性味与归经] 苦，微寒。归心、肝经。

[功能] 活血祛瘀，通经止痛，凉血消痈。

[主治]

(1) 气血瘀滞、跌打损伤、恶露不尽：本品为活血化瘀的要药，可用于产后瘀血腹痛、跌打损伤等多种血瘀证。用于产后瘀血腹痛、恶露不尽，常与桃仁、红花、当归、牡丹皮、益母草等配伍。

(2) 动血出血：用于温热入营血、子宫出血等，常与地黄、玄参、黄连、麦冬等配伍。

(3) 疮黄疗毒：常与金银花、乳香等配伍。

[用法与用量] 马、牛 15～45g，驼 30～60g，羊、猪 5～10g，犬、猫 3～5g，兔、禽 0.5～1.5g。

[注意] 不宜与藜芦同用。

益 母 草

为唇形科植物益母草 *Leonurus japonicus* Houtt. 的新鲜或干燥地上部分。鲜品春季幼苗期至初夏花前期采割；干品夏季茎叶茂盛、花未开或初开时采割。切段生用。各地均产。

[性味与归经] 辛、苦，微寒。归肝、心、膀胱经。

[功能] 活血通经，利水消肿。

[主治]

(1) 胎衣不下、恶露不尽：本品是治疗胎产疾病的要药。用于产后血瘀腹痛、胎衣不下、恶露不尽，常与赤芍、当归、木香等配伍。

(2) 水肿尿少：用以消除水肿，常与茯苓、猪苓等配伍。

[用法与用量] 马、牛 30～60g，羊、猪 10～30g，犬 5～10g，兔、禽 0.5～1.5g。

[注意] 孕畜慎用。

桃 仁

为蔷薇科植物桃 *Prunus persica* (L.) Batsch. 或山桃 *Prunus davidiana* (Carr.)

Franch. 的干燥成熟种子。果实成熟后采收,除去果肉及核壳,取出种子,晒干。捣碎生用或炒黄用。主产于四川、陕西、河北、山东、贵州等地。

[性味与归经] 甘、苦,平。归心、肝、大肠经。

[功能] 活血祛瘀,润肠通便。

[主治]

(1) 产后血瘀、胎衣不下、跌打损伤:用于产后瘀血疼痛,常与红花、川芎、延胡索、赤芍等配伍;用于跌打损伤、瘀血肿痛,常与酒大黄、红花等配伍。

(2) 肠燥便秘:常与柏子仁、火麻仁、杏仁等配伍。

[用法与用量] 马、牛 15~30g,羊、猪 3~10g。

[注意] 孕畜慎用。

红 花

为菊科植物红花 *Carthamus tinctorius* L. 的干燥花瓣。夏季花由黄变红时采摘,阴干或晒干。生用。主产于四川、河南、云南、河北等地。

[性味与归经] 辛,温。归心、肝经。

[功能] 活血,散瘀,止痛。

[主治]

(1) 瘀血疼痛、胎衣不下、恶露不尽:本品为活血化瘀要药,主要用于产后瘀血疼痛、胎衣不下等,常与桃仁、川芎、当归、赤芍等配伍,如桃红四物汤。

(2) 跌打损伤:用于跌打损伤、瘀血作痛,可与肉桂、川芎、乳香、草乌等配伍,以增强活血止痛作用。

[用法与用量] 马、牛 15~30g,羊、猪 3~10g,犬 3~5g。

[注意] 孕畜慎用。

牛 膝

为苋科植物牛膝 *Achyranthes bidentata* Bl. 的干燥根。冬季茎叶枯萎时采挖,除去须根及泥沙,捆成小把,晒至干皱后,将顶端切齐,晒干。切段,生用或酒炙用。主产于河南、河北等地。

[性味与归经] 苦、酸,平。归肝、肾经。

[功能] 补肝肾,强筋骨,逐瘀通经,引血下行。

[主治]

(1) 腰胯疼痛:多用于肝肾不足、腰膝痿弱之证,常与熟地黄、龟板、当归等配伍。

(2) 产后瘀血、胎衣不下、跌打损伤:主要用于产后瘀血腹痛、胎衣不下及跌打损伤等,常与红花、川芎等配伍。

(3) 引血下行:适用于衄血、咽喉肿痛、口舌生疮等上部的火热证,常与石膏、知母、麦冬、地黄等配伍。用于热淋涩痛、尿血而有瘀滞者,常与瞿麦、滑石等配伍。

[用法与用量] 马、牛 20~60g,羊、猪 6~12g,犬、猫 1~3g,兔、禽 0.5~1.5g。

[注意] 孕畜慎用。

王不留行

为石竹科植物麦蓝菜 *Vaccaria segetalis*（Neck.）Garcke 的干燥成熟种子。夏季果实成熟、果皮尚未开裂时采割植株，打下种子，晒干。生用或炒至大多数种子爆裂开花用。主产于东北、华北、西北等地。

［性味与归经］苦，平。归肝、胃经。

［功能］通络下乳，活血消癥。

［主治］

（1）乳汁不通、乳痈、疔疮：用于产后乳汁不通，常与通草等配伍，如通乳散；用于乳痈等，常与瓜蒌、蒲公英、夏枯草等配伍。

（2）产后血瘀：适用于产后瘀滞疼痛，常与当归、川芎、红花等配伍。

［用法与用量］马、牛 30～100g，羊、猪 15～30g，犬、猫 3～5g。

［注意］孕畜慎用。

赤　芍

为毛茛科植物芍药 *Paeonia lactiflora* Pall. 或川赤芍 *Paeonia veitchii* Lynch. 的干燥根。春、秋两季采挖，除去根茎、须根及泥沙，晒干。切片生用。主产于内蒙古、甘肃、山西、贵州、四川、湖南等地。

［性味与归经］苦，微寒。归肝经。

［功能］清热凉血，散瘀止痛。

［主治］

（1）温病发斑、肠热下血、目赤肿痛：本品有清热凉血作用，用于温病热入营血、发热、舌绛、斑疹以及血热妄行、衄血等，常与地黄、牡丹皮等配伍。对肝火上炎、目赤肿痛亦有一定疗效，常与菊花、夏枯草、薄荷等配伍。

（2）跌打损伤、疮疡痈肿：用于跌打损伤等气滞血瘀证，常与丹参、桃仁、红花等配伍；用于疮痈肿毒，可与当归、金银花、甘草等配伍。

［用法与用量］马、牛 15～45g，羊、猪 3～10g，犬 5～8g，兔、禽 1～2g。

［注意］不宜与藜芦同用。

乳　香

为橄榄科植物鲍达乳香树 *Boswellia bhaw-dajiana* Birdw.、卡氏乳香树 *Boswellia carterii* Birdw. 或野乳香树 *Boswellia neglecta* M. Moore. 切伤皮部所采得的油胶树脂。炒去油用。主产于地中海沿岸及其岛屿。

［性味与归经］苦、辛，温。归心、肝、脾经。

［功能］活血止痛，生肌。

［主治］

（1）血瘀腹痛、跌打损伤、痈疽疼痛：本品具有活血、止痛作用，兼有行气之效。用于气血瘀滞所致的腹痛、跌打损伤和痈疽疼痛等，常与没药配伍，以增强活血止痛的功能。用于跌打损伤、瘀滞疼痛，可与没药、血竭、红花等配伍。

(2) 创伤：外用有生肌功能，常与儿茶、血竭等配伍，入散剂或膏药中应用。

［用法与用量］马、牛 15～30g，羊、猪 3～6g，犬 1～3g。

［注意］孕畜慎用。

没 药

为橄榄科植物没药 *Commiphora myrrha* Engl. 或其他同属植物茎干皮部渗出的油胶树脂。炒去油用。主产于非洲、印度等地。

［性味与归经］苦，平。归肝经。

［功能］活血祛瘀，止痛生肌。

［主治］血瘀腹痛、跌打损伤、痈疽疼痛、创伤。本品的活血、止痛及生肌功用与乳香基本相似，用法亦同，故常与乳香配伍，以增进疗效。如治疗气血凝滞、瘀阻疼痛，常与乳香、当归、丹参等配伍。

［用法与用量］马、牛 25～45g，羊、猪 6～10g，犬 1～3g。

［注意］孕畜慎用。

延 胡 索

为罂粟科植物延胡索 *Corydalis yanhusuo* W. T. Wang. 的干燥块茎，又名元胡。夏初茎叶枯萎时采挖，除去须根，置沸水中煮至恰无白芯时，晒干。切片或捣碎，生用或醋炙用。主产于浙江、天津、黑龙江等地。

［性味与归经］辛、苦，温。归肝、脾经。

［功能］活血散瘀，行气止痛。

［主治］气滞血瘀、跌打损伤、产后瘀阻、风湿痹痛。本品兼有活血行气功能，止痛作用显著，作用部位广泛，持久且无毒性，是良好的止痛药。多用于气滞、血瘀所致的多种疼痛，如用于血瘀腹痛，可与五灵脂、青皮、没药等配伍；用于跌打损伤，常与当归、川芎、桃仁等配伍。

［用法与用量］马、牛 15～30g，驼 35～75g，羊、猪 3～10g，犬 1～5g，兔、禽 0.5～1.5g。

郁 金

为姜科植物温郁金 *Curcuma wenyujin* Y. H. Chen et C. Ling、姜黄 *Curcuma longa* L.、广西莪术 *Curcuma kwangsiensis* S. G. Lee et C. F. Liang 或蓬莪术 *Curcuma phaeocaulis* Val. 的干燥块根。前两者分别习称"温郁金"和"黄丝郁金"，其余按性状不同习称"桂郁金"或"绿丝郁金"。冬季茎叶枯萎后采挖，除去泥沙及细根，蒸或煮至透心，干燥。切片或打碎用。主产于四川、云南、广东、广西等地。

［性味与归经］辛、苦，寒。归肝、心、肺经。

［功能］行气化瘀，清心解郁，利胆退黄。

［主治］

(1) 胸腹胀满：用于气滞血瘀所致的胸腹疼痛，常与柴胡、白芍、香附、当归等配伍。

(2) 热病神昏：本品有凉血清心、行气开郁的功能，用于湿温病、浊邪蒙蔽清窍、神志不清、惊痫、癫狂等病证，常与菖蒲等配伍。用于血热妄行而兼有瘀滞的病证，常与地黄、牡丹皮、栀子等配伍。

（3）湿热黄疸：可利胆退黄，常与茵陈、栀子等配伍。

［用法与用量］马、牛 15～45g，驼 30～60g，羊、猪 3～10g，犬 3～6g，兔、禽 0.3～1.5g。

自 然 铜

为硫化物类矿物黄铁矿族黄铁矿，主含二硫化铁（FeS_2）。采挖后除去杂质。砸碎或醋淬用。主产于四川、广东、湖南等地。

［性味与归经］辛，平。归肝经。

［功能］散瘀，接骨，止痛。

［主治］跌扑肿痛、筋骨折伤。本品为伤科接骨的要药，入血，有行血、散瘀、止痛的功能。用于创伤、跌打损伤、瘀滞疼痛等，常与当归、乳香、没药等配伍。

［用法与用量］马、牛 15～45g，羊、猪 3～10g，犬 2～5g。

二、止 血 药

白 及

为兰科植物白及 *Bletilla striata* (Thunb.) Reichb. f. 的干燥块茎。夏、秋两季采挖，除去须根，置沸水中煮或蒸至无白心，晒至半干，除去外皮，晒干。切薄片生用。主产于华东、华南及陕西、四川、云南等地。

［性味与归经］苦、甘、涩，微寒。归肺、肝、胃经。

［功能］收敛止血，消肿生肌，补肺止咳。

［主治］

（1）肺胃出血、外伤出血：本品性涩而收敛，止血作用良好。主要用于肺、胃出血，可单用，或与阿胶、藕节、地黄等配伍。也可用于外伤出血。

（2）烧伤、痈肿：用于疮痈初起未溃者，常与金银花、天花粉、乳香等配伍；用于疮疡已溃，久不收口者，研粉外用，有敛疮生肌之效。

［用法与用量］马、牛 25～60g，驼 30～80g，羊、猪 6～12g，犬、猫 1～5g，兔、禽 0.5～1.5g。

［注意］不宜与乌头类药材同用。

仙 鹤 草

为蔷薇科植物龙牙草 *Agrimonia pilosa* Ledeb. 的干燥地上部分。夏、秋两季茎叶茂盛时采割，除去杂质，干燥。切段生用。全国大部分地区均有分布。

［性味与归经］苦、涩，平。归心、肝经。

［功能］收敛止血，止痢，解毒。

［主治］

（1）便血、尿血、吐血、衄血：本品有收敛止血作用，用于治疗各种出血证，如衄血、便血、尿血等。可单用,也可与其他止血药配伍,如茜草、侧柏叶、大蓟等配伍。

(2) 血痢、痈肿疮毒:用于血痢、久痢不愈、疮痈肿毒等病证。

[用法与用量] 马、牛 15~60g,驼 30~100g,羊、猪 10~15g,犬、猫 2~5g,兔、禽 1~1.5g。

蒲　黄

为香蒲科植物水烛香蒲 *Typha angustifolia* L.、东方香蒲 *Typha orientalis* Presl 或同属植物的干燥花粉。夏季采收蒲棒上部的黄色雄花花序,晒干后碾轧,筛取花粉。生用或炒炭用。主产于浙江、山东、安徽等地。

[性味与归经] 甘,平。归肝、心包经。

[功能] 止血,化瘀。

[主治]

(1) 鼻衄、尿血、便血、子宫出血:本品善于活血止血,用于各种出血证,单用或配伍用。治子宫出血,常与益母草、艾叶、阿胶等配伍;治尿血,常与白茅根、小蓟配伍。

(2) 跌打损伤、瘀血肿痛:治跌打瘀血,多与桃仁、红花、赤芍等配伍。

[用法与用量] 马、牛 15~45g,驼 30~60g,羊、猪 5~10g,犬 3~5g,兔、禽 0.5~1.5g。

[注意] 孕畜慎用。

小　蓟

为菊科植物刺儿菜 *Cirsium setosum*(Willd.)MB. 的干燥地上部分。夏、秋两季开花时采割,晒干。切段,生用或炒炭用。我国各地均产。

[性味与归经] 甘、苦,凉。归心、肝经。

[功能] 凉血止血,祛瘀消肿。

[主治]

(1) 衄血、尿血、外伤出血、子宫出血等:尤长于治尿血,多与蒲黄、木通、滑石等配伍。大剂量单味用,可治疗热结膀胱的血淋证。

(2) 痈肿疮毒:单味内服或外敷均有疗效。

[用法与用量] 马、牛 30~90g,羊、猪 20~40g,犬 5~10g。鲜品捣烂外敷。

侧柏叶

为柏科植物侧柏 *Platycladus orientalis*(L.)Franco 的干燥枝梢及叶。多在春、秋两季采收,阴干。生用或炒炭用。主产于辽宁、山东,我国大部地区均有分布。

[性味与归经] 苦、涩,寒。归肺、肝、脾经。

[功能] 凉血止血。

[主治] 衄血、咯血、便血、尿血、子宫出血。本品具有收敛性凉血止血作用,用于血热妄行所致的便血、尿血、子宫出血等,常与地黄、生荷叶、生艾叶配伍;若属虚寒出血者,则配炮姜、艾叶等温经止血药。

[用法与用量] 马、牛 15~60g,羊、猪 5~15g,兔、禽 0.5~1.5g。

地 榆

为蔷薇科植物地榆 *Sanguisorba officinalis* L. 或长叶地榆 *Sanguisorba officinalis* L. var. *longifolia* (Bert.) Yü. et Li 的干燥根。春季将发芽时或秋季植株枯萎后采挖,除去须根,切片,晒干,或趁鲜切片。生用或炒炭用。主产于浙江、安徽、湖北、湖南、山东、贵州等地。

[性味与归经] 苦、酸、涩,微寒。归肝、大肠经。

[功能] 凉血解毒,止血敛疮。

[主治]

(1) 血痢、衄血、子宫出血:本品能凉血止血,可用于各种出血证,以下焦血热所致的便血、血痢、子宫出血等最为常用。用于便血,常与槐花、侧柏叶等配伍。用于血痢经久不愈,常与黄连、木香等配伍。

(2) 烧烫伤、疮黄疔毒:为治烧烫伤的要药,具有凉血解毒、收敛作用。地黄榆研末,麻油调敷,可使渗出减少,疼痛减轻,加速愈合。也可用于湿疹、皮肤溃烂、疮黄疔毒等。

[用法与用量] 马、牛 15～60g,羊、猪 6～12g,兔、禽 1～2g。外用适量。

槐 花

为豆科植物槐 *Sophora japonica* L. 的干燥花及花蕾。夏季花开放或花蕾形成时采收,前者习称"槐花",后者习称"槐米",及时干燥。生用、炒黄用或炒炭用。主产于辽宁、湖北、安徽、北京等地。

[性味与归经] 苦,微寒。归肝、大肠经。

[功能] 清肝泻火,凉血,止血,止痢。

[主治]

(1) 便血、赤白痢疾、产后出血:用于衄血、便血、尿血、子宫出血等属于热证者,但多用于便血,常与地榆配伍;也可与侧柏叶、荆芥炭、枳壳等配伍,如槐花散;若为大肠热盛,伤及络脉所致的便血,可与黄连等配伍。

(2) 风热目赤:肝火上炎所致的目赤肿痛,常与夏枯草、菊花、黄芩、草决明等配伍。

[用法与用量] 马、牛 30～45g,驼 40～80g,羊、猪 5～15g,犬 5～8g。

第十节 收 涩 药

凡具有收敛、固涩作用,能治疗各种滑脱证的药物,称为收涩药。滑脱证主要表现为脱肛、宫脱、滑精、自汗、盗汗、久泻、久痢、二便失禁、久咳虚喘等。其原因多为正气虚弱,因此,在临床应用时应与适宜的补虚药物配伍应用,以期标本兼顾之效。依据滑脱证的表现,本类药物又分为涩肠止泻药和敛汗涩精药两类。

1. 涩肠止泻药 具有涩肠止泻作用,适用于脾、肾阳虚所致的久泻久痢、二便失禁、肛门脱出或子宫脱出等。

2. 敛汗涩精药 具有固肾、涩精、缩尿作用,适用于肾虚所致的自汗、盗汗、阳痿、滑精、尿频等,常与具有补气、补肾作用的药物配伍应用。

一、涩肠止泻药

乌 梅

为蔷薇科植物梅 *Prunus mume* (Sieb.) Sieb. et Zucc. 的干燥近成熟果实。夏季果实近成熟时采收，低温烘干后闷至颜色变黑。生用或炒炭用。主产于浙江、福建、广东、湖南、四川等地。

[性味与归经] 酸、涩，平。归肝、脾、肺、大肠经。

[功能] 敛肺，涩肠，生津，安蛔。

[主治]

（1）肺虚久咳：本品能敛肺止咳，治肺虚久咳，常与款冬花、半夏、杏仁等配伍。

（2）久泻久痢：常与诃子、黄连等配伍，如乌梅散；亦可与党参、白术等配伍应用。

（3）蛔虫病：本品味酸，蛔得酸则静。适用于蛔虫引起的腹痛、呕吐等，常与干姜、细辛、黄柏等配伍。

[用法与用量] 马、牛 15～60g，羊、猪 3～9g，犬、猫 2～5g，兔、禽 0.6～1.5g。

诃 子

为使君子科植物诃子 *Terminalia chebula* Retz. 或绒毛诃子 *Terminalia chebula* Retz. var. *tomentella* Kurt. 的干燥成熟果实。秋、冬两季果实成熟时采收。打碎生用。主产于广东、广西、云南等地。

[性味与归经] 苦、酸、涩，平。归肺、大肠经。

[功能] 涩肠，敛肺。

[主治]

（1）泻痢：对痢疾而偏热者，常与黄连、木香、甘草等配伍；若泻痢日久，气阴两伤，需与党参、白术、山药等配伍。

（2）咳喘：用于肺虚咳喘，常与党参、麦冬、五味子等配伍；用于肺热咳嗽，可配瓜蒌、百部、贝母、玄参、桔梗等。

[用法与用量] 牛、马 15～60g，羊、猪 3～10g，犬、猫 1～3g，兔、禽 0.5～1.5g。

肉 豆 蔻

为肉豆蔻科植物肉豆蔻 *Myristica fragrans* Houtt. 的干燥种仁。生用或煨用。我国广东有栽培，印度尼西亚、西印度群岛和马来半岛等地亦产。

[性味与归经] 辛，温。归脾、胃、大肠经。

[功能] 涩肠止泻，温中行气。

[主治]

（1）久泻不止：本品擅长温脾胃，涩肠止泻。适用于久泻不止或脾肾虚寒引起的久泻，常与补骨脂、吴茱萸、五味子等配伍，如四神丸。

（2）脾胃虚寒、肚腹胀痛：适用于脾胃虚寒引起的肚腹胀痛、食欲不振，常与木香、半夏、白术、干姜等配伍。

［用法与用量］马、牛 15～30g，羊、猪 5～10g，犬 3～5g。

石 榴 皮

为石榴科植物石榴 *Punica granatum* L. 的干燥果皮。秋季果实成熟后收集果皮，晒干，切块。生用或炒炭用。我国南方各地均产。

［性味与归经］酸、涩，温。归大肠经。

［功能］涩肠止泻，止血，杀虫。

［主治］

(1) 泻痢：本品收敛之性较强，适于虚寒所致的久泻久痢，常与诃子、肉豆蔻、干姜、黄连等配伍。

(2) 虫积：用于驱杀蛔虫、蛲虫，可单用或与使君子、槟榔等配伍。

［用法与用量］马、牛 15～30g，驼 25～45g，羊、猪 3～15g，犬、猫 1～5g，兔、禽 1～2g。鱼用 1g/100ml 的煎液浸洗 20～30min。

二、敛汗涩精药

五 味 子

为木兰科植物五味子 *Schisandra chinensis*（Turcz.）Baill. 的干燥成熟果实，习称"北五味子"。秋季果实成熟时采摘，晒干或蒸后晒干。生用或醋炙用。主产于东北、内蒙古、河北、山西等地。

［性味与归经］酸、甘，温。归肺、心、肾经。

［功能］敛肺涩肠，生津止汗，固肾涩精。

［主治］

(1) 肺虚咳喘：本品上敛肺气，下滋肾阴，用于肺虚、肾虚不能摄纳肺气所致的久咳虚喘，常与党参、麦冬、熟地黄、山萸肉等配伍。

(2) 脾肾阳虚：用于脾肾阳虚泄泻，常与补骨脂、吴茱萸、肉豆蔻等配伍，如四神丸。

(3) 津亏、多汗：用于津亏口渴，常与麦冬、地黄、天花粉等配伍；用于体虚多汗，常与党参、麦冬、浮小麦等配伍。

(4) 滑精尿频：用于滑精、尿频等，可与桑螵蛸、菟丝子配伍。

［用法与用量］马、牛 15～30g，羊、猪 3～10g，犬、猫 1～2g，兔、禽 0.5～1.5g。

牡 蛎

为牡蛎科动物长牡蛎 *Ostrea gigas* Thunberg、大连湾牡蛎 *Ostrea talienwhanensis* Crosse 或近江牡蛎 *Ostrea rivularis* Gould 的贝壳。全年可采收，去肉，洗净，晒干。碾碎生用或煅用。主产于沿海地区。

［性味与归经］咸，微寒。归肝、胆、肾经。

［功能］滋阴潜阳，敛汗固涩，软坚散结。

［主治］

(1) 阴虚内热：本品能平肝潜阳，适用于阴虚阳亢引起的躁动不安等证，常与龟板、白芍等配伍。

(2) 滑精，虚汗：本品煅用擅长敛汗涩精。用于自汗、盗汗，常与浮小麦、麻黄根、黄芪等配伍，如牡蛎散；用于滑精，常与金樱子、芡实等配伍。

(3) 瘰疬：具有软坚散结作用，用于消散瘰疬，常与玄参、贝母等配伍。

[用法与用量] 马、牛 30～90g，羊、猪 10～30g，犬 5～10g，兔、禽 1～3g。

浮小麦

为禾本科植物小麦 Triticum aestivum L. 干燥轻浮瘪瘦的果实。麦收后，选取轻浮瘪瘦的及未脱净皮的麦皮粒，晒干。生用。北方各地均产。

[性味与归经] 甘、咸，凉。归心经。

[功能] 敛汗，益气，退虚热。

[主治] 阴虚、内热、虚汗。主要用于治疗自汗、虚汗，常与牡蛎等配伍。用于产后虚汗不止，可与麻黄根、牡蛎、黄芪等配伍。

[用法与用量] 马、牛 30～120g，羊、猪 10～20g，犬 5～8g。

金樱子

为蔷薇科植物金樱子 Rosa laevigata Michx. 的干燥成熟果实。10～11 月果实成熟变红时采收，干燥，除去毛刺，剥去核。生用。主产于广东、四川、云南、湖北、贵州等地。

[性味与归经] 酸、甘、涩，平。归肾、膀胱、大肠经。

[功能] 固精缩尿，涩肠止泻。

[主治]

(1) 滑精、尿频：本品有固精缩尿作用，适用于肾虚引起的滑精、尿频等，常与芡实、莲子、菟丝子、补骨脂等配伍。

(2) 脾虚泄泻：常与党参、白术、山药、茯苓等配伍。

[用法与用量] 马、牛 15～45g，羊、猪 5～10g。

桑螵蛸

为螳螂科昆虫大刀螂 Tenodera sinensis Saussure.、小刀螂 Statilia maculata (Thunberg) 或巨斧螳螂 Hierodula patellifera (Serville) 的干燥卵鞘。以上三种分别习称"团螵蛸"、"长螵蛸"和"黑螵蛸"。深秋至次春采收，蒸至虫卵死后，干燥。生用。主产于各地桑蚕产区。

[性味与归经] 甘、咸，平。归肝、肾经。

[功能] 补肾助阳，固精缩尿，止淋浊。

[主治]

(1) 滑精、尿频：本品能补肾固精及缩尿，主要用于肾气不固所致的滑精早泄、尿频数等，常与益智仁、菟丝子、黄芪等配伍。

(2) 阳痿：本品有助阳之功能，常与巴戟天、肉苁蓉、枸杞子等配伍。

[用法与用量] 马、牛 15～30g，羊、猪 5～15g，兔、禽 0.5～1g。

麻黄根

为麻黄科植物草麻黄 *Ephedra sinica* Stapf. 或中麻黄 *Ephedra intermedia* Schrenk. et C. A. Mey. 的干燥根或根茎。秋季采挖根部,除去残茎、须根及泥沙,干燥。切片生用。主产于山西、内蒙古、河北等地。

[性味与归经] 甘,平。归心、肺经。

[功能] 止汗。

[主治]

(1) 自汗:用于自汗,常与黄芪、党参配伍。

(2) 盗汗:用于潮热盗汗、产后虚汗,常与地黄、白芍、五味子等配伍。

[用法与用量] 马、牛 30~45g,羊、猪 10~15g,犬 3~5g。

第十一节 补 虚 药

凡能补益机体气、血、阴、阳不足,治疗各种虚证的药物,称为补虚药。虚证一般分为气虚、血虚、阴虚、阳虚,故补虚药也分为补气药、补血药、滋阴药、助阳药四类。一般来说,气虚进一步发展常导致阳虚,阳虚多兼气虚;血虚进一步发展常导致阴虚,阴虚多兼血虚。所以在应用补气药时,常与助阳药配伍;应用补血药时,常与滋阴药并用。有时临床上可见到数证并现,如气血两亏、阴阳俱虚等,补气药、补血药、滋阴药、助阳药可根据病情,恰当配伍应用。此外,脾胃为后天之本,肺主一身之气,故补气应以补脾、胃、肺为主;肾既主一身之阳,又主一身之阴,在使用助阳药、滋阴药时,应以补肾阳、滋肾阴为主。

1. 补气药 多味甘,性平或偏温,多归脾、胃、肺经,具有补肺气、益脾气等功能,适用于气虚证。脾胃为后天之本,生化之源,脾气虚则见精神倦怠、食欲不振、肚腹胀满、泄泻等;肺主一身之气,肺气虚则见气短、气喘,动则喘甚、自汗无力等。以上诸证多用补气药。因气为血帅,气可生血,故又可配合用于血虚证。

2. 补血药 多味甘,性平或偏温,多归心、肝、脾经,有补血功能,适用于体瘦毛焦、口色淡白、精神萎靡、心悸脉弱等血虚之证。因心主血,肝藏血,脾统血,故血虚证与心、肝、脾密切相关,治疗时以补心、肝为主,配以健脾药物。如血虚兼气虚,则配伍补气药应用;如血虚兼阴虚,则可配伍滋阴药应用。

3. 助阳药 多味甘或咸,性温或热,多归肝、肾经,具有补肾助阳、强筋壮骨等功能,适于形寒肢冷、腰胯无力、阳痿滑精、肾虚泄泻等证。"肾为先天之本",助阳药主要用于温补肾阳及肾阳衰微不能温养脾阳所致的泄泻。本类药物多为温燥之品,阴虚发热及实热证等均不宜用。

4. 滋阴药 多味甘,性凉,多归肺、胃、肝、肾经。具有滋肾阴、补肺阴、养胃阴、益肝阴等功能,适用于舌面光洁无苔、口干舌燥、虚热口渴、肺虚燥咳等阴虚证。本类药物多滋腻,凡阳虚阴盛、脾虚泄泻者不宜应用。

补虚药应用不当有留邪之弊,故实邪未尽者,不宜早用。若病邪未解,正气已虚,则以祛邪为主,酌情加入补虚药,以达到祛邪而不伤正,扶正而不留邪之目的。

一、补 气 药

人 参

为五加科植物人参 *Panax ginseng* C. A. Mey. 的干燥根及根茎。多于秋季采挖,洗净晒干或烘干。栽培的又称"园参";播种在山林野生状态下自然生长的又称"林下参",习称"籽海"。切薄片或捣碎,生用。主产于吉林、辽宁、黑龙江等地。

[性味与归经] 甘、微苦,平。归脾、肺、心经。

[功能] 大补元气,复脉固脱,补益脾肺,生津,安神。

[主治] 体虚欲脱、肢冷脉微、虚损劳伤、脾胃虚弱、肺虚咳喘、口干自汗、惊悸不安。本品能大补元气,用于各种虚脱证,独味显效。如用于病后津气两亏、汗多口渴者,可与麦冬、五味子等配伍;用于心气不足、心神不宁,可与当归、酸枣仁、元肉等配伍。

[用法与用量] 马、牛 15~30g,羊、猪 5~10g,犬、猫 0.5~2g。

[注意] 不能与藜芦同用。

党 参

为桔梗科植物党参 *Codonopsis pilosula* (Franch.) Nannf.、素花党参 *Codonopsis pilosula* Nannf. var. *modesta* (Nannf.) L. T. Shen 或川党参 *Codonopsis tangshen* Oliv. 的干燥根。秋季采挖,晒干。切片生用。主产于东北、西北、山西、四川等地。

[性味与归经] 甘,平。归脾、肺经。

[功能] 补中益气,健脾益肺。

[主治]

(1) 肺虚咳喘、脾胃虚弱、食少腹泻、体倦无力:本品为常用的补气药。如用于久病气虚所致的肺虚喘促、脾虚泄泻、倦怠乏力等,常与白术、茯苓、炙甘草等配伍,如四君子汤。

(2) 气虚垂脱:用于气虚下陷所致的脱肛、子宫脱垂,常与黄芪、白术、升麻等配伍,如补中益气汤。

(3) 伤津:用于津伤口渴、肺虚气短,常与麦冬、五味子、地黄等配伍。

[用法与用量] 马、牛 20~60g,羊、猪 5~10g,犬 3~5g,兔、禽 0.5~1.5g。

[注意] 不能与藜芦同用。

黄 芪

为豆科植物蒙古黄芪 *Astragalus membranaceus* (Fisch.) Bge. var. *mongholicus* (Bge.) Hsiao 或膜荚黄芪 *Astragalus membranaceus* (Fisch.) Bge. 的干燥根。春、秋两季采挖,除去须根及根头,晒干,切厚片。生用或蜜炙用。主产于甘肃、内蒙古、陕西、河北、西藏、东北等地。

[性味与归经] 甘,温。归肺、脾经。

[功能] 补气升阳,益卫固表,利水消肿,托毒排脓,敛疮生肌。

[主治]

(1) 肺脾气虚、中气下陷：黄芪为重要的补气药，适用于脾肺气虚、食少倦怠、气短、泄泻等，常与党参、白术、山药、炙甘草等配伍；用于气虚下陷引起的脱肛、子宫垂脱等，常与党参、升麻、柴胡等配伍，如补中益气汤。

(2) 表虚自汗：用于表虚自汗，常与麻黄根、浮小麦、牡蛎等配伍；用于表虚易感风寒等，可与防风、白术配伍。

(3) 气虚水肿：适用于气虚脾弱、尿不利、水湿停滞而成的水肿，常与防己、白术配伍。

(4) 疮痈难溃、久溃不敛：多用于气血不足，疮疡脓成不溃，或溃后久不收口等。如用于疮痈内陷或久溃不敛，可与党参、肉桂、当归等配伍；用于成脓不溃，可与白芷、当归、皂角刺等配伍。

[用法与用量] 马、牛 20～60g，驼 30～80g，羊、猪 5～15g，犬 5～10g，兔、禽 1～2g。

山 药

为薯蓣科植物薯蓣 Dioscorea opposita Thunb. 的干燥根茎。冬季茎叶枯萎后采挖，除去根头、外皮及须根，干燥。切厚片，生用或麸炒用。主产于河南、湖南、河北、广东等地。

[性味与归经] 甘，平。归脾、肺、肾经。

[功能] 补脾养胃，益肺生津，补肾涩精。

[主治]

(1) 脾胃虚弱、食欲不振、脾虚泄泻：本品性平不燥，作用和缓，为平补脾胃之药，不论脾阳虚或胃阴亏，皆可应用。用于脾胃虚弱、减食倦怠、泄泻等，常与党参、白术、茯苓、扁豆等配伍。

(2) 肺虚久咳：本品可益肺气，养肺阴，用于肺虚久咳，可配沙参、麦冬、五味子等配伍。

(3) 滑精、尿频数：补益肾气，用于肾虚滑精、尿频数等。用于肾虚滑精，常与熟地黄、山萸肉等配伍；用于肾虚之尿频数，常与益智仁、桑螵蛸等配伍。

[用法与用量] 马、牛 30～90g，羊、猪 10～15g，犬 5～10g，兔、禽 1.5～3g。

白 术

为菊科植物白术 Atractylodes macrocephala Koidz. 的干燥根茎。冬季下部叶枯黄、上部叶变脆时采挖，烘干或晒干，除去须根。切厚片，生用或炒用。主产于浙江、安徽、湖南、湖北及福建等地。

[性味与归经] 甘、苦，温。归脾、胃经。

[功能] 补脾健胃，燥湿利水，安胎，止汗。

[主治]

(1) 脾虚泄泻、腹胀：本品为补脾益气的重要药物，主要用于脾胃气虚、运化失常所致的食少胀满、倦怠乏力等，常与党参、茯苓等配伍，如四君子汤；用于脾胃虚寒、肚腹冷痛、泄泻等，常与党参、干姜等配伍，如理中汤。

（2）水肿：本品既可健脾燥湿，又能利水，可用于水湿内停或水湿外溢之水肿，常与茯苓、泽泻等配伍，如五苓散。

（3）表虚自汗：常与黄芪、浮小麦配伍。

（4）胎动不安：常与当归、白芍、黄芩配伍。

[用法与用量] 马、牛 15～60g，驼 30～90g，羊、猪 10～12g，犬、猫 1～5g，兔、禽 1～2g。

甘 草

为豆科植物甘草 *Glycyrrhiza uralensis* Fisch.、胀果甘草 *Glycyrrhiza inflata* Bat. 或光果甘草 *Glycyrrhiza glabra* L. 的干燥根及根茎。春、秋两季采挖，除去须根，干燥。切厚片，生用或蜜炙用。主产于辽宁、内蒙古、甘肃、新疆、青海等地。

[性味与归经] 甘，平。归心、肺、脾、胃经。

[功能] 补脾益气，祛痰止咳，和中缓急，解毒，调和药性。

[主治]

（1）脾胃虚弱、倦怠无力。本品炙用，性微温，善于补脾胃，益心气。用于脾胃虚弱证，常与党参、白术等配伍，如四君子汤。

（2）疮痈肿痛：生用能清热解毒，常用于疮痈肿痛，多与金银花、连翘等清热解毒药配伍；用于咽喉肿痛，可与桔梗、牛蒡子等配伍。

（3）咳喘：有甘缓润肺止咳之功，用于咳嗽喘息等，常与化痰止咳药配伍，因其性质平和，肺寒咳喘或肺热咳嗽均可应用。

（4）能缓和某些药物峻烈之性，具有调和诸药的作用，许多处方配伍本品。此外，本品为中毒解毒的要药。

[用法与用量] 马、牛 15～60g，驼 45～100g，羊、猪 3～10g，犬、猫 1～5g，兔、禽 0.6～3g。

[注意] 不宜与大戟、甘遂、芫花、海藻同用。

大 枣

为鼠李科植物枣 *Ziziphus jujuba* Mill. 的干燥成熟果实。秋季果实成熟时采收，晒干。生用。主产于河北、河南、山东等地。

[性味与归经] 甘，温。归脾、胃经。

[功能] 补中益气，养血安神，缓和药性。

[主治]

（1）脾虚食少、便溏：本品为调补脾胃的常用辅助药，多用于脾胃虚弱、倦怠乏力、食少便溏等，常与党参、白术等配伍，以加强补益脾胃的功能。

（2）气血亏虚：可用于营血耗伤，常与甘草、浮小麦等配伍。

[用法与用量] 马、牛 30～60g，羊、猪 10～15g，犬 5～8g，兔、禽 1.3～5g。

二、补血药

当归

为伞形科植物当归 Angelica sinensis（Oliv.）Diels 的干燥根。秋末采挖，除去须根，捆成小把，用烟火慢慢熏干。切薄片，生用或酒炙用。主产于甘肃、宁夏、四川、云南、陕西等地。

[性味与归经] 甘、辛，温。归肝、心、脾经。

[功能] 补血养血，活血止痛，润燥通便。

[主治]

（1）血虚劳伤：本品善能补血，又能活血，用于体弱血虚，常与黄芪、党参、熟地黄等配伍。

（2）血瘀疼痛、跌打损伤、痈肿疮疡：多用于瘀血疼痛、跌打损伤、痈肿、风湿痹痛等。用于损伤瘀痛，可与红花、桃仁、乳香等配伍；用于痈肿疼痛，可与金银花、牡丹皮、赤芍等配伍；用于产后瘀血疼痛，可与益母草、川芎、桃仁等配伍；用于风湿痹痛，可与羌活、独活、秦艽等祛风湿药配伍。

（3）肠燥便秘：多用于阴虚或血虚的肠燥便秘，常与火麻仁、苦杏仁、肉苁蓉等配伍。

[用法与用量] 马、牛 15～60g，驼 35～75g，羊、猪 10～15g，犬、猫 2～5g，兔、禽 1～2g。

白芍

为毛茛科植物芍药 Paeonia lactiflora Pall. 的干燥根。夏、秋两季采挖，除去头尾及细根，置沸水中煮后除去外皮或去皮后再煮，晒干。切薄片，生用或酒炙用。主产于东北、河北、内蒙古、陕西、山西、山东、安徽、浙江、四川、贵州等地。

[性味与归经] 苦、酸，微寒。归肝、脾经。

[功能] 平肝止痛，养血敛阴。

[主治]

（1）肝阴不足、四肢拘挛：本品有平抑肝阳、敛阴养血作用，适用于肝阴不足、肝阳上亢、躁动不安等，常与石决明、地黄、女贞子等配伍。

（2）泻痢腹痛：主要用于肝旺乘脾所致的腹痛，常与甘草配伍。

（3）虚热：适用于血虚或阴虚盗汗等，常与当归、地黄等配伍。

[用法与用量] 马、牛 15～60g，驼 30～100g，羊、猪 6～15g，犬、猫 1～5g，兔、禽 1～2g。

[注意] 不宜与藜芦同用。

阿胶

为马科动物驴 Equus asinus L. 的皮经煎煮、浓缩制成的固体胶。溶化冲服或炒珠用。主产于山东、浙江。此外，北京、天津、河北、山西等地也有生产。

［性味与归经］甘，平。归肺、肝、肾经。

［功能］滋阴补血，安胎。

［主治］

(1) 血虚体弱：本品补血作用较佳，为治血虚的要药，用于血虚体弱，常与当归、黄芪、熟地黄等配伍。

(2) 咯血、吐血、尿血、便血、子宫出血：适用于多种出血证。配伍白及，可治肺出血；配地黄、旱莲草、仙鹤草、茅根等，可治衄血；配艾叶、地黄、当归等，可治子宫出血；配槐花、地榆等，可治便血。

(3) 妊娠胎动：可与艾叶配伍。

［用法与用量］马、牛 15～60g，羊、猪 10～15g，犬 5～8g。

熟 地 黄

为玄参科植物地黄 *Rehmannia glutinosa* Libosch. 的块根，经照酒炖法或照蒸法加工炮制而成。切厚片或切块用。主产于河南、浙江、北京，其他省区也有生产。

［性味与归经］甘，微温。归肝、肾经。

［功能］滋阴补血，益精填髓。

［主治］

(1) 血虚精亏：本品为补血要药，用于血虚诸证。治血虚体弱，常与当归、川芎、白芍等配伍，如四物汤。

(2) 肝肾阴亏、虚热盗汗：本品为滋阴要药，用于肝肾阴虚所致的潮热、出汗、滑精等，常与山茱萸、山药等配伍，如六味地黄丸。

［用法与用量］马、牛 30～60g，羊、猪 5～15g，犬 3～5g。

何 首 乌

为蓼科植物何首乌 *Polygonum multiflorum* Thunb. 的干燥块根。秋、冬两季叶枯萎时采挖，削去两端，洗净，干燥。切厚片或块，生用或制用。晒干未经炮制的为生首乌，加黑豆汁反复蒸晒而成为制首乌。主产于广东、广西、河南、安徽、贵州等地。

［性味与归经］苦、甘、涩，温。归肝、心、肾经。

［功能］生首乌：润肠通便，解毒疗疮；制首乌：补肝肾，益精血，壮筋骨。

［主治］

(1) 肠燥便秘：生首乌能通便泻下，适用于弱畜及老年患畜之便秘，常与当归、肉苁蓉、麻仁等配伍。

(2) 疮黄疔毒：生首乌用于瘰疬、疮疡、皮肤瘙痒等，常与玄参、紫花地丁、天花粉等配伍。

(3) 肝肾阴虚、血虚、久病体虚：制首乌有补肝肾、益精血的功能，常用于阴虚血少、腰膝痿弱等，多与熟地黄、枸杞子、菟丝子等配伍。

［用法与用量］马、牛 30～100g；羊、猪 10～15g；犬、猫 2～6g；兔、禽 1～3g。

三、助 阳 药

巴 戟 天

为茜草科植物巴戟天 *Morinda officinalis* How. 的干燥根。全年均可采挖,除去须根,晒至六七成干,轻轻捶扁,晒干。切段,生用或盐炒用。主产于广东、广西、福建、四川等地。

[性味与归经] 甘、辛,微温。归肾、肝经。

[功能] 补肾阳,强筋骨,祛风湿。

[主治]

(1) 阳痿滑精:本品能补肾助阳,主要用于肾虚阳痿、滑精早泄等,常与肉苁蓉、补骨脂、胡卢巴等配伍,如巴戟散。

(2) 腰胯无力:用于肾虚骨痿、运步困难、腰膝疼痛等,常与杜仲、续断、菟丝子等配伍。

(3) 风寒湿痹:用于肾阳虚兼风湿痹痛,可与续断、淫羊藿及祛风湿药配伍。

[用法与用量] 马、牛 15～30g,羊、猪 5～10g,犬、猫 1～5g,兔、禽 0.5～1.5g。

肉 苁 蓉

为列当科植物肉苁蓉 *Cistanche deserticola* Y. C. Ma. 或管花肉苁蓉 *Cisanche tubulosa* (Schrenk) Wibht 的干燥带鳞叶的肉质茎。多于春季苗未出土或刚出土时采挖,除去花序,切片,晒干。生用或酒炙用。主产于内蒙古、甘肃、青海、新疆等地。

[性味与归经] 甘、咸,温。归肾、大肠经。

[功能] 补肾阳,益精血,润肠通便。

[主治]

(1) 阳痿、滑精、腰胯疼痛:本品补肾阳,温而不燥,补而不峻,是一味性质温和的滋补强壮药。主要用于肾虚阳痿、滑精早泄及肝肾不足、筋骨痿弱、腰膝疼痛等,常与熟地黄、菟丝子、五味子、山茱萸等配伍。

(2) 肠燥便秘:适用于老弱血虚以及病后或产后津液不足、肠燥便秘等,常与麻仁、柏子仁、当归等配伍。

[用法与用量] 马、牛 15～45g,羊、猪 5～10g,犬 3～5g,兔、禽 1～2g。

淫 羊 藿

为小檗科植物淫羊藿 *Epimedium brevicornum* Maxim.、箭叶淫羊藿 *Epimedium sagittatum* (Sieb. et Zucc.) Maxim.、柔毛淫羊藿 *Epimedium pubescens* Maxim.、巫山淫羊藿 *Epimedium wushanense* T. S. Ying. 或朝鲜淫羊藿 *Epimedium koreanum* Nakai. 的干燥地上部分。夏、秋季节茎叶茂盛时采割,除去粗梗及杂质,晒干或阴干。切丝,生用或炙用。主产于陕西、甘肃、四川、台湾、安徽、浙江、江苏、广东、广西、云南等地。

[性味与归经] 辛、甘,温。归肝、肾经。

[功能] 补肾阳,强筋骨,祛风湿。

［主治］

（1）阳痿、滑精、尿频：本品具有补肾壮阳功能，主要用于肾阳不足所致的阳痿、滑精、尿频、腰膝冷痛、肢冷恶寒等，常与山茱萸、肉苁蓉等补肾药配伍。

（2）风湿痹痛：适用于风湿痹痛、四肢不利、筋骨痿弱、四肢瘫痪等，常与威灵仙、独活、肉桂、当归、川芎等配伍。

［用法与用量］马、牛15～30g，羊、猪10～15g，犬、猫3～5g，兔、禽0.5～1.5g。

益 智 仁

为姜科植物益智 *Alpinia oxyphylla* Miq. 的干燥成熟果实。夏、秋季节果实由绿变红时采收，晒干或低温干燥。除去外壳，捣碎生用或盐水炙用。主产于广东、云南、福建、广西等地。

［性味与归经］辛，温。归脾、肾经。

［功能］温脾，暖肾，固气，缩尿，涩精，摄唾。

［主治］

（1）肾虚滑精、尿频：本品有温补肾阳、涩精缩尿的作用，适用于肾阳不足、不能固摄所致的滑精、尿频等，常与山药、桑螵蛸、菟丝子等配伍。

（2）脾胃虚寒、腹痛、泄泻：适用于脾阳不振、运化失常引起的虚寒泄泻、腹部疼痛，常与党参、白术、干姜等配伍。

（3）流涎：用于脾虚不摄涎，涎多自流者，常与党参、茯苓、半夏、山药、陈皮等配伍。

［用法与用量］马、牛15～45g，羊、猪5～10g，犬、猫3～5g，兔、禽1～3g。

补 骨 脂

为豆科植物补骨脂 *Psoralea corylifolia* L. 的干燥成熟果实。秋季果实成熟时采收果序，晒干，搓出果实，除去杂质。生用或盐水炙用。主产于河南、安徽、山西、陕西、江西、云南、四川、广东等地。

［性味与归经］辛、苦，温。归肾、脾经。

［功能］温肾壮阳，纳气，止泻。

［主治］

（1）阳痿、滑精、腰胯寒痛、尿频：本品能助命门之火，用于肾阳不振的阳痿、滑精、腰胯冷痛及尿频等，常与淫羊藿、菟丝子、熟地黄等助阳益阴药配伍。

（2）肾虚冷泻：本品既能补肾阳，又能温脾阳，故常用于脾肾阳虚引起的泄泻，多与肉豆蔻、吴茱萸、五味子等配伍，如四神丸。

［用法与用量］马、牛15～45g，羊、猪5～10g，犬、猫2～5g，兔、禽1～2g。

杜 仲

为杜仲科植物杜仲 *Eucommia ulmoides* Oliv. 的干燥树皮。4～6月剥取，刮去粗皮，堆置"发汗"至内皮呈紫褐色，晒干。切块或切丝，生用或盐水炙用。主产于四川、贵州、云南、湖北等地。

[性味与归经] 甘，温。归肝、肾经。

[功能] 补肝肾，强筋骨，安胎。

[主治]

(1) 肾虚腰痛、腰肢无力：本品能补肝肾，强筋健骨。主要用于腰胯无力、阳痿、尿频等肾阳虚证，常与补骨脂、菟丝子、枸杞子、熟地黄、山茱萸、牛膝等配伍。

(2) 风湿痹痛：可配伍祛风湿药治久患风湿、麻木痹痛。

(3) 安胎不安：用治孕畜体虚、肝肾亏损所致的胎动不安，常与续断、阿胶、白术、党参、砂仁、艾叶等配伍。

[用法与用量] 马、牛 15～60g，羊、猪 5～10g，犬、猫 3～5g。

续 断

为川续断科植物川续断 *Dipsacus asperoides* C. Y. Cheng. et T. M. Ai. 的干燥根。秋季采挖，除去根头及须根，用微火烘至半干，堆置"发汗"至内部变绿时，再烘干。切薄片，生用、酒炙用或盐炙用。主产于四川、贵州、湖北、云南等地。

[性味与归经] 苦、辛，微温。归肝、肾经。

[功能] 补肝肾，强筋骨，续伤折，安胎。

[主治]

(1) 腰肢痿软、风湿痹痛：本品能补肝肾而强筋骨，又能通血脉，故常用于肝肾不足、血脉不利所致的腰胯疼痛及风湿痹痛，常与杜仲、牛膝、桑寄生等配伍。

(2) 筋骨折伤、跌打损伤：为伤科常用药，用于跌打损伤或骨折，常与骨碎补、当归、赤芍、红花等配伍。

(3) 胎动不安：既补肝肾又能安胎，常与阿胶、艾叶、熟地黄等配伍治疗胎动不安。

[用法与用量] 马、牛 25～60g，羊、猪 5～15g，兔、禽 1～2g。

菟 丝 子

为旋花科植物菟丝子 *Cuscuta chinensis* Lam. 的干燥成熟种子。秋季果实成熟时采收植株，晒干，打下种子，除去杂质。生用或盐水炙用。主产于东北、河南、山东、江苏、四川、贵州、江西等地。

[性味与归经] 甘，温。归肝、肾、脾经。

[功能] 滋补肝肾，固精缩尿，安胎，明目，止泻。

[主治]

(1) 肾虚滑精、尿频、胎动不安：本品为滋补肝肾的常用药物，既能补阳，又能益阴，适用于肾虚滑精、阳痿、尿频、子宫出血等，常与枸杞子、覆盆子、五味子等配伍。

(2) 肾虚目昏：用于肝肾不足所致的目疾等，常与熟地黄、枸杞子、车前子等配伍。

(3) 脾肾虚泻：用于脾肾虚弱、大便溏泻等，常与茯苓、山药、白术等配伍。

[用法与用量] 马、牛 15～45g，羊、猪 5～15g。

骨 碎 补

为水龙骨科植物槲蕨 *Drynaria fortunei* (Kunze) J. Sm. 的干燥根茎。全年均可采挖，除去泥沙，干燥，或再燎去茸毛（鳞片）。切厚片，生用。主产于浙江、湖北、广东、广西、云南、四川、陕西、甘肃、青海等地。

［性味与归经］苦，温。归肝、肾经。

［功能］补肾壮骨，续筋疗伤，活血止痛。

［主治］

（1）肾虚久泻：本品能补肾壮阳而止泻。用于肾阳不足所致的久泻，可与菟丝子、五味子、肉豆蔻等配伍。

（2）跌打损伤、筋骨折伤：用于跌打损伤及骨折等，常与续断、自然铜、乳香、没药等配伍。

［用法与用量］马、牛 15～45g，羊、猪 5～10g，犬、猫 3～5g，兔、禽 1.5～3g。外用适量。

蛤 蚧

为壁虎科动物蛤蚧 Gekko gecko Linnaeus 的干燥体。全年均可捕捉，除去内脏，拭干，用竹片撑开，使整个身体扁平顺直，低温干燥。除去鳞片及头足，切成小块用。主产于广西、云南、广东等地。

［性味与归经］咸，平。归肺、肾经。

［功能］补肺益肾，纳气定喘，助阳益精。

［主治］虚喘劳嗽。本品长于补肺益肾，尤能摄纳肾气，对于肾虚气喘及肺虚咳喘，都可应用，常与贝母、百合、天冬、麦冬等配伍，如蛤蚧散。

［用法与用量］马、牛 1～2 对。

四、滋 阴 药

沙 参

为桔梗科植物轮叶沙参 Adenophora tetraphylla （Thunb.） Fisch.、沙参 Adenophora stricta Mig. 或伞形科植物珊瑚菜 Glehnia littoralis F. Schm. ex Miq. 等的干燥根。前两种习称南沙参，后者习称北沙参。春、秋两季采挖，除去须根及根皮。切片生用。南沙参主产于安徽、江苏、四川等地，北沙参主产于山东、河北等地。

［性味与归经］甘，微寒。归肺、胃经。

［功能］润肺止咳，养胃生津。

［主治］

（1）肺热燥咳：本品能清肺热、养肺阴，并能益气祛痰，常用于久咳肺虚及热伤肺阴干咳少痰等，常与麦冬、天花粉等配伍。

（2）热病伤津：用于热病后或久病伤阴所致的口干舌燥、便秘、舌红脉数等，常与麦冬、玉竹等养阴生津药配用。

［用法与用量］马、牛 15～45g，羊、猪 5～10g，犬、猫 2～5g，兔、禽 1～2g。

［注意］不宜与藜芦同用。

天　冬

为百合科植物天门冬 Asparagus cochinchinensis（Lour.）Merr. 的干燥块根。秋、冬二季采挖，除去茎基和须根，置沸水中煮或蒸至透心，趁热除去外皮，干燥。切薄片用。主产于华南、西南、华中及河南、山东等地。

［性味与归经］甘、苦，寒。归肺、肾经。

［功能］养阴润燥，润肺生津。

［主治］

（1）肺热燥咳：能清肺化痰，可用于肺经虚热、干咳少痰者，常与麦冬、川贝等配伍。

（2）阴虚内热：用于阴虚内热、口干痰稠者，可与沙参、百合、花粉等配伍。

（3）热病伤津：用于肺肾阴虚、津少口渴等，常与地黄、党参等配伍。

（4）肠燥便秘：用于温病后期肠燥便秘，可与玄参、地黄、火麻仁等配伍。

［用法与用量］马、牛 15～40g，羊、猪 5～10g，犬、猫 1～3g，兔、禽 0.5～2g。

麦　冬

为百合科植物麦冬 Ophiopogon japonica（Thunb.）Ker-Gawl. 的干燥块根。夏季采挖，洗净，反复曝晒，堆置，至七八成干，除去须根，干燥。生用。主产于江苏、安徽、浙江、福建、四川、广西、云南、贵州等地。

［性味与归经］甘、微苦，微寒。归心、肺、胃经。

［功能］养阴生津，润肺清心。

［主治］

（1）阴虚内热、肺燥干咳：本品清热养阴、润肺止咳作用与天冬相似，适用于阴虚内热、干咳少痰等，常与天冬、地黄等配用。

（2）肠燥便秘：适用于阴虚内热，或热病伤津、口渴贪饮、肠燥便秘等，常与地黄、玄参等配伍，如增液汤。

［用法与用量］马、牛 20～60g，羊、猪 10～15g，犬、猫 5～8g，兔、禽 0.6～1.5g。

百　合

为百合科植物卷丹 Lilium lancifolium Thunb.、百合 Lilium brownii F. E. Brown var. viridulum Baker 或细叶百合 Lilium pumilum DC. 的干燥肉质鳞叶。秋季采挖，洗净，剥取鳞片，置沸水中略烫，干燥。生用或蜜炙用。主产于浙江、江苏、湖南、广东、陕西等地。

［性味与归经］甘，寒。归心、肺经。

［功能］养阴润肺，清心安神。

［主治］

（1）肺燥咳喘、阴虚久咳：本品清肺润燥而止咳，并能益肺气，适用于肺燥咳喘、肺热咳喘以及肺虚久咳等，常与麦冬、贝母等配伍，如百合固金汤。

（2）心神不宁：可用于热病后余热未清、气阴不足而致躁动不安、心神不宁等，常与知母、地黄等配伍。

［用法与用量］马、牛 20～60g，羊、猪 5～10g，犬、猫 3～5g。

石 斛

为兰科植物金钗石斛 Dendrobium nobile Lindl.、铁皮石斛 Dendrobium candidum Wall. ex Lindl. 或马鞭石斛 Dendrobium fimbriatum Hook. var. oculatum Hook. 及其近似种的新鲜或干燥茎。全年均可采收，鲜用者除去根及泥沙；干用者采收后，除去杂质，用开水略烫或烘软，再边搓边烘干，至叶鞘搓净，干燥。切段生用。主产于广西、台湾、四川、贵州、云南、广东等地。

［性味与归经］甘，微寒。归肺、胃、肾经。

［功能］益胃生津，养阴清热。

［主治］热病伤津、津少口渴、病后虚热。本品重在滋养肺胃之阴而清虚热，故适用于热病伤阴、津少口渴或阴虚久热不退者，常与麦冬、沙参、地黄、天花粉等配伍；肺胃有热、口渴贪饮者也可应用。

［用法与用量］马、牛 15～60g，驼 30～100g，羊、猪 5～15g，犬、猫 3～5g，兔、禽 1～2g。

女 贞 子

为木樨科植物女贞 Ligustrum lucidum Ait. 的干燥成熟果实。冬季果实成熟时采收，除去枝叶，稍蒸或置沸水中略烫后，干燥，或直接干燥。生用或酒蒸用。主产于江苏、湖南、河南、湖北、四川等地。

［性味与归经］甘、苦，凉。归肝、肾经。

［功能］滋补肝肾，强腰健膝。

［主治］肾虚滑精、腰肢无力、阴虚内热。本品擅长益肝肾之阴，强腰膝、明目，常用于肝肾阴虚所致的滑精、腰胯无力、眼目不明等，常与枸杞子、菟丝子、熟地黄、菊花等配伍；用于阴虚发热，可与旱莲草、白芍、熟地黄等配伍。

［用法与用量］马、牛 15～60g，羊、猪 6～15g，犬、猫 2～5g，兔、禽 1.5～3g。

鳖 甲

为鳖科动物鳖 Trionyx sinensis Weigmann. 的背甲。全年均可捕捉，以秋、冬两季为多。捕捉后杀死，置沸水中烫至背甲上的硬皮能剥落时取出，剥取背甲，除去残肉，晒干。生用或烫后醋淬用。主产于安徽、江苏、湖北、浙江等地。

［性味与归经］咸，微寒。归肝、肾经。

［功能］滋阴清热，平肝潜阳，软坚散结。

［主治］

（1）阴虚潮热、盗汗：本品生用能滋阴潜阳、退虚热。适用于阴虚发热、出汗等，常与龟板、地骨皮、青蒿、地黄等配伍。

（2）癥瘕积聚：能软坚散结，通血脉而消癥瘕，适用于癥瘕积聚作痛，常与三棱、莪术、木香、桃仁、红花、青皮、香附等配伍。

［用法与用量］马、牛 15～60g，羊、猪 5～10g，犬、猫 3～5g。

枸杞子

为茄科植物宁夏枸杞 *Lycium barbarum* L. 的干燥成熟果实。夏、秋两季果实呈红色时采收,热风烘干,或晾至皮皱后,晒干。生用。主产于宁夏、甘肃、河北、青海等地。

[性味与归经] 甘,平。归肝、肾经。

[功能] 补益肝肾,益精明目。

[主治]

(1) 肝肾阴虚、腰肢无力、滑精:本品为滋阴补血的常用药,用于肝肾亏虚、精血不足、腰膝乏力、滑精等,常与菟丝子、熟地黄、山萸肉、山药等配伍。

(2) 肝亏目疾:用于肝肾不足所致的视力减退、眼目昏暗、瞳孔散大等,常与菊花、熟地黄、山萸肉等配伍,如杞菊地黄丸。

[用法与用量] 马、牛 15～60g,羊、猪 10～15g,犬、猫 3～8g。

山茱萸

为山茱萸科植物山茱萸 *Cornus officinalis* Sieb. et Zucc. 的干燥成熟果肉。秋末冬初果实变红时采收果实,用文火烘或置沸水中略烫后,及时除去果核,干燥。生用或酒蒸用。主产于山西、陕西、山东、安徽、河南、四川、贵州等地。

[性味与归经] 酸、涩,微温。归肝、肾经。

[功能] 补益肝肾,涩精敛汗。

[主治]

(1) 肝肾阴亏、腰肢无力、阳痿、滑精、尿频:本品有滋补肝肾、固肾涩精的作用,适用于肝肾不足所致的腰膝无力、滑精早泄等,常与菟丝子、熟地黄、杜仲等配伍。

(2) 虚汗:适用于大汗亡阳欲脱证,可与党参、附子、牡蛎等配伍;用于阴虚盗汗,可与地黄、牡丹皮、知母等配伍。

[用法与用量] 马、牛 15～30g,羊、猪 10～15g,犬、猫 3～6g,兔、禽 1.5～3g。

第十二节 平肝药

凡能清肝热、息肝风的药物,称为平肝药。肝藏血,主筋,外应于目。故当肝受风热外邪侵袭时,表现目赤肿痛、羞明流泪、云翳遮睛等症状;当肝风内动时,可引起四肢抽搐、角弓反张、猝然倒地等症状。根据本类药物的功能和疗效,可分为平肝明目药和平肝熄风药两类。

1. 平肝明目药 具有清肝火、退目翳的功能,适用于肝火亢盛、目赤肿痛、睛生翳膜等证。

2. 平肝熄风药 具有潜降肝阳、止息肝风的功能,适用于肝阳上亢、肝风内动、惊痫癫狂、痉挛抽搐等证。

一、平肝明目药

石决明

为鲍科动物杂色鲍 *Haliotis diversicolor* Reeve、皱纹盘鲍 *Haliotis discus hannai* Ino.、

澳洲鲍 *Haliotis rubber* (Leach)、耳鲍 *Haliotis asinine* Linnaeus 或白鲍 *Haliotis laevigata* (Donovan) 的贝壳。夏、秋两季捕捉，去肉，洗净，干燥。打碎生用或煅后碾碎用。主产于广东、山东、辽宁等地。

[性味与归经] 咸，寒。归肝经。

[功能] 平肝潜阳，清肝明目。

[主治]

(1) 肝阳上亢、目赤肿痛：本品善于平肝潜阳，为平肝明目的要药，适用于肝肾阴虚、肝阳上亢所致的目赤肿痛，常与地黄、白芍、菊花等配用。

(2) 肝经风热、内障云翳：适用于肝热实证所致的目赤肿痛、羞明流泪等，常与夏枯草、菊花、钩藤等配伍；用于目赤翳障，多与密蒙花、夜明砂、蝉蜕等配伍。

[用法与用量] 马、牛 30~60g，驼 45~100g，羊、猪 15~25g，犬、猫 3~5g，兔、禽 1~2g。

决 明 子

为豆科植物决明 *Cassia obtusifolia* L. 或小决明 *Cassia tora* L. 的干燥成熟种子。秋季采收成熟果实，晒干，打下种子，除去杂质。生用或炒用。主产于安徽、广西、四川、浙江、广东等地。

[性味与归经] 甘、苦、咸，微寒。归肝、大肠经。

[功能] 清肝明目，润肠通便。

[主治]

(1) 肝经风热、目赤肿痛：本品有清肝明目作用，对肝经风热引起的目赤肿痛、羞明流泪，可单用煎服或与龙胆、夏枯草、菊花、黄芩等配伍。

(2) 大便燥结：可单用或与蜂蜜配伍。

[用法与用量] 马、牛 20~60g，羊、猪 10~15g，犬、猫 5~8g，兔、禽 1.5~3g。

密 蒙 花

为马钱科植物密蒙花 *Buddleia officinalis* Maxim. 的干燥花蕾及其花序。春季花未开放时采收，除去杂质，干燥。生用。主产于湖北、陕西、河南、四川等地。

[性味与归经] 甘，微寒。归肝经。

[功能] 清热养肝，明目退翳。

[主治] 肝经风热、目赤肿痛、睛生翳膜、肝虚眼暗。本品有较强的清肝热及退翳膜的作用。用于肝热目赤肿痛、羞明流泪、睛生翳障等，常与石决明、青葙子、决明子、木贼等配伍；用于肝虚有热之目疾，多与枸杞、菊花、熟地黄、蒺藜等配伍。

[用法与用量] 马、牛 20~45g，羊、猪 5~15g。

青 葙 子

为苋科植物青葙 *Celosia argentea* L. 的干燥成熟种子。秋季果实成熟时采割植株或摘取果穗，晒干，收集种子。生用。我国大部分地区均有分布。

[性味与归经] 苦，微寒。归肝经。

[功能] 清肝，明目，退翳。

[主治] 肝热目赤、睛生翳膜。本品能清肝退翳，主要用于肝热引起的目赤肿痛、睛生翳膜、视物不见等，常与决明子、密蒙花、菊花等配伍。

[用法与用量] 马、牛 30～60g，羊、猪 5～15g，兔、禽 0.5～1.5g。

二、平肝熄风药

天 麻

为兰科植物天麻 *Gastrodia elata* Bl. 的干燥块茎。立冬后至次年清明前采挖，立即洗净，蒸透，敞开低温干燥。切薄片用。主产于四川、贵州、云南、陕西等地。

[性味与归经] 甘，平。归肝经。

[功能] 平肝熄风，解痉。

[主治]

(1) 惊风抽搐、口眼歪斜、肢体强直：本品有熄风止痉作用，适用于肝风内动所致抽搐拘挛之证，可与钩藤、全蝎、川芎、白芍等配伍。用治破伤风，可与天南星、僵蚕、全蝎等配伍，如千金散。用治偏瘫、麻木，可与牛膝、桑寄生等配伍。

(2) 风湿痹痛：常与秦艽、牛膝、独活、杜仲等配伍。

[用法与用量] 马、牛 10～40g，羊、猪 6～10g，犬、猫 1～3g。

钩 藤

为茜草科植物钩藤 *Uncaria rhynchophylla* (Miq.) Jacks.、大叶钩藤 *Uncaria macrophylla* Wall、毛钩藤 *Uncaria hirsuta* Havil.、华钩藤 *Uncaria sinensis* (Oliv.) Havil. 或无柄钩藤 *Uncaria sessilifructus* Roxb. 的干燥带钩茎枝。秋、冬两季采收，去叶，切段，晒干。生用。主产于广西、广东、湖南、江西、浙江、福建、台湾等地。

[性味与归经] 甘，凉。归肝、心包经。

[功能] 清热平肝，熄风定惊。

[主治]

(1) 肝经风热、痉挛抽搐：本品有熄风止痉作用，又可清热，适用于热盛风动所致的痉挛抽搐等证，常与天麻、蝉蜕、全蝎等配伍。

(2) 肝热目赤：适用于肝经有热、肝阳上亢的目赤肿痛等，常与石决明、白芍、菊花、夏枯草等配伍。

[用法与用量] 马、牛 15～60g，羊、猪 5～15g，犬、猫 3～8g，兔、禽 1.5～2.5g。

全 蝎

为钳蝎科动物东亚钳蝎 *Buthus martensii* Karsch. 的干燥体。春末至秋初捕捉，置沸水或沸盐水中，煮至全身僵硬，捞出，阴干用。主产于河南、山东等地。

[性味与归经] 辛、甘，平；有毒。归肝经。

[功能] 熄风止痉，攻毒散结，通络止痛。

[主治]

(1) 痉挛抽搐、口眼歪斜、破伤风：本品为熄风止痉的要药。用于惊痫及破伤风等，常与蜈蚣、钩藤、僵蚕等配伍；用于中风口眼歪斜之证，常与白附子、僵蚕等配伍。

(2) 恶疮肿毒：用麻油煎全蝎、栀子，加黄蜡为膏，敷于患处。

(3) 风湿痹痛：常与蜈蚣、僵蚕、川芎、羌活等配伍。

[用法与用量] 马、牛 15～30g，羊、猪 3～9g，犬、猫 1～3g，兔、禽 0.5～1g。

蜈　蚣

为蜈蚣科动物少棘巨蜈蚣 *Scolopendra subspinipes multilans* L. Koch. 的干燥体。春、夏两季捕捉，用竹片插入头尾，绷直，干燥。微火焙黄，剪段用。主产于江苏、浙江、安徽、湖北、湖南、四川、广东、广西等地。

[性味与归经] 辛，温；有毒。归肝经。

[功能] 祛风解痉，攻毒疗疮，通络止痛，解蛇毒。

[主治]

(1) 痉挛抽搐、口眼歪斜、破伤风：本品熄风止痉作用较强，适用于癫痫、破伤风等引起的痉挛抽搐，常与全蝎、钩藤、防风等配伍。

(2) 瘰疬、疮毒、毒蛇咬伤：可与雄黄配伍外用。

(3) 风湿痹痛：常与天麻、川芎等配伍。

[用法与用量] 马、牛 5～10g，羊、猪 1～1.5g，犬、猫 0.5～1g。

僵　蚕

为蚕蛾科昆虫家蚕 *Bombyx mori* Linnaeus. 的幼虫感染或人工接种白僵菌 *Beauveria bassiana* (Bals.) Vuillant. 而致死的干燥体。多于春、秋季生产，将感染白僵菌病死的蚕干燥。生用或麸炒用。主产于浙江、江苏、安徽等地。

[性味与归经] 咸、辛，平。归肝、肺、胃经。

[功能] 祛风解痉，化痰散结。

[主治]

(1) 中风抽搐、破伤风：本品能熄风止痉，又可化痰。用于肝风内动所致的癫痫、中风等，常与天麻、全蝎、牛黄、胆南星等配伍。

(2) 肝热目赤：用于风热上扰而致目赤肿痛，常与菊花、桑叶、薄荷等配伍。

(3) 咽喉肿痛：可与桂枝、荆芥、薄荷等配伍。

(4) 瘰疬结核：常与贝母、夏枯草等配伍。

[用法与用量] 马、牛 30～60g，羊、猪 10～15g，犬、猫 5～8g。

蔓荆子

为马鞭草科植物蔓荆 *Vitex trifolia* L. 或单叶蔓荆 *Vitex trifolia* L. var. *simplicifolia* Cham. 的干燥成熟果实。秋季果实成熟时采收，除去杂质，晒干。生用或清炒用，用时捣碎。主产于山东、江西、福建等地。

[性味与归经] 辛、苦，微寒。归肺、膀胱、肝经。

[功能] 疏风散热，清利头目。

[主治]风热感冒、目赤多泪、目暗不明。本品主散头部风热,适用于目赤多泪等外感风热证,常与防风、菊花、草决明等配伍。

[用法与用量]马、牛15~45g,羊、猪5~10g,兔、禽0.5~2.5g。

第十三节 安神开窍药

凡具有安神、开窍性能,治疗心神不宁、窍闭神昏病证的药物,称为安神开窍药。因药物性质及功用的不同,本类药分为安神药与开窍药两类。

1. 安神药 可分为矿物和植物两类。其中,矿物类安神药质地沉重,镇心定惊,主要用于实证、热证引起的神志紊乱、狂躁不安等症状;植物类安神药偏于补阴养血,滋养心肝,常用于血虚心神失养引起的不安,症见心悸、心神不宁等。治疗中,应当分辨病情的虚实,分别选用。矿物类重镇安神药物,多属治标,部分药物有一定毒性,应当中病即止,不宜长服。植物类安神药,常与补血养心药同用,以增强疗效。

2. 开窍药 包括豁痰开窍药、芳香开窍药以及吹鼻取嚏开窍药物,可通窍、开闭、醒神,用于各种原因引起的窍闭神昏。

朱 砂

为硫化物类矿物辰砂族辰砂 Cinnabaris,主含硫化汞(HgS),又称丹砂。研末或水飞用。主产于湖南、湖北、四川、广西、贵州、云南等地。

[性味与归经]甘,微寒;有毒。归心经。

[功能]清心镇惊,安神,解毒。

[主治]

(1) 心热风邪、躁动不安、热病癫狂、脑黄:用治心火亢盛或痰热蒙闭心包所致的躁动不安、惊痫等,常与黄连、茯神同用,如朱砂散,可使心热得清,邪火被制,则心神安宁;若用治因阴血不足所致的心神不宁,尚需配伍熟地黄、当归、酸枣仁等,以补心血、安心神;朱砂性寒,故也常用于清暑安神方中,如益元散(滑石、甘草、朱砂)等。

(2) 疮疡肿毒:本品外用有较好的解毒作用,常与雄黄配伍外用;治口舌生疮、咽喉肿痛,多与冰片、硼砂等研末吹敷患部。

[用法与用量]马、牛3~6g,羊、猪0.3~1.5g。外用适量。

[注意]内服不可过量或持续服用,以防发生汞中毒。

酸枣仁

为鼠李科植物酸枣 *Zizyphus jujuba* Mill. var. *spinosus* (Bunge.) Hu ex H. F. Chou 的干燥成熟种子。秋末冬初采收成熟果实,除去果肉及核壳,收集种子,晒干。生用或炒用。主产于河北、河南、陕西、辽宁等地。

[性味与归经]甘、酸,平。归脾、胆、心经。

[功能]养心安神,敛汗生津。

[主治]

(1) 血虚惊狂、骚动不安、口干津少:用于血虚不能养心而致的心烦不寐、心虚易惊等,酸枣仁养心、肝之血而安神,有气血两虚者,常与黄芪、党参、白术、茯苓、当归、熟地黄、柏子仁、丹参等同用。

(2)虚汗:多与山茱萸、白芍、五味子或牡蛎、麻黄根、浮小麦等配伍。

[用法与用量] 马、牛20～60g,羊、猪5～10g,兔、禽1～2g。

柏子仁

为柏科植物侧柏 *Platycladus orientalis* (L.) Franco 的干燥成熟种仁。秋、冬两季采收成熟种子,晒干,除去种皮,收集种仁。生用。主产于山东、湖南、河南、安徽等地。

[性味与归经] 甘,平。归心、肾、大肠经。

[功能] 养心安神,止汗,润肠。

[主治]

(1)惊悸、虚汗多汗:本品补心气、养心血而安神。用于血不养心引起的心慌失眠、惊悸不宁、虚汗等,常与酸枣仁、远志、熟地黄、当归、茯神、五味子等同用。

(2)肠燥便秘:本品油多质润,有润肠通便作用。用于年老、久病、体衰、津血损耗而致的肠燥便秘,常与火麻仁、郁李仁、桃仁、瓜蒌子等配伍。

[用法与用量] 马、牛25～60g,驼40～80g,羊、猪10～15g,犬、猫2～5g。

远 志

为远志科植物远志 *Polygala tenuifolia* Willd. 或卵叶远志 *Polygala sibirica* L. 的干燥根。春、秋两季采挖,除去须根及泥沙,晒干。生用或炙用。主产于山西、陕西、吉林、河南等地。

[性味与归经] 苦,辛,温。归心、肾、肺经。

[功能] 安神,祛痰开窍,消散痈肿。

[主治]

(1)心虚惊恐:用于心火亢所致的心神不宁、躁动不安、夜不能寐等,常与酸枣仁、茯神、五味子、地黄等配伍。

(2)咳嗽痰多:本品可使痰液稀释易于咯出,常与杏仁、桔梗、前胡、紫菀等同用。

(3)疮疡肿毒:用于痈疽疔毒、乳房肿痛,单用为末,加酒灌服;外用调敷患处。

[用法与用量] 马、牛10～30g,驼45～90g,羊、猪5～10g,兔、禽0.5～1.5g。

石菖蒲

为天南星科植物石菖蒲 *Acorus tatarinowii* Schott 的干燥根茎。秋、冬两季采挖,除去须根及泥沙,晒干。切片生用。主产于四川、浙江等地。

[性味与归经] 辛、苦,温。归心、胃经。

[功能] 开窍豁痰,化湿和胃。

[主治]

(1)神昏、癫狂:本品芳香走窜,能豁痰、开窍醒神。用于痰湿蒙蔽清窍、清阳不升所致的神昏、癫狂,常与远志、茯神、郁金等配伍。

(2)寒湿泄泻、肚胀:本品辛温芳香,有化湿、醒脾胃、行气、消胀之效。用于湿困脾胃、食欲不振、肚腹胀满等,常与香附、郁金、藿香、陈皮、厚朴等同用。

[用法与用量] 马、牛 20~45g，驼 30~60g，羊、猪 10~15g，犬、猫 3~5g，兔、禽 1~1.5g。

猪牙皂

为豆科植物皂角 *Gleditsia sinensis* Lam. 的干燥不育果实。秋季采收，除去杂质，干燥。打碎生用。主产于东北、华北、华东、中南和四川、贵州等地。

[性味与归经] 辛、咸，温；有小毒。归肺、大肠经。

[功能] 开窍，化痰散结，消肿。

[主治]

(1) 中风、痰喘：用治脱厥昏迷、口噤不开者，可用猪牙皂粉少量（或配等量细辛末），吹鼻，取嚏。打嚏喷通利肺窍，使气血较为通畅后，再行针药治疗。用治顽痰阻肺、痰多痰黏难出者，可配苏子、半夏、陈皮、茯苓、莱菔子、杏仁等。

(2) 痈肿、疥癣：猪牙皂熬膏外用有消肿散结之效，可治疮肿未溃等。

[用法与用量] 马、牛 15~30g，羊、猪 3~10g。外用适量。

[注意] 孕畜禁用。

第十四节　驱虫药

凡能驱除或杀灭畜、禽体内、外寄生虫的药物，称为驱虫药。虫病一般具有毛焦肷吊、饱食不长或粪便失调等症状。使用驱虫药时，必须根据寄生虫的种类、病情的缓急和体质的强弱，采取急攻或缓驱。对于体弱脾虚的病畜，应取补脾胃、驱虫同用，攻补兼施的方法。有时，为了加强驱虫作用，可配合泻下药。驱虫时以空腹投药为好，同时要注意驱虫药对寄生虫的选择作用，如治蛔虫病选用使君子、苦楝子，驱绦虫时选用槟榔等。驱虫时应适当休息，驱虫后要加强饲养管理，使虫去而不伤正，迅速恢复健康。

驱虫药不但对虫体有毒害作用，而且对畜体也有不同程度的副作用，所以使用时必须掌握药物的用量和配伍，以免引起中毒。目前，除对某些特殊的动物品种、动物个体或特殊生产情况外，多以现代驱虫药为主，中药驱虫药的临床应用相对较少。

雷丸

为白蘑科真菌雷丸 *Omphalia lapidescens* Schroet. 的干燥菌核。秋季采挖，洗净，晒干。主产于四川、贵州、云南等地。

[性味与归经] 微苦，寒。归胃、大肠经。

[功能] 杀虫消积。

[主治] 虫积腹痛。本品有小毒，主要用作驱虫药，以驱杀绦虫为主，亦能驱杀蛔虫、丝虫、钩虫。使用时可以单用或与槟榔、牵牛子、木香等同用。

[用法与用量] 马、牛 30~60g，驼 45~90g，羊、猪 10~20g。

使君子

为使君子科植物使君子 *Ouisqualis indica* L. 的干燥成熟果实。秋季果皮变紫黑色时采收，除去杂质，干燥。打碎生用或去壳取仁炒用。主产于四川、江西、福建、台湾、湖南等地。

[性味与归经] 甘，温。归脾、胃经。

[功能] 杀虫消积。

[主治] 虫积腹痛、蛔虫病、蛲虫病。本品为驱杀蛔虫要药，也可用治蛲虫病，可单用或与槟榔、百部、大黄等同用，如化虫汤；外用可治疥癣。

[用法与用量] 马、牛 30~90g，羊、猪 6~12g，兔、禽 1.5~3g。

川楝子

为楝科植物川楝 *Melia toosendan* Sieb, et Zucc. 的干燥成熟果实。冬季果实成熟时采收，除去杂质，干燥，又称金铃子。生用或炒用。主产于四川、湖北、贵州、云南等地。

[性味与归经] 苦，寒；有小毒。归肝、小肠、膀胱经。

[功能] 舒肝行气，止痛，驱虫。

[主治]

(1) 气滞胀、腰胯疼痛：本品苦寒降泄，能清肝火、泄郁热、行气止痛，常与延胡索、木香等配伍。

(2) 虫积：用治蛔虫、蛲虫病，常与使君子、槟榔等同用。但本品驱虫之力不及苦楝根皮，故较少用于驱虫。

[用法与用量] 马、牛 15~45g，驼 40~70g，羊、猪 5~10g，犬、猫 3~5g。

[注意] 猪慎用。

南瓜子

为葫芦科植物南瓜 *Cucurbita moschata* Duch. 的干燥成熟种子。夏、秋季果实成熟时采收，除去果肉，收集种子，晒干。生用。主产于我国南方各地。

[性味与归经] 甘，温。入胃、大肠经。

[功能] 驱虫。

[主治] 绦虫病、蛔虫病。用治绦虫病，可单用，但与槟榔同用疗效更好。也可用于蛔虫病。

[用法与用量] 马、牛 60~150g，羊、猪 60~90g，犬、猫 5~10g。

蛇床子

为伞形科植物蛇床 *Cnidium monnieri* (L.) Cuss. 的干燥成熟果实。夏、秋两季果实成熟时采收，除去杂质，晒干。生用。全国各地均有分布。

[性味与归经] 辛、苦，温；有小毒。归肾经。

[功能] 温肾壮阳，祛风燥湿，杀虫止痒。

[主治]

(1) 阳痿、宫冷不孕。用治肾虚阳痿、腰胯冷痛、宫冷不孕等，可与五味子、菟丝子、巴戟天等同用。

(2) 湿疹、带下。用治湿疹瘙痒，多与苦参、银花等煎水外洗；用治荨麻疹，可配地肤子、荆芥、防风等煎水外洗。

（3）外用治疗阴道滴虫病，亦可用于驱杀蛔虫。

［用法与用量］马、牛 30～60g，羊、猪 15～30g。外用适量。

常　山

为虎耳草科植物常山 *Dichroa febrifuga* Lour. 的干燥根。秋季采挖，除去须根，洗净，切片，晒干。生用或酒炒用。主产于长江以南各省区及甘肃、陕西等地。

［性味与归经］苦、辛，寒；有毒。归肺、肝、心经。

［功能］截疟杀虫。

［主治］球虫病、宿草不转。能杀球虫，可治疗鸡、兔球虫病等。

［用法与用量］马、牛 30～60g，羊、猪 10～15g，兔、禽 0.5～3g。

［注意］有催吐的副作用，剂量不宜过大；孕畜慎用。

第十五节　外　用　药

以涂敷、掺撒、熏洗等外治形式用药而治疗疾病的药物，称为外用药。外用药一般具有杀虫解毒、消肿止痛、去腐生肌、收敛止血等功用。临床多用于疮疡肿毒、跌打损伤、疥癣等病症。用药方法随疾病种类及发生部位的不同而异。

矿物类的外用药多数具有毒性，内服时必须严格按规定的方法使用，以保证用药安全。矿物类外用药一般都与他药配伍，较少单味使用。

冰　片

为龙脑香科植物龙脑香 *Dryobalanops aromatica* Gaertn. f. 的树脂和挥发油加工品提取获得的结晶；或由菊科植物大风艾 *Blumea balsamifera* DC. 的鲜叶经蒸馏、冷却所得的结晶品；或以松节油、樟脑为原料化学方法合成。主产于广东、广西及上海、北京、天津等地。

［性味与归经］辛、苦，微寒。归心、脾、肺经。

［功能］通窍醒脑，清热散火，消肿止痛。

［主治］

（1）神昏惊厥：本品辛香走窜、开窍醒神之功似麝香但力稍弱，二者常相须为用。本品性偏寒凉，为凉开之品，更宜用于痰热内闭等热病之神昏，常与牛黄、麝香、黄连等配伍，如安宫牛黄丸。

（2）疮疡肿毒、咽喉肿痛、心热舌疮、目赤翳障：常与硼砂、朱砂、玄明粉等配伍，如冰硼散；用于目赤肿痛，可单用点眼。

［用法与用量］多入丸、散剂，少入汤剂。马、牛 3～6g，羊、猪 1～1.5g。外用适量。

［注意］孕畜慎用。

硫　黄

为自然元素类矿物硫族自然硫，采挖后，加热熔化，除去杂质；或用含硫矿物经加工制得。主产于山西、陕西、河南、广东、台湾等地。

[性味与归经] 酸，温；有毒。归肾、大肠经。

[功能] 补火助阳，通便。外用解毒、杀虫、疗疮。

[主治]

（1）阳痿、阳虚便秘、虚寒气喘：本品内服温补肾阳而不燥，用治肾阳虚常配熟地黄、山萸、巴戟天、淫羊藿、肉苁蓉、补骨脂、肉桂、附子、人参等；本品能疏利大肠，用治年老阳虚便秘，可配伍半夏、肉苁蓉、当归、熟地黄等。

（2）疥癣、秃疮、阴疽恶疮，虱、螨、蜱：本品外用常制成油膏或外洗剂、搽剂等。用治皮肤湿烂、疥癣阴疽等，常制成10%～25%的软膏外敷，或配伍轻粉、大风子等同用。用治蜜蜂巢虫、真菌病，可以硫黄熏治。

[用法与用量] 马、牛10～30g，驼15～35g，羊、猪0.3～1g。外用适量。

[注意] 孕畜慎用。

斑 蝥

为芫青科昆虫南方大斑蝥 *Mylabris phalerata* Pallas 或黄黑小斑蝥 *Mylabris cichorii* Linnaenu 的干燥体。夏、秋两季捕捉，闷死或烫死，晒干。全国大部分省区均有分布，以安徽、河南、广东、广西、贵州、江苏等地产量较大。

[性味与归经] 辛，热；有大毒。归肝、胃、肾经。

[功能] 破血消癥，攻毒蚀疮，引赤发泡。

[主治]

（1）癥瘕痞块、瘰疬：内服治疗癥瘕痞块，瘰疬，可配玄明粉。

（2）恶疮、疥癣、疔毒：外用。

[用法与用量] 马、牛6～10g，羊、猪2～6g。外用适量。

[注意] 孕畜禁用。

第十一章 方剂总论

方指医方，剂指调剂。方剂是由单味或若干味药物按一定配伍原则和调剂方法制成的药剂。药物组成方剂后，能互相协调，加强疗效，更好地适应复杂病情的需要，并能减少或缓和某些药物的毒性和烈性，消除其不利作用。也就是说，药有个性之特长，方有合群之妙用。

方剂只有在辨证立法的基础上才能合理运用。方从属于治法，治法是处方的依据。例如治疗冷肠泄泻，根据辨证确立暖肠利水之法，处方用药就要以此为依据，既可以选用桂心散加减，也可以在五苓散的基础上化裁，或选用其他方剂。但无论使用何方，都不能违背暖肠利水的治法。所以，在治疗疾病时，"方"可以不定，而"法"必须确定。只有这样，才能使治法落实到处方上，达到合理有效的治疗目的，即所谓"方从法立，以法统方"。

中兽医方剂的内容十分丰富，本教材介绍的仅是其中常用的和有代表性的方剂。学习和掌握这些方剂的配伍规律和临床应用可以举一反三，触类旁通。许多经典方剂，立法精辟，组方严谨。对于这些方剂，应在理解方义的基础上，熟记其组成以及主要的加减和演变，或反过来在记忆其组成的过程中加深对方义的理解。

一、方剂的组成

除单方外，方剂一般均由若干味药物组成。一个方剂，不是把药物进行简单地堆砌，也不是单纯地将药效相加，而是根据病情需要，在辨证立法的基础上，按照一定的组织原则，选择适当的药物组合而成的。构成方剂的药物组分一般包括君、臣、佐、使四个部分，它概括了方剂的结构和药物配伍的主从关系。《素问·至真要大论》中说："主病之谓君，佐君之谓臣，应臣之谓使。"

1. 君药　针对主病或主证起主要治疗作用的药物。

2. 臣药　有两种意思：一是辅助君药加强治疗主证或主病的药物。二是针对兼证或兼病起治疗作用的药物。

3. 佐药　有三种意思：一是佐助药，即协助君、臣药以加强治疗作用，或直接治疗次要的兼证。二是佐制药，用于消除或减缓君、臣药的毒性与烈性，即"因主药之偏而为监制之用"的意思。三是反佐药，用于因病势拒药需加以从治者，即"因病气之甚而为从治之用"，如在温热剂中加入少量寒凉药，或于寒凉剂中加入少许温热药，以消除病势拒药"格拒不纳"的现象。

4. 使药　有两种意思：一是引经药，引导方中诸药到达特定病所的药物。二是调和药，即具有调和方中诸药、缓和药性的药物。

以主治风寒表实证的麻黄汤为例，方中麻黄辛温发汗，解表散寒，为君药；桂枝辛温通阳，以助麻黄发汗散寒，为臣药；杏仁降泄肺气，以助麻黄平喘，为佐药；甘草调和诸药，为使药。

一般来说，君药用量多，药力大，其他药的用量和药力则相对较小。甚至有人认为，药量的多寡是区分君、臣、佐、使的主要依据。如李东垣在《脾胃论》中说："君药分量最多，臣药次之，使药又次之，不可令臣过于君。君臣有序，相互宣摄，则可以御邪除病矣。"

至于一个方剂中，君、臣、佐、使各药药味的多少，《素问·至真要大论》中说："君一臣二，制之小也；君一臣三佐五，制之中也；君一臣三佐九，制之大也。"但并非定数，应根据辨证立法的需要而灵活配伍。

方剂中君、臣、佐、使的药味划分，是为了使处方者在组方时注意药物的配伍和主次关系，并非死板格式。有些方剂，药味很少，其中的君药或臣药本身就兼有佐使作用，则不需另配佐使药。有些方剂，根据病情需要，只需区分药味的主次即可，不必都按君臣佐使的结构排列。如二妙散（苍术、黄柏）只有两味药，独参汤只有一味药。

二、方剂的变化

方剂虽然有一定的组成原则，但在临床应用时，常常不是一成不变地照搬原方，而应根据病情轻重缓急，以及动物种类、体质、年龄等的不同，灵活化裁，加减应用，做到"师其法而不泥其方"，以获得预期的治疗效果。方剂的组成变化大致有以下几种形式。

1. 药味增减的变化 药物是决定方剂功能的主要因素。当方剂中的药物增加或减少时，必然要使方剂组成的配伍关系发生变化，并由此导致方剂功能的改变。这种变化使其更加适合病情需要。必须指出，在此所指的药味增减的变化，是指在主病、主证、基本病机以及君药不变的前提下，改变方中的次要药物，以适应病情需要，也称随证加减。如郁金散是治疗马肠黄的基础方，临床上常根据具体病情加减使用。若热甚，宜减去原方中的诃子，以免湿热滞留，加金银花、连翘，以增强清热解毒之功；若腹痛重，加乳香、没药、延胡索，以活血止痛；若水泻不止，则去原方中的大黄，加猪苓、茯苓、泽泻、乌梅，以增强利水止泻的功能。若主证已变，则应重新立法组方。

2. 药量增减的变化 药物的用量直接决定药力的大小。方剂中药物用量比例的变化还会改变方剂的配伍关系，从而改变方剂的药力或治疗范围，甚至改变方剂的功能和主治。如小承气汤和厚朴三物汤，两方皆由大黄、枳实、厚朴三味药物组成，但方剂中药物之间的比例不同，功能和主治也有差异。小承气汤中重用大黄，功能泻热通便，主治阳明腑实证；厚朴三物汤重用厚朴，功能行气除满，主治气滞腹胀。

3. 数方合并 当病情复杂，主证、兼证各有其代表性方剂时，可将两个或两个以上的方剂合并使用，以扩大方剂的功能，增强疗效。如四君子汤补气，四物汤补血，由两方合并而成的八珍汤则是气血双补之剂。又如平胃散燥湿运脾，五苓散健脾利水，由两方合并而成的胃苓汤则具健脾燥湿和利水止泻之功，用于治疗泄泻，效果更好。

4. 剂型的变化 同一方剂，由于剂型不同，功效也会有差别。一般注射剂、汤剂和散剂作用较快，药力较峻，适用于病情较重或较急者；丸剂作用较慢，药力较缓，适用于病情较轻或较缓者。

以上方剂的变化可以单独应用，也可以合并应用。遣药组方既有严格的原则性，又有极大的灵活性。只有掌握了这些特点，才能制裁随心，用利除弊，以应临床实践中的无穷之变。

三、方剂的剂型

根据病情与药物的特点,以及给药方法和动物采食特性,将方剂制成适宜的形态,称为剂型。《神农本草经》中说:"药性有宜丸者,宜散者,宜水煮者,宜酒渍者,宜膏煎者,亦有一物兼宜者,亦有不可入汤酒者,并随药性,不得违越。"病情不同,所需的剂型也不同,如病急者宜汤,病缓者宜丸;疮疡湿者宜贴,干枯者宜涂膏等。在使用方法上,灌服宜用散剂或汤剂,直肠给药宜用汤剂或栓剂等。不同的动物,采食特性不同,所用剂型也不同,如禽类可用药沙,鱼类多用药饵等。现将常用剂型分述如下。

1. 散剂 是将一种或多种药物粉碎后混合均匀而制成的粉末状制剂,具有配制方便、吸收较易、药效较快的特点,是临床上最常用的剂型之一。散剂有内服和外用两种。内服散剂常用温开水调成糊状,或加水稍煎,候温灌服;也可混在饲料中喂服。外用散剂一般研成细末或极细末,多用于疮面或患部的掺撒、敷贴,或用于点眼、吹鼻等。

2. 汤剂 又称煎剂、汤液,是将一味或多味中药的饮片加水煎煮后,去渣而得的液体制剂,包括内服和外用两种。内服汤剂易于吸收,发挥药效快,适用于急病或重病。当经口灌服困难时,某些内服汤剂也可采用保留灌肠的方法给药。外用汤剂可用于洗治疮疡、洗敷肿痛等。

3. 丸剂 是将中药粉末或提取物,加适宜赋形剂制成的球形固体制剂,有蜜丸、水丸、糊丸、浓缩丸等多种。蜜丸是将药物粉末以炼制过的蜂蜜为黏合剂制成的丸剂;水丸的辅料为水或黄酒、醋、稀药汁、糖液等;糊丸的辅料为米糊或面糊;浓缩丸是将药物或方中部分药物煎汁浓缩成膏后再加适当辅料制成。很多内服方剂都可做成丸剂。丸剂易于保存,但大多吸收缓慢,作用持久,常用于治疗慢性疾病。

4. 丹剂 古代丹剂多指含有水银、硫黄等的中药,经过加热升炼而成的剂量小、作用强的一类制剂,如升丹、降丹、樟丹等。丹剂大多都有剧毒,一般只作外用。现代丹剂有时也指某些贵重或功效特殊的方剂,如紫雪丹、无失丹、活络丹等。因此,丹剂没有固定的制剂形态,大多为细粉末状散剂,但也有制成丸剂或锭剂形式的。

5. 流浸膏 是将中药用适当溶剂提取后,除去部分溶剂而制成的液体制剂,如大黄流浸膏、远志流浸膏、马钱子流浸膏等。除特别规定外,每1mL流浸膏相当于原药材1g。

6. 浸膏 是将中药材用适当溶剂提取后,除去所有溶剂而制成的半固体或固体制剂,如甘草浸膏。除特别规定外,每1g浸膏相当于原药材2~5g。由于浸膏不含溶剂,没有溶剂固有的副作用,且浓度高、体积小,可制成片剂或丸剂,或直接装入胶囊服用。

7. 软膏 是将药物、药材细粉或药材提取物与适当的基质混合而调制成的一种半固体外用制剂,如白及膏、紫草膏等。常用的基质有油脂性、水溶性和乳剂型基质,其中用乳剂型基质的也称乳膏。多用于外科疮疡疖肿、烧烫伤等。

8. 锭剂 是将中药粉末或提取物加赋形剂制成的一种固体制剂,如保健锭、砒枣锭等。可供外用或内服。

9. 酊剂 是将中药用规定浓度的乙醇提取加工而成的澄清液体制剂,也可由流浸膏稀释制成。酊剂具有有效成分含量高、用量小、作用快、能防腐的特点。常用的有马钱子酊、复方龙胆酊等。

10. 片剂 是将一味或多味中药细粉或经加工提炼后,与适宜的辅料混合压制而成的一种圆片状制剂。片剂具有容易控制给药剂量,便于运输、储存和应用等优点。许多内服方剂均可制成片剂，如大黄碳酸氢钠片、板蓝根片和黄连解毒片等。

11. 冲剂 是将中药煎液或浸提液，经浓缩干燥或与适当辅料混合而制成的颗粒状（又称颗粒剂）或粉末状制剂。因其使用时多以水冲服，故称冲剂。冲剂是在汤剂的基础上发展起来的一种新剂型，具有体积小、作用迅速、使用方便、容易储存等特点。

12. 合剂 是将药材用水或溶剂提取、纯化、浓缩而制成的内服液体制剂，又称口服液，如双黄连口服液、杨树花口服液等。

13. 注射剂 是将中药经提取、配制、灌封、灭菌等步骤制成的液体或粉末状制剂，供注射用。注射剂具有剂量准确、作用迅速、给药方便以及药物不受消化液和食物的影响而直接进入动物体组织等优点，是兽医临床上很受欢迎的一种剂型，如穿心莲注射液、柴胡注射液等。

除上述剂型之外，还有胶剂、曲剂、霜剂、茶剂、糖浆剂、露剂、油剂、灸剂、气雾剂、熏烟剂、膜剂、栓剂、海绵剂、胶囊剂、灌注剂，以及用于禽类的药沙和用于鱼类的药饵等多种剂型。

四、方剂的用法

根据用药的目的、病患的性质和部位以及制剂的作用特点的不同，方剂的用法和给药途径多种多样，大体上可分为经口给药和非经口给药两大类。

经口给药，又称内服、口服、灌服（流体状制剂）或投服（丸剂、片剂等）以及舐服等。药物作用于胃肠道或经胃肠吸收后发挥治疗作用。用导管经口或鼻插入食道或胃投灌药也归属于经口给药。

非经口给药，是指除经口给药之外的各种给药方式，如注射和注入、敷撒、喷涂、吸入、包埋纳置（如卡耳、肛门或阴道纳栓）、药浴、点眼、吹鼻、灌肠、笼舍熏蒸、鱼虾类水体用药等。

随着我国规模化和集约化畜牧业的发展，群体用药的方式越来越多地被采用。所谓群体用药，就是为了防治群发性疾病，或为了提高动物的生产性能，所采用的批量集体用药。有些动物（如鸡、鱼、蜂、蚕）或群体数量很大，或个体很小，难以逐个给药，也只好采用群体用药法。中药方剂的群体用药，目前较普遍的是饲料添加剂，即将药物拌入饲料中或溶解于饮水中给动物服用。此外，在动物所处的环境（如动物房舍空间、养鱼水体）中施药，使环境中的每个动物都能接触到药物，也是一种群体给药方法。

目前，中药在兽医临床上仍以汤、散剂灌服为主。汤、散剂的一般用法如下：

1. 灌药的时间 与药物的疗效有一定关系。除急病、重病需尽快地用药外，一般来说，空腹或饲喂前灌服则药物吸收较快，而且可以直接作用于胃肠，适用于急性病、脾胃病或虫积等；而在饱腹或饲喂后灌药，则药的吸收较慢，适用于慢性病或灌服刺激性较大的药物以及补养药。

2. 灌服的次数 一般是每天灌服1～2次，但在急症时可多次灌服。

3. 药液的温度 一般治热性病的清热药宜凉服，而治寒性病的热性药宜温服。此外，在冬季可稍温，夏季宜稍凉。

4. 煎药器具 李时珍说："煎药并忌用铜铁器，宜银器、瓦罐。"因此，煎药以化学性质比较稳定的沙锅、瓦罐、搪瓷器或不锈钢器具为好，而一般不用铁、铜、铝、锡等器具。

第十二章

常用方剂

第一节 解表方

以解表药为主组成，具有发汗解表作用，用以解除表证的一类方剂，称为解表方。其治法属"八法"中的"汗法"。

因表证有表寒与表热的不同，故解表方也有辛温解表和辛凉解表之分。

1. 辛温解表方 适用于外感风寒引起的表寒证。病的初期一般以荆芥、防风为主药；病情较重者，可用麻黄、桂枝为主药；对于表虚证，则应在辛温解表药中配用白芍等，以敛阴止汗，防止耗伤正气。

2. 辛凉解表方 适用于外感风热引起的表热证。若为风热伤肺的轻证，可以疏散风热的桑叶、菊花、薄荷等为主药；若发热明显，则应配清热解毒的银花、连翘、牛蒡子等。

使用解表方，必须先辨明是表寒证还是表热证，辛温、辛凉不可误用。既有表证，又有里证，宜先解表后治里；表里俱急，则表里双解；若动物兼见气、血、阴、阳不足，应在解表方中相应地配伍补气、补血、滋阴、助阳的药物，以扶正祛邪。解表取汗以微微汗出为宜，服药后，应避风寒。

麻黄汤
《伤寒论》

[组成] 麻黄（去节）45g 桂枝 45g 杏仁 60g 炙甘草 20g

[用法] 水煎灌服；或共为细末，稍煎，候温灌服。

[功效] 发汗解表，宣肺平喘。

[主治] 外感风寒表实证。证见恶寒发热，无汗咳喘，苔薄白，脉浮紧。

[方解] 本方是辛温解表的代表方。风寒表实证乃寒邪束表，肺气失于宣降所致。治宜发汗解表，宣肺平喘。方中麻黄辛温，能发汗解表以散风寒，又能宣利肺气以平喘咳，为君药；桂枝发汗解肌，温通经脉，与麻黄合用则发汗之力大增，并能解除肢体疼痛，为臣药；杏仁宣降肺气，助麻黄止咳平喘，为佐药；甘草调和诸药，为使药。四药同用，共收发汗解表、宣肺平喘之效。

[应用] 本方用于风寒表实证。临床上常以本方加减治疗感冒、流感和急性气管炎等属于风寒表实证者。本方去桂枝，加生姜，名三拗汤（《太平惠民和剂局方》），功能宣肺止咳，主治外感风寒、咳嗽痰多；若倍用麻黄、桂枝，加石膏、生姜、大枣，名大青龙汤（《伤寒论》），功能发汗解表、清热除烦，主治风寒表实证兼有里热而见发热恶寒、寒热俱重、无汗而烦躁者。

本方为发汗之峻剂，凡表虚自汗、外感风热、体虚外感、产后血虚等不宜应用。本方不宜久服，一经出汗，即应停药。

银翘散

《温病条辨》

[组成] 银花60g 连翘45g 淡豆豉30g 桔梗25g 荆芥30g 淡竹叶20g 薄荷30g 牛蒡子45g 芦根30g 甘草20g

[用法] 上药共为末,开水冲调,候温灌服;或水煎灌服。

[功效] 辛凉解表,清热解毒。

[主治] 外感风热或温病初起。证见发热无汗或微汗,微恶风寒,口渴咽痛,咳嗽,舌苔薄白或薄黄,脉浮数。

[方解] 本方证乃外感温邪所致。温病初起,邪在卫分,故治宜辛凉解表、清热解毒。方中金银花、连翘清热解毒、辛凉透表,为君药;薄荷、荆芥、淡豆豉发散表邪,助君药透热外出,为臣药;牛蒡子、桔梗、甘草合用能宣肺祛痰、利咽止咳,芦根、淡竹叶清热生津止渴,治疗兼证,为佐使药。诸药相合,共奏辛凉透表、清热解毒之功。

[应用] 本方由清热解毒药与解表药组成,是辛凉解表的主要方剂,常用于治疗各种家畜的风热感冒或温病初起,也用于治疗流感、急性咽喉炎、支气管炎、肺炎及某些感染性疾病初期而见有表热证者。本方防治禽霍乱有效。发热甚者,加栀子、黄芩、石膏以清热;津伤口渴甚者,加天花粉生津止渴;咽喉肿痛甚者,加马勃、射干、板蓝根以利咽消肿;痈疮初起,有风热表证者,应酌加紫花地丁、蒲公英等以增强清热解毒之力。

其他解表方

兽医临床上使用的其他解表方见表12-1。

表12-1 其他解表方

方剂名称及出处	组成	功效	主治
桂枝汤《伤寒论》	桂枝、芍药、生姜、大枣、甘草	解肌发表,调和营卫	外感风寒表虚证
荆防败毒散《摄生众妙方》	荆芥、防风、羌活、独活、柴胡、前胡、桔梗、枳壳、茯苓、甘草、川芎	发汗解表,散寒除湿	外感挟湿表寒证
发汗散《元亨疗马集》	麻黄、升麻、当归、川芎、葛根、白芷、党参、紫荆皮、香附	解表散寒,补气活血	气血不足的外感风寒证
防风通圣散《宣明论》	防风、荆芥、连翘、麻黄、薄荷、当归、川芎、白芍(炒)、白术、栀子(炒)、大黄(酒蒸)、芒硝、生石膏、黄芩、桔梗、滑石、甘草	解表通里,疏风清热	外感风邪,内有蕴热,表里俱实之证

第二节 清 热 方

以清热药为主组成,具有清热泻火、凉血解毒等作用,用以治疗里热证的一类方剂,称为清热方。其治法属于"八法"中的"清法"。

里热证,有气分、血分之分,实热、虚热之别,脏腑偏胜之殊,以及湿热、暑热之异。因而清热剂又可分为清泄气分、清营凉血、清热解毒、清脏腑热、清热燥湿、清热解暑以及清虚热等几类。

1. 清泄气分方　适用于热在气分的病证。多以石膏、知母之类清泄肺、胃为主。

2. 清营凉血方　适用于邪热侵入营血的病证。多以水牛角、地黄、玄参、牡丹皮、赤芍等清营凉血为主。

3. 清热解毒方　适用于瘟疫、毒痢、疮痈等热毒证。多以银花、连翘、栀子、黄连、黄柏、大青叶、板蓝根、蒲公英、紫花地丁、射干、山豆根等清热解毒为主。

4. 清脏腑热方　适用于热邪偏盛于某一脏腑的病证，根据各个脏腑热盛的特点，用药有所不同。

5. 清热解暑方　适用于暑热炎天，心经壅热，高热倦怠的暑热证，常以香薷之类发散暑邪为主。

6. 清热燥湿方　适用于湿热内盛的黄疸、热淋等证。多以黄芩、黄连、黄柏、栀子等清热燥湿为主。

7. 清虚热方　适用于暮热早凉，潮热，低热不退的虚热证。常以鳖甲、青蒿、牡丹皮、地骨皮等退虚热为主。

使用清热剂时，应先辨明里热的真假。如真热假寒，当用清热法；真寒假热，则应使用温里回阳之剂。屡用清热剂而热仍不退者，属阴虚火旺之证，当用滋阴壮水之法，使阴复而热自退。此外，使用清热剂，还应根据病情轻重和患畜体质强弱来选药定量，避免因使用寒凉药太过而损伤脾胃阳气。

白 虎 汤

《伤寒论》

[组成] 石膏（打碎先煎）250g　知母45g　甘草25g　粳米45g

[用法] 水煎至米熟汤成，去渣候温灌服。

[功效] 清热生津。

[主治] 阳明经证或气分实热。证见高热大汗，口干舌燥，大渴贪饮，脉洪大有力。

[方解] 本方为治阳明经证或气分实热的代表方。方中石膏辛甘大寒，清阳明气分实热而除烦，为君药；知母苦寒质润，清热润燥，为臣药；甘草、粳米益胃养阴，且又能缓和石膏、知母寒凉伤胃之弊，共为佐使药。四药合用，有清热生津之效。

[应用] 本方用于治疗阳明经证或气分实热证。如乙型脑炎、中暑、肺炎等热性病而有上述见证者，均可在本方基础上加减应用。本方加人参，名人参白虎汤（《伤寒论》），用于伤寒表证已解，热盛于里，气津两伤，口干，汗多，脉浮大无力者。本方加玄参、犀角，名化斑汤（《温病条辨》），清热解毒，滋阴凉血，主治温病发斑。

清 营 汤

《温病条辨》

[组成] 犀角10g（锉细末冲服，可用10倍量水牛角代替）地黄60g　玄参45g
　　　淡竹叶15g　银花45g　连翘30g　黄连25g　丹参30g　麦冬45g

[用法] 上药共为末，开水冲调，候凉灌服；或水煎灌服。

[功效] 清营解毒，透热养阴。

[主治] 热邪初入营分。证见高热，口渴或不渴，烦躁或时有神昏，舌红口干，或见斑疹隐现，脉细数。

[方解] 本方专为温热病邪由气分传入营分而设。热入营分，治宜清泄营分之热。方中以犀角清解营分热毒，为君药；热盛伤阴，故以地黄、玄参、麦冬养阴清热，为臣药；又因热邪初入营分，气分热邪尚未解尽，根据"入营犹可透热转气"的理论，佐以黄连、银花、连翘、淡竹叶清解气分热毒，使营分邪热转出气分而解，防止邪热进一步内陷，体现了气营两清的治法；丹参助君药清热凉血，还能活血散瘀，防止血与热结，且又能引导诸药入心经以清热，为使药。诸药相合，共奏清营解毒、透热养阴之功。

[应用] 本方用于治疗温热病邪由气分初入营分之证，是清营透气的代表方。凡脑炎、败血症而有上述见证者，均可酌情加减应用。若气分热重而营分热轻，应重用银花、连翘、黄连、淡竹叶，减少犀角、地黄、玄参的用量。

犀角地黄汤

《千金方》

[组成] 犀角10g（可用10倍量水牛角代替） 地黄150g 芍药60g 牡丹皮45g

[用法] 上药共为末，开水冲调，候凉灌服；或水煎灌服。

[功效] 清热解毒，凉血散瘀。

[主治] 温热病之血分证或热入血分，有热甚动血、热扰心营见证者。

[方解] 本方所治为温热之邪燔于血分。血分热毒炽盛，可出现动血伤阴及热扰心神等证，故方中以犀角清营凉血、清热解毒，为君药；地黄养阴清热，凉血止血，助君药解血分热毒，为臣药；芍药（伤阴甚者用白芍，瘀血重者用赤芍）、牡丹皮清热凉血，活血散瘀，共为佐使药。四药合用，清热之中兼以养阴，使热清血宁而不耗血，凉血之中兼以散瘀，使血止而不留瘀。

[应用] 本方为治热入血分之各种出血证的重要方剂，临床应用时可随证加减。鼻衄者，加白茅根、侧柏叶以凉血止血；便血者，加地榆、槐花以清肠止血；尿血者，加白茅根、小蓟以利尿止血；心火盛者，加黄连、黑栀子以清心泻火。

黄连解毒汤

《外台秘要》

[组成] 黄连30g 黄芩60g 黄柏60g 栀子45g

[用法] 上药共为末，开水冲调，候温灌服；或水煎灌服。

[功效] 泻火解毒。

[主治] 三焦热盛或疮疡肿毒。证见大热烦躁，甚则发狂，或见发斑，以及外科疮疡肿毒等。

[方解] 本方证乃热毒壅盛所致，治宜泻火解毒。方中黄连泻心火，兼泻中焦之火，为君药；臣以黄芩泻上焦之火；佐以黄柏泻下焦之火，栀子通泻三焦之火，且导热下行从膀胱而出。四药合用，苦寒直折，使邪去而热毒解。

[应用] 本方为泻火解毒之要方，适用于三焦火邪壅盛之证，但以津液未伤为宜。可用于败血症、脓毒血症、痢疾、肺炎及各种急性炎症等属于火毒炽盛者。本方去黄柏、栀子，

加大黄，名泻心汤（《金匮要略》），功效似本方而尤适用于口舌生疮、胃肠积热。本方可以内服或外敷用于治疗疮疡肿毒。

白头翁汤

《伤寒论》

[组成] 白头翁 60g　黄柏 30g　黄连 45g　秦皮 60g

[用法] 上药共为末，开水冲调，候温灌服。

[功效] 清热解毒，凉血止痢。

[主治] 热毒血痢。证见里急后重，泻痢频繁，或大便脓血，发热，渴欲饮水，舌红苔黄，脉弦数。

[方解] 本方证为热毒熏灼肠胃、深陷血分所致。方中白头翁清热解毒、凉血，清大肠血热而专治热毒血痢，为君药；黄连、黄柏、秦皮助君药清热解毒、燥湿止痢，共为臣佐药。合而用之，可清热解毒、凉血止痢。

[应用] 本方为治热毒血痢之要方，常用于细菌性痢疾和阿米巴痢疾。对体弱血虚的患畜，加阿胶、甘草以养血滋阴，名白头翁加甘草阿胶汤（《金匮要略》）；本方去秦皮，加黄芩、枳壳、砂仁、厚朴、苍术、猪苓、泽泻，名三黄加白散（《中兽医治疗学》），清热燥湿作用更强；若高热，粪少且带黏液或脓血者，减砂仁、苍术，加地黄、花粉、大黄、芒硝等。

其他清热方

兽医临床上使用的其他清热方见表 12-2。

表 12-2　其他清热方

方剂名称及出处	组　成	功　效	主　治
香薷散 《元亨疗马集》	香薷、黄芩、黄连、甘草、柴胡、当归、连翘、天花粉、栀子	清心解暑，养血生津	伤暑
茵陈蒿汤 《伤寒论》	茵陈蒿、栀子、大黄	清热，利湿，退黄	湿热黄疸
青蒿鳖甲汤 《温病条辨》	青蒿、鳖甲、地黄、知母、牡丹皮	养阴透热	温热病后期，阴液耗伤，邪留于阴分
三子散 《中华人民共和国兽药典·二部》 （2010年版）	栀子、诃子、川楝子	清热解毒	三焦热盛，疮黄肿毒，脏腑实热
清瘟败毒饮 《疫疹一得》	石膏、知母、犀角、地黄、牡丹皮、玄参、赤芍、黄连、栀子、黄芩、连翘、桔梗、淡竹叶、甘草	清气凉血，泻下解毒	热毒炽盛，气血两燔
五味消毒饮 《医宗金鉴》	金银花、野菊花、蒲公英、紫花地丁、紫背天葵	清热解毒，消疮散痈	各种疮痈肿毒，证见局部红肿热痛，身热，口色红，脉数
真人活命饮 《医方集解》	金银花、当归、陈皮、防风、白芷、甘草、浙贝母、天花、乳香、没药、皂角刺（原方有穿山甲，现已不用）	清热解毒，消肿排脓，活血止痛	疮痈肿毒属于阳证者
苇茎汤 《千金方》	苇茎、冬瓜仁、薏苡仁、桃仁	清肺化痰，祛瘀排脓	肺痈
龙胆泻肝汤 《医宗金鉴》	龙胆草、黄芩、栀子、泽泻、木通、车前子、当归、柴胡、甘草、地黄	泻肝胆实火，清三焦湿热	肝火上炎或湿热下注

(续)

方剂名称及出处	组 成	功 效	主 治
消黄散《元亨疗马集》	知母、浙贝母、黄芩、连翘、黄连、大黄、栀子、芒硝、黄药子、白药子、郁金、甘草	清热泻火，凉血解毒	三焦热盛，热毒，黄肿
清肺散《元亨疗马集》	板蓝根、葶苈子、甘草、浙贝母、桔梗	清肺平喘，化痰止咳	肺热咳喘，咽喉肿痛
郁金散《元亨疗马集》	郁金、诃子、黄芩、大黄、黄连、栀子、白芍、黄柏	清热解毒，涩肠止泻	肠黄
洗心散《元亨疗马集》	天花粉、黄芩、黄连、连翘、茯神、黄柏、桔梗、栀子、牛蒡子、木通、白芷	清热，泻火，解毒	心经积热，口舌生疮
通肠芍药汤《牛经备要医方》	大黄、槟榔、山楂、芍药、木香、黄连、黄芩、玄明粉、枳实	清热燥湿，行气导滞	湿热积滞，肠黄泻痢
公英散《中兽医治疗学》	蒲公英、银花、连翘、丝瓜络、通草、芙蓉叶、浙贝母	清热解毒，消肿散痈	乳痈初起，局部红肿热痛
止痢散《中兽医方剂》	雄黄、滑石、藿香	清热解毒，化湿止痢	仔猪白痢

第三节 泻下方

以泻下药为主组成，具有通导大便、排除胃肠积滞、荡涤实热、攻逐水饮等作用，以治疗里实证的方剂，称为泻下方，又叫做攻里方。其治法属"八法"中的"下法"。

根据病邪性质的不同及畜体的体质情况的差异，泻下剂常分为攻下、润下和峻下逐水几类。临床应用时，必须根据动物正气的强弱，邪气的盛衰，而选择适当的泻下剂。

1. 攻下剂 泻下作用猛烈，适用于正气未衰的里实证。常以大黄、芒硝等为主药。

2. 润下剂 泻下作用和缓，适用于体虚便秘之证。常以火麻仁、郁李仁、肉苁蓉等为主药。

3. 峻下逐水剂 泻下作用峻烈，仅适用于水肿或水饮停聚而体质强壮者。常以牵牛子、续随子、大戟等为主药。

泻下剂大多药性峻猛，凡孕畜、产后、老弱以及伤津亡血者，均应慎用。必要时，可考虑攻补兼施，或先攻后补。对于表证未解，里实未成者，不宜使用泻下剂。如表证未解而里实已盛，宜先解表，后治里，或表里双解。又因泻下剂易伤胃气，中病即止，切勿过投。

大承气汤

《伤寒论》

[组成] 大黄60g（后下） 芒硝180g 厚朴30g 枳实30g

[用法] 水煎灌服；或共为末，开水冲调，候温灌服。

[功效] 攻下热结，破结通肠。

[主治] 结症、便秘。证见粪便秘结，腹部胀满，二便不通，口干、舌燥，苔厚，脉沉实。

[方解] 本方证乃大肠气机阻滞、肠道胀满燥实所致的粪便燥结不通，治宜行气破结。方中大黄苦寒泻热通便，为君药；臣以芒硝咸寒软坚润燥；厚朴、枳实行气散结，消痞除满，并助大黄、芒硝加速积滞的排泄，共为佐药。四药相合，有峻下热结、承顺胃气下行之功。

[应用] 本方适用于阳明腑实证，患畜主要表现为实热便秘，以"痞、满、燥、实"为

本证特点。"痞、满"指腹部胀满,"燥、实"指燥粪结于肠道,腹痛拒按。临床应用时,可根据病情在本方基础上加减化裁。本方去芒硝,名小承气汤(《伤寒论》),主治证候为仅具痞、满、实三证而无燥证者;去枳实、厚朴,加炙甘草,名调胃承气汤(《伤寒论》),主治燥热内结之证,配甘草乃取其和中调胃、下不伤正;若病程较长,导致热结阴亏,可用原方去枳实、厚朴,加地黄、玄参、麦冬,名增液承气汤(《温病条辨》)。

当归苁蓉汤

《中兽医治疗学》

[组成] 当归180g　肉苁蓉90g　番泻叶45g　广木香12g　厚朴45g　炒枳壳30g　醋香附45g　瞿麦15g　通草12g　六神曲60g

[用法] 水煎取汁,候温加麻油250~500g,同调灌服。

[功效] 润燥滑肠,理气通便。

[主治] 老弱、久病、体虚患畜之便秘。

[方解] 本方原为治疗马大肠燥结的润下剂。方中以当归补血润肠,肉苁蓉补肾润肠,共为君药;臣以番泻叶泻热通便,麻油润肠通下,木香、香附、厚朴、枳壳通行滞气,助君药理气通便;瞿麦、通草利尿以清燥粪所化之热,皆为佐药。

[应用] 本方药性平和,马的一般结症都可应用,但偏重于治疗老弱、久病、胎产家畜的结症。用时可随证加减,体瘦气虚者加黄芪;孕畜去瞿麦、通草,加白芍。

其他泻下方

兽医临床上使用的其他泻下方见表12-3。

表12-3　其他泻下方

方剂名称及出处	组　成	功　效	主　治
无失丹《痊骥通玄论》	木香、槟榔、青皮、大黄、芒硝、牵牛子、荆三棱、木通、郁李仁	泻下通肠	结症,便秘
马价丸《痊骥通玄论》	大黄、五灵脂、牵牛、木通、续随子、甘遂、滑石、大戟、瞿麦、香附子、巴豆	峻泻通肠,理气止痛	马属动物中结
猪膏散《元亨疗马集》	滑石、牵牛子、大黄、官桂、甘遂、大戟、续随子、白芷、地榆皮、甘草	润燥滑肠,消积导滞	牛百叶干

第四节　消　导　方

以消导药为主组成,具有消食化积功能,以治疗积滞痞块的一类方剂,称为消导方。其治法属"八法"中的"消法"。

消导方应用甚为广泛,凡由气、血、痰、湿、食等壅滞而成的积滞痞块,均可用之。本节内容主要讨论消食导滞方面的方剂。消导方与泻下方有消除有形实邪的作用,但在临床运用上,两者有所不同。泻下方一般用于急性有形实邪,是猛攻急下的方剂;消导方一般用于慢性的积滞胀满,属渐消缓散的方剂。

水谷停滞,往往因脾失健运、胃失和降而逐渐产生,家畜出现食欲减退、肚腹胀满等症。

除重用山楂、六神曲、麦芽等消导药外，还需配伍行气宽中及理气健脾的药物。如积滞郁而化热，则宜配伍清热药；若积滞兼寒，宜配伍祛寒药等。消导方虽较泻下方作用缓和，然而毕竟是克伐之剂，对于脾胃虚弱、气血不足而邪已实者，还需配伍补益药物，消补兼施。

曲蘖散

《元亨疗马集》

[组成] 六神曲 60g　麦芽 30g　山楂 30g　厚朴 25g　枳壳 25g　陈皮 25g　苍术 25g　青皮 25g　甘草 15g

[用法] 上药共为末，开水冲调，候温加生油 60g，白萝卜 1 个捣碎，同调灌服。

[功效] 消积化谷，破气宽肠。

[主治] 料伤。证见精神倦怠，眼闭头低，拘行束步，四足如攒，口色鲜红，脉洪大。

[方解] 本方证乃喂饲无节，造成脾胃失职，宿谷积于胃肠的肚腹胀满，治宜消谷化积，破气宽肠。方中用六神曲、山楂、麦芽消谷化积，为君药；臣以青皮、厚朴、枳壳、白萝卜行气宽肠，助君药消胀；陈皮、苍术理气健脾，使脾气得升，胃气得降，运化复常，皆为佐药；甘草和中，调和诸药，为使药。

[应用] 用于治疗马、牛料伤。若脾胃虚弱而草谷不消，则去青皮、六神曲、苍术，加白术、茯苓、木香、党参、山药、砂仁等以补气健脾。

其他消导方

兽医临床上使用的其他消导方见表 12-4。

表 12-4　其他消导方

方剂名称及出处	组　成	功　效	主　治
保和丸《丹溪心法》	山楂、六神曲、半夏、茯苓、陈皮、连翘、莱菔子	消食和胃，清热利湿	食积停滞
木香导滞丸《松崖医经》	木香、槟榔、枳实、大黄、六神曲、茯苓、黄芩、黄连、白术、泽泻	调气导滞，清热利湿	湿热、食积所致的下痢后重

第五节　和　解　方

根据调和的原则组方，具有和解表里，调畅气机的作用，用于治疗少阳病或肝脾、肠胃不和等病证的方剂，称为和解方。其治法属"八法"中的"和法"。

和解方原为治疗少阳胆经病证而设，然而肝胆关系密切，病理上常相互影响，并往往累及脾胃，故其适应证还包括肝脾不和、胃肠不和等病证。服用和解剂应注意适应证，凡属邪在肌表，或表邪已入里者，不宜使用和解剂，以免引邪入里或延误治疗；脏腑极虚、气血不足之寒热，不宜使用和解剂。

小柴胡汤

《伤寒论》

[组成] 柴胡 45g　黄芩 45g　党参 45g　制半夏 30g　炙甘草 15g　生姜 20g　大枣 60g

［用法］水煎灌服；或共为末，开水冲调，候温灌服。

［功效］和解少阳，扶正祛邪，解热。

［主治］少阳病。证见寒热往来，饥不饮食，口津少，反胃呕吐，脉弦。

［方解］本方证为外感寒邪传入少阳的半表半里证，不可用汗、下、吐法，治宜和解。方中用柴胡清解少阳之邪，疏解气机，为君药。黄芩清泄少阳之郁热，为臣药。若寒重于热，可加大柴胡用量，若热重于寒，则加大黄芩用量，二药合用，能解除寒热往来。党参、甘草、大枣能扶正和中，并防止邪气内侵，半夏、生姜和胃止呕，且生姜还能助柴胡散表邪，同时姜枣配合既能调和营卫，输布津液，又能助半夏和胃止呕，共为佐使药。各药相合，可和解少阳，扶正祛邪。

［应用］本方为治伤寒之邪传入少阳的代表方，也可用于体虚及母畜产后或发情期间外感寒邪。

其他和解方

兽医临床上使用的其他和解方见表12-5。

表12-5 其他和解方

方剂名称及出处	组 成	功 效	主 治
逍遥散《太平惠民和剂局方》	柴胡、当归、白芍、白术、茯苓、炙甘草、生姜、大枣、薄荷	疏肝解郁，健脾养血	肝郁血虚，肝脾不和之证
四逆散《伤寒论》	柴胡、炒枳实、芍药、炙甘草	透解郁热，调和肝脾	热厥证

第六节 化痰止咳平喘方

以化痰、止咳、平喘药为主组成，具有消除痰涎、缓解或制止咳喘的作用，用以治疗肺经疾病的方剂，称为化痰止咳平喘方。

咳嗽与痰、喘在病机上关系密切，咳嗽每多挟痰，而痰多亦每致咳嗽，久咳则肺气上逆而喘，三者可互为因果。在治法上，化痰、止咳、平喘常配合应用。因此，将化痰、止咳、平喘的方剂归为一类。

痰病的成因很多，素有"脾为生痰之源，肺为贮痰之器"之说。如脾不健运，湿聚成痰者，治宜燥湿化痰；火热内郁，炼液为痰者，治宜清化热痰；肺燥阴虚，灼津为痰者，治宜润肺化痰；肺寒留饮者，治宜温阳化痰等。《景岳全书》云："五脏之病，虽俱能生痰，然无不由乎脾肾。"因此，治疗时不能单攻其痰，应重视治其生痰之本，即所谓"善治痰者，治其生痰之源"。此外，痰随气升降，气堕则痰聚，气顺则痰消，故在祛痰止咳剂中，常配伍理气药。如《证治准绳》说："善治痰者，不治痰而治气，气顺则一身津液亦随气而顺矣。"

《太平惠民和剂局方》

［组成］制半夏45g 陈皮（原方用橘红）50g 茯苓30g 炙甘草15g

［用法］水煎灌服；或共为末，开水冲调，候温灌服。

［功效］燥湿化痰，理气和中。

［主治］湿痰咳嗽、呕吐、腹胀等。证见咳嗽痰多、色白，舌苔白润。

［方解］本方证乃脾失健运、湿邪凝聚、气机阻滞所致。治宜燥湿化痰、理气和中。方中半夏燥湿化痰，降逆止呕，为君药；气顺则痰降，气化则痰消，故臣以陈皮理气化痰；又因痰由湿生，脾复健运则湿可化，湿去则痰消，故佐以茯苓健脾利湿；使以甘草和中健脾，调和诸药。四药合用，共奏燥湿化痰、理气和中之效。

［应用］本方为治疗以湿痰为主的多种痰证的基础方，多用于治疗因脾阳不足、运化失职、水湿凝聚成痰所引起的咳嗽、呕吐等证。本方加紫苏、杏仁、前胡、桔梗、枳壳可治风寒咳嗽；加党参、白芍可治脾胃虚弱、食少便溏、湿咳等证；加沙参、麦冬、芍药、牡丹皮、贝母、杏仁、蜂蜜，名沙参散，治劳伤咳嗽、久咳不止（如慢性气管炎）。

麻杏甘石汤

《伤寒论》

［组成］麻黄 30g　杏仁 30g　炙甘草 30g　石膏（打碎先煎）150g

［用法］上药共为末，开水冲调，候温灌服；或水煎灌服。

［功效］辛凉泻热，宣肺平喘。

［主治］肺热气喘。证见咳嗽喘急，发热有汗或无汗，口干渴，舌红，苔薄白或黄，脉浮滑而数。

［方解］本方证之形成，多为外感风邪、化热犯肺所致。治宜宣肺、清热、平喘。方中麻黄辛苦宣肺解表平喘。为君药；臣以大剂量石膏，辛凉宣泄。二药配合，发散肺经郁热而平喘。杏仁宣降肺气，助麻黄止咳平喘，为佐药；甘草调和诸药，为使药。四药合用，则有宣肺、清热、平喘之效。

［应用］本方是治疗肺热气喘的常用方剂，使用时以喘急身热为依据。若热甚可加黄芩、栀子、连翘、银花；若兼有咳嗽者，可加贝母、桔梗等。

止嗽散

《医学心悟》

［组成］荆芥 30g　桔梗 30g　紫菀 30g　百部 30g　白前 30g　陈皮 10g　甘草 6g

［用法］上药共为末，开水冲调，候温灌服。

［功效］止咳化痰，疏风解表。

［主治］外感咳嗽。证见咳嗽痰多，日久不愈，舌苔白，脉浮缓。

［方解］本方证为风寒外感、肺气被郁、气逆痰升所致。治宜止咳、化痰、解表。方中紫菀、百部止咳化痰，不论久新，为君药；桔梗、白前一宣一降，以复肺气之宣降，增强君药止咳化痰之力，为臣药；荆芥疏风解表，陈皮理气化痰，共为佐药；甘草调和诸药，合桔梗又有利咽止咳之功，为使药。各药相合，共具宣肺止咳之功。

［应用］本方为治外感咳嗽的常用方，用于外感风寒咳嗽，以咳嗽不畅、痰多为主证。若恶寒发热，偏重于表证者，可加防风、紫苏叶、生姜等以发散风寒；若外邪已去，见有热

候者,去荆芥,加黄芩、栀子、连翘等以清热。

其他化痰止咳平喘方

兽医临床上使用的其他化痰止咳平喘方见表12-6。

表12-6 其他化痰止咳平喘方

方剂名称及出处	组 成	功 效	主 治
半夏散 《元亨疗马集》	半夏、升麻、防风、枯矾、生姜	燥湿化痰,平胃止呕	马肺寒吐沫
款冬花散 《元亨疗马集》	款冬花、黄药子、僵蚕、郁金、白芍、玄参	滋阴降火,止咳平喘	阴虚肺热证
清燥救肺汤 《医门法律》	石膏(煅)、桑叶、麦冬、阿胶(烊化)、胡麻仁、杏仁(炒)、枇杷叶(去毛蜜炙)、党参、甘草	清肺润燥	温燥伤肺,气阴两伤之证
百合散 《痊驥通玄论》	百合、贝母、大黄、甘草、天花粉	滋阴清热,润肺化痰	肺壅鼻脓证
辛夷散 《中兽医治疗学》	辛夷、酒知母、酒黄柏、沙参、木香、郁金(原方有明矾,现已不用)	清热滋阴,疏风通窍	脑颡鼻脓证

第七节 温里方

以温热药为主组成,具有温中散寒、回阳救逆、温经通脉等作用,用于治疗里寒证的一类方剂,称为温里方或祛寒方。其治法属"八法"中的"温法"。

寒证,有表寒和里寒之别。表寒证当用辛温解表方治疗,已在解表方中论述,本节专论治疗里寒证的方剂。

里寒证的形成,不外乎寒邪直中与寒从内生两个方面,根据"寒者热之"的原则,应以温里祛寒的药物治疗。由于寒邪所侵脏腑经络的不同,以及病情轻重缓急的差异,温里方可分为温中散寒、回阳救逆、温经散寒三类。又因寒邪易伤阳气,故本类方剂中还经常配伍助阳补气的药物。

1. 温中散寒方 常以干姜、吴茱萸等药物为主组成,适用于中焦脾胃虚寒证。

2. 回阳救逆方 常以附子、肉桂、干姜等药物为主组成,适用于脾肾阳虚、心肾阳虚之阴寒重证。

3. 温经散寒方 由温经散寒的桂枝、细辛和养血和血的当归、熟地黄、白芍等药物组成,适用于寒凝经脉的痹证。

温里方多由辛热温燥之品组成,应用时应首先辨明寒热真假,真热假寒决非所宜;其次,对阴虚或失血动物,当注意用量,切不可过量。

《伤寒论》

[组成] 党参60g 干姜60g 炙甘草60g 白术60g
[用法] 水煎灌服;或共为末,开水冲调,候温灌服。

［功效］补气健脾，温中散寒。

［主治］脾胃虚寒证。证见慢草不食，腹痛泄泻，完谷不化，口不渴，口色淡白，脉象沉细或沉迟。

［方解］本方为温中散寒的代表方。脾主运化而升清阳，胃主受纳而降浊。脾胃虚寒，升降失职，故出现食欲减退、腹痛泄泻等证。治宜温中祛寒、补气健脾，助运化而复升降。方中干姜辛热，温中焦脾胃而祛里寒，为君药；党参甘温，益气健脾，助干姜振脾胃之升降，为臣药；脾虚则生湿，以白术燥湿健脾，为佐药；炙甘草益气和中而调和诸药，为使药。四药合用，温中焦之阳，补脾胃之虚，复升降之常，升清降浊，共奏"理中"之效。

［应用］本方是治疗脾胃虚寒的代表方。对于脾胃虚寒引起的慢草不食、腹痛泄泻等均可应用，如慢性胃肠炎、胃及十二指肠溃疡等属脾胃虚寒者。寒甚者，重用干姜；虚甚者，重用党参；呕吐者，加生姜、吴茱萸；泄泻甚者，加肉豆蔻、诃子。本方加附子，名附子理中汤（《太平惠民和剂局方》），温阳祛寒，益气健脾，主治脾胃虚寒、腹痛、泄泻、四肢厥逆、拘急等。

四逆汤

《伤寒论》

［组成］熟附子 45g　干姜 45g　炙甘草 30g

［用法］水煎灌服；或共为末，开水冲调，候温灌服。

［功效］回阳救逆。

［主治］少阴病或太阳病误汗亡阳。证见四肢厥逆，恶寒倦卧，神疲力乏，呕吐不渴，腹痛泄泻，舌淡苔白，脉沉微细。

［方解］本方为肾阳衰微、阴寒内盛而设，是回阳救逆的代表方剂。四肢为诸阳之末，肾阳为一身阳气之根。阳气不足，阴寒内盛，阳气不能敷布周身，故四肢厥冷；脾肾阳衰，故呕吐，腹痛泄泻，下利清谷；阴盛阳衰，则神疲力乏，恶寒倦卧；阳气虚衰，不能鼓动血液运行，则见脉象沉微。当此阳衰证急之时，非用大辛大热纯阳之品不能破阴寒而复阳气。方中附子大辛大热，祛散寒邪，救命门火衰，为回阳救逆第一要药，为君药。"附子无干姜则不热"，干姜温脾散寒，助附子回阳救逆，为臣药。炙甘草和中益气，并缓和姜、附燥烈之性。三药合用，药简效宏，有回阳救逆之功。

［应用］本方以四肢厥冷、神疲力乏、舌苔淡白、脉微沉细为应用要点。临床实践中，若因急性胃肠炎、大汗、大泻、阳虚阴盛而致的四肢厥逆，均可用本方治疗。若正虚体衰，加入人参或党参，名四逆加人参汤（《伤寒论》），以益气复阴与回阳救逆兼顾。

现代兽医临床常用于治疗急性心衰、休克、急慢性胃肠炎吐泻失水过多，或急性病大汗出而现休克等属阴盛阳衰者。

本方中皆为纯阳药物，若为阳热郁闭、邪热内陷之真热假寒四肢厥冷者，则不宜应用。

其他温里方

兽医临床使用的其他温里方见表 12-7。

表 12-7 其他温里方

方剂名称及出处	组 成	功 效	主 治
吴茱萸汤《伤寒论》	吴茱萸、党参、大枣、生姜	温中补虚，降逆止呕	肝胃虚寒证
茴香散《元亨疗马集》	茴香、肉桂、槟榔、白术、巴戟天、当归、牵牛子、藁本、白附子、川楝子、肉豆蔻、荜澄茄、木通	温肾散寒，祛湿止痛	风寒湿邪引起的腰胯疼痛之证
温脾散《元亨疗马集》	当归、厚朴、陈皮、青皮、苍术、益智仁、牵牛子、细辛、甘草	温中散寒，理气活血	脾胃寒冷、冷痛等证
益智散《元亨疗马集》	益智仁、肉豆蔻、广木香、五味子、槟榔、草果、细辛、青皮、厚朴、当归、川芎、白术、官桂、砂仁、芍药、白芷、枳壳、甘草、生姜、大枣	温脾暖胃，行气降逆	马翻胃吐草证
桂心散《元亨疗马集》	桂心、青皮、益智仁、白术、厚朴、干姜、当归、陈皮、砂仁、五味子、肉豆蔻、炙甘草	温中散寒，健脾理气	脾胃阴寒之吐涎不食、腹痛、肠鸣泄泻等证
丁香散《元亨疗马集》	丁香、汉防己、当归、茴香、官桂、麻黄、川乌、元胡、羌活	温肾壮阳，祛风除湿	内肾积冷，腰胯疼痛
阳和汤《外科证治全生集》	熟地黄、白芥子、肉桂、鹿角胶、炮姜、麻黄、生甘草	温阳补血，散寒通滞	阴疽疮疡

第八节　祛 湿 方

以祛湿药为主组成，具有化湿利水、祛风除湿作用，治疗水湿和风湿病证的一类方剂，称为祛湿方。

湿邪为病，有外湿、内湿之分，所犯部位有上下内外之别。外湿由外感受，常伤及畜体肌表经络；内湿由内而生，多因脾失健运所致，常常伤及脏腑气血。外湿内湿为病，有时相互兼见。

湿邪又多与风、寒、暑、热等邪气相挟，并有化热、化寒的转机。

临床治疗时，首先应辨别湿邪所在部位的上下内外。在上在外者，宜微汗以解之；在下在内者，宜健脾行水以利之。其次，应审其寒热虚实。如湿从寒化，宜温阳化湿；湿从热化，宜清热利湿；体虚湿盛者，宜祛湿与扶正兼顾；水湿壅盛脉证俱实者，宜用逐水之方。

根据治法的不同，祛湿方一般分为祛风湿、利水和化湿三类。

1. 祛风湿方　适用于风寒湿邪侵袭肌表经络所致的痹痛等证，常以独活、羌活、秦艽、桑寄生等祛风胜湿药为主药。

2. 利水方　适用于水湿停滞所引起的各种病证，如小便不利、泄泻、水肿、尿淋、尿闭等，常以茯苓、猪苓、泽泻、车前子、木通、滑石等渗湿利水药为主药。

3. 化湿方　适用于湿浊内阻，脾为湿困，运化失职之证，常以苍术、藿香、陈皮、砂仁、草豆蔻等芳香化湿药为主药。

本类方剂多属于辛温香燥或淡渗利水之品，容易伤阴耗液，对津液亏损之证，一般不宜使用，必要时需配伍养阴药同用。此外，湿邪重着黏腻，易于阻碍气机，故祛湿剂中，常配伍理气药，以求"气化则湿亦化"。

独活寄生汤
《备急千金要方》

[组成] 独活30g 桑寄生45g 秦艽30g 防风25g 细辛6g 当归30g 白芍25g 川芎15g 熟地黄45g 杜仲30g 牛膝30g 党参30g 茯苓30g 桂心15g 甘草20g

[用法] 水煎灌服；或共为末，开水冲调，候温灌服。

[功效] 祛风湿，止痹痛，益肝肾，补气血。

[主治] 风寒湿痹、肝肾两亏、气血不足诸证。证见腰胯疼痛，四肢关节屈伸不利、疼痛，筋脉拘挛，脉沉细弱等。

[方解] 本方是治疗风寒湿痹日久、肝肾不足、气血两虚证的方剂。方中以独活祛下焦与筋骨间的风寒湿邪，为君药；秦艽、防风、细辛祛风湿、止痹痛，重用桑寄生，配伍杜仲、牛膝以益肝肾、强筋骨，兼祛风湿，共为臣药；当归、川芎、白芍、熟地黄养血兼活血，党参、茯苓补气健脾，桂心温通血脉，共为佐药；甘草益气扶正、调和诸药，为使药。诸药合用，祛邪扶正，标本兼治，使气血足而风湿除，肝肾强而痹痛止。

[应用] 本方为治疗痹证日久、肝肾气血不足之证的常用方剂。临床上对肝肾两虚，风寒湿三气杂至，痹阻经脉导致的慢性肌肉风湿、腰胯及四肢关节疼痛、慢性风湿性关节炎及牛产后瘫痪等皆可酌情加减应用。若疼痛较甚者，可加制川乌、红花、地龙、白花蛇等；寒邪偏重者，可加附子、干姜；湿邪重者，加防己、苍术。

五苓散
《伤寒论》

[组成] 猪苓30g 茯苓30g 泽泻45g 白术30g 桂枝25g

[用法] 上药共为细末，开水冲调，候温灌服；或水煎灌服。

[功效] 利水渗湿，温阳化气。

[主治] 外有表证、内停水湿。证见发热恶寒，口渴贪饮，小便不利，舌苔白，脉浮。亦可治水湿内停之水肿、泄泻、小便不利或痰饮、吐涎等证。

[方解] 本方具有化水行气之效，是利尿消肿的常用方剂。水湿内停兼有表证，治宜利水渗湿，温阳化气，兼解表邪。方中重用泽泻，甘淡性寒，利水渗湿，为君药；以茯苓、猪苓淡渗，助君药以增强利水之力，共为臣药；加白术健脾燥湿，运化水湿，又以桂枝通阳化气，疏散表邪，共为佐药。五药合用，有化气行水，健脾除湿兼解表邪之效。

[应用] 本方是利尿消肿的常用方剂。临床上凡脾虚不运、气不化水之水湿内停、小便不利，或为蓄水，或为水逆，或为痰饮，或为水肿、泄泻等，均可用本方加减治疗。若无表证，可将方中桂枝改为肉桂，以增强除寒、化气、利水的作用。本方合平胃散（陈皮、苍术、厚朴、甘草）名胃苓汤，具有行气利水、祛湿和胃的作用，用于治疗寒湿泄泻、腹胀、水肿、小便不利；本方加茵陈，名茵陈五苓散，具有利湿清热、退黄疸的作用，治疗湿热黄疸；本方去桂枝名四苓散，功专利水渗湿，治疗脾虚湿阻、粪便溏泻。

现代兽医临床常用于治疗肾炎、心源性水肿、急性肠炎、尿潴留等属于水湿内停者。

八 正 散

《太平惠民和剂局方》

[组成] 木通 30g　瞿麦 30g　车前子 45g　萹蓄 30g　滑石 10g　甘草梢 25g　栀子 25g　大黄 25g　灯心草 10g

[用法] 上药共为细末，开水冲调，候温灌服；或水煎灌服。

[功效] 清热泻火，利水通淋。

[主治] 湿热下注引起的热淋、石淋。证见尿频、尿痛或闭而不通，或小便浑赤，淋漓不畅，口干舌红，苔黄腻，脉象滑数。

[方解] 本方为苦寒通利之剂，所治之证系湿热下注膀胱所致。湿热结于膀胱，则小便涩痛，淋漓不尽，甚至闭而不通；邪热内蕴，故口干舌红，苔黄，脉象滑数。治宜清热泻火，利水通淋。方中滑石善能滑利窍道、清热渗湿、利水通淋；木通上清心火、下利湿热，使湿热之邪从小便而去，共为君药；萹蓄、瞿麦、车前子均为清热利湿、利水通淋常用之品，共为臣药；栀子、大黄泻热降火，导热下行，为佐药；灯心草清心利水，甘草梢调和诸药、缓急止痛，共为使药。诸药合而用之，共奏清热通淋之功。

[应用] 本方为治疗热淋的常用方剂。凡淋证属于湿热下注者，均可用本方加减治疗。若治血淋，宜加小蓟、白茅根以凉血止血；如有结石（石淋），宜加金钱草、海金沙、石韦以化石通淋；如小便浑浊（膏淋），宜加萆薢、石菖蒲以分清化浊；内热甚，加蒲公英、金银花等，以清热解毒。

现代兽医临床上，本方被广泛用于治疗泌尿系统感染、泌尿系统结石、急性肾炎等属于下焦湿热者。

平 胃 散

《太平惠民和剂局方》

[组成] 苍术 60g　厚朴 45g　陈皮 45g　甘草 20g　生姜 20g　大枣 90g

[用法] 上药共为末，开水冲调，候温灌服；或水煎灌服。

[功效] 燥湿健脾，行气和胃，消胀除满。

[主治] 胃寒食少、寒湿困脾。证见食欲减退，肚腹胀满，大便溏泻，嗳气呕吐，舌苔白腻而厚，脉缓。

[方解] 本方为治疗湿滞脾胃的基础方。脾主运化，喜燥恶湿，湿浊困阻脾胃，运化失司，则食欲减少，大便溏泻；湿阻气滞，则肚腹胀满；胃失和降，则嗳气呕吐；舌苔白腻、脉缓为湿郁之象。治宜燥湿健脾，行气和胃，消胀除满。方中重用苍术，苦温性燥，除湿健脾，为君药；厚朴行气化湿，消胀除满，为臣药；陈皮理气化滞，和胃止呕，为佐药；甘草甘缓和中、调和诸药，生姜、大枣调和脾胃，共为使药。诸药合用，共同发挥化湿浊、畅气机、健脾胃的作用。

[应用] 本方加藿香、半夏，名不换金正气散（《太平惠民和剂局方》），化湿解表，和中止呕，主治脾虚胃寒，兼受外感而致的腹痛呕吐、肚腹胀满、寒热腹泻、舌苔白腻等证。加槟榔、山楂，名消食平胃散（《中华人民共和国兽药典·二部》2010 年版），主治寒湿困脾，宿食不化。加山楂、香附子、砂仁，名消积平胃散（《元亨疗马集》），主治马伤料不食。加

六神曲、草果、焦山楂、青皮、法半夏、槟榔、枳壳、枳实、焦麦芽，去陈皮，名承气平胃散（《牛医金鉴》），主治牛草伤脾胃。加砂仁、草果、枳实、青皮、山楂、山药、扁豆、牵牛子、车前子、前胡、木通，亦名平胃散（《抱犊集》），主治牛胃寒不食、呕吐。如湿郁化热，加黄芩、黄连以清热燥湿；如属寒湿，加干姜、肉桂以温化寒湿；如兼见表证，加藿香或紫苏叶以芳香解表；如兼见食滞，加山楂、六神曲以消食化滞；如气滞甚者，加砂仁、木香以行气宽中。

现代兽医临床常用于治疗食欲减退、急慢性胃肠炎、胃肠神经官能症等属于湿郁气滞者。

藿香正气散

《太平惠民和剂局方》

[组成] 藿香90g　紫苏30g　白芷30g　大腹皮30g　茯苓30g　白术60g　半夏曲60g　陈皮60g　厚朴（姜汁炙）60g　桔梗60g　炙甘草75g

[用法] 上药共为末，生姜、大枣煎水冲调，候温灌服；或水煎灌服。

[功效] 解表化湿，理气和中。

[主治] 外感风寒、内伤湿滞、中暑。证见发热恶寒，肚腹胀满、疼痛，呕吐，肠鸣泄泻，舌苔白腻，脉象滑。

[方解] 本方证由外感风寒、内伤湿滞、清浊不分、升降失常所致。外感风寒，卫阳被郁，则恶寒发热；湿浊内阻，气机不畅，则胸腹胀满，肚腹疼痛；湿滞肠胃，清气不升，浊气不降，则恶心呕吐、肠鸣泄泻；而舌苔白腻为湿郁之象。治宜外散风寒，内化湿浊，兼以和中理气。方中重用藿香，既能辛散风寒，又能芳香化浊、和中止呕，为君药；用半夏曲、陈皮燥湿和胃、降逆止呕，茯苓、白术健脾运湿、和中止泻，厚朴、大腹皮行气化湿、畅中除满，桔梗宣肺利膈，既利于解表，又益于化湿，共为臣药；配以紫苏、白芷辛香发散，助藿香外解风寒、芳香化浊，为佐药；生姜、大枣、甘草调和诸药，为使药。诸药合用，外散风寒，内化湿浊，升清降浊，气机通畅，诸证自愈。

[应用] 本方为治外感风寒、内伤湿滞的常用方。对暑月感冒、中暑、脾胃失和者最为适宜。如表邪偏重，恶寒无汗，可加香薷以助其解表；如兼食积，可加炒莱菔子、焦三仙以消食导滞；如泄泻严重，加白扁豆、薏苡仁以祛湿止泻；若小便短少，可加泽泻、车前子以利水除湿。

现代兽医临床上常用本方加减治疗家畜急性胃肠炎、胃肠型感冒、消化不良等属于外感风寒、内伤湿滞者和牛流行热等。

本方用作汤剂时，不宜久煎，以免药性耗散，影响疗效。

其他祛湿方

兽医临床上使用的其他祛湿方见表12-8。

表12-8　其他祛湿方

方剂名称及出处	组　　成	功　　效	主　治
独活散 《元亨疗马集》	独活、羌活、防风、肉桂、泽泻、酒黄柏、大黄、当归、桃仁、连翘、汉防己、炙甘草	疏风祛湿，活血止痛	风湿痹痛

(续)

方剂名称及出处	组 成	功 效	主 治
防风散 《元亨疗马集》	防风、独活、羌活、连翘、升麻、柴胡、制附子、乌药、当归、葛根、山药、甘草	宣散表湿，调和气血	肌表风湿
滑石散 《元亨疗马集》	滑石、泽泻、灯心草、茵陈、知母、酒黄柏、猪苓	清热化湿，利尿通淋	马胞转（尿潴留）
活络丹 《太平惠民和剂局方》	制川乌、制草乌、地龙、制天南星、乳香、没药	祛风活络，祛湿止痛	寒湿痹痛、关节屈伸不利等证
五皮饮 《华氏中藏经》	桑白皮、陈皮、生姜皮、茯苓皮、大腹皮	健脾化湿，利水消肿	脾虚湿盛，水肿及妊娠水肿等证
防己散 《中兽医治疗学》	防己、黄芪、茯苓、桂心、胡卢巴、厚朴、补骨脂、泽泻、猪苓、川楝子、巴戟天、牵牛子	补肾健脾，利水除湿	肾虚腿肿

第九节 理 气 方

以理气药为主组成，具有调理气分、舒畅气机，消除气滞、气逆作用，用于治疗各种气分病证的方剂，称为理气方。

气分病证有气滞、气逆、气虚三种。一般地说，气滞以肝郁气滞和脾胃气滞为主，临床表现以胀、痛为特征；气逆以肺气上逆和胃气上逆为主，以咳嗽、气喘、呕吐、嗳气等为主要表现；气虚则表现为气的不足。治疗时，气滞宜行气，气逆宜降气，气虚宜补气。因此，理气方的内容概括起来有行气、降气和补气三个方面，补气方和降气方分别在补虚方和化痰止咳平喘方中介绍，本节仅介绍行气方。

行气方主要由辛温香窜的理气药或破气药组成，适用于肝郁气滞和脾胃气滞的病证，临床常见慢草、腹胀、腹痛、下痢、泄泻等。

本类方剂多辛温香燥，易伤津耗气，临床应用时当中病即止，勿过量使用。此外，气滞常有寒热虚实之分，又兼有食积、痰湿、血瘀等不同，故应随证化裁，灵活配伍。

橘 皮 散

《元亨疗马集》

[组成] 青皮25g　陈皮30g　厚朴30g　桂心15g　细辛5g　茴香30g　当归25g　白芷15g　槟榔15g

[用法] 上药共为末，开水冲调，候温加葱白3支、炒盐10g、醋120mL，同调灌服。

[功效] 理气散寒，和血止痛。

[主治] 马伤水起卧。证见腹痛起卧、肠鸣如雷、口色淡青、脉象沉迟等。

[方解] 本方证为伤水腹痛起卧、伤水为本，腹痛为标。急则治其标，气滞血瘀则疼痛，气血通调，则疼痛可止。方中青皮、陈皮、当归理气活血，为君药；水为阴邪，"阴盛则寒"，故以桂心、茴香、厚朴、大葱等辛温散寒之品，以祛里寒，均为臣药；白芷、细辛、槟榔等温经行水，以驱肠内积水，为佐药；盐、醋引经，为使药。诸药合用，具有理气活血，散寒止痛，温经行水之效。

[应用] 本方广泛用于治疗马属动物伤水冷痛。如小便不利，可加滑石、茵陈、木通；

若肠鸣如雷,可加苍术。

越鞠丸

《丹溪心法》

[组成] 香附 30g　苍术 30g　川芎 30g　六神曲 30g　栀子 30g

[用法] 水煎灌服;或共为研末,开水冲调,候温灌服。

[功效] 行气解郁,疏肝理脾。

[主治] 六郁证,即气、火、血、痰、湿、食郁。证见肚腹胀满、嗳气呕吐、水谷不消等。

[方解] 本方长于发越郁滞,治疗气、火、血、痰、湿、食六郁之证。六郁之中,以气郁为主,气行则郁散。气郁可由湿、食、痰、火、血诸郁所致,气郁也可导致湿、食、痰、火、血诸郁。因此,本方重在行气解郁,调畅气机,气机通畅则血、湿、食、痰、火诸郁自解。方中香附行气解郁,以治气郁,为君药;川芎行气活血,以治血郁诸痛,苍术燥湿健脾,以治湿郁,六神曲消食和胃,以治食郁,栀子泻火清热,以治火郁,皆为臣佐药。至于痰郁,多因水湿凝聚而成,亦与气、火、食郁有关,尤其气郁更使湿聚而痰生,若气机通畅,五郁得解,则痰郁亦随之而解,况方中配有苍术,可增加祛痰解郁之功,故不另用治痰郁之药。综观本方,六郁并治,但以行气解郁,治疗气郁为主。

[应用] 本方是治疗六郁证的基础方,临床应用时根据六郁的偏甚,适当配伍,以提高疗效。如气郁偏重,以香附为主,加入厚朴、枳壳、木香、青皮等,加强行气解郁的功能;若湿郁偏重,以苍术为主,加入茯苓、泽泻,加强利湿作用;如食郁偏重,以六神曲为主,加山楂、麦芽、莱菔子等,加强消食作用;如血郁偏重,以川芎为主,加入桃仁、红花等,加强活血作用;如火郁偏重,以栀子为主,再加黄连、黄芩等,加强清热作用;如以痰郁为主,加半夏、陈皮、胆南星、瓜蒌等,加强化痰作用;若挟寒者,加吴茱萸,以祛除寒邪。总之,应随证加减,灵活应用。

现代兽医临床上常用本方治疗因六郁所致的胃肠神经官能症、胃及十二指肠溃疡、慢性胃炎及其他慢性胃肠病和消化不良等属于六郁所致者。

其他理气方

兽医临床使用的其他理气方见表 12-9。

表 12-9　其他理气方

方剂名称及出处	组成	功效	主治
健脾散《元亨疗马集》	当归、白术、甘草、石菖蒲、泽泻、厚朴、官桂、青皮、陈皮、干姜、茯苓、五味子	温中行气,健脾利水	脾气痛
三香散《中华人民共和国兽药典·二部》(2010年版)	丁香、木香、藿香、青皮、陈皮、槟榔、炒牵牛子	破气消胀,宽肠通便	胃肠臌气
消胀汤《中兽医研究所研究资料汇集》	酒大黄、醋香附、木香、藿香、厚朴、郁李仁、牵牛子、木通、五灵脂、青皮、白芍、枳实、当归、滑石、大腹皮、乌药、莱菔子、麻油	消胀破气,宽肠通便	马急性肠气胀
苏子降气汤《太平惠民和剂局方》	苏子、制半夏、前胡、厚朴、陈皮、肉桂、当归、生姜、炙甘草	降气平喘,温肾纳气	上实下虚的喘咳证

第十节 理 血 方

具有活血、调血或止血作用,治疗血瘀或出血证的方剂,统称理血方。

血分病证有血虚、血热、血瘀、出血等类型,所以在治疗方面则有补血、凉血、活血、止血等方法。其中补血、凉血方,分别列于补虚方和清热方中介绍,本节仅介绍用于血瘀和出血两证的活血化瘀和止血两类方剂。

1. 活血祛瘀方 以活血化瘀药为主组成,具有通行血脉、消散瘀血、通经止痛、疗伤消疮等作用,适用于血行不畅及瘀血阻滞的各种病证,如创伤瘀肿、母畜产后恶露不行、乳汁不通等。

在临证运用中,气血关系非常密切,如"气为血之帅"、"气行则血行",故对一般瘀血证,通常多在活血祛瘀的同时配伍理气药,如柴胡、枳壳、香附等,以助血行瘀散。此外,由于瘀血病证的病机不同,部位有在上、在下之别,且瘀血久留可致血亏气弱等。因此,需根据动物证候表现不同,分别配伍温经散寒、荡涤瘀热、补气养血类药物,如吴茱萸、桂枝、大黄、芒硝、党参、当归等。凡血虚无瘀及孕畜均当慎用本类方剂,以免伤正气。

2. 止血方 以止血药为主组成,具有制止出血的作用,用于治疗血溢脉外的各种出血病证,如尿血、便血、咳血、子宫出血等。在临证运用时,由于出血的病因和部位不同,组方配伍亦随证而异。如急性出血,血色鲜红,有热象表现者,多为血热妄行之出血,应配以凉血止血药或清热凉血药;若出血血色紫暗,有血凝块并兼有瘀血现象者,多为血瘀出血,应配以具有祛瘀作用的止血药或与活血祛瘀药同用;若为慢性出血,或出血反复不止,血色淡红而有虚寒之象者,多属气虚不能摄血,应配以止血药和补气温阳药。总之,止血应治本,要根据出血的原因适当配伍,切勿一味着眼于止血,故又有"见血休止血"之说,只有做到审因论治,才能提高疗效。

桃红四物汤
《医宗金鉴》

[组成] 桃仁 45g 当归 45g 赤芍 45g 红花 30g 川芎 20g 地黄 60g

[用法] 水煎灌服;或共为末,开水冲调,候温灌服。

[功效] 活血祛瘀,补血止痛。

[主治] 血瘀所致的四肢疼痛、血虚有瘀、产后血瘀腹痛及瘀血所致的不孕症等。

[方解] 本方为治疗瘀血阻滞的基础方,即四物汤加桃仁、红花组成。桃仁苦甘平,破血行瘀;红花辛温,活血通经,祛瘀止痛,二药相须为用,活血通经,去瘀生新,消肿止痛,为君药。四物汤具有养血活血之作用,将其中补血养阴的白芍代之以活血祛瘀的赤芍,将补血养阴的熟地黄代之以凉血消瘀的地黄,使原方的补血调血功效转为活血凉血,共为臣药。如此突出了本方活血化瘀的作用,成为平和的活血化瘀方。

[应用] 本方广泛用于血瘀诸证,以疼痛、肿胀、瘀血为临床辨证使用之要点。若瘀血重者,酌加三棱、莪术,以行气破血祛瘀;瘀血日久化热者,加牡丹皮、栀子,以清热凉血活血;气滞血瘀重者,加枳壳、香附、陈皮,以加强行气祛瘀之力;疼痛较重者,加乳香、没药、玄胡索,以行气活血止痛。

生化汤

《傅青主女科》

[组成] 当归120g　川芎45g　桃仁45g　炮姜10g　炙甘草10g

[用法] 上药共为末，加黄酒250mL煮，候温灌服；或水煎灌服。

[功效] 活血化瘀，温经止痛。

[主治] 产后恶露不行。证见恶血不尽、肚腹疼痛。

[方解] 产后血虚，寒邪乘虚而入，寒凝血瘀，留阻胞宫，导致恶露不行，肚腹疼痛。治宜温经散寒、活血化瘀，以使瘀去新生，故取名为"生化"。方中重用当归补血活血，化瘀生新，为君药；川芎活血行气，桃仁活血祛瘀，均为臣药；炮姜温经止痛，黄酒助药力直达病所，引败血下行，为佐药；炙甘草调和诸药，为使药。诸药合用，共奏活血化瘀、温经止痛之功。

[应用] 本方为治产后瘀血内阻、恶露不行的基础方。产后腹痛，恶露不尽，血块较多者，加蒲黄、五灵脂；产后腹痛寒甚者，加肉桂、吴茱萸、益母草、荆芥穗等；产后腹痛属气血亏损者，加党参、熟地黄、山药、阿胶等；产后恶露已去，仅有腹痛者，去桃仁，加元胡、益母草；产后发热者，去炮姜，加益母草、赤芍、丹参、牡丹皮、知母、黄柏等。本方加山楂、党参，用于产后子宫收缩不全，可加速子宫复原，减少宫缩腹痛，促进乳汁分泌；亦可加入党参、黄芪、益母草、牡丹皮等，治疗产后胎衣不下。

本方加益母草，名益母生化散，具有活血化瘀、温经止痛的功能，亦主治产后恶露不行。临床广泛用于产后子宫复旧不全、恶露不行、子宫内膜炎、胎衣不下及产后调理。

本方宜用于产后受寒而有瘀血者，血热有瘀滞者忌用。

槐花散

《普济本事方》

[组成] 炒槐花100g　炒侧柏叶50g　荆芥炭30g　炒枳壳30g

[用法] 上药共为末，开水冲调，候温灌服。

[功效] 清肠止血，疏风理气。

[主治] 肠风下血、血色鲜红，或粪中带血。

[方解] 本方为治肠风下血的常用方剂。肠风下血系因风热或湿热壅遏于肠胃血分，肠络受损，血溢肠道所致，故治宜清肠、凉血、止血。方中槐花善清大肠湿热，凉血止血，为君药；侧柏叶助槐花凉血止血，荆芥炒用理气疏风，并入血分而止血，共为臣药；枳壳理气宽肠，为佐使药。各药合用，凉血止血，清肠疏风，使风热湿毒清而便血自止。

[应用] 用于大肠湿热所致的便血。大肠热盛，加黄连、黄柏以清肠热；下血多者，加地榆以清肠止血；大便下血不止者，加地黄、当归、川芎；便血已久而血虚者，加熟地黄、当归、川芎等以补血。本方药性寒凉，不宜久服。

秦艽散

《元亨疗马集》

[组成] 秦艽30g　炒蒲黄30g　瞿麦30g　车前子30g　天花粉30g　黄芩20g
　　　　大黄20g　红花20g　当归20g　白芍20g　栀子20g　甘草10g　淡竹叶15g

［用法］上药共为末，开水冲调，候温灌服；或水煎灌服。
［功效］清热通淋，祛瘀止血。
［主治］热积膀胱、努伤尿血。证见尿血，努气弓腰，头低耳聋，草细毛焦，舌质如绵，脉滑。
［方解］本方用于治疗努伤尿血证。方中蒲黄、瞿麦、秦艽通淋止血，和血止痛，为君药；当归、白芍养血滋阴，为臣药；大黄、红花清热活血，栀子、黄芩、车前子、天花粉、淡竹叶清热利尿，均为佐药；甘草调和诸药，为使药。各药相合，可使热清瘀去而血止，小便通利而痛除。
［应用］凡体虚努伤之尿血证，均可加减应用。

通乳散

（江西省中兽医研究所方）

［组成］黄芪60g 党参40g 通草30g 川芎30g 白术30g 川续断30g 山甲珠30g 当归60g 王不留行60g 木通20g 杜仲20g 甘草20g 阿胶60g
［用法］上药共为末，开水冲调，加黄酒100mL，候温灌服；或水煎灌服。
［功效］补益气血，通经下乳。
［主治］气血不足、经络不通所致的缺乳症。
［方解］本方用于气血不足之缺乳症。乳乃血液化生，血由水谷精微气化而成；气衰则血亏，血虚则乳少。方中黄芪、党参、白术、甘草、当归、阿胶气血双补以培其本，为君药；杜仲、川续断、川芎补肝益肾，通利肝脉，木通、山甲、通草、王不留行通经下乳，以治其标，为臣佐药；黄酒助药势，为使药。诸药相合，补益气血，通经下乳。
［应用］用于母畜体质瘦弱、气血不足之缺乳症。对于气机不畅，经脉阻滞，阻碍乳汁通行的缺乳症宜用当归、王不留行、路路通、山甲珠、木香、瓜蒌、生元胡、通草、川芎组成的通乳散（《中兽医治疗学》），以调畅气机，疏通经脉。

血府逐瘀汤

《医林改错》

［组成］当归45g 地黄45g 牛膝45g 红花40g 桃仁60g 柴胡20g 赤芍30g 枳壳30g 川芎20g 桔梗20g 甘草15g
［用法］水煎灌服；或共为末，开水冲调，候温灌服。
［功效］活血祛瘀，行气止痛。
［主治］跌打损伤及血瘀气滞诸证。
［方解］本方系由桃红四物汤合四逆散加桔梗、牛膝而成，具有活血化瘀而不伤血，疏肝解郁而不耗气的特点，用于治疗血瘀气滞诸证。方中桃红四物汤活血化瘀养血，四逆散行气活血疏肝，桔梗开肺气，载药上行，牛膝通利血脉，引血下行。诸药合用，互相配合，达到活血行瘀、理气止痛之效。
［应用］本方为通治一切血瘀气滞之基础方。凡瘀血引起的各种疼痛，均可应用。用于跌打损伤及血瘀气滞等证时，应重用川芎、红花；若瘀血在上，则重用赤芍、川芎；若瘀血在胸腹，则重用桃仁、红花，加乳香、没药、乌药、香附子等；瘀血在下腹，则加蒲黄、五灵脂、肉桂、小茴香等；若瘀血在后肢，则重用牛膝，加桑寄生。因本方祛瘀药较多，非确

有血瘀证者不宜使用。

其他理血方

兽医临床使用的其他理血方见表12-10。

表12-10 其他理血方

方剂名称及出处	组成	功效	主治
红花散《元亨疗马集》	红花、没药、桔梗、六神曲、枳壳、当归、山楂、厚朴、陈皮、甘草、白药子、黄药子、麦芽	活血理气，清热散瘀，消食化积	料伤五攒痛，即蹄叶炎
定痛散《元亨疗马集》	全当归、鹤虱、红花、乳香、没药、血竭	和血止痛	跌打损伤，血瘀气滞，筋骨疼痛
跛行散《经验方》	当归、红花、骨碎补、土鳖虫、自然铜、地龙、制南星、大黄、血竭、乳香、没药、甘草	活血祛瘀，消肿止痛	跌打损伤，气滞血瘀所致肿胀疼痛、跛行
跛行镇痛散《中华人民共和国兽药典·二部》（2010年版）	当归、红花、桃仁、丹参、桂枝、牛膝、土鳖虫、乳香、没药	活血散瘀，止痛	跌打损伤，腰肢疼痛
当归散《元亨疗马集》	当归、天花粉、黄药子、枇杷叶、桔梗、白药子、牡丹皮、白芍、红花、大黄、没药、甘草	和血止痛，宽胸顺气	胸膊痛
白术散《元亨疗马集》	白术、当归、熟地黄、党参、阿胶、陈皮、紫苏叶、黄芩、砂仁、川芎、生姜、甘草、白芍	养血安胎	胎动不安，习惯性流产，先兆流产
十黑散《中兽医诊疗经验·第二集》	知母、黄柏、地榆、蒲黄、栀子、槐花、侧柏叶、血余炭、杜仲、棕榈皮	清热泻火，凉血止血	膀胱积热所致尿血

第十一节 收 涩 方

以收涩药为主组成，具有收敛固涩作用，治疗气、血、精、津液耗散滑脱的一类方剂，统称为收涩方。

收涩方所治气、血、精、津液的耗散滑脱之证，均由脏腑亏损、正气内虚所致，因其临床表现有自汗、盗汗、久泻久痢、肺虚久咳、遗精滑泄、小便失禁、崩漏带下等的不同，故治疗上也有固表止汗、涩肠固脱、涩精止遗和固崩止带等不同方法。所以，收涩方在组方时又常根据气、血、阴、阳、精、津液耗伤程度的不同，相应地配伍补益药物，以标本兼顾。

本类方剂专为本虚卫外不固及脏腑固摄无力所设，临床上不可误用于热病汗多、热病初起、伤食泄泻、热痢下重、相火妄动之滑精等有实邪的病证。

乌 梅 散

《蓄牧纂验方》

[组成] 乌梅（去核）15g 干柿25g 诃子肉6g 黄连6g 郁金6g

[用法] 上药共为末，开水冲调，候温灌服；或水煎灌服。

[功效] 涩肠止泻，清热燥湿。

[主治] 幼驹奶泻及其他幼畜的湿热下痢。

[方解] 本方是治幼驹奶泻的收敛性止泻方剂。幼畜奶泻多因乳热所伤，湿热病邪积于胃肠。因幼畜体质娇嫩，不耐克伐，故应固涩与祛邪并用。方中乌梅涩肠止泻、生津止渴，为君药；臣以诃子肉、干柿敛涩大肠；佐以黄连清热、燥湿、止泻，郁金行气、活血、止痛。诸药合用，涩肠止泻，清热燥湿。

[应用] 凡幼驹或其他幼畜奶泻，均可加减应用。体热者，加银花、蒲公英、黄柏；体虚者，加党参、白术、茯苓、山药等。亦可加大剂量用于成年动物的泻痢；对猪痢疾也有效。本方在《元亨疗马集》中亦名乌梅散，但改方中郁金为姜黄，主治幼驹奶泻。本方在《司牧安骥集》中名诃子散。

牡蛎散

《太平惠民和剂局方》

[组成] 麻黄根 45g　生黄芪 45g　煅牡蛎 60g　浮小麦 60g

[用法] 上药共为末，开水冲调或用浮小麦煎水冲调，候温灌服；或水煎灌服。

[功效] 固表敛汗。

[主治] 体虚自汗。证见身常汗出，夜晚尤甚，脉虚等。

[方解] 汗有自汗、盗汗之分。自汗者以阳虚为主，盗汗者以阴虚为主。本方所治，既有阳虚自汗，复有阴虚盗汗之证。汗为心之液，汗出系由卫气虚不能外固，营阴亏不能内守所致。方中牡蛎益阴潜阳，固涩止汗，为君药；生黄芪益卫气而固表，为臣药；麻黄根专于止汗，浮小麦益心气、养心阴、止汗泄，二药助黄芪、牡蛎增强止汗功效，共为佐使药。诸药配合，共同发挥益气固表，敛阴止汗之功能。

[应用] 临床以本方为基础，随证加减可用于阳虚、气虚、阴虚、血虚之虚汗证，主要用于阳虚卫气不固之虚汗证。若属阳虚，加白术、附子；若属阴虚，加地黄、白芍；若属气虚，加党参、白术；若属血虚，可加熟地黄、何首乌。

玉屏风散

《世医得效方》

[组成] 黄芪 90g　白术 60g　防风 30g

[用法] 上药共为末，开水冲调，候温灌服；或水煎灌服。

[功效] 益气、固表、止汗。

[主治] 表虚自汗及体虚易感风邪者。证见自汗，恶风，苔白，舌淡，脉浮缓。

[方解] 本方的特点是不用收涩药，只用益气固表药而奏止汗之效。方中重用黄芪以益气固表，为君药；白术健脾益气，助黄芪益气、固表、止汗，为臣药。二药合用使气旺表实，汗不外泄，邪不内侵。防风走表散风祛寒，为佐使药。黄芪得防风，固表而不留邪；防风得黄芪，祛邪而不伤正。三药合用，使邪去则外无所扰而汗止，卫和则腠理固密而邪不复侵，脾健则正气复而内有所据，达到益气固表、扶正祛邪之功。方名是取其有益气固表止汗、抵御风邪之功，有如御风的屏障之意。

[应用] 本方为治表虚自汗以及体虚患畜易感风邪的常用方剂。若表虚自汗不止，可酌加牡蛎、浮小麦、五味子等，以增强固表止汗的作用；若表虚外感风邪，汗出不解，可合桂枝汤以解肌祛风，固表止汗。本方虽与牡蛎散均能固表止汗，牡蛎散敛汗之力强，适用于卫

气不固之自汗，本方以补气为主，旨在益气健脾，适用于表虚自汗及体虚易感受风邪者。

现代兽医临床常用于表虚卫外不固所致的感冒、多汗证。

其他收敛方

兽医临床上使用的其他收敛方见表12-11。

表12-11 其他收敛方

方剂名称及出处	组　成	功　效	主　治
四神丸《证治准绳》	补骨脂、肉豆蔻、五味子、吴茱萸	温补脾肾，涩肠止泻	脾肾虚寒泄泻
金锁固精汤《医方集解》	沙苑蒺藜、芡实、莲须、煅龙骨、煅牡蛎、莲肉	补肾涩精	肾虚不固
当归六黄汤《兰室秘藏》	当归、地黄、熟地黄、黄柏、黄芩、黄连	滋阴泻火，固表止汗	主治阴虚火旺所致的盗汗

第十二节 补虚方

具有补益畜体气、血、阴、阳不足和扶助正气，用以治疗各种虚证的一类方剂，统称为补虚方。补虚方系依据《素问》中"虚则补之"、"损者益之"的原则立法组方，其治法属"八法"中的"补法"。

因虚证有气虚、血虚、阴虚、阳虚之分，故补虚方可分为补气、补血、补阴、补阳四类。

1. 补气方 适用于脾肺气虚病证，常以补气药党参、黄芪、白术、甘草等为主，配伍理气、渗湿、养阴或升举中气的药物组成。四君子汤为补气的基础方。

2. 补血方 适用于营血亏虚的病证，常以补血药熟地黄、当归、白芍、阿胶等为主，配伍益气、活血化瘀、理气、安神药组成。四物汤为补血的基础方。

3. 补阴方 适用于阴虚的病证，常以补阴药熟地黄、麦冬、沙参、龟板等为主，配伍补阳或清热的药物组成。六味地黄汤为补阴的基础方。

4. 补阳方 适用于肾阳虚的一类病证，常以温阳补肾药肉桂、附子、巴戟天、杜仲、淫羊藿、肉苁蓉等为主，配伍补阴、利水药组成。肾气丸为补阳的代表方。

气血不足的治疗原则为：气虚补气，血虚补血，气血俱虚则气血双补。因气血同源，气为血帅，血为气母，二者相互为用，故补气与补血虽各有侧重，但不能截然分开。若血虚兼有气虚，补血必须辅以补气；即或血虚而气不虚，也应少量佐以补气药物，以资生化；对大出血而致血虚者，更应重用或急投补气药物，使气旺以生血。正如李东垣《脾胃论》所说："血不自生，须得生阳气之药，血自旺矣"，可知补血应与补气结合运用。对于气虚而血不虚者，一般以补气为主，较少运用补血药，以防阴柔滞气，影响脾胃运化。临证中因血弱所致的气虚，以及因气不足所致的血亏，亦属常见，当用气血双补之法。

补阴和补阳的关系，较之气血关系更为密切。由于阴阳互根，相互依从，相互转化，故阳虚补阳，常辅以补阴之药，使所补之阳有所依附；阴虚补阴，多配伍补阳药物，以使欲补之阴，生化有源。如张景岳《景岳全书》所说："善补阳者，必于阴中求阳；善补阴者，必于阳中求阴。"指出补阴或补阳时，不能强调一面，应该将阴阳看成是一个整体。但如阳虚而阴不虚者，应以补阳为主，宜补之以甘温；阴虚而火旺者，应以补阴为主，宜补之以甘凉；如阴阳两虚，又当阴阳双补。

总之，气血同源，阴阳互根，不论补气、补血、补阴、补阳，必须全面兼顾，才能相得益彰。

此外，畜体气、血、阴、阳不足所表现出的各种虚证，与五脏六腑有着密切的关系，临证治疗时一方面可直接补益受病脏腑，另一方面可根据五行相生、"虚则补其母"的原则进行治疗。由于脾为后天之本，气血生化之源；肾为先天之本，为真阴真阳之所在，故补益五脏应特别重视脾肾，凡补气、补血均应着重从脾论治，补阴、补阳多从补肾入手，通过补脾或补肾，使诸虚得补。

使用补虚方的注意事项：

（1）补虚方禁用于外邪在表及一切实证。

（2）补血、补阴方多滋腻，应用时应注意脾胃功能，若脾胃功能不足，则需配伍理气健脾、和胃助运药物，或先调理脾胃，然后予以补益。

（3）应辨清虚实真假，所谓"大实有羸状"（真实假虚证）、"至虚有盛候"（真虚假实证），前者当攻反补，则实者愈实；后者应补反攻，则虚者愈虚。

四君子汤

《太平惠民和剂局方》

[组成] 党参 60g　炒白术 60g　茯苓 60g　炙甘草 30g

[用法] 上药共为末，开水冲调，候温灌服；或水煎灌服。

[功效] 益气健脾。

[主治] 脾胃气虚。证见体瘦毛焦，精神倦怠，四肢无力，食少便溏，舌淡苔白，脉细弱等。

[方解] 本方为治脾气虚弱的基础方。脾胃为后天之本，气血生化之源，补气必从脾胃着手。方中党参（原方为人参）补中益气，为君药；白术苦温，健脾燥湿，为臣药；茯苓甘淡，健脾渗湿，为佐药。白术、茯苓合用，健脾除湿之功更强。炙甘草甘温，益气和中，调和诸药，为使药。诸药相合，共奏补中气、健脾胃之功。

[应用] 用于脾胃虚弱证，许多补气健脾的方剂，都是以本方为基础方。临床实践中，对于各种原因引起的慢性胃肠炎、胃肠功能减退、消化不良等慢性疾患，凡表现有脾气虚弱者，均可加减运用。本方加陈皮以理气化滞，名为异功散（《小儿药证直诀》），主治脾虚兼有气滞者；加陈皮、半夏以理气化痰，名六君子汤（《医学正传》），主治脾胃气虚兼有痰湿；加木香、砂仁以行气止痛，降逆化痰，名香砂六君子汤（《太平惠民和剂局方》），主治脾胃气虚，湿阻气机；加诃子、肉豆蔻，名加味四君子汤（《世医得救效方》），主治脾虚泄泻。

参苓白术散

《太平惠民和剂局方》

[组成] 党参 45g　白术 45g　茯苓 45g　炙甘草 45g　山药 45g　扁豆 60g　莲子肉 30g　桔梗 30g　薏苡仁 30g　砂仁 30g

[用法] 上药共为末，开水冲调，候温灌服；或水煎灌服。

[功效] 益气健脾，渗湿止泻。

[主治] 脾虚挟湿证。证见精神倦怠，体瘦毛焦，食欲减退，四肢无力，便溏或泄泻，舌苔白腻，脉缓弱等。

[方解] 本方证由脾虚挟湿所致，治宜补虚除湿、行气调滞。本方由四君子汤加味而成。方中党参、白术、茯苓、炙甘草补气健脾，为君药；山药、莲子肉助党参补气健脾，扁豆、薏苡仁助茯苓、白术健脾止泻，共为臣药；佐以砂仁芳香醒脾，理气宽胸；桔梗宣利肺气，载药上行以补肺，为使药。诸药相合，补气健脾，渗湿止泻。

[应用] 本方温而不燥，是补气健脾、渗湿止泻的常用方剂。临床用于脾胃虚弱的慢性病，如慢性消化不良、慢性胃肠炎、久泻以及幼畜脾虚泄泻等。本方兼有益肺气之功，经常用作"培土生金"的代表方，对肺虚劳损诸证属脾肺气虚者均可应用。

补中益气汤

《脾胃论》

[组成] 炙黄芪90g　党参60g　白术60g　当归60g　陈皮60g　炙甘草45g　升麻30g　柴胡30g

[用法] 水煎灌服。

[功效] 补中益气，升阳举陷。

[主治] 脾胃气虚及气虚下陷诸证。证见精神倦怠，草料减少，发热，汗自出，口渴喜饮，粪便稀溏，舌质淡，苔薄白，或久泻脱肛、子宫脱垂等。

[方解] 本方为治疗脾胃气虚及气虚下陷诸证的常用方，是根据《内经》"劳者温之"、"损者益之"的原则而创立的。气虚下陷，治宜益气升阳，调补脾胃。方中黄芪补中益气，升阳固表，为君药；党参、白术、甘草温补脾胃，助君药益气补中，为臣药；当归养血，陈皮理气行滞，与补气养血药物同用，使补而不滞，更配升麻、柴胡升阳举陷，助君、臣药升提正气，均为佐药；炙甘草调和诸药，兼有使药之用。诸药相合，升阳益气，调补脾胃。

[应用] 本方为补气升阳、甘温除热的代表方。中气不足，气虚下陷，泻痢脱肛，子宫脱垂，或气虚发热自汗、倦怠无力等均可使用本方。如加入枳壳，效果更为显著。

本方去当归，加阿胶、焦艾，名加减补中益气汤（《脾胃论》），功能补气安胎、升阳举陷；去当归、白术，加木香、苍术，名调中益气汤（《脾胃论》），功能同补中益气汤。《脾胃论》中的升阳益胃汤（黄芪、半夏、党参、炙甘草、白芍、羌活、独活、陈皮、茯苓、泽泻、柴胡、黄连、防风、白术、生姜、大枣），功能升阳益脾、甘温补肺。

四物汤

《太平惠民和剂局方》

[组成] 熟地黄45g　白芍45g　当归45g　川芎30g

[用法] 上药共为末，开水冲调，候温灌服；或水煎灌服。

[功效] 补血调血。

[主治] 血虚、血瘀诸证。证见舌淡，脉细，或血虚兼有瘀滞。

[方解] 本方是补血调血的基础方剂，所主诸证皆由营血亏虚、血行不畅所致，治宜补

血养肝、调血行滞。方中熟地黄滋阴补血，为君药；当归补血养肝，并能活血行滞，为臣药；白芍养血敛阴，为佐药；川芎入血分行气活血，使补而不滞，为使药。从药物配伍关系看，熟地黄、白芍是血中之血药，川芎、当归是血中之气药，两相配伍，可使补血而不滞血，行血而不破血，补中有散，散中有收，共同组成治血要剂。因此，不仅血虚之证可用以补血，即使血滞之证，亦可加减运用。

〔应用〕对于营血虚损、气滞血瘀、胎前产后诸疾，均可以本方为基础，加减运用。本方合四君子汤名八珍汤（《正体类要》），气血双补，用治气血两虚者；再加肉桂、黄芪，名十全大补汤（《太平惠民和剂局方》），气血双补兼能温阳散寒，用治气血双亏兼阳虚有寒者。本方加桃仁、红花，即桃红四物汤（见理血方）。血虚有热，可加黄芩、牡丹皮，并改熟地黄为地黄以清热凉血；若妊娠胎动不安，加艾叶、阿胶以养血安胎；若血虚气滞腹痛，加香附子、元胡。本方常用于胎前、产后病证的治疗。

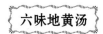

六味地黄汤

《小儿药证直诀》

〔组成〕熟地黄 80g　山萸肉 40g　山药 40g　泽泻 30g　茯苓 30g　牡丹皮 30g

〔用法〕水煎灌服，亦可作为散剂服用。

〔功效〕滋补肝肾。

〔主治〕肝肾阴虚、虚火上炎所致的潮热盗汗，腰膝痿软无力，耳鼻四肢温热，舌燥喉痛，滑精早泄，粪干尿少，舌红苔少，脉细数。

〔方解〕本方所治诸证，皆因肾阴亏虚、虚火上炎所致。本方以肾、肝、脾三阴并补，重在补肾阴立法。方中熟地黄补肾滋阴，养血生津，为君药；山萸肉养肝肾而涩精，山药补脾固精，共为臣药。君臣配合，肾、脾、肝三阴同补以收补肾治本之功，称为"三补"，是本方的主体部分。泽泻清泻肾火，利水，以防熟地黄之滋腻；牡丹皮凉血清肝，泻伏火，退骨蒸，以制山萸肉之温；茯苓利脾除湿，助山药以益脾，三药同用称为"三泻"，共为佐使药。纵观全方，"三补"、"三泻"，以补为主，肝、脾、肾三阴并补，以补肾为主。合而用之，补中有泻，寓泻于补，相辅相成，共成通补开泻之剂。

〔应用〕本方是滋阴补肾的代表方剂，凡肝肾阴虚不足诸证，如慢性肾炎、肺结核、骨软症、贫血、消瘦、子宫内膜炎、周期性眼炎、慢性消耗性疾病等属于肝肾阴虚者，均可加减应用。

本方加知母、黄柏，名知柏地黄汤（《医宗金鉴》），用治阴虚火旺，潮热盗汗；加枸杞子、菊花，名杞菊地黄汤（《医级》），重在滋补肝肾以明目，用治肝肾阴虚所致的夜盲、弱视；加五味子，名都气汤（《医宗己任编》），用治肾虚气喘；加麦冬、五味子，名麦味地黄汤（《医级》），滋阴敛肺，用治肺肾阴虚；加柴胡、茯神、当归、五味子，名明目地黄汤（《审视瑶函》），滋肾养阴、平肝明目，用治肾虚目暗不明；加桂枝、附子，名肾气丸，温补肾阳，主治肾阳不足。

本方由纯阴药物组成，凡脾胃虚弱、消化不良、大便溏泻者忌用。

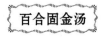

百合固金汤

《医方集解》

〔组成〕百合 45g　麦冬 45g　地黄 60g　熟地黄 60g　川贝母 30g　当归 30g　白芍 30g

生甘草 30g　玄参 20g　桔梗 20g

［用法］水煎灌服；或共为末，开水冲调，候温灌服。

［功效］养阴润肺，化痰止咳。

［主治］肺肾阴虚、虚火上炎所致燥咳气喘，痰中带血，咽喉疼痛，舌红少苔，脉细数。

［方解］本方证是由肺肾阴亏所致。阴虚生内热，虚火上炎，则咽喉疼痛；虚火灼肺，则咳嗽气喘；咳伤肺络，则痰中带血；舌红少苔、脉细数，均为阴虚内热之象。治宜养阴润肺，化痰止咳。方中百合、地黄、熟地黄滋养肺肾之阴，均为君药；麦冬、川贝养阴润肺，化痰止咳，为臣药；玄参滋阴凉血清虚热，当归、白芍养血和阴，桔梗清肺化痰止咳，共为佐药；甘草调和诸药，并配桔梗以清利咽喉，为使药。诸药相合，养阴润肺，化痰止咳。

［应用］本方为治肺肾阴虚、咳嗽痰中带血的常用方。以咽喉疼痛、干咳无痰或痰中带血、气喘、舌红少苔、脉细数为辨证要点。痰多者，加瓜蒌以清肺化痰；痰中带血、气喘甚者，可去桔梗之升提，加白茅根、仙鹤草以凉血止血。

现代兽医临床常用于肺结核、慢性气管炎、支气管扩张咯血、肺炎中后期、慢性肝炎、咽炎等属于肺肾阴虚者。

本方药物多属甘寒滋腻之品，对脾虚便溏患畜，应当慎用。

肾气丸

《金匮要略》

［组成］地黄 240g　薯蓣 120g　山茱萸 120g　茯苓 90g　泽泻 90g　牡丹皮 90g
　　　　桂枝 30g　炮附子 30g

［用法］水煎灌服；或共为末，开水冲调，候温灌服。

［功效］补肾助阳。

［主治］肾阳不足。证见形寒肢冷，四肢不温，腰腿痿软，口色淡，脉沉细等，以及痰饮喘咳、水肿、消渴、久泻。

［方解］本方主治肾阳虚，即命门火衰。方中重用地黄滋阴补肾，填精益髓；因肝肾同源，互相滋养，故配山茱萸以补肝益肾，又因补益后天（脾）可以充养先天（肾），故取山药健脾以充肾，共同增强滋补肾阴的作用。配以少量桂枝（现多改用肉桂）、附子温补肾阳，促使生长肾阳，达"阴中求阳"目的，即"善补阳者，必于阴中求阳，则阳得阴助而生化无穷"。同时，配泽泻、茯苓渗湿利水，牡丹皮清肝泻火，与补益药地黄、山药相配，意在补中寓泻，以使补而不滞。诸药合用，共成温补肾气之效。

［应用］本方适用于肾阳不足。应用时，往往用熟地黄易地黄，用肉桂易桂枝，温补肾阳的效果更好。凡慢性肾炎、公畜性机能减退（阳痿）、甲状腺功能低下、肾性水肿等属于肾阳不足者，均可酌情加减运用。本方加牛膝、车前，名济生肾气丸（《济生方》），功效温阳、补肾、利水，主治肾虚腿肿、小便不利。

凡咽干、口燥、舌红、少苔等肾阴不足、肾火上炎者慎用。

其他补虚方

兽医临床上使用的其他补虚方见表 12-12。

表 12-12 其他补虚方

方剂名称及出处	组成	功效	主治
泰山磐石散《景岳全书》	熟地黄、当归、白芍、黄芪、党参、白术、川续断、川芎、炙甘草、砂仁、黄芩、糯米	益气健脾,养血安胎	马、驴产前少食或不食证,或气血两虚引起的胎动不安
归芪益母汤《牛经备要医方》	炙黄芪、益母草、当归	补气生血,活血祛瘀	过力劳伤所致气血虚弱及产后血虚、瘀血诸证
巴戟散《元亨疗马集》	巴戟天、肉苁蓉、补骨脂、胡卢巴、小茴香、肉豆蔻、陈皮、青皮、肉桂、木通、川楝子、槟榔	温补肾阳,通经止痛,散寒除湿	肾阳虚衰所致的腰胯疼痛、后腿难移、腰脊僵硬等证
生脉散《内外伤辨惑论》	党参、麦冬、五味子	补气生津,敛阴止汗	暑热伤气、气津两伤之证
蛤蚧散《元亨疗马集》	蛤蚧、天冬、麦冬、百合、苏子、瓜蒌、马兜铃、天花粉、枇杷叶、知母、栀子、汉防己、秦艽、升麻、贝母、白药子、没药	养阴润肺,止咳定喘	劳伤咳喘,四肢水肿
炙甘草汤《伤寒论》	炙甘草、党参、生姜、阿胶、桂枝、麻仁、麦冬、地黄、大枣	益气养血,滋阴复脉	气虚血弱
归脾汤《济生方》	白术、党参、炙黄芪、龙眼肉、酸枣仁、茯神、当归、远志、木香、炙甘草、生姜、大枣	健脾养心,益气补血	心脾两虚、气血不足所致的倦怠少食、心悸气短、舌淡脉弱,以及脾不统血引起的各种慢性出血证
透脓散《外科正宗》	生黄芪、川芎、当归、皂角刺	补气养血,托毒溃脓	气血虚弱所致的疮疡久不成脓,或内已成脓而不溃者

第十三节 祛风方

以辛散祛风或滋阴潜阳、清热平肝药为主组成,具有疏散外风和平熄内风作用,治疗风证的方剂,统称祛风方。

风证有"外风"和"内风"之分,外风多由风邪侵袭肌表、筋脉、肌肉、关节等引发,如歪嘴风、破伤风等;内风由脏腑功能失调所引发,如热极生风、肝风内动、肝阳上亢、阴虚风动等。因此,祛风方也分为疏散外风和平息内风两类。

1. 疏散外风方 适用于外风病证,以辛散祛风药为主,根据证候表现,分别配伍清热、祛湿、祛寒、养血活血药物组成,如牵正散等。

2. 平熄内风方 适用于肝阳亢盛、热极风动、血虚风动或热病后期的阴虚风动等病证,以平肝熄风药为主,配伍清热凉肝、滋阴养血、镇痉潜阳或化痰药组成;或以滋阴养血药为主,配伍平肝与熄风潜阳药组成。

补阳还五汤

《医林改错》

[组成] 黄芪 200~400g 当归 40g 赤芍 30g 地龙 30g 川芎 30g 桃仁 30g 红花 30g

[用法] 水煎灌服。

[功效] 补气活血,祛瘀通络。

[主治] 中风之气虚血瘀证。证见腰腿瘫痪,四肢软弱无力,口角流涎,口眼歪斜,小便频数或遗尿等。

[方解] 本方证由气血瘀阻脉络，或中风后，气虚血滞、脉络瘀阻所致，治宜补气、活血、通络。方中重用黄芪大补元气，使气旺血行，为君药；当归活血祛瘀而不伤正，为臣药；赤芍、川芎、桃仁、红花协同当归活血祛瘀，共为佐药；地龙力专善走，通经活络，以行药势，为使药。全方补气药和活血药相配伍，补气药多于活血药，使气旺血行，瘀去络通。

[应用] 本方为治疗中风后气虚血瘀所致诸证的常用方剂，也适用于治疗其他原因引起的瘫痪、截瘫及四肢痿软等属于气虚血瘀者。本方必须在患畜体温正常、出血停止时方可投服。另外，应用本方时，黄芪量宜重，祛瘀药量宜轻。

其他祛风方

兽医临床上使用的其他祛风方见表12-13。

表12-13 其他祛风方

方剂名称及出处	组成	功效	主治
千金散《元亨疗马集》	天麻、乌蛇、蔓荆子、羌活、独活、防风、升麻、阿胶、何首乌、沙参、天南星、僵蚕、蝉蜕、藿香、川芎、桑螵蛸、全蝎、旋覆花、细辛、生姜	散风解痉，熄风化痰，养血补阴	破伤风
牵正散《杨氏家藏方》	白附子、僵蚕、全蝎	祛风化痰，通络止痉	歪嘴风
洗肝散《太平惠民和剂局方》	羌活、防风、薄荷、当归、大黄、栀子、甘草、川芎	疏散风热，清肝解毒	肝经风热
镇痫散《中兽医治疗学》	当归、白芍、川芎、僵蚕、钩藤、全蝎、朱砂、蜈蚣、麝香	镇痫安神，养血熄风	幼畜癫痫
决明散《元亨疗马集》	煅石决明、草决明、栀子、大黄、白药子、黄药子、黄芪、黄芩、黄连、没药、郁金	清肝明目，退翳消瘀	肝经积热外传于眼所致的目赤肿痛、云翳遮睛等
天麻散《司牧安骥集》	天麻、党参、川芎、蝉蜕、防风、荆芥、甘草、薄荷、何首乌、茯苓	益气和血，祛湿解表	气血虚弱偏风病或脾虚湿邪证和脾虚风邪证
镇肝熄风汤《衷中参西录》	怀牛膝、生赭石、生龙骨、生牡蛎、生龟板、生杭芍、玄参、天冬、川楝子、生麦芽、茵陈、甘草	镇肝熄风，滋阴潜阳	阴虚阳亢、肝风内动所致的口眼歪斜、转圈运动或四肢活动不利、痉挛抽搐、脉弦长有力
五虎追风散《中华人民共和国兽药典·二部》（2010版）	蝉蜕、制南星、全蝎、僵蚕、天麻	祛风痰，止痉抽	破伤风

第十四节　安神与开窍方

以养心安神药为主组成，具有重镇安神功能，治疗惊悸、神昏不安等证的方剂，称为安神方。

以芳香走窜、醒脑开窍药物为主组成，具有通关、开窍、醒神作用，用于治疗窍闭神昏、气滞痰闭等证的方剂，称为开窍方。

朱砂散

《元亨疗马集》

[组成] 朱砂（另研）10g　党参30g　茯神45g　黄连45g

[用法] 上药共为末，开水冲调，候温，加猪胆汁 50mL、童便 100mL，灌服。

[功效] 重镇安神，扶正祛邪。

[主治] 心热风邪。证见全身汗出，肉颤头摇，气促喘粗，左右乱跌，口色赤红，脉洪数。

[方解] 本方证由外感热邪、热积于心、扰乱神明所致。方中朱砂微寒，清热、镇心、安神，为君药；臣以黄连苦寒，清降心火；茯神宁心、安神、除烦，党参益气宁神、固卫止汗，共为佐药。诸药合用，安神清热，扶正祛邪。

[应用] 用于心热风邪等证。对于家畜热衰竭、日射病或热射病后期属于邪盛正衰者，配合放鹎脉血、冷水浇淋头部、冷水灌肠和将动物置于阴凉通风处等措施，效果更佳。对火盛伤阴者，加地黄、淡竹叶、麦冬；正虚邪实者，加栀子、大黄、郁金、天南星等。

其他安神与开窍方

兽医临床上使用的其他安神与开窍方见表 12-14。

表 12-14 其他安神与开窍方

方剂名称及出处	组　成	功　效	主　治
镇心散 《元亨疗马集》	朱砂、茯神、党参、防风、远志、栀子、郁金、黄芩、黄连、麻黄、甘草	清热祛风，镇心安神	马心黄
通关散 《丹溪心法附余》	猪牙皂、细辛各等份，共为极细末，和匀，以少许吹鼻取嚏	通关开窍	高热神昏，痰迷心窍

第十五节　驱 虫 方

以驱虫药为主组成，具有驱除或杀灭寄生虫的作用，用于治疗畜禽体内外寄生虫病的方剂，称为驱虫方。

常见的体内寄生虫有蛔虫、肝片吸虫、马胃蝇幼虫、绦虫、蛲虫、钩虫等；常见的体外寄生虫有螨、虱等。本类方剂主要适用于体内寄生虫引起的腹痛、胀满、贪食消瘦、口色淡白等虫积证和疥螨、虱等外寄生虫病。

驱虫方中的药物，如雷丸、鹤虱、贯众、苦楝根皮等，均有不同程度的毒性。在使用时，应注意掌握准确的剂量和服药间隔时间。同时，驱虫方多空腹灌服，或配伍适当的泻下药，以加速虫体的排出。驱虫之后，当调补脾胃，使虫去而正不伤。

《医学正传》

[组成] 槟榔 30g　大黄 60g　猪牙皂 30g　苦楝根皮 30g　牵牛子 30g　雷丸 20g
　　　　沉香 10g　木香 15g

[用法] 上药共为末，开水冲调，候温灌服。

[功效] 攻积杀虫。

[主治] 蛔虫、姜片虫、绦虫等虫积。

[方解]方中雷丸、苦楝根皮杀虫,为君药;牵牛子、大黄、槟榔、猪牙皂既能攻积,又可杀虫,为臣药;木香、沉香行气温中,为佐药。合而用之,具有攻积杀虫之功。

[应用]用于治疗蛔虫、姜片虫、绦虫等虫积。本方攻逐力较强,对孕畜及体弱者慎用。

其他驱虫方

兽医临床使用的其他驱虫方见表12-15。

表12-15 其他驱虫方

方剂名称及出处	组 成	功 效	主 治
肝蛭散 《中华人民共和国兽药典·二部》(2010年版)	苏木、肉豆蔻、茯苓、绵马贯众、龙胆草、木通、甘草、厚朴、泽泻、槟榔	驱虫利水,行气健脾	肝片吸虫病
驱虫散 《中华人民共和国兽药典·二部》(2010年版)	鹤虱、使君子、槟榔、芜荑、雷丸、贯众、炒干姜、制附子、乌梅、诃子肉、大黄、百部、木香、榧子	驱虫	胃肠道寄生虫病
贯众散 《中兽医治疗学》	贯众、使君子、鹤虱、芜荑、大黄、苦楝子、槟榔	驱虫	胃肠道寄生虫病

第十六节 外 用 方

以外用药为主组成,能够直接作用于病变局部,具有清热凉血、消肿止痛、化腐拔毒、排脓生肌、接骨续筋和体外杀虫止痒等功效的一类方剂,称为外用方。

外用方以局部熏洗、涂擦、撒布、敷贴、点眼、吹鼻等方式,用于治疗疮黄肿毒、皮肤病、眼病和某些内科病证等。对于某些顽固性或病情严重的外科病证,可配合内服方药,以加强疗效。

本类方剂中的药物多具有刺激性或毒性,不宜过量使用,一次性涂擦面积不宜过大,以免引起肿胀疼痛或畜体中毒。

桃 花 散
《医宗金鉴》

[组成]陈石灰250g 大黄45g

[用法]陈石灰用水泼成末,与大黄同炒至石灰呈粉红色为度,去大黄,将石灰研细末,过筛,装瓶备用。外用撒布于创面或撒布后用纱布包扎。

[功效]防腐、收敛、止血。

[主治]创伤出血。

[方解]方中石灰解毒防腐,收敛止血;大黄凉血解毒。二药同炒增强石灰敛伤止血之功。

[应用]治疗新鲜创伤出血、化脓疮、褥疮、猪坏死杆菌病等。

《元亨疗马集》

[组成]青黛 黄连 黄柏 薄荷 桔梗 儿茶

［用法］上药各等份共为极细末，混匀，装瓶备用。用时装入纱布袋内，口噙或吹撒于患处。

［功效］清热解毒，消肿止痛。

［主治］口舌生疮，咽喉肿痛。

［方解］方中青黛清热解毒；黄连、黄柏助青黛清热解毒、消肿；薄荷、桔梗疏散风热、清利咽喉、祛痰排脓；儿茶收敛生肌、止痛。诸药相合，清热解毒，消肿止痛。

［应用］用于治疗心热舌疮、咽喉肿痛。

擦疥方

《元亨疗马集》

［组成］狼毒 120g　猪牙皂 120g　巴豆 30g　雄黄 9g　轻粉 6g

［用法］上药共为细末，用热油调匀涂擦。隔日一次。

［功效］杀虫止痒。

［主治］疥癣。

［方解］本方诸药均系辛散有毒之品，可以毒杀疥螨、消肿止痒。

［应用］治疗家畜疥癣。本方有杀疥、止瘙痒的作用，所用药物均为有毒之品，应用时应分片涂擦，并防止患畜舐食。

其他外用方

兽医临床上使用的其他外用方见表 12-16。

表 12-16　其他外用方

方剂名称及出处	组　　成	功　　效	主　　治
冰硼散《外科正宗》	冰片、朱砂、硼砂、玄明粉	清热解毒，消肿止痛，敛疮生肌	舌疮
如意金黄散《外科正宗》	天花粉、黄柏、大黄、白芷、姜黄、生南星、苍术、厚朴、陈皮、生甘草	清热解毒，消肿止痛	阳证疮痈肿毒，跌打损伤
雄黄散《元亨疗马集》	雄黄、白及、白蔹、龙骨、大黄	清热解毒，消肿止痛	体表各种急性黄肿，尚未溃脓者
防腐生肌散《中兽医诊疗》	枯矾、陈石灰、熟石膏、没药、血竭、乳香、黄丹、冰片、轻粉	防腐吸湿，生肌敛疮	痈疽疮疡及外伤出血等
拨云散《元亨疗马集》	硼砂、青盐、黄连、铜绿、硇砂、冰片（原方有炉甘石，现已不用）	解毒防腐，退翳明目	外障眼
防风汤《元亨疗马集》	防风、荆芥、花椒、薄荷、苦参、黄柏	清热祛风，消肿解毒	各种创伤、肿毒、疮疡溃破、直肠脱、阴道脱等
烫火散《中华人民共和国兽药典·二部》（2010 年版）	地榆炭、黄柏、生石膏、大黄、寒水石	清解火毒	烫伤、烧伤

第十七节　饲料添加方

饲料添加方，是将中药组方后，添加于动物饲料中发挥保健和预防作用的一类方剂，又称中药饲料添加剂。

中药作为饲料添加剂，在我国有着悠久的历史。其具有毒副作用小，不易在肉、蛋、奶等畜禽产品中产生有害残留的特点，越来越受到国内外的重视。

在集约化畜禽养殖生产中，中药饲料添加剂主要用于保障动物的健康，防病治病，提高动物产品的产量和质量，改善饲料品质等方面。在其组方时，往往要根据应用目的，考虑到各种动物的不同生理特点，各种疾病的不同病因、病机和临床表现，在中兽医辨证的基础上，确定组方原则，做到以法统方，方从法立，扬长避短。在某些特殊用途时，视具体应用目的，选择单味或多味药物组方，可不考虑组方原则。

目前，中药饲料添加剂尚无统一的分类标准，一般可根据其来源、作用及加工程度进行分类。

1. 按来源分 有植物类、矿物类及动物类饲料添加剂三种，其中植物类中药所占比例最大。据不完全统计，目前用于饲料添加剂的植物类中药有麦芽（或谷芽）、六神曲、山楂、苍术、松针、陈皮、贯众等近 200 种；矿物类中药有芒硝（或玄明粉）、麦饭石、雄黄等数十种；动物类中药所占比例较小，有土鳖虫、蚯蚓、蚕蛹、蛤蚧、僵蚕等十多种。

2. 按作用分 可分为增加动物产品产量类、改进动物产品质量类、保障动物健康类以及其他类等。

（1）增加动物产品产量：主要用于促进动物的生长发育，提高肉、蛋、奶的产量，如在猪的饲料中添加松针粉、麦饭石、党参茎叶或调理脾胃的药物（黄芪、白术）等，在肉鸡、蛋鸡、鹅、鸭、鹌鹑的饲料中添加松针粉、松针膏、蜂花粉、泡桐叶、艾叶、钩吻或杨树花等药物，在兔的日粮中加沙棘等，分别具有促进产肉、产蛋及降低料重比或料蛋比等作用。这类方剂多以健脾开胃、补气养血为组方原则。

（2）改进动物产品质量：主要包括改善动物产品（肉、蛋）的色泽和风味两个方面，如在产蛋鸡的基础日粮中添加 0.05% 松针活性物，可使蛋黄颜色变深；在肉鸡的饲料中添加大蒜粉，可改善鸡肉的风味等。这类方剂常根据具体的目的要求选择合适的药物。

（3）保障动物健康：即增强动物体抵抗力和防治动物疫病，是中药饲料添加剂的主要用途之一。如在鸡的饲料中添加金荞麦提取物，可治疗支原体病；添加大蒜粉，可防治鱼、虾的维生素 B_1 缺乏症和肝病；添加甘草，可防治鸡肌胃糜烂；添加"鸡痢灵"（雄黄、白头翁、马齿苋、藿香等），可防治雏鸡白痢；添加补气类中药，能提高雏鸡的抗应激能力，降低死亡率等。这类方剂常根据具体用途，在中兽医辨证的基础上，以调整阴阳、祛邪逐疫为原则，选择合适的药物组方。

（4）其他作用：包括提高肉、蛋、奶中某些成分的含量，刺激动物的食欲，改善饲料的品质等多个方面。如用海藻作为饲料添加剂喂鸡，1 周后所产蛋中有机碘含量是普通蛋的 15~30 倍，可作为食疗药蛋；用有些天然产物添加剂，茴香油、大蒜、砂糖等作为饲料调味品，可以刺激动物食欲；用腐殖酸类物质（如泥炭、褐煤、风化煤）作为饲料添加剂，不但可以提高饲料营养价值，还可抑制氧化，促进饲料中的脂肪分散，防止抗生素、维生素失活；用膨润土、石英粉等作为饲料添加剂，可以防止饲料结块等。这类方剂，多根据其使用目的选择合适的药物。

3. 按加工程度分 可分为原产物、加工提取物和副产物三类。原产物为天然产物，经过清洗、干燥、传统炮制、粉碎等简单加工而制成的添加物；加工提取物是天然产物经过提取、精制而成的饲料添加物，如松针活性提取物、党参提取物等；副产物是天然产物经加工利用后的剩余部分，如党参茎叶、人参渣、沙棘果渣等。

目前所生产和使用的中药饲料添加剂，在剂型上以散剂为主，也有采用预混剂形式的，即将中药或其提取物预先与某种载体混合均匀制成添加剂，如将松针提取物和载体松针粉混合制成饲料添加剂。除此之外，还有颗粒剂和饮水剂等剂型，供添加到饲料中，或作为饮水添加剂使用。

在给药方式上，中药饲料添加剂，主要采用群体用药的方式。为了达到促进生产、防病治病等目的，饲料添加剂或混饲剂的运用要做到适时、适量、适度。适时，就是要抓住时机，及时应用；适量，就是添加的量既不可过多，也不可太少，应在剂量允许的范围之内，发挥其最佳效果；适度，是指添加剂投药时间长短要适当。添加日程的长短，通常要根据添加剂或混饲剂的应用目的以及生产需要而定，大体可分为长程添加法、中程添加法和短程添加法三种。长程添加法持续添加时间一般在4个月以上，甚至终生添加；中程添加法持续添加时间一般为1~4个月；短程添加法持续添加时间一般是2~30d。有时还可采用间歇式添加法，如三二式添加法（添加3d，停止2d），五三式添加法（添加5d，停止3d）等。

当前，中药饲料添加剂已用于马、牛、羊、猪、犬、禽、鱼、虾、蚕、蜂等多种动物的促进生产性能和防病治病等方面。本节仅列举一些有代表性的方剂供学习参考（表12-17）。

表12-17 饲料添加方

方剂名称及出处	组 成	功 效	主 治
肥猪散《中华人民共和国兽药典·二部》（2010年版）	绵马贯众、何首乌、麦芽、黄豆	开胃，驱虫，补养，催肥	食少，瘦弱，生长缓慢
催情散《中华人民共和国兽药典·二部》（2010年版）	淫羊藿、阳起石、当归、香附、益母草、菟丝子	催情	母猪不发情
健鸡散《中华人民共和国兽药典·二部》（2010年版）	党参、黄芪、茯苓、六神曲、麦芽、山楂、甘草、槟榔	益气健脾，消食开胃	食欲不振，生长迟缓
蛋鸡宝《中华人民共和国兽药典·二部》（2010年版）	党参、黄芪、茯苓、白术、麦芽、山楂、六神曲、菟丝子、蛇床子、淫羊藿	益气健脾，补肾壮阳	用于提高产蛋率，延长产蛋高峰期
激蛋散《中华人民共和国兽药典·二部》（2010年版）	虎杖、丹参、菟丝子、当归、川芎、牡蛎、地榆、肉苁蓉、丁香、白芍	清热解毒，活血祛瘀，补肾强体	输卵管炎，产蛋功能低下
鸡痢灵散《中华人民共和国兽药典·二部》（2010年版）	雄黄、藿香、白头翁、滑石、诃子、马齿苋、马尾连、黄柏	清热解毒，涩肠止泻	雏鸡白痢
驱球散《中国兽医杂志》	常山、柴胡、苦参、青蒿、地榆炭、白茅根	驱虫平肝，止血止痢	鸡球虫病
百咳宁《中兽医医药杂志》	柴胡、荆芥、半夏、茯苓、甘草、贝母、桔梗、杏仁、玄参、赤芍、厚朴、陈皮、细辛	止咳平喘，燥湿化痰	鸡呼吸道炎症
虾蟹脱壳促长散《中华人民共和国兽药典·二部》（2010年版）	露水草、龙胆、泽泻、沸石、夏枯草、筋骨草、酵母、稀土	促脱壳，促生长	虾蟹脱壳迟缓
蚌毒灵散《中华人民共和国兽药典·二部》（2010年版）	黄芩、黄柏、大青、大黄	清热解毒	三角帆蚌瘟病

第十三章 针 灸

第一节 针灸的基本知识

兽医针灸是在中兽医理论,特别是经络学说的指导下,根据辨证论治和虚实补泻等原则,运用针灸工具对动物特定腧穴施以物理刺激,以促使经络通畅、气血和调,达到扶正祛邪、防病治病目的的治疗技术,其包括针术和灸术两种治疗技术,因二者常常合用,又同属外治之法,自古以来就合称为针灸。

一、针灸工具

现代兽医针灸工具有针刺工具(简称针具)和灸用器材两类。

(一) 针具

1. 白针用具 白针用具包括毫针(图 13-1)和圆利针(图 13-2),其基本构造分为针柄、针体和针尖。

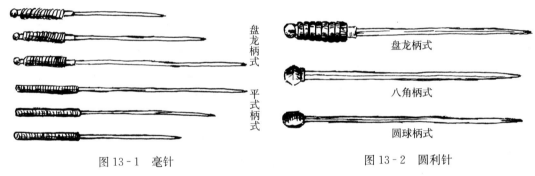

图 13-1 毫针　　　　　　图 13-2 圆利针

(1) 毫针:针体直径一般为 0.64～1.25mm,长度有 3cm、4cm、5cm、6cm、9cm、12cm、15cm、18cm、20cm、25cm、30cm 等多种类型。针柄主要有盘龙式和平头式两种。多用于白针穴位或深刺、透刺和针刺麻醉。

(2) 圆利针:针尖呈三棱状,较锋利,针体较粗,直径为 1.5～2mm,长度有 2cm、4cm、6cm 等多种类型。针柄有盘龙式、平头式、八角式、圆球式四种。短针多用于针刺大动物眼部周围穴位及中、小动物的白针穴位;长针多用于针刺大动物的躯干和四肢上部的白针穴位。

2. 血针用具 血针用具包括宽针(图 13-3)、三棱针(图 13-4)、眉刀针和痧刀针。其基本构造分为针体和针头两部分。

(1) 宽针:针头部如矛状,针刃锋利,针体部呈圆柱状,分大、中、小三种。大宽针长约 12cm,针头部宽 0.8cm,用于放大动物的颈脉、肾堂、蹄头血;中宽针长约 11cm,针头部宽 0.6cm,用于放大动物的带脉、尾本血;小宽针长约 10cm,针头部宽 0.4cm,用于放大动物的太阳、缠腕血。

(2) 三棱针：针身呈三棱状，有大、中、小三类。用于针刺三江、通关、玉堂等较细的静脉或静脉丛，或点刺分水时使用。

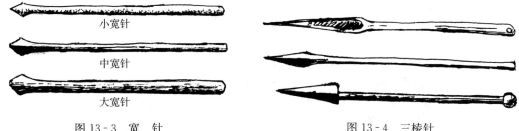

图 13-3　宽　针　　　　　　　　　图 13-4　三棱针

3. 火针用具　针尖圆锐，针体光滑，比圆利针粗。针体长度有 2cm、3cm、4cm、5cm、6cm、8cm、10cm 等多种类型。针柄有盘龙式、双翅式、拐子式多种，也有另加木柄、电木柄的，以盘龙式、针柄夹垫石棉类隔热物质为多（图 13-5）。用于针刺动物的火针穴位。

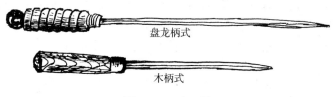

图 13-5　火　针

4. 巧治用具

(1) 三弯针：针尖锐利的优质钢针，长约 12cm，在距尖端约 0.5cm 处有一小弯（图 13-6），专用于针开天穴，治疗马浑睛虫病。

(2) 玉堂钩：尖部具有直径约为 1cm 的半圆形弯钩，尖端呈三棱针状，很锐利，全长 13cm（图 13-7）。专用于放玉堂血，使用较为方便、安全。

图 13-6　三弯针　　　　　　　　　图 13-7　玉堂钩

(3) 宿水管：用铜、铝或铁皮制成的圆锥形小管，形似毛笔帽。长约 5.5cm，尖端密封，扁圆而钝，粗端管口直径 0.8cm，有一唇形缘，管壁有 8~10 个直径 2.5mm 的小圆孔（图 13-8）。用于针刺云门穴放腹水。

5. 针槌和针棒　针槌和针棒是用硬质木料车制而成的持针器。针槌长 35~100cm，槌端较粗，其顶端有一椭圆形的槌头。通过槌头中心钻有一横向洞道，用以插针。自槌头至槌体 2/5 处沿其纵轴有一道锯缝。槌体外套以皮革或藤制的活动箍。箍推向槌头部则锯缝被箍紧，即可固定针具；将箍推向柄端，锯缝便回弹而松开，即可将针具取下（图 13-9）。针棒，长约 24cm，直径约 4cm，在棒的一端约 7cm 处锯去一半，沿纵轴中心挖一针沟。使用时，用细绳将针紧固在针沟内，针头露出适当长度，即可进行扎刺。常用于放胸堂、鹘脉、缠腕和蹄头等穴。

图 13-8　宿水管

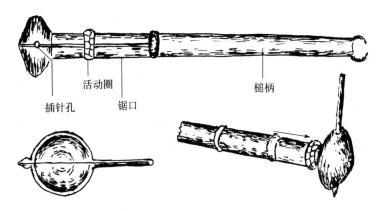

图 13-9 针 槌

6. 现代针灸仪器

（1）电针治疗机：电针机（图 13-10）种类很多，现在广泛应用的是半导体低频调制脉冲式电针机，这种电针机具有波型多样、输出量及频率可调、刺激作用较强、对组织无损伤等特点。由于是用半导体元件组装而成，故具有体积小、便于携带、操作简单、交直流电源两用、一机多用等优点，可做电针治疗、电针麻醉、穴位探测等。

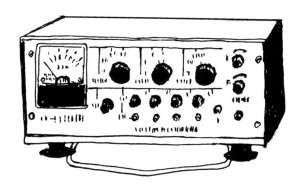

图 13-10 电针机

（2）激光针灸仪：兽医针灸中常用的有氦氖激光器和二氧化碳激光器两种。氦氖激光器发出波长 632.8 nm 的红色光，输出功率 1～40mW。由于功率低，常用于穴位照射，称为激光针疗法。二氧化碳激光器（图 13-11）发出波长 10.6μm 的无色光，输出功率 5～30W。由于功率高，常用于穴位灸灼、患部照射或烧烙，因而又称激光灸疗法。

（二）灸用器材

常用的灸用器材有艾绳、艾炷、火罐和刮痧板（图 13-12）。

二、针灸前的准备

针灸前的准备包括以下几个方面：

1. 检查针灸工具 施术前必须检查针灸工具，如发现破损、折断或带钩，则需修复或更换。

2. 动物保定 马、牛宜站立保定于柱栏内，若无柱栏，也可用绳索将头及后肢固定好，再行施针。一般对性情温驯的犬且取穴不多时，可由主人帮助抚摸其耳根或腹部，使其安静

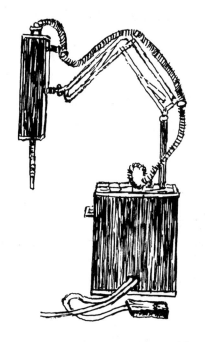
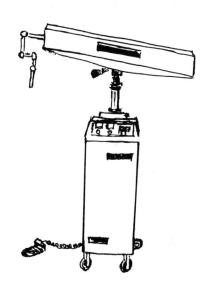

图 13-11 二氧化碳激光机

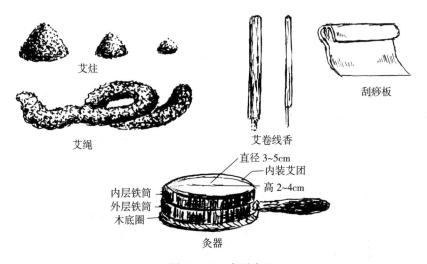

图 13-12 各种灸具

进行施针;也可将犬放入类似担架样的网围内,施针时使其四肢不能着力而无法动弹。小犬、小猪和羊仅需饲养员徒手保定即可。

3. 消毒 针刺前必须对穴位、工具和术者的手进行适当消毒。

4. 术者基本功练习 包括指力、腕力练习,以及血针的瞄准练习等。

三、针刺方法

(一)持针法

针刺时多以右手持针施术,称为刺手。要求持针确实,针刺准确。

1. 毫针的持针法 普通毫针施术时,常用右手拇指对食指和中指夹持针柄,无名指抵住针身以辅助进针，并掌握进针的深度（图13-13a）。如用长毫针，则可捏住针尖部，先将针尖刺入穴位皮下，再用上述方法捻转进针（图13-13b）。

2. 圆利针的持针法　与地面垂直进针时，以拇指、食指夹持针柄，以中指、无名指抵住针身（图13-14a）。与地面水平进针时，则用全握式持针法，即以拇指、食指、中指捏住针体，针柄抵在掌心（图13-14b）。进针时，可先将针尖刺至皮下，然后根据所需的进针方向，调好针刺角度，用拇指、食指、中指持针柄捻转进针，到达所需深度。

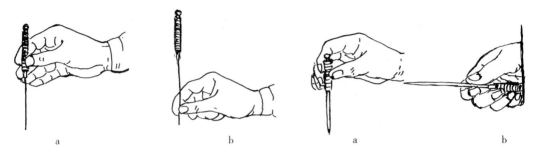

图13-13　毫针持针法
a. 普通毫针持针法　b. 长毫针持针法

图13-14　圆利针持针法
a. 与地面垂直进针　b. 与地面水平进针

3. 宽针的持针法

（1）全握式持针法：以右手拇指、食指、中指持针体，根据所需的进针深度，针尖露出一定长度，针柄端抵于掌心内（图13-15a）。进针时动作要迅速、准确，使针刃一次穿破皮肤及血管，针退出后，血即流出。

（2）手代针槌持针法：以持针手的食指、中指和无名指握紧针体，用小指的中节，放在针尖的内侧，抵紧针尖部，拇指抵压在针的上端，使针尖露出所需刺入的长度（图13-15b）。针刺时，挥动手臂，使针刃平行于血管刺入，随即出血。

图13-15　宽针持针法
a. 全握式持针法　b. 手代针槌持针法

（3）针槌持针法：先将针具夹在槌头针缝内，针尖露出适当的长度，推上槌箍，固定针体。术者手持槌柄，挥动针槌使针刃平行于血管刺入，随即出血。

4. 三棱针的持针法

（1）执笔式持针法：以拇指、食指、中指持针身，中指尖抵于针尖部以控制进针的深度，无名指抵按在穴旁以辅助准确进针（图13-16a）。

(2) 弹琴式持针法：以拇指、食指夹持针尖部，针尖留出适当的长度，其余三指抵住针身（图13-16b）。

5. 火针持针法 烧针时，必须持平。若针尖向下则火焰烧手，针尖朝上，则热油流在手上。扎针时，因穴而异。地面垂直进针时，似执笔式，以拇指、食指、中指三指捏住针柄，针尖向下（图13-17a）；与地面水平进针时，似全握式，以拇指、食指、中指三指捏住针柄，针尖向前（图13-17b）。

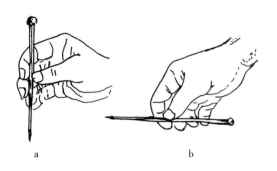

图13-16 三棱针持针法
a. 执笔式持针法 b. 弹琴式持针法

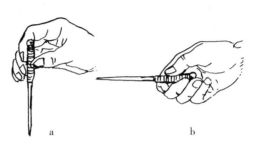

图13-17 火针持针法
a. 与地面垂直进针 b. 与地面水平进针

（二）按穴法

按穴法也称押手法。针刺时多以左手按穴，称押手。其作用是固定穴位，辅助进针，使针体准备地刺入穴位，还可减轻疼痛。常用的押手法有下列四种。

1. 指切押手法 以左手拇指指甲切压穴位及近旁皮肤，右手持针使针柄靠近押手拇指边缘，刺入穴位内（图13-18）。适用于短针的进针。

2. 骈指押手法 用左手拇指、食指夹捏酒精棉球，裹住针尖部，右手持针柄，当左手夹针下压时，右手顺势将针尖刺入穴位（图13-19）。适用于长针的进针。

图13-18 指切押手法

图13-19 骈指押手法

3. 舒张押手法 用左手拇指、食指，贴近穴位皮肤向两侧撑开，使穴位皮肤紧张，以利进针（图13-20）。适用于皮肤松弛部位或不易固定的穴位。

4. 提捏押手法 用左手拇指和食指将穴位皮肤捏起来，右手持针，使针体从侧面刺入穴位（图13-21）。适用于头部或皮肤薄、穴位浅等部位的穴位，如锁口、开关穴。

图 13-20 舒张押手法

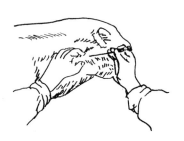
图 13-21 提捏押手法

(三) 进针法

针刺时依所用的针具、穴位和针治对象的不同，可采用不同的进针方法。

1. 捻转进针法 毫针、圆利针多用此法。操作时，一般是一手切穴，一手持针，先将针尖刺入穴位皮下，然后缓慢捻转进针。

2. 急刺进针法 多用于宽针、火针、圆利针、三棱针的进针。用宽针时，使针尖留出适当的长度，对准穴位，以轻巧敏捷手法，刺入穴位，即可一针见血。用火针时，则可一次刺入所需的深度，再作短时间的留针。用圆利针时，可先将针尖刺入穴位皮下，再调整好针刺方向，随手刺入。

(四) 针刺角度和深度

1. 针刺角度 针刺角度是指针体与穴位局部皮肤平面所构成的夹角。它是由针刺方向决定的，常见有以下三种（图 13-22）：

(1) 直刺：针体与穴位皮肤呈垂直或接近垂直的角度刺入。常用于肌肉丰满处的穴位，如大胯、抢风等穴。

(2) 斜刺：针体与穴位皮肤约呈 45°角刺入，适用于骨骼边缘和不宜深刺的穴位，如风门、伏兔、九委等穴。

(3) 平刺：针体与穴位皮肤约呈 15°角刺入，多用于肌肉浅薄处的穴位，如锁口、开关穴等。

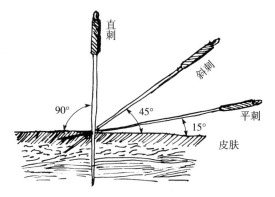
图 13-22 针刺角度

2. 针刺深度 是指针体进入机体的深浅程度。《素问·刺要论》说："病有浮沉，刺有浅深，各至其理，勿过其道。"指针刺时要根据疾病的情况，采用适当的深度。一般在肌肉丰厚处可予深刺，在重要脏器邻近的穴位或肌肉浅薄处则应浅刺。不应为了追求强烈的针刺感应而针刺过深，以防发生不良后果。也不宜偏取浅刺，而达不到预期疗效。

(五) 得气与行针

1. 得气 针刺部位产生了经气的感应，称为得气，也称针感。得气以后，动物会出现提肢、拱腰、摆尾、局部肌肉收缩或跳动，术者则手下亦有沉紧的感觉。

2. 行针 针刺后为了使动物产生针刺感应而运行针体的方法，称为行针。手法主要有提插、捻转两种基本手法和搓、弹、刮、摇四种辅助手法。

(1) 提插：纵向的行针手法（图 13-23）。将针从深层提到浅层，再由浅层插入深层，如此反复地上提下插。提插幅度大、频率快，刺激强度就大；提插幅度小、频率慢，刺激强度就小。快速的提插称为捣。

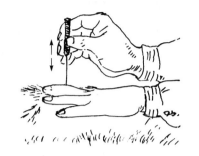
图 13-23 提插行针法

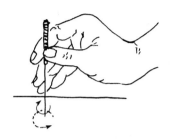
图 13-24 捻转行针法

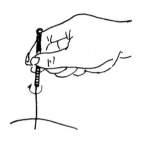
图 13-25 搓法

（2）捻转：横向的行针手法（图 13-24）。将针左右、来回反复地旋转捻动，捻转幅度一般在 180°~360°。捻转的角度大、频率快，所产生的刺激就强；捻转角度小、频率慢，所产生的刺激就弱。

（3）搓：入针后，以拇、食指持住针柄，如搓线状朝一个方向捻转的手法（图 13-25）。有增强针感的作用，也是调气、催气的常用手法之一。但单向捻转不宜过多，否则针身容易被肌肉组织缠住，发生滞针或折针等异常情况。

（4）弹：用手指弹击针柄，使针体微微颤动，以增强针感（图 13-26）。

图 13-26 弹法

图 13-27 刮法

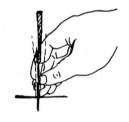
图 13-28 摇法

（5）刮：以拇指抵住针尾，食指或中指指甲轻刮针柄，以加强针感，促进针感的扩散（图 13-27）。

（6）摇：用手捏住针柄轻轻摇动针体。直立针身而摇可增强针感，卧倒针身而摇可促使针感向一定方向传导，使针下之气直达病所（图 13-28）。

临诊上大多采用复式行针法，尤以提插捻转最为常用。行针法虽然用于毫针、圆利针术，但对有些穴位（如睛俞、睛明穴）则禁用或少用，火针术在留针期间也可轻微捻转针体，但禁用其他行针手法。

（六）针刺强度

针刺时，对动物或穴位刺激的强弱程度，分为强、中、弱三种。

1. 强刺激 进针较深，较大幅度和较快频率的行针。一般多用于体质较好的动物针刺，麻醉时也常应用。

2. 弱刺激 进针较浅，较小幅度和较慢频率的行针。一般多用于老弱年幼的动物以及内有重要脏器的穴位。

3. 中刺激 刺激强度介于上述两者之间，行针幅度和频率均取中等。适用于一般动物。

（七）留针与起针

1. 留针法 得气后根据病情需要将针留置在穴位内一定时间，称为留针。留针是毫针刺法的一个重要环节，对于提高针刺治疗效果有重要意义。通过留针，可以加强针刺感应和延长刺激作用。针刺得气后留针与否以及留针时间长短，应视病情、得气情况以及患病动物具体情况而定。一般情况下，表、热、实证多急出针，里、寒、虚证以及经久不愈者多需留针。得气慢者，则需长时间留针；患病动物骚动不安可不留针。留针时间一般为 10~30 min，而针刺麻醉要留针到手术结束。

2. 起针法 针刺达到一定的刺激量后，便可起针。常用的起针法有两种。

（1）捻转起针法：押手轻按穴旁皮肤，刺手持针柄缓缓地捻转针体，随捻转将针体慢慢地退出穴位。

（2）抽拔起针法：押手轻按穴旁皮肤，刺手捏住针柄，轻快地拔出针体。也可不用押手，仅以刺手捏住针柄迅速地拔出针体。对不温驯的患病动物起针时多用此法。

四、针灸意外情况的处理

针灸过程中尽量避免意外事故的发生，如一旦发生弯针、滞针、折针、烫伤等情况时，应采取相应的措施。

1. 弯针 出现针身弯曲时术者不应用猛力拔针，待患畜安静后，再捻动针体，然后顺针弯方向慢慢拔出。

2. 滞针 当针刺入皮下或肌肉，若捻转或提插不动，称为滞针。此时应停止捻针或提插，揉按局部，消除紧张，或轻轻向相反的方向捻转针身，即可退出。

3. 折针 若折针尚有部分针体露于皮外，应设法迅速取出；若针体全部折于肌肉内，则应切开取出。

4. 出血不止 出血不止时应迅速采取压迫、钳夹或结扎等止血措施。血针后如有局部瘀血肿胀，可用温敷或涂以金黄散等措施促其消散。

5. 针孔化脓 针孔发生化脓时，首先应排出脓汁，清洁针孔，涂以碘酊。若病情严重，除按脓疡处理外，尚需配合全身治疗。

第二节 针 术

一、白针疗法

应用圆利针、毫针或小宽针，在血针穴位以外的穴位上刺入规定的深度并施行行针、留针等手法，使畜出现针感以治疗疾病的方法，称为白针疗法。白针疗法常用于治疗消化系统疾病、肌肉闪伤扭挫、肌肉萎缩性疾患、外周神经麻痹、母畜不孕症以及点刺黄肿处使黄水或毒液外流等。

（一）术前准备

先将患畜稳妥保定。根据病情选好施针穴位，根据针治的穴位选取适当长度的针具，检查针具并消毒，做好穴部、术手等的消毒。

（二）操作方法

1. 圆利针缓刺法 术者右手持针，左手根据不同的穴位，采取不同的押手法，固定穴部皮肤，帮助进针。针刺入穴位皮肤后，然后根据所需的进针方向，调好针刺角度，边捻转边进针，插至所需深度，并施以补泻手法使之呈现针感，随可出针。若需留针，在留针期间，可行针 2~3 次，根据需要采用强、中、弱不同刺激量，然后出针。一般每天或隔天 1 次，5~7 次为一个疗程。

2. 小宽针急刺法 由于小宽针比圆利针、毫针的针刃锋利，针体粗短，所以对肌肉丰满处的穴位和烈性患畜施针较为方便。操作时，持针手指需量控好针刺深度，使针体与穴位皮肤垂直，快速一次插至穴位深处，并顺势退出针，不留针。

3. 毫针刺法 由于毫针的针体细长，弹性强，较圆利针对组织的损伤更小，所以同一穴位可多次重复施针，并且针刺深度可比普通圆利针稍深，达到所需最大深度。毫针进针时先将针尖刺入穴位皮下，以右手的拇指和食指、中指持针柄，左手的拇指和食指固定针体，右手左右捻转，逐步刺入。刺入后可采用提插、捻转等手法，有时适当留针 10~20min。毫针治疗急性病，每天针 1 次，3~5 次为一个疗程；治疗慢性病，1~2d 针 1 次，5~10 次为一个疗程，停针 3d 再行第二个疗程。

（三）注意事项

除了需要遵循一般针刺疗法的注意事项外，以下两点对白针疗法来说显得更为重要。

1. 针刺需得气，方能产生治疗效果 得气需通过一定的刺激手法而产生，如适度的提、插、捻、转。不同穴位的针感反应有所不同，主要通过观察动物体的各种局部表现来得知。一般穴位附近皮肤震颤，肌肉紧缩，有时出现提腿、伸腰、摇尾或排粪等不同针感反应。如针刺百会穴有凹腰表现，针刺后海穴有缩肛表现，针刺尾根穴有摆尾表现等。

2. 控制进针方向和深度，避免刺伤脏器 进针达不到所需深度，往往产生不了明显的针感反应，治疗效果则差。但也不是越深越好，针刺胸腹部穴位，如果针刺过深则易刺伤脏器，这一点需要引起特别注意。

二、火针疗法

用特制的针具，烧热后刺入一定的穴位以治疗疾病的疗法，称为火针疗法。除关节腔和神经干通过部位等处的穴位和血针穴位外，一般肌肉丰满处或骨骼间隙处的穴位都可施行火针；有些患部（如黄肿处）也可施火针。

（一）操作方法

1. 烧针法 常用烧针法主要有以下两种。

（1）缠裹烧针法：用棉花将针尖及针体一部分缠裹成梭形，内松外紧，或用一些小布块叠穿于针尖及部分针体上，然后浸透植物油（一般用普通食用油），点燃烧针体，针尖稍向上倾斜并不断转动，使其受热均匀。待油尽火将熄时，用镊子夹去棉花（或小布片）残余灰烬，即可进针（图 13-29）。

（2）直接烧针法：用植物油灯或酒精灯的火焰，直接烧热针尖及部分针体，而后立即刺入穴位。

2. 针刺法 扎针时应选准穴位，并控制好进针深度，将烧热的针迅速准确刺入穴位中，刺入后不留针或留针 3~5min。退针时或留针期间，应将针身捻转松动一下（称为醒针，以免肌肉组织粘针而发生撕裂），然后用一手的手指按压穴部皮肤，另一手将针拔出。针孔用碘酊消毒，并贴上胶布或火棉胶封闭，以免感染。

用火针治疗外黄症，在扎针时，有的还用烧热的针体先在硫磺粉内插一下，而后再刺入穴位内。用硫磺淬针，硫磺遇热即自燃，并产生热量，能保持和加热针体的温度，使针刺点形成稳固的灼伤灶。治疗关节硬肿时，可用火针呈梅花状扎刺治疗。

（二）火针的应用

火针兼有针和灸两方面的治疗作用，具有温经通络、祛风散寒的功能，主要用于风、寒、湿、痹等证，如慢性腰肢风湿症、外黄症、瘰疬、关节硬肿等。

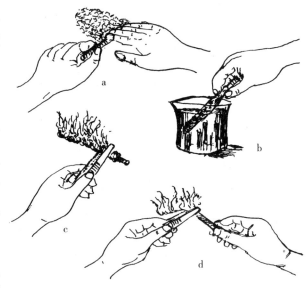

图 13-29　火针缠裹烧针法
a. 缠裹棉花　b. 浸入油中　c. 点燃烧针　d. 脱去棉花炭

（三）注意事项

（1）烧火针时，火度要适当，一般烧至发红色即可。

（2）火针扎过后，针孔愈合较慢，每次宜选用 3~4 个穴位，如有必要可隔 7~10d 再施针 1 次，但第二次一般不要再针已刺过的穴。

（3）火针刺激性较强，施术时应给予患畜适当保定。

（4）扎火针后应加强护理，针孔要封闭，防止病畜摩擦针孔及被雨淋、水浸等。如针孔化脓，应及时处理。

（5）炎热的夏、秋季少用火针，脂肪丰满的猪一般不用，发热的病证也不宜用火针治疗。

三、血针疗法

使用宽针或三棱针等直接刺入静脉管或血管丛上的穴位，使之放出适量血液，以防治疾病的一种针刺疗法，称为血针疗法。传统的猪瘀刀疗法、眉刀疗法也属血针疗法。

（一）术前准备

施针前应根据所选穴位的不同要求而对病畜进行适当的保定；并尽量使穴处血管显露。检查针具，对穴处进行剪毛、消毒。

（二）操作方法

根据不同穴位选择不同规格的针具和不同的持针法，针具既可使用宽针，也可使用三棱针。是用徒手持针法还是针槌（或针棒）持针法视穴位来定，鼻部、耳、尾等处血针穴常用徒手持针法，扎刺胸堂、肾堂及蹄部穴位常用针槌（或针棒）持针法。

（三）血针的应用

血针可以单独使用，有时也配合白针、火针等其他针灸法应用，或与药物治疗相结合。

1. 保健促膘　民间素有春初放血预防马病的经验。《元亨疗马集》中指出："春季放大血，四季无热壅之疾。"又说："马为火畜，于春首针刺，分调血气不致太盛，故使火畜至夏，夏季火炎，使其荣卫调匀，不致遥过而生诸疾也。"在我国南方有些地区在春耕前和冬种后对耕牛针刺舌底静脉（通关穴）和四肢蹄部等处穴位放血，并用清水洗口和擦抹食盐，对牛有良好作用。又据试验，某些僵猪施挑"肚斑痧内"（胸腹侧分支静脉）和扎刺一些常用血针穴位放血后，有增强食欲、促进生长的效果。

2. 泻热开窍 血针具有泻热开窍之功效，常用来治疗某些实热证。如大家畜颈静脉（鹘脉穴）放血500～2 000mL，用于中暑、脑炎、心肌炎、心膜炎、肺热（肺充血）、肾炎等。放带脉血，可治疗某些轻度疝痛、中暑、肺充血以及一些急性肠炎，但一般需配合药物疗法。放马的太阳血，治疗眼部炎症（肝热传眼）效果好，对中暑及脑炎也有辅助治疗作用。放耳尖和尾尖血，对猪的中暑、感冒和一些腹痛有一定作用。

3. 止痛解痹 血针具有宣通经脉、活血止痛的功效，对于气滞血瘀引起的痛证较为适合。如大家畜胸堂穴放血50～200mL，对前肢闪伤、扭挫伤及某些原因所致的胸膊痛有较好疗效；如放肾堂血（大家畜1次100～300mL）对后肢跌扑闪伤疗效颇好。放前缠腕血和后缠腕血对治疗伸屈腱炎、球节捻挫、腱鞘炎等有很好的效果。其他某些闪伤、腰肢疼痛病也常用刺血为主的针灸疗法。

4. 散肿泻毒 血针的消黄散肿效果往往是很迅速的。临证上某些外科黄肿性病常用血针治疗。如治马遍身黄（荨麻疹）以彻鹘脉穴为主（一次放血量达1 000～2 000mL），胸堂、带脉、太阳等穴为辅。对某些局部肿胀，选取邻近肿胀部的血针穴位放血常可达到消肿目的。另外，在动物的某些毒物中毒时，及时放血可起到泻毒排毒作用，对缓解中毒症状很有助益，特别是在放颈静脉血后及时输液或使用解毒剂，治愈率会大大提高。

（四）注意事项

施用血针总的要求是应做到辨证施治，取穴得当，因畜制宜，因时制宜。

（1）使用宽针时，针刃必须与血管的方向平行刺入，避免横断血管。

（2）放血量需根据患畜体质强弱、病情和季节气候等灵活掌握。一般膘肥体壮者多放，瘦弱者少放；初病、实证、热证多放，病久、寒证、虚证少放；在炎热夏季多放，严冬季节少放；首次治疗时，一般放血量也比较大。

（3）一般达到出血量后，让患畜肢体适当运动，或轻压穴位处多能自行止血；如遇出血不止，可多加压迫，必要时可用绷带结扎或止血钳、止血药、烧烙法止血。

（4）加强施针后养护，特别是下肢放血后避免立即淌水，以免感染。

四、气针疗法

气针疗法是向穴位及其周围或患部注入空气以治疗疾病的一种针刺疗法，是传统针刺疗法之一。现代认为，气体进入皮下或肌肉，能刺激末梢神经和血管，改善局部血液循环和营养供应，达到治疗神经麻痹、肌肉萎缩等证的效果。

（一）气针针具

提皮进气法只需普通大宽针。穴位注气法用50mL或100mL的兽用注射器和采血针头，配上输液用乳胶管和点眼管。夹气针疗法用专制的夹气针。夹气针为扁平长针，针尖呈矛尖形状，用竹制或合金制，针身长28～36cm、宽约6mm、厚约3mm，针柄较粗，长约6cm，专作大家畜针夹气穴用。竹夹气针可选新鲜坚韧毛竹削制，制成后应放在烧开的食油内炸片刻,以增强韧性。

(二) 操作方法

1. 提皮进气法 在穴位处剪毛消毒,用大宽针迅速刺破穴位皮肤后,术者用手提起穴位周围皮肤;然后放松皮肤,如此反复,让空气随着皮肤一提一放进入穴位皮下,使气体充满穴位周围皮下;如果病变部位离穴处较远,则可用手将进入皮下的空气逐次挤压抵达病变部位皮下,使之充满。术毕消毒针孔。提皮进气较常用的穴位是弓子穴(位于肩胛部,肩胛软骨上缘正中点的直下方 10cm 处),用以治疗前臂肌肉萎缩、肩膊痛等。若病变在前肢下部,则可把进入的空气向下挤压至前臂部或腕、掌部。

2. 穴位注气法 用注射器直接向穴位注入适量空气。最好能将空气先进行消毒然后再注入。可用兽用采血针头 1 支、输液用乳胶管 2 段、去掉胶塞的点眼管(内装少许稍干的酒精棉)或空气滤过装置 1 个、50mL 或 100mL 注射器 1 个,两段乳胶管分别连接针头和点眼管以及点眼管和注射器。穴位和针具消毒后,将采血针头刺入穴位,然后接上乳胶管,用注射器通过乳胶管和点眼管或空气过滤装置向穴位处注入适量空气,完毕拔出针头,用酒精棉球压住针孔,做适当的按摩。凡适应白针疗法的穴位,一般都可用穴位注气法,注气量视不同穴位而定。大家畜的抢风、大胯等穴一次可注入 500~1 000mL 空气。如果治疗仔猪泻痢在后海(交巢穴)注气,只需 3~8mL。

3. 夹气针法 是用特制的夹气针针刺夹气穴的一种疗法。夹气穴位于前肢与躯干相接处的腋窝内,将患肢提起,向外扳开,在胸壁与前肢之间的凹陷正中即是该穴。现在这种针术已较少使用。

(三) 气针的应用

气针疗法可用于肌肉萎缩、腰肢风湿、关节炎、腱炎、外周神经麻痹等慢性病证;过去夹气针疗法主要用于治疗马牛夹气痛、牛脱膊等。还有人做了黄牛气针麻醉试验:百会穴注入空气 300~400mL,天平穴、安福穴各注入 200~300mL。用 18 号注射针头刺入穴位 4~6cm,针尖达硬膜外腔,然后接上注射器注入空气。一般注气后 2~5min 即可进行瘤胃手术、真胃手术或肠管手术等。

(四) 注意事项

(1) 注气时,针头不可刺入血管,以防发生意外事故。

(2) 气针一般只用 1 次,若效果不好,需改用其他治疗方法。

五、电针疗法

电针疗法是用毫针或圆利针刺入穴位(穴数成对)达到一定深度并产生针感后,在针体上接上电针治疗机的两极,通以脉冲电流刺激穴位的一种治疗方法。该疗法以电流刺激代替手捻针操作,既可节省人力,又可比较客观地控制刺激量;除有针刺的作用外,无疑也有电流的理化治疗作用。无论在临证治疗、电针麻醉和作用原理研究等方面都得到比较广泛的应用。

(一) 电针用具

主要包括圆利针(多用毫针)、电针治疗机(仪)及其附属用具(导线、金属鳄鱼夹等)。

(二) 操作方法

一般操作程序是:

(1) 根据病情的需要,选定 2 个或 4 个穴位,剪毛消毒。先将毫针刺入穴位,并使之出现针感。

（2）调好电针机，若是标有治疗、麻醉等档的机器，用于治疗则应调至治疗档。将电针机的正负极导线分别夹在导电的针柄上，先把各输出调节旋钮先调至零位，再接通电源。

（3）频率调节由小到大，治疗所需频率一般较小，麻醉所需频率比较大；电流输出档由弱到强，渐进调节至患畜能够耐受以及局部肌肉出现节律性收缩为度。

（4）每次治疗持续通电 15~30min。在治疗过程中电流输出和频率可每隔 3~5min 调节一次，以免机体产生适应性。

（5）治疗结束时，先将电流输出和频率旋钮调至零位，再关闭电源，接着除去导线金属夹子，退出针具，消毒针孔。

（6）每天或隔天施针 1 次，5~7 次为一个疗程。

（三）电针应用

电针疗法是由针刺和电流刺激结合起来的一种疗法，不仅具有明显的镇痛作用，而且有明显的抗炎和抗休克作用，有纠正多种生理功能紊乱、提高机体抗病能力以及促进病损组织修复的功效。凡针刺治疗的适应证，一般均可应用电针，如马结症、牛羊前胃病、风湿痹痛、神经麻痹、脱膊、子宫脱出、直肠脱出、母畜机能障碍性不孕症等。利用电针麻醉还可进行多种外科手术。

（四）注意事项

（1）施针前应检查电针机的性能，看电路是否通畅，是否有锈蚀、接触不良或漏电。

（2）应将各旋钮调至零位后再接通电源，频率调至需要的范围，电流强度输出调节应逐渐由低到高，不可突然调至高位。刺激强度以患畜能耐受为度。

（3）当患畜骚动使导线金属夹脱落时，必须将电流和频率调至较低档位后，再接通导线，决不可在高档位上慌忙连接，造成患畜不适反应。

（4）在电针治疗过程中，如果针感反应不明显，则要检查针刺是否对位，刺激参数是否适宜，针具是否正常运转，电池的电流是否充足等，及时调整，使产生明显针感而提高疗效。

六、水针疗法

将中西药液注入所选穴位以治疗疾病的方法，称为水针疗法或穴位注射疗法。若在穴位注入麻醉药则称为穴位封闭疗法，若在穴位注入疫苗又称为穴位免疫。

（一）术前准备

1. 针具 注射器，根据穴位入针深浅选用不同型号针头。术前消毒。

2. 注射药液 可供肌肉注射的中西药物均可酌情选用。针对不同治疗目的，可分别选用：①兴奋营养药物，如 0.9%氯化钠注射液、5%~10%葡萄糖注射液、维生素 B_1、维生素 B_{12} 等，以使刺激作用增强而持久，改善病区内环境和营养状况，常用于肌肉萎缩和功能弛缓的病例。②封闭麻醉类药物，如 0.5%~2%盐酸普鲁卡因注射液，做穴位封闭，用以治疗局部疼痛性疾患。③活血化瘀类药物，如中药复方当归注射液、红花注射液等，用以治疗损伤瘀血性病证。④根据不同的疾病，选用对该病有直接治疗作用的药物，如眼结膜炎用抗生素，感冒和风湿痛用解热药、镇痛药等。穴位免疫则根据免疫目的选择相应的抗原或疫苗。

用药量为普通肌肉注射量的 1/5~1/3，根据穴位肌肉厚薄以及药液性质和浓度而定，头部穴和耳穴一般为 0.5~2mL，四肢上部及背腰部穴可为 5~20mL。

3. 穴位选择 应根据病情需要，选用所患病证的主治穴位。此外，还可把触诊所找出的压痛点，或患畜软组织损伤处的疼痛敏感点，患部肌肉的起止点作为注射点，每次注射1~3穴（点）。

（二）操作方法

对患畜做适当保定，选好穴点并剪毛消毒。将注射器抽吸好药液，接上针头。然后用注射针头刺入穴位至预定深度，施提插手法获得针感后，注入药液。一般疾病用中等速度注入药液；慢性病、体弱者用轻刺激，将药液徐徐注入；急性病、体强者可用强刺激，快速将药液注入；如需注入较多药液时，可将注射器由穴深部逐步提出至浅层，边退边注药，或将注射针更换几个方向注射药液。穴位可左右交替选用，每天或隔天一次，疗程可视病情酌定。

（三）水针的应用

水针疗法将针刺穴位和药物治疗相结合，以发挥针与药对机体的协同作用，可提高疗效并减少用药量，应用范围较广，凡是针灸的适应证及某些单用传统针灸疗效较差的病证大部分都可用本法治疗，如眼病、损伤性跛行、神经麻痹、风湿痹证、后躯瘫痪、前胃弛缓、垂脱症、胎衣不下、泄泻等。还可用于水针麻醉、穴位接种免疫等。

（四）注意事项

（1）血针穴位不能进行水针疗法，关节腔、颅腔也不适宜。

（2）在主要神经干通过的穴位注药时，应注意避开神经干，以不达到神经干所在的深度为宜。如背脊上的穴位不宜刺注过深，以防压迫损伤脊髓。

（3）注意药物的性能、药理作用、剂量、配伍禁忌、有效期、副作用、过敏反应等，凡副作用大及刺激作用过强的药液（如硝酸士的宁、硫酸新斯的明、氯化钾注射液等），使用时应严格控制剂量。

（4）穴位注药后局部有时有轻度肿胀和疼痛，一般经1d左右可自行消退。

（5）在同一穴点注射须间隔2~3d。

第三节 灸 术

一、艾 灸

用点燃的艾绒在患病动物机体的一定穴位上熏灼，借以疏通经络、驱散寒邪，达到治疗疾病的目的所采用的方法，称为艾灸疗法。艾绒是中药艾叶经晾晒及加工捣碎，去掉杂质粗梗而制成的一种灸料。艾叶性辛温、气味芳香，易于燃烧，燃烧时热力均匀温和，能窜透肌肤直达深部，有通经活络、祛除阴寒、回阳救逆的功效，有促进机能活动的治疗作用。《司牧安骥集》中就有"贴疮虽用药，艾灸且令焦"的记述。《豳风广义》也记载治羊儿风法："用艾在头中旋内，灸五六壮"。常用的艾灸疗法分为艾炷灸和艾卷灸两种，此外还有与针刺结合的温针灸。

（一）艾炷灸

艾炷是用艾绒制成的圆锥形的艾绒团，直接或间接置于穴位皮肤上点燃。前者称为直接灸，后者称为间接灸。艾炷有小炷（黄豆形）、中炷（枣核形）、大炷（大枣形）之分。每燃尽一个艾炷，称为"一炷"或"一壮"。治疗时，根据动物的体质、病情以及施术的穴位不同，选择艾炷的大小和数量。一般来说，初病或体质强壮者，艾炷宜大，壮数宜多；久病、体质虚弱者，艾炷宜小，壮数宜少；直接灸时艾炷宜小，间接灸时艾炷宜大。

1. 直接灸　将艾炷直接置于穴位上，在其顶端点燃，待烧到接近底部时，再换一个艾炷。根据灸灼皮肤的程度又分为无疤痕灸和有疤痕灸两种。

（1）无疤痕灸：多用于虚寒轻证的治疗。将小艾炷放在穴位上点燃，动物有灼痛感时不待艾炷燃尽就更换另一艾炷。可连续灸3～7壮，至局部皮肤发热时停灸。术后皮肤不留疤痕。

（2）有疤痕灸：多用于虚寒痼疾的治疗。将放在穴位上的艾炷燃烧到接近皮肤、动物灼痛不安时换另一艾炷。可连续灸7～10壮，至皮肤起水疱为止。术后局部出现无菌性化脓反应，十几天后渐渐结痂脱落，局部留有疤痕。

2. 间接灸　将穿有小孔的姜片、蒜片、附子片或食盐等其他药物，置于艾炷和穴位之间，点燃艾炷对穴位进行熏灼的灸法称为间接灸，也称隔物灸（图13-30）。分为隔姜灸、隔蒜灸、隔附灸和隔盐灸等。

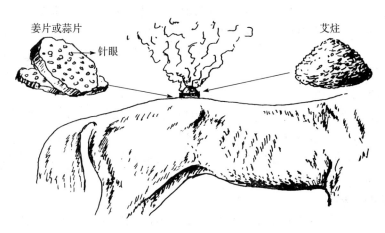

图13-30　隔物灸

（二）艾卷灸

用艾卷代替艾炷施行灸术，不但简化了操作手法，而且不受体位的限制，全身各部位均可施术。具体操作方法可分为下列三种。

1. 温和灸　将艾卷的一端点燃后，在距穴位0.5～2cm处持续熏灼，给穴位一种温和的刺激，每穴灸5～10min（图13-31）。适用于风湿痹痛等证。

2. 回旋灸　将燃着的艾卷在患部的皮肤上往返、回旋熏灼。适用于病变范围较大的肌肉风湿等证。

3. 雀啄灸　将艾卷点燃后，对准穴位，接触一下穴位皮肤，马上拿开，再接触，再拿开，如雀啄食，反复进行2～5min（图13-32）。多用于需较强火力施灸的慢性疾病。

图13-31　温和灸

图13-32　雀啄灸

图13-33　温针灸

(三) 温针灸

针刺和艾灸相结合的一种疗法，又称烧针柄灸法（图13-33）。即在针刺留针期间，将艾卷或艾绒裹到针柄上点燃，使艾火之温热通过针体传入穴位深层，起到针和灸的双重作用。适用于既需留针又需施灸的疾病。

二、温熨疗法

用温热物体对动物患部或穴位施行敷熨以治疗疾病的疗法，称为温熨疗法。该法具有温经散寒的作用，对风寒湿邪所引起的病证，如腰胯风湿、四肢风湿、破伤风、腰肌僵硬等有一定的治疗效果。根据所用材料不同，分为以下四种。

（一）醋麸熨

准备麦麸皮7~10kg，陈醋3~4kg。先将麸皮一半放在锅内，随炒随拌醋，炒至稍烫手（麸皮温度约达50℃），乘热装入麻袋内，铺平敷盖在患部；再用同样的方法炒另一半麸皮。两只麻袋交换使用，稍凉就换，至病畜耳后或腋下稍微出汗为止。最后将醋湿的麻袋除去，换盖以双层的干麻袋，保温。

（二）醋酒熨

俗称"火烧战船"。将患病动物保定好，用温醋将腰背部被毛浸湿，敷盖以温醋粗布或毛巾，再在粗布或毛巾上浇淋上70%酒精，点燃。注意观察，火小时浇酒精，若火太大时浇醋，如此反复烧灼约30min，至病畜耳后或腋下稍微出汗为止。最后将醋湿的麻袋除去，换盖双层的干粗布或毛巾，保温。

（三）全身温熨法

即先用柴草将地面烧热，然后垫上草秆，使动物卧于上面，动物身上以棉絮覆盖，令其出汗。

（四）槐枝熨

是将约拇指粗的槐枝锯成约40cm长的一段，用砖块架起两头，中间用火烧后一头冒热气时，将出气的一头对在穴位上着力抵住，使槐枝热气透入穴位内，使经络得阳气而筋骨自舒、病痛自止，可用治湿伤四肢疼痛等。

需要注意的是，温熨疗法所用敷料温度应保持在50~60℃，温度太高易造成烫伤，温度太低则影响疗效。另外，温熨结束后，应立即在患畜体表覆盖保暖物品，以防受凉。

第四节 其他疗法

一、穴位埋植疗法

将羊肠线或某些药物埋植在穴位或患部以防治疾病的方法，称为穴位埋植疗法。埋植物作为异物对机体的刺激持续时间长，刺激强烈，从而产生明显的治疗效果。埋植物分为羊肠线和特定的药物，故穴位埋植疗法分为埋线疗法和埋药疗法两种。

（一）埋线疗法

埋线疗法（图13-34）是指在穴位上埋植医用羊肠线，适用于动物的闪伤跛行、神经麻痹、肌肉萎缩、肝火上炎、角膜翳、脾虚泄泻、咳嗽和气喘等证。

1. 术前准备

(1) 器材：埋线针，可用 16 号注射针头或皮肤缝合针等；肠线，可用铬制 1～3 号医用羊肠线等；持针钳、外科剪及常规消毒用品等。

(2) 穴位：依据病证的不同，选用不同的穴位。猪病常用后海、脾俞、关元俞、后三里、三脘等穴。一般每穴只埋植一次，如需第二次治疗，应间隔 1 周后，另选穴位埋植。

(3) 施术前，先将羊肠线剪成 1cm 长的小段，或 10～15cm 长的大段，置灭菌生理盐水中浸泡；动物保定后，穴位剪毛消毒。

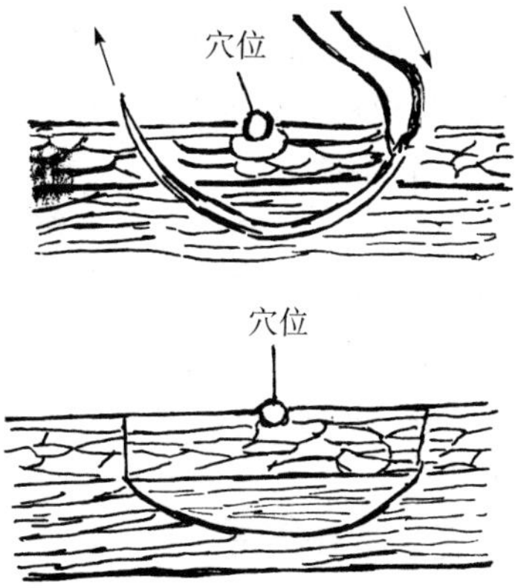

2. 操作方法

(1) 注射针埋线法：将肠线大段穿入 16 号针头的管腔内，针外留出多余的肠线；将注射针头垂直刺入穴位，随即将针头急速退出，使部分肠线留于穴内；用剪刀贴皮肤剪断外露肠线，然后提起皮肤，使肠线埋于穴内，最后消毒针孔。

图 13-34　埋线法

(2) 缝合针埋线法：用持针钳夹住带肠线的缝合针，从穴旁 1cm 处进针，穿透皮肤和肌肉，从穴位另一侧穿出；剪断穴位两边露出的肠线，轻提皮肤，使肠线完全埋进穴位内，最后消毒针孔。

3. 注意事项

(1) 操作时应严格消毒，术后加强护理，防止术部感染。

(2) 注意掌握埋植深度，不得损伤内脏、大血管和神经干。

(3) 埋线后局部有轻微炎症反应，或有低热，在 1～2d 后即可消退，无需处理。如穴位感染，应做处理。

(4) 患热性病者，忌用本法。

（二）埋药疗法

1. 术前准备

(1) 器材：手术刀或大宽针、止血钳、镊子、灭菌棉花、纱布、火棉胶等。

(2) 药品：消毒用酒精、碘酊；埋植用药物主要有蟾酥、松香等。

(3) 穴位：卡耳（耳廓中、下部，内外侧均可，以外侧多用）、天门、百会等穴。

2. 操作方法　治疗猪支气管炎、猪气喘病、猪肺疫、猪丹毒等先将患猪耳廓消毒，以大宽针在卡耳穴切开做一皮肤囊，在囊内埋入绿豆大蟾酥一粒，切口用胶布封闭。若治疗疮黄肿毒，以宽针刺破患部皮肤，放入以松香炼制的小药丸一粒，再用胶布或火棉胶封闭。

3. 注意事项

(1) 实施埋药疗法时，应注意对所用器材、药品及术部的消毒，严防感染。

(2) 埋植蟾酥时，因药物的刺激作用，可引起局部发炎、坏死，愈合后可能会形成疤痕或缺损。

(3) 治体表黄肿时，应尽量在肿胀下方刺孔埋药，以便于炎性渗出物的排出。

二、拔　火　罐

拔火罐是借助火焰排除罐内部分空气，造成负压吸附在动物穴位皮肤上来治疗疾病的一种方法。负压可造成局部淤血,具有温经通络、活血逐痹的作用。适用于各种疼痛性病患,如肌肉、关节风湿,胃肠冷痛,脾虚泄泻,风寒感冒,寒性喘证,阴寒疮疽,跌打损伤,以及疮疡的吸毒、排脓等。

(一)用具

火罐用竹、陶瓷、玻璃等制成(图13-35),呈圆筒形或半球形,也可以用大口罐头瓶。

(二)术前准备

准备火罐一个至数个,患畜妥善保定,术部剪毛,或在火罐吸着点上涂以不易燃烧的黏浆剂。

(三)操作方法

1. 拔罐法 根据排气的方法,常用的方法有三种。

竹罐　　　陶瓷罐　　　玻璃罐

图13-35 火罐

(1)闪火法:用镊子夹一块酒精棉点燃后,伸入罐内烧一下再迅速抽出,立即将罐扣在术部,火罐即可吸附在皮肤上(图13-36)。

(2)投火法:将纸片或酒精棉球点燃后,投入罐内,不等纸片烧完或火势正旺时,迅速将罐扣在术部(图13-37)。此法宜从侧面横扣,以免烧伤皮肤。

(3)架火法:用一块不易燃烧而导热性很差的片状物(如姜片、木塞等),放在术部,上面放一小块酒精棉,点燃后,将罐口烧一下,迅速连火扣住(图13-38)。

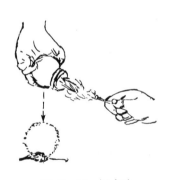  

图13-36 闪火法　　　图13-37 投火法　　　图13-38 架火法

2. 复合拔罐法 拔罐疗法可单独应用,也可与针刺等疗法配合应用,常用的有两种。

(1)针罐法:即白针疗法与拔罐法的结合。先在穴位上施白针,留针期间,以针为中心,再拔上火罐,可提高疗效(图13-39)。

 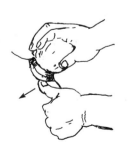

图13-39 针罐法　　　图13-40 起罐法

(2) 刺血拔罐法：即血针疗法与拔罐法的结合。先用三棱针在穴位局部浅刺出血，再行拔罐，以加强刺血疗法的作用。可使局部的瘀血消散，或将积脓、毒液吸出，常用于疮疡初期吸除瘘管脓液、毒蛇咬伤排毒。

3. 留罐和起罐法 留罐时间的长短依病情和部位而定，一般为 10～20min，病情较重、患部肌肤丰厚者可长。病情较轻、局部肌肤瘦薄者可短。起罐时，术者一手扶住罐体，使罐底稍倾斜，另一手下按罐口边缘的皮肤，使空气缓缓进入罐内，即可将罐起下（图 13-40）。起罐后，若该部皮肤破损，可涂布消炎软膏，以防止感染。

(四) 注意事项

(1) 局部有溃疡、水肿及大血管均不宜施术。患病动物敏感，肌肤震颤不安，火罐不能吸牢者，应改用其他疗法。

(2) 根据不同部位选用大小合适的火罐，并检查罐口是否平整、罐壁是否牢固无损。凡罐口不平、罐壁有裂隙者皆不能使用。

(3) 拔罐动作要做到稳、准、轻、快。起罐时，切不可硬拉或旋动，以免损伤皮肤。

(4) 术中若患病动物感到灼痛而不安时，应提早起罐。拔罐后局部出现紫绀色为正常现象，可自行消退。如留罐时间过长，皮肤会起水疱，疱小不需处理，大的可用针刺破，流出疱内液体，并涂以龙胆紫，以防感染。

三、按摩疗法

按摩疗法是运用手或器具在畜体的一定经穴或部位上连续施予机械性刺激以治疗疾病的方法，又称推拿疗法。

(一) 操作方法

按摩常用的手法有按法、摩法、推法、拿法、捋法、掐法、揉法、捏法、捶法、搓法、滚法、分法、合法、拍法、拽法等。根据按摩的部位又分为局部按摩术和通体推拿术。由于动物（特别是大动物）皮厚、肉满、力大，又不能像病人那样同医生配合，所以应对动物施以恰当保定，有时还需借助辅助物体或特制器具，采用适宜于动物特点的操作方法。

1. 摸揉法 用指腹或手掌对术部进行轻度的抚摸或按揉。如摸揉母畜乳房或阴蒂，隔着直肠壁按揉卵巢、膀胱、子宫及肠管等。

2. 压摩法 用拳或手掌根附着于一定部位上，以腕关节连同前臂做盘旋摩擦；或用草束、圆木紧贴局部皮肤并压其上，有节奏地向一个方向来回做直线或圆周擦动；也可两人拉住绳索或木杖在病畜背脊或腹底拉擦。

3. 抓捏法 拇指和食指指腹相对，在穴位上或腰背部夹捏皮肤或抓起肌腱，一手固定，一手握捏，反复交替进行。

4. 叩捶法 用拳或圆木捶击患部或穴位处，轻重变换，快慢交替。

5. 震摩法 用拳头紧贴术部做来回有节奏地震荡，也可借助电按摩器或磁按摩器做震动按摩。

(二) 按摩的应用

按摩疗法具有舒经活络、活血化滞、调和营卫等功效。局部按摩应用较多，如摸揉母畜乳房以治疗母畜乳汁不通；按摩母畜阴蒂促使母畜发情；隔着直肠壁按揉卵巢、膀胱或子宫治疗麻痹、便秘等；压摩法治疗瘤胃积食、瘤胃臌气、脱肛等；叩捶法、震摩法治疗神经麻痹、肌肉劳损、筋腱挫伤等；抓捏法治疗肌肉萎缩、组织粘连等。通体推拿是在畜体全身（可依头部、颈部、前肢、后肢、躯干、尾部顺序）推拿，可使畜体疏活全身气血，开通五脏闭结，对劳伤、塞闭、风寒感冒、肌肉拘挛和风湿痹症初起等有很好的治疗作用。使用按摩疗法时，几种手法常合并使用，有时还要配合针、药治疗。

（三）注意事项

(1) 皮肤破损处或化脓处、骨折处不宜按摩。
(2) 母畜怀孕期间不宜按摩腹部。
(3) 隔着直肠壁抚揉骨盆腔或腹腔内器官时，用力要轻、匀，切勿用猛力。如果按摩时间长，应每隔3~5min移动到另一个位置按摩，以免造成肠壁损伤。

四、激光针灸疗法

应用激光器发射的激光束照射穴位或灸烙患部以防治疾病的方法，称为激光针灸疗法。前者称为激光针术，后者称为激光灸术。由于激光具有亮度高、方向性精、相干性强和单色性好等特点，因此对机体组织的刺激性能良好、穿透力强，并具有优越的温热效应和电磁效应，以光代针，强度可调，疗效显著，是安全可靠的新型治疗方法。

（一）术前准备

准备好激光器。动物妥善保定，暴露针灸部位。

（二）操作方法

1. 激光针术 应用激光束直接照射穴位，简称光针疗法或激光穴位照射。适用于各种动物多种疾病的治疗，如肢蹄闪伤捻挫、神经麻痹、便秘、结症、腹泻、消化不良、前胃疾病、不孕症和乳房炎等。一般采用低功率氦氖激光器，波长632.8nm，输出功率2~30mW。施针时，根据病情选配穴位，每次1~4穴。穴位部剪毛消毒，用龙胆紫或碘酊标记穴位。然后打开激光器电源开关，出光后激光照头距离穴位5~30cm进行照射，每穴照射2~5min，1次治疗总照射时间为10~20min。一般每天或隔天照射1次，5~10次为1个疗程。

2. 激光灸术 根据灸烙的程度可分为激光灸灼、激光灸熨和激光烧烙三种。

(1) 激光灸灼：也称二氧化碳激光穴位照射，适应证与氦氖激光穴位照射相同。二氧化碳激光的波长为10.6μm，兽医临床常用的输出功率一般为1~5W，也有的高达30W以上。施术时，选定穴位，打开激光器预热10min，使用聚焦照射头，距离穴位5~15cm，用聚焦原光束直接灸灼穴位，每穴灸灼3~5s，以穴位皮肤烧灼至黄褐色为度。一般每隔3~5d灸灼1次，总计1~3次即可。

(2) 激光灸熨：使用输出功率30mW的氦氖激光器，或5W以上的二氧化碳激光器，以激光散焦照射穴区或患部。适用于大面积烧伤、创伤、肌肉风湿、肌肉萎缩、神经麻痹、肾虚腰胯痛、阴道脱、子宫脱和虚寒泄泻等病证。治疗时，装上散焦照射头，打开激光器，照射头距离穴区20~30cm，照射至穴区皮肤温度升高，动物能够耐受为度。如用计时照射，每区照射5~10min，每次治疗总时间为20~30min，每天或隔天1次，5~7次为1个疗程。由于二氧化碳激光器功率大，辐照面积大，照射面中央温度高，必须注意调整照射头与穴区的距离，确保给患部以最适宜的灸熨刺激。当病变组织面积较大时，可分区轮流照射，无需每次都灸熨整个患部。若为开放性损伤，宜先清创后再照射。

(3) 激光烧烙：应用输出功率30W以上的二氧化碳激光器发出的聚焦光束代替传统烙

铁进行烧烙。适用于慢性肌肉萎缩、外周神经麻痹、慢性骨关节炎、慢性屈腱炎、骨瘤、肿瘤等。施术时，打开激光器，手持激光烧烙头，直接渐次烧烙术部，随时小心地用毛刷清除烧烙线上的炭化物，边烧烙边喷洒醋液，烧烙至皮肤呈黄褐色为度。烧烙完毕，关闭电源，烧烙部再喷洒醋液一遍，涂以消炎油膏，最后解除动物保定。一般每次烧烙时间为40~50min。

（三）注意事项

（1）所有参加治疗的人员应佩戴激光防护眼镜，防止激光及其强反射光伤害眼睛。

（2）开机操作要严格遵守规程，防止漏电、短路和意外事故的发生。

（3）随时注意患病动物的反应，及时调节激光刺激强度。灸熨范围一般要大于病变组织的面积。若照射腔、道和瘘管等深部组织时，要均匀而充分。

（4）激光照射具有累积效应，应掌握好疗程和间隔时间。

（5）做好术后护理，防止动物摩擦或啃咬灸烙部位，预防水浸或冻伤的发生。

第十四章

穴　位

第一节　穴位概述

（一）穴位的涵义

穴位，古称俞穴或腧穴，又名孔穴、穴道。它是针灸的刺激点，是脏腑经络的气血在体表汇集、输注的部位。通过经络的联系，穴位可以接受针灸的各种刺激并将其传导至体内，使内部脏腑的功能得到调整，从而起到防治疾病的目的。

（二）穴位的命名

古人对穴位的命名，均有一定的含义。如《千金翼方》说："凡诸孔穴，名不徒设，皆有深意。"了解穴位的命名，不仅有助于理解穴位的作用，而且可帮助记忆。

1. 按形象命名　拟动物形象，如龙会、伏兔、雁翅等；拟植物形象，如莲花；拟天体形象，如太阳、天门、云门等；拟山川形象，如三江、山根、巴山、阳陵、后海等。

2. 按脏腑命名　如心俞、肺俞、肝俞、脾俞、肾俞、胃俞、大肠俞等。

3. 按作用命名　如知甘、开关、睛明、挺耳、苏气、断血等。

4. 按自然位置命名　如眼脉、鼻俞、耳尖、鬐甲、尾根、尾尖、膊尖、膊栏、大胯、小胯等。

5. 按会意命名　如承浆，因口涎流出时由此承接；掠草，因马在草原奔跑时此穴掠草而过。

（三）穴位的分类

由于中兽医古籍中没有家畜经脉具体循行路线的记载，故而动物穴位的分类，常按针具和针法来分。

1. 血针穴位　位于血管之上，针刺后有血液流出，如太阳、三江、胸膛、肾堂等。

2. 白针穴位　不在血管上，相对血针穴位而言，针后没有血液流出，故名白针穴位。既可施以圆利针、毫针、火针，也可施以电针、水针、气针、激光针等。

3. 巧治穴位　是运用特制的针具，如三弯针、宿水管、夹气针等，施以巧妙的手法以治疗疾病的穴位。如通天、开天、骨眼、姜牙、气海、弓子、夹气、莲花等。

4. 阿是穴　以发病时疼痛最明显处为穴。因其无固定部位，又称为不定穴。

（四）穴位的归经

将穴位归属于一定的经脉通路上，称为穴位的归经。古人对经络穴位的认识经过了由点连线，同类归经，经上布点的发展历程，进而认识到十四经脉是经络的主要组成部分，各条经脉在体表都有其气血输注的穴位分布。当受到病邪侵袭时，每条经脉都会表现出各自的外观病理体征，各经局部和远端发生的疾病均可用该经的穴位来治疗。在临床应用中，主要采用循经取穴和表里相配的原则，即当探诊到某经及其所属脏腑有病时，则主要在该经选配穴位，给予适当的针灸刺激，以调整气血，加强或抑制脏腑机能，使其趋于平衡协调，从而达到治疗疾病的目的。

（五）穴位的主治特性

穴位多布于经络通路上，通过经络与脏腑相联系。因此，它既能反映脏腑的生理与病理变化，又能接受针灸刺激，调节机体的虚实状态，使脏腑功能恢复正常。实践证明，穴位的主治有以下几个特性：

1. 近治作用 这是一切穴位的共同特性。即每个穴位都能治疗穴位局部及邻近部位的病证。例如，睛俞、睛明、三江、太阳、垂睛等位于眼睛周围的穴位都能治疗眼病。

2. 远治作用 这是经穴的共同特性。分布在同一条经络上的穴位，都能治疗该经及其所属脏腑的病证。例如，后肢阳明胃经的玉堂、三江、太阳、曲池、后蹄头等穴，虽所在部位距胃较远，但都能治疗胃经的病证。

3. 双向调整作用 同一穴位，对处于不同病理状态的脏腑和不同性质的疾病有不同的治疗作用。例如后海穴，用于便秘时能泻下通便，而用于泄泻时则能收敛止泻。

4. 相对特异性作用 同一经络上的穴位，既具有共同的主治特性，又有各自的相对特异性。例如，后肢阳明胃经的玉堂、三江穴，都能治疗胃经病症，但是玉堂穴善治胃热，而三江穴长于理气止痛，又能治疗眼病。所有的巧治穴位，特异性则更为专一。

（六）取穴方法

定穴是否准确，与针灸的治疗效果密切相关。要做到准确定穴，就必须掌握取穴方法。常用取穴方法有以下几种：

1. 以解剖形态作为取穴标志

（1）以骨骼或骨节作为取穴标志：如伏兔穴在寰椎翼的后上方，上关穴在下颌关节后上方的凹陷中。

（2）以肌沟作为取穴标志：如邪气、汗沟、仰瓦、牵肾位于股二头肌与半腱肌的肌沟中，六脉穴位于髂肋肌与背最长肌的肌沟中。

（3）以浅表静脉作为取穴标志：如胸膛位于胸外侧沟臂头静脉上，带脉位于肘后6cm的胸外静脉上。

（4）以耳、鼻、口、眼、肛门及尾作为取穴标志：如眼内的开天穴，耳部的耳尖穴，口角旁的锁口穴，肛门上方的后海穴等。

2. 根据体躯连线取穴 如胸骨后缘与肚脐连线的中点为中脘穴，百会与股骨大转子连线的中点为巴山穴。

3. 根据度量法取穴

（1）尾骨同体寸法：取患病动物第一尾椎的长度作为1寸，以此为度量单位进行定穴。多用于头颈、肩胛、胸腹等处穴位的定位。

（2）指量法：以医者的食指、中指并拢的宽度定为1寸，食指、中指、无名指三指并拢定为1.5寸，前三指加小指为2寸。以此为度量单位进行定穴。如腕关节内侧下2寸处的血管上为膝脉穴，肘后2寸的胸外静脉上为带脉穴等。

（七）选穴的原则

针灸是通过对穴位的刺激而实现其治疗作用的，治疗效果的好坏与所选择的穴位是否恰当密切相关。因此，必须掌握常用的选穴及配穴原则。

1. 选穴规律

（1）局部选穴：选取病患部位的穴位进行治疗。如治浑睛虫选开天穴，治舌肿选通关穴。

（2）邻近取穴：在病患部位的附近取穴，可与局部选穴配合，以加强疗效。如治蹄痛选缠腕穴。

（3）循经取穴：根据经络学说，某一脏腑有病，就在相关的经脉上选取穴位。如治肝热传眼，选肝经的太阳穴；治肺热咳喘，选肺经的鹘脉穴等。

（4）随证选穴：针对病证选取有效的穴位。如治发热，选大椎、降温等穴。

2. 配穴规律　在针灸治疗时，除选取 1~2 个主治穴位外，还要配合一些辅助的穴位，以加强疗效。

（1）两侧对称配穴：如治感冒取两侧耳尖穴，治结症取两侧关元俞穴等。

（2）前后配穴：前，指腰部以前和前肢；后，指腰部以后和后肢。如治冷痛，取三江穴，配尾尖穴；治泄泻，取脾俞穴，配后海穴等。

（3）内外配穴：内，指口腔内；外，指体表。如治食欲不振，选玉堂穴，配脾俞穴等。

（4）表里配穴：选取互为表里的两经上的穴位。如治肺热，取肺经的鹘脉穴，配以大肠经的鼻俞穴等。

（5）背腹配穴：如治泄泻，取背侧的脾俞，配腹侧的海门穴等。

（6）远近配穴：如治胃病，取胃俞穴，配远端的后三里穴等。

第二节　马的常用针灸穴位

马常用的穴位有 96 个，其中头部穴位 20 个，躯干穴位 36 个，前肢穴位 24 个，后肢穴位 16 个，详见表 14-1~4 和图 14-1、图 14-2。需要指出的是，表中所描述的针刺深度是根据中等大小体型马确定的，仅供临床参考。

表 14-1　马头部穴位

序号	穴名	定位	针法	主治
1	分水 Fen-shui	上唇外面旋毛正中点；一穴	用小宽针或三棱针刺入 1~2cm，出血	中暑、冷痛、歪嘴风
2	唇内 Chun-nei（内唇阴）	上唇内面，正中线两侧约 2cm 的上唇静脉上；左右侧各一穴	外翻上唇，用三棱针刺入 1cm，出血；也可在上唇黏膜肿胀处散刺	唇肿、口疮、慢草
3	玉堂 Yu-tang	口内上腭第三腭褶正中旁开 1.5cm 处；左右侧各一穴	将舌拉出，以拇指顶住上腭，用玉堂钩钩破穴点；或用三棱针或小宽针向前上方斜刺 0.5~1cm，出血，以盐擦之	胃热、舌疮、上腭肿胀、中暑
4	通关 Tong-guan	舌体腹侧面，舌系带两旁的舌下静脉上；左右侧各一穴	将舌拉出，向上翻转，用三棱针或小宽针刺入 0.5~1cm，出血	木舌、舌疮、胃热、慢草、黑汗风
5	锁口 Suo-kou	口角后上方约 2cm 的口轮匝肌外缘处；左右侧各一穴	用圆利针或毫针向后上方平刺 3cm，或透刺开关穴；火针 3cm，或间接烧烙	破伤风、歪嘴风、锁口黄

第十四章 穴 位

(续)

序号	穴名	定 位	针 法	主 治
6	开关 Kai-guan	口角向后的延长线与咬肌前缘相交处,即第四上下白齿间的颊肌内;左右侧各一穴	用圆利针或火针向后上方平刺2~3cm,毫针9cm,或向前下方透刺锁口穴,或灸烙	破伤风、歪嘴风、面颊肿胀
7	抽筋 Chou-jin	两鼻孔内下缘连线中点稍上方;一穴	拉紧上唇,用大宽针切开皮肤,用抽筋钩钩出上唇提肌腱,用力牵引数次或切断	肺把低头难(颈肌风湿)
8	鼻前 Bi-qian (降温)	两鼻孔下缘连线上,鼻内翼内侧1cm处;左右侧各一穴	用小宽针或圆利针直刺1~3cm,毫针2~3cm,捻针后可适当留针	发热、中暑、感冒、过劳
9	姜牙 Jiang-ya	鼻孔外侧缘下方,鼻翼软骨(姜牙骨)顶端处;左右侧各一穴	将上唇向另一侧拉紧,使姜牙骨充分显露,以大宽针切开皮肤,挑破或割去软骨端;或用姜牙钩钩拉软骨尖	冷痛及其他腹痛
10	鼻俞 Bi-shu	鼻孔上缘3cm处的鼻颌切迹内;左右侧各一穴	以三棱针横刺穿透鼻中隔,出血(如出血不止可高吊马头,用冷水、冰块冷敷或采取其他止血措施)	肺热、感冒、中暑、鼻肿痛
11	三江 San-jiang	内眼角下方约3cm处的眼角静脉分叉处;左右侧各一穴	低拴马头,使血管怒张,用三棱针或小宽针顺血管刺入1cm,出血	冷痛、肚胀、月盲、肝热传眼
12	睛明 Jing-ming	下眼眶上缘,两眼角内、中1/3交界处;左右眼各一穴	上推眼球,用毫针沿眼球与泪骨之间向内下方刺入3cm,或在下眼睑黏膜上点刺出血	肝经风热、肝热传眼、睛生翳膜
13	睛俞 Jing-shu	眶上突下缘正中;左右侧各一穴	下压眼球,用毫针沿眼球与额骨之间向内后上方刺入3cm,或在上眼睑黏膜上点刺出血	肝经风热、肝热传眼、睛生翳膜
14	开天 Kai-tian	黑睛下缘、白睛上缘(眼球角膜与巩膜交界处)的中心点上;左右眼各一穴	将头牢固保定,冷水冲眼或滴表面麻醉剂使眼球不动,待虫体游至眼前房时,用三弯针轻手急刺0.3cm,虫随眼房水流出;也可用注射器吸取虫体或注入3%精制敌百虫杀死虫体	浑睛虫病
15	太阳 Tai-yang	外眼角后方约3cm处的面横静脉上;左右侧各一穴	低拴马头,使血管怒张,用小宽针或三棱针顺血管刺入1cm,出血;或用毫针避开血管直刺5~7cm	肝热传眼、肝经风热、中暑、脑黄
16	上关 Shang-guan	下颌关节后上方的凹陷中;左右侧各一穴	用圆利针或火针向内下方刺入3cm,毫针4.5cm	歪嘴风、破伤风、下颌脱臼
17	下关 Xia-guan	下颌关节下方,外眼角上方的凹陷中;左右侧各一穴	用圆利针或火针向内上方刺入2cm,毫针2~3cm	歪嘴风、破伤风
18	大风门 Da-feng-men	头顶部,门鬃下缘顶骨矢状嵴分叉处为主穴,沿顶骨外嵴向两侧各旁开3cm为二副穴;共三穴	用毫针、圆利针或火针沿皮下由主穴向副穴或由副穴向主穴平刺3cm,艾灸或烧烙	破伤风、脑黄、脾虚湿邪、心热风邪
19	耳尖 Er-jian	耳背侧尖端的耳静脉上;左右耳各一穴	捏紧耳尖,使血管怒张,用小宽针或三棱针刺入1cm,出血	冷痛、感冒、中暑
20	天门 Tian-men	两耳根连线正中,即枕寰关节背侧的凹陷中;一穴	用圆利针或火针向后下方刺入3cm,毫针3~4.5cm	脑黄、黑汗风、破伤风、感冒

表 14-2 马躯干部穴位

序号	穴名	定位	针法	主治
21	风门 Feng-men	耳后3cm，距鬐下缘6cm，寰椎翼前缘的凹陷处；左右侧各一穴	用毫针向内下方刺入6cm，火针2~3cm，或灸、烧烙	破伤风、颈风湿、风邪证
22	伏兔 Fu-tu	耳后6cm，寰椎翼后缘的凹陷处；左右侧各一穴	用毫针向内下方刺入6cm，火针2~3cm，或灸	破伤风、颈风湿、风邪证
23	九委（上上委、上中委、上下委、中上委、中中委、中下委、下上委、下中委、下下委）	颈侧菱形肌下缘弧形肌沟内；上上委在伏兔穴后下方3cm，距鬐下缘约3.5cm处；下下委在膊尖穴前方4.5cm，距鬐下缘约5cm处；两穴之间八等分，分点处为其余七穴；左右侧各九穴	用毫针直刺4.5~6cm，火针2~3cm	颈风湿症、破伤风
24	颈脉 Jing-mai（鹘脉）	颈静脉沟上、中1/3交界处的颈静脉上；左右侧各一穴	高拴马头，颈基部拴一细绳，打活结，用大宽针对准穴位急刺1cm，出血；术后松开绳扣，即可止住出血	脑黄、中暑、中毒、遍身黄、肺热
25	大椎 Da-zhui	第七颈椎与第一胸椎棘突间的凹陷中；一穴	用毫针或圆利针稍向前下方刺入6~9cm	感冒、咳嗽、发热、癫痫、腰背风湿
26	鬐甲 Qi-jia	鬐甲最高点前方，第三、四胸椎棘突顶端的凹陷中；一穴	用毫针向前下方刺入6~9cm，火针3~4cm；治鬐甲肿胀时用宽针散刺	咳嗽、气喘、肚痛、腰背风湿、鬐甲痈肿
27	断血 Duan-xue	最后胸椎与第一腰椎棘突间的凹陷中为主穴，向前、后各移一脊椎为二副穴；共三穴	用毫针、圆利针或火针直刺2.5~3cm	阉割后出血、便血、尿血等各种出血证
28	命门 Ming-men	第二、三腰椎棘突间的凹陷中；一穴	用毫针、圆利针或火针直刺3cm	闪伤腰胯、寒伤腰胯、破伤风
29	百会 Bai-hui	腰荐十字部，即最后腰椎与第一荐椎棘突间的凹陷中；一穴	用火针或圆利针直刺3~4.5cm，毫针6~7.5cm	腰胯闪伤、风湿、破伤风、便秘、肚胀、泄泻、疝痛、不孕症
30	肺之俞 Fei-zhi-shu	倒数第九肋间，距背中线12cm的髂肋肌沟中；左右侧各一穴	用圆利针或火针直刺2~3cm，毫针向上或向下斜刺4~5cm	肺热咳嗽、肺把胸膊痛、劳伤气喘
31	肝之俞 Gan-zhi-shu	倒数第五肋间，距背中线12cm的髂肋肌沟中；左右侧各一穴	用圆利针或火针直刺2~3cm，毫针向上或向下斜刺3~5cm	黄疸、肝经风热、肝热传眼
32	脾俞 Pi-shu	倒数第三肋间，距背中线12cm的髂肋肌沟中；左右侧各一穴	用圆利针或火针直刺2~3cm，毫针向上或向下斜刺3~5cm	胃冷吐涎、肚痛、结症、泄泻、冷痛
33	大肠俞 Da-chang-shu	倒数第一肋间，距背中线12cm的髂肋肌沟中；左右侧各一穴	用圆利针或火针直刺2~3cm，毫针3~5cm	结症、肚胀、肠黄、冷肠泄泻、腰脊疼痛
34	关元俞 Guan-yuan-shu	最后肋骨后缘，距背中线12cm的髂肋肌沟中；左右侧各一穴	用圆利针或火针直刺2~3cm，毫针6~8cm，可达肾脂肪囊内	结症、肚胀、泄泻、冷痛、腰脊疼痛

(续)

序号	穴名	定 位	针 法	主 治
35	小肠俞 Xiao-chang-shu	第一、二腰椎横突间,距背中线12cm的髂肋肌沟中;左右侧各一穴	用圆利针或火针直刺2～3cm,毫针3～6cm	泌尿系统疾病、结症、肚胀、肠黄、腰痛
36	腰前 Yao-qian	第一、二腰椎棘突之间旁开6cm处;左右侧各一穴	用圆利针或火针直刺3～4.5cm,毫针5～6cm,亦可透刺腰中、腰后穴	腰胯风湿、闪伤、腰痿
37	腰中 Yao-zhong	第二、三腰椎棘突之间旁开6cm处;左右侧各一穴	用圆利针或火针直刺3～4.5cm,毫针4.5～6cm,亦可透刺腰前、腰后穴	腰胯风湿、闪伤、腰痿
38	腰后 Yao-hou	第三、四腰椎棘突之间旁开6cm处;左右侧各一穴	用圆利针或火针直刺3～4.5cm,毫针4.5～6cm,亦可透刺腰中、肾俞穴	腰胯风湿、闪伤、腰痿
39	肾棚 Shen-peng	肾俞穴前方6cm,距背中线6cm处;左右侧各一穴	用火针或圆利针直刺3～4.5cm,毫针6cm,亦可透刺腰后、肾俞穴	腰痿、腰胯风湿、闪伤
40	肾俞 Shen-shu	百会穴旁开6cm处;左右侧各一穴	用火针或圆利针直刺3～4.5cm,毫针6cm,亦可透刺肾棚、肾角穴	腰痿、腰胯风湿、闪伤
41	肾角 Shen-jiao	肾俞穴后方6cm,距背中线6cm处;左右侧各一穴	用火针或圆利针直刺3～4.5cm,毫针6cm,亦可透刺肾俞穴	腰痿、腰胯风湿、闪伤
42	八窌 Ba-jiao (上、次、中、下窌)	各荐椎棘突间,正中线旁开4.5cm;左右侧各四穴	用火针或圆利针向椎间孔方向斜刺2.5～3cm,毫针3～6cm,或同侧四穴相互透刺	腰胯风湿、腰挫伤、腰痿、垂缕不收
43	雁翅 Yan-chi	髋结节到背中线所作垂线的中、外1/3交界处;左右侧各一穴	用圆利针或火针直刺3～4.5cm,毫针4～8cm	腰胯痛、腰胯风湿、不孕症
44	丹田 Dan-tian	髋结节前下方4.5cm处凹陷中;左右侧各一穴	用圆利针或火针直刺2～3cm,毫针刺入3～4cm	腰胯痛、雁翅痛、不孕症
45	穿黄 Chuan-huang	胸前正中线旁开2cm处;左右侧各一穴	拉起皮肤,用穿黄针穿上马尾穿通两穴,马尾两端拴上适当重物,引流黄水;或用宽针局部散刺	胸黄、胸部水肿
46	胸堂 Xiong-tang	胸骨两旁,胸外侧沟下部的臂头静脉上;左右侧各一穴	高拴马头,用中宽针沿血管急刺1cm,出血(放血量500～1 000mL)	心肺积热、胸膊痛、五攒痛、前肢闪伤
47	带脉 Dai-mai	肘后6cm的胸外静脉上;左右侧各一穴	用大、中宽针顺血管刺入1cm,出血	肠黄、中暑、冷痛
48	黄水 Huang-shui	胸骨后、包皮前,两侧带脉下方的胸腹下肿胀处	避开大血管和腹白线,用大宽针在局部散刺1cm深	肚底黄、胸腹部水肿
49	云门 Yun-men	脐前9cm,腹中线旁开2cm;左右均可,任取一穴	用以大宽针刺破皮肤及腹黄筋膜,插入宿水管放出腹水	宿水停脐(腹水)
50	巴山 Ba-shan	百会穴与股骨大转子连线的中点处;左右侧各一穴	用圆利针或火针直刺3～4.5cm,毫针10～12cm	腰胯风湿、闪伤、后肢风湿、麻木
51	路股 Lu-gu	百会穴与股骨大转子连线的中、下1/3交界处;左右侧各一穴	用圆利针或火针直刺3～4.5cm,毫针8～10cm	腰胯风湿、闪伤、后肢麻木

(续)

序号	穴名	定 位	针 法	主 治
52	后海 Hou-hai	肛门上、尾根下的凹陷中；一穴	用火针或圆利针向前上方刺入6～10cm，毫针12～18cm	结症、泄泻、直肠麻痹、不孕症
53	阴俞 Yin-shu	肛门与阴门（♀）或阴囊（♂）中点的中心缝上；一穴	用火针或圆利针直刺2～3cm，毫针4～6cm；或艾卷灸	阴道脱、子宫脱、带下（♀）；阴肾黄、垂缕不收（♂）
54	尾根 Wei-gen	尾背侧，第一、二尾椎棘突间；一穴	用火针或圆利针直刺1～2cm，毫针3cm	腰胯闪伤、风湿、破伤风
55	尾本 Wei-ben	尾腹面正中，距尾基部6cm处的尾静脉上；一穴	用中宽针向上顺血管刺入1cm，出血	腰胯闪伤、风湿、肠黄、尿闭
56	尾尖 Wei-jian	尾尖末端；一穴	用中宽针直刺1～2cm，或将尾尖十字劈开，出血	冷痛、感冒、中暑、过劳

表14-3 马前肢穴位

序号	穴名	定 位	针 法	主 治
57	膊尖 Bo-jian	肩胛骨与肩胛软骨前角结合处；左右肢各一穴	用圆利针或火针沿肩胛骨内侧向后下方刺入3～6cm，毫针12cm	前肢风湿、肩膊闪伤、肿痛
58	膊栏 Bo-lan	肩胛骨后角与肩胛软骨结合处；左右肢各一穴	用圆利针或火针沿肩胛骨内侧向前下方刺入3～5cm，毫针10～12cm	前肢风湿、肩膊闪伤、肿痛
59	肺门 Fei-men	肩胛骨前缘，膊尖穴前下方12cm处；左右肢各一穴	用圆利针或火针沿肩胛骨内侧向后下方刺入3～5cm，毫针8～10cm	肺气把膊、寒伤肩膊痛、肩膊麻木
60	肺攀 Fei-pan	肩胛骨后缘，膊栏穴前下方12cm处；左右肢各一穴	用圆利针或火针沿肩胛骨内侧向前下方刺入3～5cm，毫针8～10cm	肺气痛、咳嗽、肩膊风湿
61	弓子 Gong-zi	肩胛冈后方，肩胛软骨上缘正中点的直下方约10cm处；左右肢各一穴	用大宽针刺破皮肤，两手提拉切口周围皮肤，让空气进入，或以16号注射针头刺入穴位皮下，用注射器注入滤过的空气，然后用手向周围推压，使空气扩散到所需范围	肩膊麻木、肩膊部肌肉萎缩
62	膊中 Bo-zhong	肩胛骨前缘，肺门穴前下方6cm处；左右肢各一穴	用圆利针或火针沿肩胛骨内侧向后下方刺入3～5cm，毫针8～10cm	肺气把膊、寒伤肩膊痛、肩膊麻木、肺气痛
63	肩井 Jian-jing	肩端，臂骨大结节外上缘的凹陷中；左右肢各一穴	用火针或圆利针向后下方刺入3～4.5cm，毫针6～8cm	抢风痛、前肢风湿、肩臂麻木
64	肩俞 Jian-shu	肩端臂骨大结节下缘的凹陷处；左右肢各一穴	用火针或圆利针向内上方刺入2.5cm，毫针3～4cm	肩膊痛、抢风痛、前肢风湿
65	肩外俞 Jian-wai-shu	臂骨大结节后缘的凹陷中；左右肢各一穴	用火针或圆利针向内下方刺入3～5cm，毫针8～10cm	肩膊痛、抢风痛、前肢风湿

(续)

序号	穴名	定 位	针 法	主 治
66	抢风 Qiang-feng	肩关节后下方，三角肌后缘与臂三头肌长头、外头形成的凹陷中；左右肢各一穴	用圆利针或火针直刺3～4cm，毫针8～10cm	闪伤夹气、前肢风湿、前肢麻木
67	冲天 Chong-tian	肩胛骨后缘中部，抢风穴后上方6cm处的凹陷中；左右肢各一穴	用圆利针或火针直刺3～4.5cm，毫针8～10cm	前肢风湿、前肢麻木、肺气把膊
68	肩贞 Jian-zhen	抢风穴前上方6cm处，与冲天穴在同一水平线上；左右肢各一穴	用火针或圆利针直刺3～4cm，毫针6cm	肩膊闪伤、抢风痛、肩膊风湿、肩膊麻木
69	天宗 Tian-zong	抢风穴正上方约10cm处，与抢风、冲天、肩贞呈菱形排列；左右肢各一穴	用火针或圆利针直刺3～4cm，毫针6cm	闪伤夹气痛、前肢风湿、前肢麻木
70	夹气 Jia-qi	前肢腋窝正中；左右肢各一穴	先用大宽针刺破皮肤，然后以涂油的夹气针向同侧抢风穴方向刺入20～25cm，达肩胛下肌与胸下锯肌之间的疏松结缔组织内，出针消毒后前后摇动患肢数次	闪伤里夹气
71	肘俞 Zhou-shu	臂骨外上髁与肘突之间的凹陷中；左右肢各一穴	用火针或圆利针直刺3～4cm，毫针6cm	肘部肿胀、风湿、麻痹
72	掩肘 Yan-zhou	肘突后上方3cm，前臂筋膜张肌后缘的凹陷中；左右侧各一穴	用火针或圆利针向前下方刺入3cm，毫针3～5cm	肘头肿胀、肘部风湿、肩肘麻木
73	乘镫 Cheng-deng	肘突内侧稍下方，掩肘穴后下方6cm的胸后浅肌的肌间隙内；左右肢各一穴	用火针或圆利针向前上方刺入3cm，毫针3～5cm	肘部风湿、肘头肿胀、扭伤
74	乘重 Cheng-zhong	桡骨近端外侧韧带结节下部，指总伸肌与指外侧伸肌起始部的肌沟中；左右肢各一穴	用火针或圆利针稍斜向前刺入2～3cm，毫针4.5～6cm	乘重肿痛、前臂麻木
75	前三里 Qian-san-li	前臂外侧上部，桡骨上、中1/3交界处，腕桡侧伸肌与指总伸肌之间的肌沟中；左右肢各一穴	用火针或圆利针向后上方刺入3cm，毫针4.5cm	脾胃虚弱、前肢风湿
76	膝眼 Xi-yan	腕关节背侧面正中，腕前黏液囊肿胀最低处；左右肢各一穴	提起患肢，用中宽针直刺1cm，放出水肿液	腕前黏液囊肿
77	膝脉 Xi-mai	腕关节内侧下方约6cm处的掌心浅内侧静脉上；左右肢各一穴	用小宽针沿血管刺入1cm，出血	腕关节肿痛、屈腱炎
78	缠腕 Chan-wan（前肢称前缠腕，后肢称后缠腕）	四肢球节上方两侧，掌（跖）内、外侧沟末端的指（趾）内、外侧静脉上；每肢内外侧各一穴	用小宽针沿血管刺入1cm，出血	球节肿痛、屈腱炎
79	蹄头 Ti-tou（前蹄称前蹄头，后蹄称后蹄头）	蹄背面，蹄缘（毛边）上1cm处，前蹄在正中线外侧旁开2cm处，后蹄在正中线上；每蹄各一穴	用中宽针向蹄内直刺1cm，出血	五攒痛、球节痛、蹄头痛、冷痛、结症
80	滚蹄 Gun-ti	前、后肢系部，掌/跖侧正中凹陷中；每肢各一穴	横卧保定，患蹄推磨式固定于木桩上，局部剪毛消毒，用大宽针针刃平行于系骨刺入，轻症劈开屈肌腱，重症横转针刃，推动"磨杆"至蹄伸直，被动切断部分屈肌腱	滚蹄（屈肌腱挛缩）

表 14-4　马后肢穴位

序号	穴名	定　位	针　法	主治
81	居髎 Ju-liao	髋结节后下方的凹陷中；左右肢各一穴	用圆利针或火针直刺 3～4.5cm，毫针 6～8cm	雁翅痛、后肢风湿或麻木
82	环跳 Huan-tiao	髋关节前缘，股骨大转子前方约 6cm 的凹陷中；左右肢各一穴	用圆利针或火针直刺 3～4.5cm，毫针 6～8cm	雁翅肿痛、后肢风湿或麻木
83	大胯 Da-kua	髋关节前下缘，股骨大转子前下方约 6cm 的凹陷中；左右肢各一穴	用圆利针或火针沿股骨前缘向后下方斜刺 3～4.5cm，毫针 6～8cm	后肢风湿、闪伤腰胯
84	小胯 Xiao-kua	股骨第三转子后下方的凹陷中；左右肢各一穴	用圆利针或火针直刺 3～4.5cm，毫针 6～8cm	后肢风湿、闪伤腰胯
85	后伏兔 Hou-fu-tu	小胯穴正前方，股骨前缘的凹陷中；左右肢各一穴	用圆利针或火针直刺 3～4.5cm，毫针 6～8cm	掠草痛、后肢风湿或麻木
86	邪气 Xie-qi	尾根切迹平位与股二头肌沟相交处；左右肢各一穴	用圆利针或火针直刺 4.5cm，毫针 6～8cm	后肢风湿或麻木、股胯闪伤
87	汗沟 Han-gou	邪气穴下 6cm 处的同一肌沟中；左右肢各一穴	用圆利针或火针直刺 4.5cm，毫针 6～8cm	后肢风湿或麻木、股胯闪伤
88	仰瓦 Yang-wa	汗沟穴下 6cm 处的同一肌沟中；左右肢各一穴	用圆利针或火针直刺 4.5cm，毫针 6～8cm	后肢风湿或麻木、股胯闪伤
89	牵肾 Qian-shen	仰瓦穴下 6cm 处的同一肌沟中；左右肢各一穴	用圆利针或火针直刺 4.5cm，毫针 6～8cm	后肢风湿或麻木、股胯闪伤
90	肾堂 Shen-tang	股内侧距大腿根约 12cm 的隐静脉上；左右肢各一穴	将对侧后肢提举保定，用中宽针沿血管刺入 1cm，出血	外肾黄、五攒痛、闪伤腰胯、后肢风湿
91	阴市 Yin-shi	膝盖骨外上缘的凹陷处；左右肢各一穴	用圆利针或火针向后上方刺入 3cm，毫针 4.5cm	掠草痛、后肢风湿
92	掠草 Lue-cao	膝盖骨下缘，膝中、外直韧带间的凹陷中；左右肢各一穴	用圆利针或火针向后上方斜刺 3～4.5cm，毫针 6cm	掠草痛、后肢风湿
93	阳陵 Yang-ling	膝关节后方，胫骨外髁上缘的凹陷处；左右肢各一穴	用圆利针或火针直刺 3cm，毫针 8～10cm	掠草痛、后肢风湿、消化不良
94	丰隆 Feng-long	后三里穴后上方 6cm，胫骨外髁后下缘的肌沟中；左右肢各一穴	用圆利针或火针直刺 3cm，毫针 8～10cm	掠草痛、后肢风湿、消化不良
95	后三里 Hou-san-li	掠草穴后下方约 10cm，腓骨小头下方，趾长伸肌与趾外侧伸肌之间的肌沟中；左右肢各一穴	用圆利针或火针直刺 2～4cm，毫针 4～6cm	脾胃虚弱、后肢风湿、体质虚弱
96	曲池 Qu-chi	跗关节背侧稍偏内的跖背内侧静脉上；左右肢各一穴	用小宽针直刺 1cm，出血	胃热不食、跗关节肿痛

第十四章 穴 位

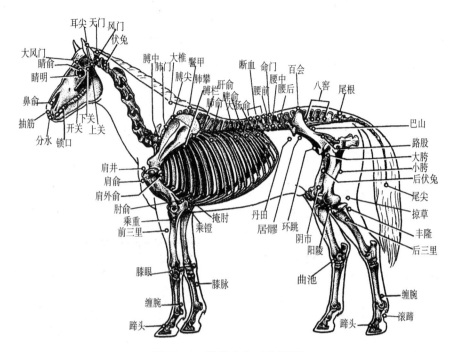

图 14-1 马的穴位（骨骼图）

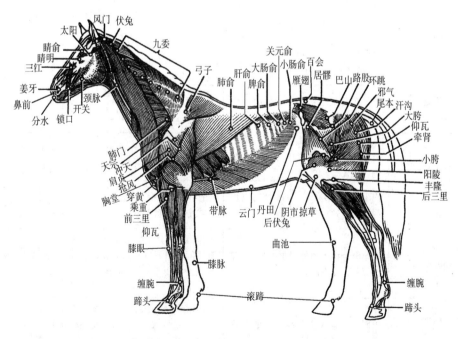

图 14-2 马的穴位（肌肉图）

第三节 牛的常用针灸穴位

牛常用的穴位有86个，其中头部穴位20个，躯干穴位33个，前肢穴位18个，后肢穴位15个，详见表14-5~8和图14-3、图14-4。表中所描述的针刺深度是根据中等大小体型黄牛确定的，仅供临床参考。

表14-5 牛头颈部穴位

序号	穴名	定位	针法	主治
1	山根 Shan-gen（人中）	主穴在鼻唇镜上缘正中有毛无毛交界处，两副穴在左右鼻孔背角上缘处；三穴形成一等腰三角形	用小宽针向后下方斜刺1cm，出血	中暑、感冒、腹痛
2	鼻中 Bi-zhong（三关）	两鼻孔下缘连线中点；一穴	用小宽针或三棱针直刺1cm，出血	慢草、热病、唇肿、衄血、黄疸
3	顺气 Shun-qi（嚼眼）	口内硬腭前端切齿乳头两侧的鼻腭管开口处；左右侧各一穴	将去皮、节的鲜细柳（榆）枝端部削成钝圆形，徐徐插入20~30cm，剪去外露部分，留置2~3h或待病愈取出	瘤胃臌气、感冒、睛生翳膜
4	通关 Tong-guan（知甘）	舌体腹侧面，舌系带两旁的舌下静脉上；左右侧各一穴	将舌拉出，用小宽针或三棱针顺血管刺入1cm，出血	慢草、木舌、中暑、口炎、春、秋季开针洗口有防病作用
5	承浆 Cheng-iang（命牙）	下唇下缘正中有毛无毛交界处；一穴	用中、小宽针向后下方刺入1cm，出血	下颌肿痛、口炎、五脏积热、慢草
6	锁口 Suo-kou	口角后上方约2cm口轮匝肌后缘处；左右侧各一穴	用小宽针或火针向后上方平刺3cm，毫针4~6cm，或透刺开关穴	牙关紧闭、歪嘴风
7	开关 Kai-guan（牙关）	颊部咬肌前缘凹陷处，最后一对臼齿稍后处；左右侧各一穴	用中宽针、圆利针或火针向后上方刺入2~3cm，毫针4~6cm，或透刺锁口	牙关紧闭、歪嘴风、腮黄
8	抱腮 Bao-sai	开关穴后上方约7cm，最后臼齿间；左右侧各一穴	用中宽针、圆利针或火针向后上方刺入2~3cm，毫针4~6cm，或透刺开关	歪嘴风、锁扣风、腮黄
9	鼻俞 Bi-shu（过梁）	鼻梁两侧，鼻孔上约3cm，鼻孔上缘与鼻颌切迹之中点处；左右侧各一穴	用三棱针或小宽针直刺1.5cm，或透刺对侧，出血	肺热、感冒、中暑、鼻肿
10	三江 San-jiang	内眼角前下方约4.5cm处的眼角静脉分叉处；左右侧各一穴	低拴牛头，使血管怒张，用三棱针或小宽针刺入1cm，出血	疝痛、肝热传眼
11	睛明 Jing-ming（睛灵）	下眼眶上缘，内外眼角内、中1/3交界处；左右眼各一穴	上推眼球，用毫针沿眼球与下眼眶之间向内下方刺入3cm；或外翻眼睑，用三棱针散刺眼睑黏膜，出血	肝热传眼、睛生翳膜
12	睛俞 Jing-shu（眉神、鱼腰）	上眼眶下缘正中与眼球间的凹陷处；左右眼各一穴	下压眼球，用毫针沿眶上突下缘向内上方刺入2~3cm；或外翻眼睑，用三棱针散刺眼睑黏膜，出血	肝热传眼、肝热传眼

(续)

序号	穴名	定位	针法	主治
13	太阳 Tai-yang	外眼角后方约 3cm 处的颞窝中；左右侧各一穴	用小宽针刺入 1~2cm，出血；或避开血管，用毫针刺入 3~6cm；或施水针	中暑、感冒、癫痫、肝热传眼、睛生翳膜
14	通天 Tong-tian	两内眼角连线正中上方 6~8cm 处；一穴	用火针沿皮下向上平刺 2~3cm，或火烙、冰敷；治脑包虫可施开颅术	感冒、脑黄、癫痫、破伤风、脑包虫
15	耳尖 Er-jian（血印）	耳背侧距耳尖 3cm 的耳静脉内、中、外三支上；左右耳各三穴	捏紧耳根，使血管怒张，用中宽针或大三棱针刺破血管，出血	中暑、感冒、中毒、腹痛、热性病
16	耳根 Er-gen	耳根后方与寰椎翼前缘之间的凹陷处；左右耳各一穴	用毫针或圆利针向内下方刺入 3~6cm，或用火针刺入 1~2cm	感冒、过劳、腹痛、风湿
17	天门 Tian-men	两角根连线正中后方，即枕寰关节背侧的凹陷中；一穴	用火针、小宽针或圆利针向后下方斜刺 3cm，毫针 3~6cm，或火烙	感冒、脑黄、癫痫、眩晕、破伤风
18	风门 Feng-men	耳根穴前下方约 6cm 处，寰椎翼前缘下方与腮腺间的凹陷处；左右侧各一穴	用火针或圆利针向内下方刺入 3cm	感冒、风湿症、破伤风
19	喉门 Hou-men（锁喉）	第一、二气管轮两侧；左右侧各一穴	用圆利针斜向后下方刺入 2~3cm，或施气管切开术	喉肿痛、喉瘅
20	颈脉 Jing-mai（鹘脉）	颈静脉上、中 1/3 交界处；左右侧各一穴	高拴牛头，徒手按压或系颈绳使血管怒张，用大宽针刺入 1cm，出血	中暑、中毒、脑黄、肺风毛燥

表 14-6　牛躯干部穴位

序号	穴名	定位	针法	主治
21	丹田 Dan-tian	第一、二胸椎棘突间的凹陷中；一穴	用小宽针、圆利针或火针垂直刺入 3cm，毫针 6cm	中暑、过劳、前肢风湿、肩痛
22	鬐甲 Qi-jia（三台）	第三、四胸椎棘突间的凹陷中；一穴	用小宽针或火针向前下方刺入 2~3cm，毫针 4~5cm	前肢风湿、肺热咳嗽、脱膊、肩肿
23	天福 Tian-fu（三川）	第五、六胸椎棘突间的凹陷中；一穴	用小宽针或火针向前下方刺入 2~3cm，毫针 3~4.5cm	泄泻、肚痛
24	苏气 Su-qi	第八、九胸椎棘突间的凹陷中；一穴	用小宽针、圆利针向前下方刺入 1.5~2.5cm，毫针 3~4.5cm	肺热、咳嗽、气喘
25	安福 An-fu（通筋）	第十、十一胸椎棘突间的凹陷中；一穴	用小宽针、圆利针直刺 1.5~2.5cm，毫针 3~4.5cm	腹泻、肺热、风湿
26	天平 Tian-ping（断血）	最后胸椎与第一腰椎棘突间的凹陷中；一穴	用小宽针、圆利针或火针直刺 2cm，毫针 3~4cm	尿闭、肠黄、阳痿、尿血、便血、阉割后出血
27	后丹田 Hou-dan-tian	第一、二腰椎棘突间的凹陷中；一穴	用小宽针、圆利针或火针直刺 3cm，毫针 4.5cm	慢草、腰胯痛、尿闭

(续)

序号	穴名	定　位	针　法	主　治
28	命门 Ming-men （肾门）	第二、三腰椎棘突间的凹陷中；一穴	用小宽针、圆利针或火针直刺3cm，毫针3~5cm	腰痛、肾痛、尿闭、尿血、胎衣不下、慢草
29	安肾 An-shen	第三、四腰椎棘突间的凹陷中；一穴	用小宽针、圆利针或火针直刺3cm，毫针3~5cm	腰胯痛、肾痛、尿闭、胎衣不下、慢草
30	百会 Bai-hui （千金）	腰荐十字部，即最后腰椎与第一荐椎棘突间的凹陷中；一穴	用小宽针、圆利针或火针直刺3~4.5cm，毫针刺入6~9cm	腰胯风湿或闪伤、二便不利、垂脱、后驱瘫痪
31	尾根 Wei-gen	尾背侧正中，荐尾结合部棘突间的凹陷中；一穴	以手摇尾动与不动的骨节凹陷处，用小宽针、圆利针或火针直刺1~2cm，毫针3cm	腹痛、便秘、热泻、脱肛、热性病
32	尾本 Wei-ben	尾腹面正中，距尾基部6cm处第三、四尾椎间尾静脉上；一穴	用中宽针刺入1cm，出血	腰风湿、尾痹、腹痛、便秘
33	尾尖 Wei-jian（卷珠）	尾尖末端；一穴	用中宽针直刺1cm或将尾尖十字劈开，出血	中暑、中毒、感冒、过劳、热性病
34	通窍 Tong-qiao	倒数第四、五、六、七肋间，髋结节上角水平线上的髂肋肌沟中；左右侧各四穴	用小宽针、圆利针或火针向内下方刺入3cm，毫针6cm	肺痛、咳嗽、过劳、风湿
35	肺俞 Fei-shu	倒数第六肋间与肩、髋关节连线的交点处；左右侧各一穴	用小宽针、圆利针或火针向内下方刺入3~4.5cm，毫针6cm	肺热咳嗽、感冒、劳伤气喘
36	六脉 Liu-mai	倒数第一、二、三肋间与髋结节上角水平线相交处髂肋肌沟中；左右侧各三穴	用小宽针、圆利针或火针向内下方刺入3cm，毫针6cm	便秘、肚胀、积食、泄泻、慢草
37	脾俞 Pi-shu （六脉第一穴）	倒数第三肋间与髋结节上角水平线相交处髂肋肌沟中；左右侧各一穴	用小宽针、圆利针或火针向内下方刺入3cm，毫针6cm	消化不良、肚胀、积食、泄泻
38	食胀 Shi-zhang	左侧倒数第二肋间与髋结节下角水平线相交处；一穴	用小宽针、圆利针或毫针向内下方刺入9cm，达到瘤胃背囊内	宿草不转、肚胀、消化不良、便秘
39	关元俞 Guan-yuan-shu	最后肋骨与第一腰椎横突顶端之间的髂肋肌沟中；左侧名肚角，右侧名关元	用小宽针、圆利针或火针向内下方刺入3cm，毫针4.5cm；亦可向脊椎方向刺入6~9cm；针肚角时向内下方刺入6cm达瘤胃后背盲囊中	慢草、便秘、肚胀、积食、泄泻、消化不良
40	欣俞 Qian-shu （饿眼）	左侧欣窝部，即肋骨后、腰椎下与髂骨翼前所形成的三角区内	瘤胃臌气时取最高点用套管针或大号采血针向内下方刺入6~9cm，徐徐放出气体	急性瘤胃臌气
41	腰中 Yao-zhong （腰带）	腰部两侧，第三、四腰椎横突之间，安肾穴与腰椎横突顶端连线中点处；左右侧各一穴	用小宽针、圆利针或火针向内下方刺入2~3cm，毫针4.5cm，亦可向脊椎方向刺入6~9cm	腰胯风湿或闪伤
42	肾棚 Shen-peng	腰部，肾俞穴直前6cm，距背正中线约8cm处；左右侧各一穴	用圆利针、火针或毫针直刺3~4cm	腰胯风湿

(续)

序号	穴名	定 位	针 法	主 治
43	肾俞 Shen-shu	百会穴旁开6cm肌沟中；左名归尾，右名尾归	用小宽针、圆利针或火针直刺3cm，毫针3~4.5cm	腰胯风湿或闪伤
44	肾角 Shen-jiao	腰部，肾俞穴直后6cm，距背正中线约8cm处；左右侧各一穴	用圆利针、火针或毫针直刺3~4cm	腰胯风湿
45	后海 Hou-hai （交巢、地户）	肛门上、尾根下之间的凹陷处正中；一穴	用圆利针或火针向前上方与荐椎平行方向刺入3~4.5cm，毫针8~10cm	久痢、泄泻、胃肠热结、脱肛、不孕症
46	肛脱 Gang-tuo （脱肛）	肛门两侧旁开2cm处的凹陷中；左右侧各一穴	用圆利针或毫针向前下方刺3~5cm，或电针、水针	脱肛
47	阴俞 Yin-shu （会阴）	肛门与阴门（♀）或阴囊（♂）中间的中心缝上；一穴	用毫针、圆利针或火针直刺2~3cm，同时艾灸	阴道脱、子宫脱（♀）；阴囊肿胀（♂）
48	穿黄 Chuan-huang （吊黄）	胸骨前缘正中的皮肤褶上或胸前肿胀处最低部位；一穴	拉起皮肤，用带马尾的穿黄针左右对穿皮肤，马尾留置穴内，两端拴上适当重物，引流黄水	胸黄（胸前水肿）
49	胸堂 Xiong-tang	胸骨两旁，腋窝前方，胸外侧沟下部的臂头静脉上；左右侧各一穴	高拴马头，用中宽针沿血管急刺1cm，出血（放血量500~1 000mL）	心肺积热、胸膊痛、五攒痛、前肢闪伤、中暑
50	带脉 Dai-mai	肘突后上方10cm的胸外静脉上；左右侧各一穴	用中宽针顺血管刺入1cm，出血	肠黄、腹痛、中暑、感冒
51	滴明 Di-ming	脐前约15cm，腹中线旁开约12cm处的腹壁皮下静脉上；左右侧各一穴	用中宽针顺血管刺入2cm，出血	奶黄、尿闭
52	云门 Yun-men （天枢、海门）	脐旁开3cm；左右侧各一穴	治肚底黄用大宽针在肿胀处散刺；治腹水先用大宽针破皮，再插入宿水管	肚底黄、腹水
53	阳明 Yang-ming	乳头基部外侧凹陷中；每个乳头一穴	用小宽针向内上方刺入1~2cm，或激光照射	奶黄、尿闭

表14-7 牛前肢穴位

序号	穴名	定 位	针 法	主 治
54	轩堂 Xuan-tang （前通膊）	鬐甲两侧，肩胛软骨上缘正中；左右肢各一穴	用中宽针、圆利针或火针沿肩胛骨内侧向内下方刺入9cm，毫针10~15cm	脱膊、夹气痛、肩胛上神经麻痹
55	膊尖 Bo-jian （云头）	肩胛骨与肩胛软骨前角结合处凹陷中；左右肢各一穴	用小宽针、圆利针或火针沿肩胛骨内侧向后下方刺入肩胛软骨内侧3~6cm，毫针9cm	脱膊、前肢风湿
56	膊栏 Bo-lan （爬壁）	肩胛骨与肩胛软骨后角结合处凹陷中；左右肢各一穴	用小宽针、圆利针或火针沿肩胛骨内侧向前下方斜刺3cm，毫针6~9cm	脱膊、前肢风湿或闪伤、扭伤
57	肺门 Fei-men	肩胛骨前缘中部，膊尖穴前下方8cm处；左右肢各一穴	用小宽针、圆利针或火针向后内下方刺入3，毫针6~9cm	脱膊、前肢风湿、咳嗽、肩胛上神经麻痹

(续)

序号	穴名	定 位	针 法	主 治
58	肺攀 Fei-pan	肩胛骨后缘上、中1/3交界处，与肺门穴同高位；左右肢各一穴	用小宽针、圆利针或火针向前内下方刺入3，毫针4.5cm	脱膊、前肢风湿、咳嗽、肩胛上神经麻痹
59	肩井 Jian-jing （撞膊）	肩关节前上缘，臂骨大结节外上缘的凹陷中，冈上肌与冈下肌的肌间隙内；左右肢各一穴	用小宽针、圆利针或火针向内下方斜刺3～4.5cm，毫针6～9cm	脱膊、前肢风湿、肩胛上神经麻痹
60	抢风 Qiang-feng （中腕）	肩关节后下方，三角肌后缘与臂三头肌长头、外头形成的凹陷中；左右肢各一穴	用小宽针、圆利针或火针直刺3～4.5cm，毫针6cm	脱膊、前肢风湿或肿痛、神经麻痹
61	冲天 Chong-tian	肩胛骨后缘中部，抢风穴斜后上方约6cm的肌沟中；左右肢各一穴	用小宽针、圆利针或火针直刺3～4.5cm，毫针6cm	脱膊、前肢风湿、肩胛上神经麻痹
62	肩外髃 Jian-wai-yu	臂骨大结节嵴中部后方，肩关节后缘的凹陷中；左右肢各一穴	用小宽针、圆利针或火针直刺3cm，毫针6cm	脱膊、前肢风湿、肩胛上神经麻痹
63	肘俞 Zhou-shu （下腕）	臂骨外上髁与肘突之间的凹陷中；左右肢各一穴	用小宽针、圆利针或火针向内下方刺入3cm，毫针4.5cm	肘部肿胀、前肢风湿或闪伤、麻痹
64	夹气 Jia-qi	前肢与躯干相接处的腋窝正中；左右侧各一穴	先用大宽针刺破皮肤，再以夹气针向同侧抢风穴方向刺入10～15cm，出针消毒后前后摇动患肢数次，针刺保定以不提起患肢为宜	肩胛痛、里夹气痛
65	腕后 Wan-hou （追风、曲尺）	腕关节后面正中，副腕骨与指浅屈肌腱之间的凹陷中；左右肢各一穴	用中、小宽针直刺1.5～2.5cm，或用圆利针、毫针由外向内透刺	腕部肿痛、前肢风湿或闪伤
66	膝眼 Xi-yan （跪膝）	腕关节背侧稍偏外下缘，腕桡侧伸肌腱与指总伸肌腱之间的陷沟中；左右肢各一穴	曲腕关节，用中、小宽针向后上方刺入1cm，放出黄水	腕部肿痛、膝黄
67	膝脉 Xi-mai	前肢掌骨内侧上中1/3交界处，即副腕骨下方6cm处的掌心浅内侧静脉上；左右肢各一穴	用中、小宽针沿血管刺入1cm，出血	腕关节肿痛、攒筋肿痛
68	缠腕 Chan-wan	四肢悬蹄上方，掌/跖内、外侧沟末端的指/趾内、外侧静脉上；每肢左右侧各一穴	用小宽针沿血管刺入1.5cm，出血	蹄黄、球节肿痛、扭伤
69	涌泉 Yong-quan （后蹄称滴水）	蹄叉前缘正中稍上方凹陷中，第三、四指（趾）的第一指（趾）节骨中部背侧面；每肢各一穴	用中、小宽针直刺1～1.5cm，出血	蹄肿、扭伤、风湿、中暑、热性疾病、感冒
70	蹄头 Ti-tou （八字，前蹄称前蹄头，后蹄称后蹄头）	第三、四指（趾）的蹄匣上缘正中，有毛与无毛交界处；每蹄内外侧各一穴，四肢共八穴	用中宽针直刺1cm，出血	蹄黄、扭伤、便结、腹痛、中暑、感冒
71	灯盏 Deng-zhan （背风）	悬蹄后下方正中的凹陷，第三、四指（趾）骨上部之间与近籽骨下的凹陷中；每蹄内外侧各一穴	用中宽针直刺1cm	蹄黄、中暑

表 14-8 牛后肢穴位

序号	穴名	定位	针法	主治
72	雁翅 Yan-chi	髋结节最高点的前缘与背中线连线的中、外 1/3 交界处；左右侧各一穴	用圆利针或火针直刺 3～5cm，毫针 8～15cm	腰胯风湿、不孕症
73	居髎 Ju-liao	髋结节外角后下方，臀肌下缘的凹陷中；左右肢各一穴	用圆利针或火针直刺 3～4.5cm，毫针 6cm	腰胯风湿、后肢麻木、不孕症
74	环跳 Huan-tiao	髋关节前上缘，股骨大转子前方，臀肌下缘的凹陷中；左右肢各一穴	用小宽针、圆利针或火针直刺 3～4.5cm，毫针 6cm	腰胯痛、腰胯风湿或麻木
75	环中 Huan-zhong	股骨大转子前上方 6cm，髋结节上角与坐骨结节连线中点处；左右肢各一穴	用小宽针、圆利针或火针直刺 4.5～6cm	后肢风湿、腰胯闪伤
76	环后 Huan-hou	股骨大转子前上缘，环中穴斜后下方 6cm；左右肢各一穴	用小宽针、圆利针或火针直刺 4.5～6cm	后肢风湿、腰胯闪伤
77	大胯 Da-kua	髋关节前缘，股骨大转子前下方 6cm 处的凹陷中；左右肢各一穴	用圆利针或火针直刺 3～4.5cm，毫针 6cm	后肢风湿或麻木、腰胯闪伤
78	小胯 Xiao-kua	髋关节下缘、股骨大转子正下方约 6cm 处的凹陷中；左右肢各一穴	用圆利针或火针直刺 3～4.5cm，毫针 6cm	后肢风湿或麻木、腰胯闪伤
79	邪气 Xie-qi（黄金）	股骨大转子和坐骨结节连线与股二头肌沟相交处；左右肢各一穴	用圆利针或火针直刺 3～4.5cm，毫针 6cm	后肢风湿或闪伤、麻痹，胯部肿痛
80	汗沟 Han-gou	邪气穴下方 6cm 处股二头肌沟中；左右肢各一穴	用毫针、圆利针或火针直刺 3～4.5cm	后肢风湿或闪伤、麻痹，胯部肿痛
81	仰瓦 Yang-wa（扯脚）	汗沟穴下 6cm 处股二头肌沟中；左右肢各一穴	用圆利针或火针直刺 3～4.5cm，毫针 6cm	后肢风湿或闪伤、麻痹，胯部肿痛
82	肾堂 Shen-tang	股内侧上部皮下隐静脉上；左右肢各一穴	用中宽针顺血管刺入 1cm，出血	外肾黄、五攒痛、后肢风湿
83	掠草 Lue-cao（梳子骨）	膝盖骨下缘稍偏外，膝中、外直韧带之间的凹陷中；左右肢各一穴	用圆利针或火针向后上方斜刺 3～4.5cm	掠草痛、后肢风湿
84	阳陵 Yang-ling（后通膊）	膝关节后方约 12cm，胫骨外髁后上缘的凹陷处；左右侧各一穴	用圆利针或火针直刺 3～4.5cm，毫针 6cm	掠草痛、后肢风湿或麻木
85	后三里 Hou-san-li	掠草穴斜外下方约 9cm，腓骨小头下方，腓骨伸肌与趾外侧伸肌之间的肌沟中；左右肢各一穴	用毫针向内后下方刺入 6～7.5cm	脾胃虚弱、后肢风湿或麻木
86	曲池 Qu-chi（承山）	跗关节背侧稍偏外凹陷，中横韧带下方，趾长伸肌外侧的跗外侧静脉上；左右肢各一穴	用中宽针刺入 1cm，出血	跗骨肿痛、后肢风湿

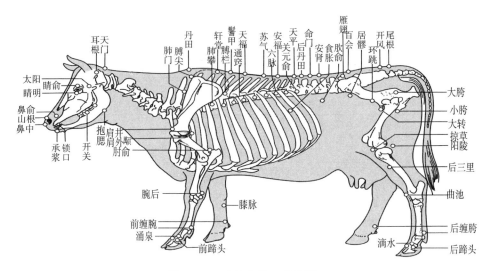

图 14-3 牛的穴位（骨骼图）

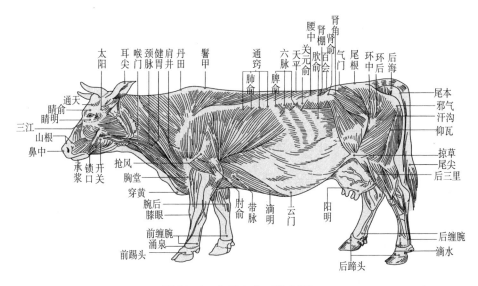

图 14-4 牛的穴位（肌肉图）

第四节 犬的常用针灸穴位

犬常用的穴位有 70 个，其中，头部穴位 13 个，躯干穴位 33 个，前肢穴位 14 个，后肢穴位 10 个，详见表 14-9～12 和图 14-5、图 14-6。表中所描述的针刺深度是根据 2～3kg 大小体型的犬确定的，仅供临床参考。

表 14-9 犬头部穴位

序号	穴名	定位	针法	主治
1	人中 Ren-zhong（水沟）	上唇唇沟上、中 1/3 交界处；一穴	用毫针或三棱针直刺 0.5cm	中风、中暑、休克、咳嗽
2	山根 Shan-gen	鼻背正中有毛无毛交界处；一穴	用三棱针点刺 0.2～0.5cm，出血	中风、中暑、感冒、发热
3	三江 San-jiang	内眼角下的眼角静脉上；左右侧各一穴	用三棱针点刺 0.2～0.5cm，出血	腹痛、目赤肿痛、便秘
4	睛明 Jing-ming	内眼角上、下眼睑交界处；左右眼各一穴	外推眼球，用毫针直刺 0.2～0.3cm	目赤肿痛、眵泪、云翳
5	承泣 Cheng-qi	下眼睑，下眼眶中部上缘；左右侧各一穴	上推眼球，用毫针沿眼球与眼眶之间刺入 2～3cm	目赤肿痛、睛生云翳、视神经萎缩、白内障
6	锁口 Suo-kou	口角后方，口轮匝肌后缘；左右侧各一穴	用毫针向后上方平刺 2～3cm	面神经麻痹
7	开关 Kai-guan	咬肌前缘上下白齿间的凹陷中；左右侧各一穴	用毫针向后上方或前下方平刺 2～3cm	面神经麻痹
8	上关 Shang-guan	下颌关节后上方，下颌骨关节突与颧弓之间的凹陷（张开时出现）中；左右侧各一穴	用毫针直刺 3cm	歪嘴风、耳聋
9	下关 Xia-guan	下颌关节前下方，颧弓与下颌骨角之间的凹陷中；左右侧各一穴	用毫针直刺 3cm	歪嘴风、耳聋
10	翳风 Yi-feng	耳基部下颌关节后下方，乳突与下颌骨之间的凹陷中；左右侧各一穴	用毫针直刺 3cm	歪嘴风、耳聋
11	耳尖 Er-jian	耳廓尖端背面的静脉上；左右耳各一穴	用三棱针或小宽针点刺，出血	中暑、感冒、腹痛
12	太阳 Tai-yang	外眼角后颞窝中；左右侧各一穴	用毫针直刺 0.3～0.5cm	眼病
13	天门 Tian-men	枕寰关节背侧正中点的凹陷中；一穴	用毫针直刺 1～3cm，或艾灸	发热、脑炎、抽风、惊厥

表 14-10 犬躯干部穴位

序号	穴名	定位	针法	主治
14	颈脉 Jing-mai	颈静脉沟中，颈静脉上、中 1/3 交界处；左右侧各一穴	用小宽针顺血管刺入 0.5cm，出血	肺炎、中暑、中毒
15	大椎 Da-zhui	第七颈椎与第一胸椎棘突间的凹陷中；一穴	用毫针直刺 2～4cm，或艾灸	发热、咳嗽、风湿症、癫痫、颈胸椎间盘疾病
16	陶道 Tao-dao	第一、二胸椎棘突间的凹陷中；一穴	用毫针向前下方刺入 2～4cm，或艾灸	神经痛、肩扭伤、前肢扭伤、胸椎、癫痫、发热
17	身柱 Shen-zhu（鬐甲）	第三、四胸椎棘突间的凹陷中；一穴	用毫针向前下方刺入 2～4cm，或艾灸	肺热、咳嗽、神经痛、肩扭伤、椎间盘疾病
18	灵台 Ling-tai	第六、七胸椎棘突间的凹陷中；一穴	用毫针稍向前下方刺入 1～3cm，或艾灸	胃痛、肝胆湿热、肺热咳嗽

（续）

序号	穴名	定位	针法	主治
19	中枢 Zhong-shu	第十、十一胸椎棘突间的凹陷中；一穴	用毫针直刺1~2cm，或艾灸	食欲不振、胃炎、椎间盘疾病
20	脊中 Ji-zhong	第十一、十二胸椎棘突间的凹陷中；一穴	用毫针稍向前下方刺入1~3cm，或艾灸	消化不良、食欲不振、腹泻、腰部扭伤
21	悬枢 Xuan-shu	最后（第十三）胸椎与第一腰椎棘突间的凹陷中；一穴	用毫针斜向前下方刺入1~2cm，或艾灸	风湿症、腰部扭伤、消化不良、腹泻、椎间盘疾病
22	命门 Ming-men	第二、三腰椎棘突间的凹陷中；一穴	用毫针直刺1~2cm，或艾灸	风湿症、泄泻、腰痿、水肿、阳痿、肾炎、椎间盘疾病
23	阳关 Yang-guan	第四、五腰椎棘突间的凹陷中；一穴	用毫针直刺1~2cm，或艾灸	性机能减退、子宫内膜炎、风湿症、腰部扭伤
24	关后 Guan-hou	第五、六腰椎棘突间的凹陷中；一穴	用毫针直刺1~2cm，或艾灸	子宫内膜炎、卵巢囊肿、膀胱炎、大肠麻痹、便秘
25	百会 Bai-hui	腰荐十字部，即最后（第七）腰椎与第一荐椎棘突间的凹陷中；一穴	用毫针直刺1~2cm，或艾灸	腰胯疼痛、后躯瘫痪、泄泻、脱肛、椎间盘疾病
26	二眼 Er-yan	第一、二背荐孔处；每侧各二穴	用毫针直刺1~2cm，或艾灸	腰胯疼痛、瘫痪、椎间盘疾病、子宫疾病、膀胱麻痹
27	尾根 Wei-gen	最后荐椎与第一尾椎棘突间的凹陷中；一穴	用毫针直刺1~2cm	后躯瘫痪、尾麻痹、脱肛、便秘、腹泻
28	尾本 Wei-ben	尾部腹侧正中，距尾根部1cm处的尾静脉上；一穴	用三棱针直刺0.5~1cm，出血	腹痛、尾麻痹、腰风湿
29	尾尖 Wei-jian	尾末端；一穴	用毫针或三棱针从末端刺入1~2cm	中风、中暑、中毒、泄泻、尾麻痹、椎间盘疾病
30	后海 Hou-hai	尾根与肛门间的凹陷中；一穴	用毫针稍向前上方与荐椎平行方向刺入3~5cm	消化不良、肚胀、泄泻、便秘、脱肛、阳痿
31	肺俞 Fei-shu	倒数第十肋间距背中线约6cm的髂肋肌沟中；左右侧各一穴	用毫针沿肋间向下斜刺1~2cm，或艾灸	咳喘、气喘
32	心俞 Xin-shu	倒数第八肋间距背中线6cm的髂肋肌沟中；左右侧各一穴	用毫针沿肋间向下斜刺1~2cm，或艾灸	心脏疾患、癫痫
33	督俞 Du-shu	倒数第七肋间距背中线6cm的髂肋肌沟中；左右侧各一穴	用毫针沿肋间向下斜刺1~2cm，或艾灸	心脏疾患、腹痛、膈肌痉挛
34	肝俞 Gan-shu	倒数第四肋间距背中线6cm的髂肋肌沟中；左右侧各一穴	用毫针沿肋间向下斜刺1~2cm，或艾灸	肝炎、黄疸、眼病
35	脾俞 Pi-shu	倒数第二肋间距背中线6cm的髂肋肌沟中；左右侧各一穴	用毫针沿肋间向下斜刺1~2cm，或艾灸	脾胃虚弱、呕吐、泄泻、膈肌痉挛
36	胃俞 Wei-shu	倒数第一肋间距背中线6cm的髂肋肌沟中；左右侧各一穴	用毫针沿肋间向下斜刺1~2cm，或艾灸	食欲不振、消化不良、呕吐、贫血
37	三焦俞 San-jiao-shu	第一腰椎横突末端相对的髂肋肌沟中；左右侧各一穴	用毫针直刺1~3cm，或艾灸	食欲不振、消化不良、呕吐

（续）

序号	穴名	定位	针法	主治
38	肾俞 Shen-shu	第二腰椎横突末端相对的髂肋肌沟中；左右侧各一穴	用毫针直刺1～3cm，或艾灸	肾炎、多尿症、不孕症、阳痿、腰部风湿或扭伤、椎间盘疾病
39	气海俞 Qi-hai-shu	第三腰椎横突末端相对的髂肋肌沟中；左右侧各一穴	用毫针直刺1～3cm，或艾灸	便秘、气胀
40	大肠俞 Da-chang-shu	第四腰椎横突末端相对的髂肋肌沟中；左右侧各一穴	用毫针直刺1～3cm，或艾灸	消化不良、肠炎、便秘
41	关元俞 Guan-yuan-shu	第五腰椎横突末端相对的髂肋肌沟中；左右侧各一穴	用毫针直刺1～3cm，或艾灸	消化不良、便秘、泄泻
42	小肠俞 Xiao-chang-shu	第六腰椎横突末端相对的髂肋肌沟中；左右侧各一穴	用毫针直刺1～3cm，或艾灸	肠炎、肠痉挛、腰痛
43	膀胱俞 Pang-guang-shu	第七腰椎横突末端相对的髂肋肌沟中；左右侧各一穴	用毫针直刺1～3cm，或艾灸	膀胱炎、尿血、膀胱痉挛、尿潴留、腰痛
44	子宫俞 Zi-gong-shu	第五、六腰椎横突末端连线中点旁开3cm；左右侧各一穴	用毫针直刺1～3cm	卵巢炎、子宫内膜炎、腰部风湿
45	中脘 Zhong-wan	剑状软骨与肚脐的连线中点，一穴	用毫针向前斜刺0.5～1cm，或艾灸	消化不良、呕吐、泄泻、胃痛、膈肌痉挛
46	天枢 Tian-shu	肚脐旁开3cm；左右侧各一穴	用毫针直刺0.5cm，或艾灸	肠痉挛、腹痛、泄泻、便秘、带症

表 14-11 犬前肢穴位

序号	穴名	定位	针法	主治
47	胸堂 Xiong-tang	胸前，胸外侧沟中的臂头静脉上；左右侧各一穴	头高位，用小宽针或三棱针顺血管直刺1cm，出血	中暑、肩肘扭伤、风湿症
48	肩井 Jian-jing	肩关节前上缘，肩峰前下方臂骨大结节上缘的凹陷中；左右肢各一穴	用毫针直刺1～3cm	肩部神经麻痹、前肢扭伤
49	肩外俞 Jian-wai-yu	肩关节后缘，肩峰后下方臂骨大结节后上缘的凹陷中；左右肢各一穴	用毫针直刺2～4cm，或艾灸	肩部神经麻痹、扭伤
50	抢风 Qiang-feng	肩外俞与肘俞连线的上、中1/3交界处，即肩关节后方，三角肌后缘、臂三头肌长头和外头形成的凹陷中；左右肢各一穴	用毫针直刺2～4cm，或艾灸	前肢神经麻痹、扭伤、风湿症
51	郄上 Xi-shang	肩外俞与肘俞连线的下1/4处；左右肢各一穴	用毫针直刺2～4cm，或艾灸	前肢神经麻痹、扭伤、风湿症
52	肘俞 Zhou-shu	臂骨外上髁与肘突之间的凹陷中；左右肢各一穴	用毫针直刺2～4cm，或艾灸	前肢及肘部疼痛、麻痹
53	前曲池 Qian-qu-chi	肘关节前外侧，肘横纹外端凹陷中；左右肢各一穴	用毫针直刺3cm，或艾灸	前肢及肘部疼痛、麻痹
54	前三里 Qian-san-li	前臂外侧上1/4处，腕外侧屈肌与第五指伸肌之间的肌沟中；左右肢各一穴	用毫针直刺2～4cm，或艾灸	桡、尺神经麻痹、前肢神经痛、风湿症
55	外关 Wai-guan	前臂外侧下1/4处，桡、尺骨间隙处；左右肢各一穴	用毫针直刺1～3cm，或艾灸	桡、尺神经麻痹、前肢风湿、便秘、缺乳

(续)

序号	穴名	定位	针法	主治
56	内关 Nei-guan	前臂内侧下1/4处,桡、尺骨间隙处;左右肢各一穴	用毫针直刺1~2cm,或艾灸	桡、尺神经麻痹、腹痛、中风
57	阳池 Yang-chi	腕关节背侧,腕骨与尺骨远端之间的凹陷中;左右肢各一穴	用毫针直刺1cm,或艾灸	腕、指扭伤,前肢神经麻痹、感冒
58	膝脉 Xi-mai	腕关节内侧下方,第一、二掌骨间的掌心浅静脉上;左右肢各一穴	用三棱针或小宽针顺血管直刺0.5~1cm,出血	腕关节肿痛、屈腱炎、中暑、腹痛
59	涌滴 Yong-di (前肢称涌泉,后肢称滴水)	第三、四掌(跖)骨间的掌(跖)背侧静脉上;每肢各一穴	用三棱针直刺0.5cm,出血	指、趾扭伤,中暑,腹痛、风湿症、感冒、发热
60	指(趾)间 Zhi-jian(六缝)	足背指(趾)间,掌(跖)、指(趾)关节缝中皮肤皱褶处,即掌(跖)、指(趾)关节水平线上;每肢三穴	用毫针斜刺1~2cm,或三棱针点刺	指(趾)扭伤或麻痹

表14-12 犬后肢穴位

序号	穴名	定位	针法	主治
61	环跳 Huan-tiao	股骨大转子前方,髋关节前缘凹陷中;左右侧各一穴	用毫针直刺2~4cm,或艾灸	后肢风湿或瘫痪、腰胯疼痛
62	肾堂 Shen-tang	股内侧上部皮下隐静脉上;左右肢各一穴	用三棱针或小宽针顺血管刺入0.5~1cm,出血	腰胯闪伤、疼痛
63	膝上 Xi-shang(鹤顶)	髌骨上缘外侧0.5cm处;左右肢各一穴	用毫针直刺0.5~1cm	膝关节炎
64	膝下 Xi-xia(掠草)	膝关节前外侧,髌骨与胫骨外髁之间凹陷,膝中、外直韧带之间的凹陷中;左右肢各一穴	用毫针直刺0.5~1cm,或艾灸	膝关节炎、扭伤、神经痛
65	阳陵 Yang-ling	膝关节外侧后下方1cm处股二头肌肌间隙中;左右肢各一穴	用毫针直刺2~4cm	膝关节炎肿胀或疼痛、后肢麻痹
66	后三里 Hou-san-li	小腿外侧上1/4处的胫、腓骨间隙内;左右肢各一穴	用毫针直刺2~3cm,或艾灸	消化不良、腹痛、泄泻、腹胀、胃肠炎、后肢疼痛、麻痹
67	阳辅 Yang-fu	小腿外侧下1/4处的腓骨前缘;左右肢各一穴	用毫针直刺1cm,或艾灸	后肢疼痛或麻痹、腹痛、腹泻,消化不良
68	解溪 Jie-xi	跗关节前横纹中点,胫骨外侧与胫、跗骨间的凹陷中;左右肢各一穴	用毫针直刺1cm,或艾灸	后肢扭伤或麻痹、跗关节肿胀或疼痛
69	后跟 Hou-gen	小腿外侧,跟骨与腓骨远端之间的凹陷中;左右肢各一穴	用毫针直刺1cm,或艾灸	后肢扭伤或麻痹
70	中付 Zhong-fu	小腿内侧,跟骨与胫骨远端之间的凹陷中;左右肢各一穴	用毫针直刺1cm,或艾灸	后肢扭伤或麻痹

第十四章 穴 位

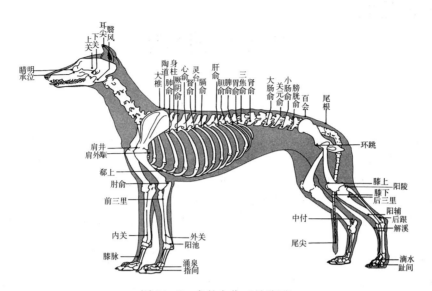

图 14-5 犬的穴位（骨骼图）

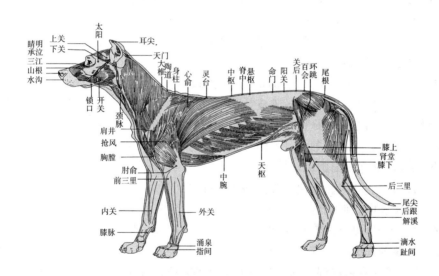

图 14-6 犬的穴位（肌肉图）

第十五章 常见病证防治

一、发　热

发热是临床常见的证候之一，可以在许多疾病中出现。中兽医所谓的发热，不但指体温高于正常，而且包括口色红、脉数、尿短赤等热象。

根据病因和症状表现的不同，在临床上可将发热分为外感发热和内伤发热两大类。外感发热，发病急、病程短、热势盛、体温高等，多属实证，有的还伴有恶寒表现；而内伤发热，发病缓慢、病程较长、热势不盛、体温稍高，或时作时止、或发有定时，多属虚证，常无恶寒表现。

（一）外感发热

感受外界邪气，如风寒、风热、暑湿、暑热等引起。多因气候骤变，机体腠理疏泄失常，外邪乘虚侵入所致。临床主要见有如下证型。

1. 外感风寒　根据患病动物卫气强弱不同，分为风寒表实证和风寒表虚证。

（1）风寒表实证（太阳伤寒证）：

[主症] 以无汗、身痛、咳喘及脉浮紧为特征。

[治法] 辛温解表，疏散风寒。

[方例] 麻黄汤（见解表方）加减。若咳喘甚者，可用发汗汤[杏仁、细辛、麻黄（炙）、苍术、知母（酒炒）、桂枝、陈皮、枳壳（炒）、桑白皮（炙）、瓜蒌仁、马兜铃、款冬花，《抱犊集》]，为末，加蜂蜜适当，开水冲调，候温灌服，或水煎灌服。

[针治] 针鼻前、大椎、苏气、肺俞等穴。

（2）风寒表虚证（太阳中风证）：

[主症] 以表虚、恶风、汗出、脉浮缓为特征。

[治法] 扶阳和阴，调和营卫。

[方例] 桂枝汤（见解表方）加减。

[针治] 针鼻前、大椎、苏气、肺俞等穴。

此外，外感风寒常有挟湿、蕴热和气血不足等兼证，应注意辨别。

外感风寒挟湿证：表现为恶寒发热，肢体疼痛、沉重、困倦，少食纳呆，口润苔白腻，脉浮缓。治宜解表散寒除湿，方用荆防败毒散（见解表方）加厚朴、陈皮、藿香、六神曲等。

外感风寒兼内热证：表现为恶寒发热，口干舌赤，咽喉不利，粪干尿浓，甚或便秘尿赤，舌苔黄腻，脉洪数或弦滑。因本证为外感风寒内有蕴热的表里俱实之证，故应表里同治，汗、下、清三法并用，可选用防风通圣散（见解表方）。

气血不足之外感风寒证：是因患病动物体质素虚，气血不足，而感受风寒之邪所致。症见恶寒、发热、无汗、咳嗽流涕，体瘦食少，色淡脉浮。治宜扶正解表，可选用能发表散寒、和血顺气之发汗散（见解表方），共为末，开水冲调，候温加适量葱白、生姜和白酒，同调灌服，或水煎灌服。

2. 外感风热

[主症] 发热重，恶寒轻，耳鼻俱温，体温升高；鼻流黄色或白色黏稠浓涕；口干渴，舌色红，苔薄白或薄黄，尿短赤，脉浮紧；并有口鼻咽干、咳嗽等。

[治法] 辛凉解表，宣肺清热。

[方例] 银翘散（见解表方）加减。若热重，加黄芩、石膏、知母、天花粉等；若外感风热挟湿，证见体倦乏力，小便黄赤，可视黏膜黄染，大便不爽，苔黄腻者，方用银翘散去荆芥，加佩兰、厚朴、石菖蒲等。

[针治] 鼻前、大椎、鼻俞、耳尖、太阳、尾尖、苏气等穴。

3. 外感暑湿

[主症] 发热不甚或高热，汗出而身热不解；食欲不振，口渴；肢体倦怠、沉重，运步不灵；尿黄赤，便溏；舌红，苔黄腻，脉濡数。

[治法] 清暑化湿。

[方例] 新加香薷饮（香薷、厚朴、连翘、金银花、鲜扁豆花，《温病条辨》）加味（青蒿、鲜荷叶、西瓜皮）。夏令时节若发生外感风寒又内伤饮食，证见发热恶寒，倦怠乏力，食少呕呃，肚腹胀满，肠鸣泄泻，舌淡苔白腻者，治宜祛暑、解表、和中，方用藿香正气散（见祛湿方）。

[针治] 同外感风热。

4. 半表半里发热

[主症] 以寒热往来，发热和恶寒交替出现，脉弦等为特征。恶寒时，精神沉郁，皮温降低，耳鼻发凉，腰拱毛乍，寒战；发热时，精神稍有好转，寒战现象消失，皮温高，耳鼻转热。

[治法] 和解少阳。

[方例] 小柴胡汤（见和解方）加减。

5. 里证发热 常见的有热在气分、营分热、血分热、热结胃肠和湿热蕴结等。

（1）热在气分：

[主症] 高热不退，但热不寒，出汗，口渴喜饮；头低耳耷，食欲废绝，呼吸喘促；粪便干燥，尿短赤；口色赤红；舌苔黄燥，脉洪数。

[治法] 清热生津。

[方例] 白虎汤（见清热方）加减。热盛者，加黄芩、黄连、银花、连翘；伤津者，加玄参、麦冬、地黄；尿短赤者，加猪苓、泽泻、滑石、木通。

[针治] 耳尖、尾尖、太阳、鼻俞、鼻前、鹘脉、山根、通关等穴。

（2）营分热：

[主症] 高热不退，夜甚，躁动不安，或神志昏迷，呼吸喘促；有时身上有出血点或出血斑；舌质红绛而干，脉细数。

[治法] 清营解毒，透热养阴。

[方例] 清营汤（见清热方）加减。

[针治] 同气分热。

（3）血分热：

[主症] 高热，神昏，黏膜、皮肤发斑；尿血，便血；口色红绛，脉洪数或细数。严重者抽搐。

[治法] 清热凉血，熄风安神。

[方例] 犀角地黄汤（见清热方）加减。方中犀角可用水牛角代替。出血者，加牡丹皮、紫草、赤芍、大青叶等；抽搐者，加钩藤、石决明、蝉蜕等，或用羚羊钩藤汤（羚羊片、霜桑叶、川贝、鲜地黄、钩藤、菊花、茯神、牛白芍、甘草、竹茹，《通俗伤寒论》）。

[针治] 同气分热。

（4）热结胃肠：

[主症] 高热，肠燥便干，粪球干小难下，甚至粪结不通或稀粪旁流，腹痛；尿短赤；口津干燥，口色深红，舌苔黄厚而燥，脉沉实有力。

[治法] 滋阴增液，清热泻下。

[方例] 大承气汤或增液承气汤（均见泻下方）加减。高热者，加银花、黄芩；肚胀者，加青皮、木香、香附等。

[针治] 蹄头、耳尖、尾尖、太阳、分水、鹘脉、山根、脾俞、关元俞等穴。

（二）内伤发热

临床上常分为阴虚发热、气虚发热和血瘀发热三种。

1. 阴虚发热

[主症] 低热不退，午后更甚，身热，耳鼻微热；易惊或烦躁不安，皮肤弹性降低，唇干口燥，粪球干小，尿少色黄；口色红或淡红，少苔或无苔，脉细数。严重者盗汗。

[治法] 滋阴清热。

[方例] 青蒿鳖甲汤（见清热方）加减。热重者，加地骨皮、黄连、玄参等；盗汗者，加龙骨、牡蛎、浮小麦；粪球干小者，加当归（油炒）、肉苁蓉（油炒）等；尿短赤者，加泽泻、木通、猪苓等。

2. 气虚发热

[主症] 多在劳役过度之后发热，耳鼻稍热，神倦乏力；易出汗，食欲减少，有时泄泻；舌质淡红，脉细弱。

[治法] 健脾益气。

[方例] 补中益气汤（见补虚方）加减。

3. 血瘀发热

[主症] 常因外伤引起瘀血肿胀，局部疼痛，体表发热，有时体温升高；因产后瘀血未尽者，除有发热之外，常有腹痛及恶露不尽等表现；口色红而带紫，脉弦数。

[治法] 活血化瘀。

[方例] 外伤血瘀者，用桃红四物汤或血府逐瘀汤（均见理血方）加减；产后血瘀者，用生化汤（见理血方）加减。

二、慢草与不食

慢草，即草料迟细，食欲减退；不食，即食欲废绝。慢草与不食是多种疾病的临床症状之一，主要是因脾胃功能失调而导致的以食欲减退或食欲废绝为主要症状的一类病证，各种动物均常发生。造成慢草与不食的原因很多，在临床上根据病因，常将其分为如下证型。

1. 脾气虚

[主症] 表现为精神不振，欣吊毛焦，四肢无力；食欲减退，日见羸瘦；粪便粗糙带水，完谷不化；舌苔薄白，口色淡，舌质如棉，脉虚无力。严重者，肠鸣泄泻，四肢水肿，双唇不收，难起难卧。

[治法] 补益脾气。

[方例] 四君子汤、参苓白术散、补中益气汤（均见补虚方）加减。粪便粗糙者，加六神曲、麦芽；起卧困难者，加补骨脂、枸杞子；泄泻和四肢水肿症状严重者，以及因肠道寄生虫引起者，可参见泄泻、水肿及寄生虫病的辨证施治。

[针治] 脾俞、后三里等穴。

2. 胃阴虚

[主症] 食欲大减或不食；粪球干小，肠音不整，尿少色浓；口腔干燥，口色红，少苔或无苔，脉细数。若兼有肺阴耗伤者，则又见干咳不已。

[治法] 滋养胃阴。

[方例] 养胃汤（沙参、玉竹、麦冬、生扁豆、桑叶、甘草，《临证指南》）加减。

3. 胃寒

本证是因寒邪袭胃所致，故以发病急、病程短、病势较剧为特征。注意与胃阳虚证的区别。

[主症] 鼻寒耳冷，四肢发凉，腹痛；食欲大减或不食；肠音活泼，粪便稀软或排酸臭稀便；尿液清长；口内湿滑，口流清涎，口色青白，舌苔淡白，脉沉迟或沉细。

[治法] 温胃散寒，理气止痛。

[方例] 温脾散（见温里方），共为末，开水冲调，候温灌服，或水煎灌服。食欲大减者，可加六神曲、麦芽、焦山楂等；湿盛者，加半夏、茯苓、苍术等；体质虚弱者，除重用白术外，加党参。

[针治] 脾俞、后三里、后海等穴。猪还可以针三脘穴。

4. 胃热

[主症] 食欲大减或不食，上腭肿胀，排齿红肿，口温增高，口臭；耳鼻温热，口渴贪饮，粪干小，尿短赤；口色赤红，少津，舌苔薄黄或黄厚，脉象洪数。

[治法] 清胃泻火。

[方例] 清胃散（当归身、黄连、地黄、牡丹皮、升麻，《兰室秘藏》）或白虎汤（见清热方）加减。

[针治] 玉堂、通关、唇内等穴。

5. 食滞

[主症] 精神倦怠，厌食，肚腹饱满，轻度腹痛；食欲大减或不食，口内酸臭；肠音弱而不整，排粪迟滞；粪便粗糙或稀软，有酸臭气味，有时完谷不化；口内酸臭，口腔黏滑，苔厚腻，口色红，脉数或滑数。

[治法] 消积导滞，健脾理气。

[方例] 曲蘖散或保和丸（均见消导方）加减。食滞重者，加大黄、芒硝、枳实等。

[针治] 后海、玉堂、关元俞等穴。

6. 肝胃不和

[主症] 间歇性腹痛，肠音旺盛，频排稀软粪便；神疲乏力，食欲减退或不食，口腔干

燥，耳鼻温热或寒热往来；口色红黄，苔薄黄，脉弦。

［治法］疏肝益胃。

［方例］以痛泻为主者选痛泻要方（炒白术、炒白芍、陈皮、防风，《丹溪心法》）。以神少乏力、口干食少为主者选逍遥散（见和解方）。

三、腹　　痛

腹痛是多种原因导致胃肠、膀胱及胞宫等腑气血瘀滞不通，发生起卧不安、滚转不宁、腹中作痛的病证。各种动物均可发生，尤其马、骡更为多见。引起腹痛常见的原因有寒伤胃肠、湿热蕴积、气滞血瘀、草料所伤、粪结及尿结等。根据腹痛的不同病因和主证，临床上常将其分为以下证型。

1. 阴寒腹痛

［主症］鼻寒耳冷，口唇发凉，甚或肌肉寒战。阵发性腹痛，起卧不安，或回头顾腹，或刨地蹴腹，或卧地滚转；肠鸣如雷，连绵不断，有时隔数步远即可听到；有少数病例，在腹痛间歇期肠音减弱。饮食欲废绝，口内湿滑，或流清涎，口温较低，口色青，脉沉迟。谷道入手，肠管紧缩，胃不扩大，肠无结粪。本病一般预后良好，但也有少数病例可因继发肠绞痛或肠入阴而病情转重，故应及时诊治。有的病例表现为腹痛绵绵，起卧不甚剧烈，时作时止，病程可达数天；舌质如绵，脉沉细无力。此种病证，称为"慢阴痛"。

［治法］温中散寒，和血顺气。

［方例］桂心散（见温里方）或橘皮散（见理气方）加减。寒盛者，加吴茱萸；剧痛者，加延胡索；体虚者，加党参、黄芪。

［针治］姜芽、分水、三江、蹄头、脾俞等穴。

2. 湿热腹痛

［主症］体温升高，耳鼻、四肢发热，精神不振，食欲减退，口渴喜饮；粪便稀溏，或荡泻无度，泻粪黏腻恶臭，混有黏液或带有脓血，尿短赤；腹痛不安，回头顾腹，或时起时卧；口色红黄，舌苔黄腻，脉洪数。

［治法］清热燥湿，行郁导滞。

［方例］郁金散（见清热方）加减。病初有积滞者，重用大黄，并加芒硝、枳实，去诃子；热毒盛者，加银花、连翘。猪、犬、猫等中、小型动物，可用白头翁汤（见清热方）加减。

［针治］后海、后三里、尾根、大椎、带脉、尾本等穴。

3. 血瘀腹痛

［主症］产后腹痛者，肚腹疼痛，蹲腰踏地，回头顾腹，不时起卧，食欲减少；有时从阴道流出带紫黑色血块的恶露；口色发青，脉象沉紧或沉涩。若兼气血虚，又见神疲力乏，舌质淡红，脉虚细无力。

血瘀性腹痛者，常于使役中突然发生。患畜起卧不安，前蹄刨地，或仰卧朝天。时痛时停，在间歇期一如常态。问诊常有习惯性腹痛史。谷道入手，肠中无粪结，但在前肠系膜根处可触及拇指头甚或鸡蛋大肿瘤，检手可感知血流不畅之沙沙音。

［治法］产后腹痛宜补血活血、化瘀止痛；血瘀性腹痛，宜活血祛瘀、行气止痛。

［方例］产后腹痛，宜选用生化汤（见理血方）加减；兼有气血虚弱者，可用当归建中

汤（当归、桂枝、白芍、生姜、炙甘草、大枣，《千金翼方》）。血瘀性腹痛，选用血府逐瘀汤（见理血方）。

4. 食滞腹痛

［主症］多于食后1~2h突然发病。腹痛剧烈，不时起卧，前肢刨地，顾腹打尾，卧地滚转；腹围不大而气促喘粗；有时两鼻孔流出水样或稀粥样食物；常发嗳气，带有酸臭味；初期尚排粪，但数量少而次数多，后期则排粪停止；口色赤红，脉象沉数，口腔干燥，舌苔黄厚，口内酸臭。谷道入手检查，可摸到显著后移的脾脏和扩大的胃后壁，胃内食物充盈、稍硬，压之留痕。插入胃管则有少量酸臭味气体或食物外溢，胃排空障碍。

［治法］消积导滞，宽中理气。一般应先用胃管导胃，以除去胃内一部分积食，然后再选用方药治之。

［方例］本病不宜灌服大量药物，如用药，可根据情况选用曲蘖散（见消导方）或醋香附汤（酒三棱、醋香附、酒莪术、炒莱菔子、青木香、砂仁、食醋，《中兽医治疗学》）。此外，用食醋0.5~1L，加水适量，一次灌服，疗效亦佳。

［针治］三江、姜芽、分水、蹄头、关元俞等穴。

5. 气滞作痛

［主症］多突然发生，腹围显著增大，呼吸急促，肚腹疼痛是其主症。病初肠音高朗，有金属音，腹围增大，两侧肷部特别是右侧肷部突起，有时触及疼痛，有弹性，叩之如鼓音。起卧不安，精神不振，不吃不喝，排粪迟滞或量少。口色青紫，舌苔薄白或黄腻，脉象洪数，口腔湿润。中后期，口色青紫，连连起卧，倒地翻滚，呼吸困难，脉象沉紧，严重者全身出汗。谷道入手，原发性肚胀，摸到肠道均匀充气，无结粪。

［治法］对肠内气胀严重者，应本着"急则治其标"的原则，先行穿肠放气（肷俞穴）；然后投服破气消胀、理气宽肠之剂。

［方例］消胀汤（见理气方）或丁香散（见温里方）加减。

［针治］肷俞穴。

6. 肝旺痛泻

［主症］食欲减退或不食，间歇性腹痛，肠音旺盛，频排稀软粪便；神疲乏力，口腔干燥，耳鼻温热或寒热往来；口色红黄，苔薄黄，脉弦。

［治法］疏肝健脾。

［方例］以痛泻为主者，选用痛泻要方（见本章"慢草与不食"之"肝胃不和"）；以神少乏力、口干食少为主者，选用逍遥散（见和解方）。

7. 粪结腹痛

［主症］食欲大减或废绝，精神不安，腹痛起卧，回头顾腹，后肢蹴腹；排粪减少或粪便不通，粪球干小，肠音不整，继则肠音沉衰或废绝；口内干燥，舌苔黄厚，脉象沉实。由于结粪的部位不同，具体临床症状也有差异。

前结（小肠便秘）：一般在采食后数小时内突然发病。肚腹疼痛剧烈，前蹄刨地，连连起卧，不时滚转。继发大肚结（胃扩张）时，则呼吸迫促，在颈部可见逆蠕动波，甚或鼻流粪水，导胃可排出多量黄褐色液体。粪结初期，仍可排少量粪便，肠音微弱，口色赤紫，少津，脉沉细而数。谷道入手，常在右肾前方或右下方摸到结粪块。

中结（小结肠或骨盆曲便秘）：发病较突然。初期表现为伸腰摆尾，起卧不甚剧烈，站立不安，回头顾腹，继则起卧连连，有时滚转，或卧地时四肢伸长，常见肚胀，排粪停止。初期口色赤红而干，脉象沉涩；后期舌苔黄厚，舌有皱纹，口臭，脉沉细。谷道入手可摸到拳头大或小臂粗、能移动的结粪块。

板肠结（大结肠或盲肠便秘）：一般发病缓慢，病程较长，起卧腹痛症状较轻。患畜回头观腹，或阵阵起卧，卧地时四肢伸直，较少滚转，站立时前肢向前伸，后肢向后伸，呈"拉肚腰"的姿势，肚胀常不明显。初期可能排少量粪便，有时甚至排粪水，腹痛暂停时尚有食欲。后期口干少津，舌苔黄厚，口臭。谷道入手可在左腹下方、右前方或左后方摸到粗大而不易移动的、充满粪便的肠管。

后结（直肠便秘）：间歇性腹痛，但一般有起卧表现。患畜不断举尾呈现排粪姿势，蹲腰努责，四肢张开，但排不出粪便，肚腹稍胀。谷道入手即可摸到积聚在直肠中的粪便。

〔治法〕破结通下。根据粪结部位和病情轻重可采取捶结、按压、药物及针刺等疗法。

〔方例〕酌情选用大承气汤或当归苁蓉汤（均见泻下方）加减。

〔针治〕三江、姜牙、分水、蹄头、后海等穴，或电针双侧关元俞穴。

8. 尿结痛

〔主症〕患病动物蹲腰努责，常作排尿姿势，但欲尿不尿或点滴而下，肚腹疼痛，踏地蹲腰，卷尾刨蹄，欲卧不卧。心肺热盛者，耳鼻俱热，口干欲饮，呼吸喘促，口色红燥，脉数；膀胱结热者，小便短赤或不通，大便不畅，舌红苔黄；肾阳不足者，小便点滴，排出无力，耳鼻和四肢末梢发凉，喜温恶寒，神疲力乏；肾阴不足者，小便量少或不通，身瘦毛焦，口干舌红；脾气虚弱者，除排尿困难外，兼见神怠身倦，食欲不振，舌淡，脉缓而弱。

〔治法〕因心肺热盛所致者，宜清热利湿；因膀胱积热者，宜清热通淋；因肾阳虚者，宜补肾阳；因肾阴不足者，宜滋阴清热；因脾气虚者，补脾益气升阳。

〔方例〕因心肺热盛所致者，方用滑石散（见祛湿方）加减；因膀胱积热者，方用八正散（见祛湿方）加减；因肾阳虚者，方用肾气丸（见补虚方）加减；因肾阴不足者，方用滋肾丸（知母、滑石、黄柏、肉桂、车前子、木通，《新编中兽医治疗大全》）。共为末，开水冲调，候温灌服或水煎灌服。因脾气虚者，方用补中益气汤（见补虚方）加减。

四、泄 泻

泄泻是指排粪次数增多、粪便稀薄，甚则泻粪如水样的一类病证。其主要病变部位在脾胃及大小肠，但其他脏腑疾患，如肾阳不足，也能导致脾胃功能失常，发生泄泻。泄泻的病情较轻，治疗以利水止泻为主。临床上常根据泄泻的原因及主证，将其分为如下证型。

1. 寒泻（冷肠泄泻）

〔主症〕发病较急，泻粪如水，甚至呈喷射状排出，遇寒泻剧，遇暖泻缓，肠鸣如雷；食欲减少或不食，精神倦怠，头低耳耷，耳寒鼻冷，间有寒战；尿清长，口色青白或青黄，苔薄白，口津滑利，脉象沉迟。严重者肛门失禁。

〔治法〕温中散寒，利水止泻。

〔方例〕猪苓散（猪苓、泽泻、青皮、陈皮、莨菪、牵牛，《元亨疗马集》）加减。

〔针治〕后海、后三里、脾俞、百会等穴。

2. 热泻

〔主症〕精神沉郁，食欲减少或废绝，口渴多饮，有时轻微腹痛，蜷腰卧地，泻粪稀薄腥臭黏腻，发热，尿赤短；口色赤红，舌苔黄厚，口臭，脉象沉数。

［治法］清热解毒，涩肠止泻。

［方例］郁金散（见清热方）加减。热盛者，去诃子，加银花、连翘；水泻严重者，加车前子、茯苓、猪苓，去大黄；腹痛者，加延胡索等。

［针治］带脉、尾本、后三里、大肠俞等穴。

3. 伤食泻

［主症］食欲废绝，牛、羊反刍停止；肚腹胀满，隐隐作痛，粪稀黏稠，粪中夹有未消化的谷料，粪酸臭或恶臭，嗳气吐酸，不时放臭屁，或屁粪同泻，痛则即泻，泻后痛减；食欲废绝，常伴呕吐，吐后也痛减；口色红，苔厚腻，脉滑数。

［治法］消积导滞，调和脾胃。

［方例］保和丸（见消导方）加减。食滞重者，加大黄、枳实、槟榔；水泻甚者，加猪苓、木通、泽泻；热盛者，加黄芩、黄连。

［针治］蹄头、脾俞、后三里、关元俞等穴。

4. 虚泻 根据病情的轻重和病因的不同，又分脾虚泻和肾虚泻两个证型。

（1）脾虚泻：

［主症］发病缓慢，病程较长，身形羸瘦，毛焦欣吊，精神倦怠，四肢无力；病初食欲减少，饮水增多，鼻寒耳冷，腹内肠鸣，不时作泻；粪中带水，粪渣粗大，或完谷不化；舌色淡白，舌面无苔，脉象迟缓。后期，水湿下注，四肢水肿。

［治法］补脾益气，健脾运湿。

［方例］参苓白术散或补中益气汤（均见补虚方）加减。

［针治］百会、脾俞、后三里、后海、关元俞等穴。

（2）肾虚泻：

［主症］精神沉郁，头低耳耷，毛焦欣吊，腰胯无力，卧多立少，四肢厥逆，久泻不愈，夜间泻重。治愈后，如遇气候突变，使役过重，即可复发。严重时肛门失禁，粪水外溢，腹下或后肢水肿，口色如绵，脉象徐缓。

［治法］温肾健脾，涩肠止泻。

［方例］四神丸（见收涩方）合四君子汤（见补虚方）加减。

［针治］后海、后三里、尾根、百会、脾俞等穴。

五、痢　　疾

痢疾是时令疫毒积滞于肠间，壅滞气血，妨碍传导，肠道脂膜血络受损，腐败化为脓血，以粪便带有脓血、里急后重为主要症状的病证。常发生于夏、秋两季。其病情较重，治疗以理气行血为主。痢疾的类型很多，临证常见的有湿热痢、虚寒痢和疫毒痢三种。

1. 湿热痢

［主症］精神短少，蜷腰卧地，食欲、反刍减少，鼻镜干燥，弓腰努责，里急后重，下痢稀糊，赤白相杂，或呈白色胶冻状，口红脉数。如湿重于热，则痢下白多而血少，若热重于湿，则痢下血多而白少。

［治法］清热化湿，行气和血。

［方例］牛患湿热痢用通肠芍药汤（见清热方），共为末，开水冲调，候温灌服。兼食滞

者加麦芽、六神曲。马、犬、猫、猪等用白头翁汤（见清热方）加减。

［针治］带脉、后三里、后海等穴。

2. 虚寒痢

［主症］精神倦怠，毛焦体瘦，鼻寒耳冷，四肢发凉，食欲、反刍日渐减少；行走无力，不时努责，泻痢不止，水谷并下，带灰白色，或呈泡沫状，时有腹痛；重时肛门失禁，甚或带血；口色淡白或灰白，舌苔白滑，脉象迟细。

［治法］温脾补肾，收涩固脱。

［方例］四神丸（见收涩方）合参苓白术散（见补虚方）加减。寒甚加肉桂；腹痛明显加木香；久痢不止加诃子；带血者加血余炭、焦地榆；努责甚加枳壳、青皮。

［针治］脾俞、后海等穴。

3. 疫毒痢

［主症］发病急骤，高热，食欲减少或废绝；弓腰努责，有时腹痛起卧，泻粪黏腻，夹杂脓血，腥臭难闻，里急后重；口色赤红，脉象洪数或滑数。

［治法］凉血解毒。

［方例］白头翁汤（见清热方）加减。热毒甚者加马齿苋、双花；腹痛明显者加白芍、甘草；若口渴贪饮加麦冬、沙参；里急后重剧烈者加枳壳、槟榔。

［针治］带脉、后三里、后海等穴。

六、便　　秘

便秘是肠内糟粕停滞过久，津液亏乏，粪便干燥坚涩难下，乃至排粪停止的一种证候。马、骡结症也属便秘范畴，已在腹痛中论述，这里主要叙述腹痛起卧不甚显著的便秘，主要发生于牛、猪。临床上，根据便秘发生的原因及主证不同，常将其分为如下几种证型。

1. 热秘

［主症］拱腰努责，排粪困难，粪便干硬、色深，或完全不能排粪，或有腹胀，口干喜饮，小便短赤；口色红，苔黄燥，脉沉数。牛鼻镜干燥或龟裂，反刍停止；猪鼻盘干，有时可在腹部摸到硬粪块。

［治法］清热通便。

［方例］大承气汤（见泻下方）加味。肚腹胀满者加槟榔、牵牛子、青皮；粪干者加食用油、火麻仁、郁李仁；津伤严重者，加鲜地黄、石斛等。

［针治］交巢、关元俞、脾俞、带脉、尾本等穴。

2. 寒秘

［主症］形寒怕冷，耳鼻俱凉，四肢欠温；排粪艰涩，小便清长，腹痛；口色青，苔薄白，脉沉涩。

［治法］温中通便。

［方例］大承气汤（见泻下方）加附子、细辛、肉桂、干姜。腹痛甚加白芍、桂枝；积滞重加六神曲、麦芽。

［针治］后海、关元俞、百会等穴。

3. 虚秘

［主症］神倦乏力，体虚毛焦，多卧少立；大便排出困难，但粪球并不很干硬；口色淡

白，脉弱。

[治法] 益气健脾，润肠通便。

[方例] 当归苁蓉汤（见泻下方）加减。倦怠无力者加黄芪、党参；粪干津枯者加玄参、麦冬。

[针治] 脾俞、关元俞、后三里、后海等穴。

七、便　　血

排粪时粪中带血，或便前、便后下血，或单纯下血者，统称便血。主要发生于牛、猪，马次之。以夏、秋季较多。分为湿热便血和气虚便血。

1. 湿热便血

[主症] 发病较急，精神沉郁，食欲、反刍减少或停止，耳鼻俱热，口渴喜饮；鼻镜、鼻盘干燥，排粪带痛，病初粪便干硬，附有血丝或黏液，继而粪便稀薄带血，气味腥臭，甚至全为血水，血色鲜红，小便短赤；口色鲜红，口温高，苔黄腻，脉滑数。

[治法] 清热利湿，凉血解毒。

[方例] 黄连解毒汤（见清热方）合槐花散（见理血方）加减。口渴热盛纯下鲜血者加赤芍、牡丹皮、地黄、双花、连翘；腹泻严重者加茵陈、木通、车前子、茯苓、桔梗；气滞腹痛加木香、枳壳、厚朴。

[针治] 脾俞、后海、百会、断血等穴。

2. 气虚便血

[主症] 发病较缓，精神倦怠，鼻寒耳冷，恶寒身抖，食欲、反刍日渐减少，行走无力；有时有轻度腹痛，粪便溏稀带血，多先便后血或血粪混下，重者可纯下血水，血色暗红；口色灰白，口内有涎液，脉象迟细。日久气虚下陷者可见脱肛或肛门松弛。

[治法] 健脾益气，引血归经。

[方例] 归脾汤（见补虚方）加减，或补中益气汤（见补虚方）加棕榈炭、阿胶、灶心土等。

[针治] 脾俞、后三里、百会、断血、后丹田、后海等穴。

八、呕　　吐

呕吐是胃失和降、胃气上逆，食物由胃吐出的病证。猪、犬、猫多见，牛、羊次之，马属动物较难发生呕吐。临床常见的有胃热呕吐、伤食呕吐、虚寒呕吐三种证型。

1. 胃热呕吐

[主症] 体热身倦，口渴欲饮，遇热即吐，吐势剧烈，吐出物清稀色黄，有腐臭味，吐后稍安，不久又发；食欲大减或不食，粪干尿短；口色红黄，苔黄厚，口津黏腻，脉洪数或滑数。

[治法] 清热养阴，降逆止呕。

[方例] 白虎汤（见清热方）加味。呕吐甚者，加竹茹、制半夏、藿香；热甚者，加黄连；粪干者，加大黄、芒硝；伤津者，加沙参、麦冬、石斛。

[针治] 玉堂、脾俞、关元俞、带脉、后三里、大椎等穴，或用顺气穴巧治。

2. 伤食呕吐

[主症] 精神不振，间有不安，食欲废绝，肚腹胀满，嗳气及呕吐物酸臭，吐后病减；口色稍红，苔厚腻，脉沉实有力或沉滑。

[治法] 消食导滞，降气止呕。

[方例] 保和丸（见消导方）加减。食滞重者加大黄。

[针治] 同胃热呕吐。

3. 虚寒呕吐

[主症] 消瘦，慢草，耳鼻俱凉，有时寒战，常在食后呕吐，呕吐物无明显气味，吐后口内多涎；口色淡白，口津滑利，脉象沉迟或弦而无力。

[治法] 温中降逆，和胃止呕。

[方例] 理中汤（见温里方）加味。寒重者加小茴香、肉桂。

[针治] 脾俞、六脉、后三里、中脘等穴。

九、腹　胀

腹胀是肚腹膨大胀满的一种病证。就腹胀性质而言，有食胀、气胀、水胀之分；按腹胀所属脏腑而论，有肠胀和胃胀之分。马属动物的腹胀多为肠胀，虽有胃胀，但不表现为明显的肚腹胀满；牛、羊的腹胀多为胃胀，且以瘤胃臌胀为主；猪、犬、猫等主要是肠胀。所谓水胀，主要是指宿水停脐（腹水）。本节主要论述食胀、气胀、水胀三种类型。

1. 气胀　指牛、羊瘤胃，或马大肠内充满气体，致使肚腹胀大，出现腹痛起卧等症状的病证。临床上可分为气滞郁结、脾胃虚弱、水湿困脾、湿热蕴结四种证型。

（1）气滞郁结气胀：

[主症] 牛、羊发病急速，常在采食中或食后突然发病。左腹部急剧胀满，严重者可突出背脊，腹痛不安，不时起卧，后肢踢腹，回头顾腹，叩击左腹作鼓响，按之腹壁紧张；食欲、反刍、嗳气停止；严重时，呼吸困难，张口伸舌，呻吟吼叫，口中流涎，肛门突出，四肢张开，站立不稳。马、骡常于饲喂后发病，初多阵痛，继而转为持续而剧烈的腹痛，起卧不安或全身出汗；肚腹胀大，右肷尤显，叩如鼓响；肠音初时响亮，有金属音，后渐弱或消失，排粪稀少不爽，后亦渐止，呼吸迫促。初时口色青黄或赤红而润，后期则青紫干燥；脉数或虚数。直肠检查时，常因肠内充满气体，难于入手或完全不能入手。

[治法] 牛、羊宜行气消胀，化食导滞；马、骡宜行气消胀，宽肠通便。

[方例] 消胀汤（见理气方）加减。牛、羊，轻者用食醋、菜油灌服，重者于肷部臌气最高处行瘤胃穿刺放气术，结合投放制酵剂；马、骡，若肚胀严重，病势急剧，由盲肠穿刺放气，结合投放制酵剂。

[针治] 肷俞穴放气，或针脾俞、关元俞等穴。

（2）脾胃虚弱气胀：

[主症] 发病缓慢，病程较长，反复发作，腹胀较轻，多于食后臌气；体倦乏力，身瘦毛焦，蹇唇似笑；食欲减少，或时好时坏；粪便多溏或偶干。牛则兼见反刍缓慢，次数减少，左肷时胀时消，按之上虚下实。口色淡白，脉象虚细。

[治法] 补益脾胃，升清降浊。

[方例] 四君子汤或参苓白术散（均见补虚方）合平胃散（见祛湿方）加减。

[针治] 脾俞、六脉、后三里等穴。

(3) 水湿困脾气胀：

[主症] 牛、羊食欲、反刍大减或废绝，欨部胀满，按压稍软，胃内容物呈粥状；瘤胃穿刺，水草与气体同出，形成泡沫，沫多气少，放气时常因针孔被阻塞而屡屡中断；口色青黄而暗，脉象沉迟。马、骡粪便稀软，肚腹虚胀，日久不消，草料迟细，口黏不渴，精神倦怠，牵行懒动，口色淡黄或黄白相间，舌苔白腻，脉象虚濡。

[治法] 牛、羊宜逐水通肠，消积理气。马、骡宜健脾燥湿，理气化浊。

[方例] 牛、羊用越鞠丸（见理气方）加减。体虚，酌加党参，并增加黄芪用量；胀重，酌加厚朴、枳壳；积滞重，酌加三棱、莪术、山楂、六神曲。

马、骡用胃苓汤（见祛湿方之五苓散）加减；胀重，加木香、丁香；体虚，加党参、黄芪；湿重，加车前子、大腹皮；寒重，加吴茱萸、干姜、附子。

[针治] 脾俞、胃俞、关元俞、后三里等穴。

(4) 湿热蕴结气胀：

[主症] 腹胀，食欲大减或废绝；粪软而臭，排出不爽，肠音微弱；呼吸喘促，或体温升高；口色红黄，苔黄而腻，脉象濡数。

[治法] 清热燥湿，理气化浊。

[方例] 胃苓汤（见祛湿方之五苓散）减桂枝、白术，酌加茵陈、木通、黄芩、黄连、藿香。

[针治] 带脉、脾俞、关元俞等穴。

2. 食胀

[主症] 食欲大减或废绝，时有呕吐，呕吐物酸臭；腹围膨大，触压腹壁坚实有痛感；重者腹痛不安，前蹄刨地，痛苦呻吟；口臭舌红，苔黄，脉象弦滑。

[治法] 消食导滞，泻下通便。

[方例] 曲蘗散、保和丸（均见消导方）或大承气汤（见泻下方）加减。

[针治] 脾俞、六脉、后三里等穴。

3. 水胀

[主症] 精神倦怠，头低耳耷，水草迟细，日渐消瘦，腹部因逐渐膨大而下垂，触诊时有拍水音；口色青黄，脉象迟涩。有的病例还兼有湿热蕴结之象，如舌红、苔厚、脉数，粪便稀软、尿少等。

[治法] 健脾暖胃，温肾利水。

[方例] 大戟散（大戟、滑石、甘遂、牵牛子、黄芪、芒硝、巴豆，《元亨疗马集》）加减。

[针治] 脾俞、关元俞、带脉、后三里等穴。

十、咳 嗽

咳嗽是肺经疾病的主要症状之一，多发于春、秋两季。如感冒、肺寒、肺火、劳伤、肺痈、异物呛肺等外感、内伤的多种因素，都可使肺气壅塞、宣降失常而发生咳嗽。临床上常见的有如下证型。

(一) 外感咳嗽

1. 风寒咳嗽

［主症］发热恶寒，无汗，被毛逆立，畏寒，甚至颤抖；鼻流清涕，咳声洪亮，喷嚏；口色青白，舌苔薄白，脉象浮紧。牛鼻镜水不成珠，反刍减少；猪、犬等，畏寒喜暖，鼻塞不通。

［治法］疏风散寒，宣肺止咳。

［方例］荆防败毒散（见解表方）或止嗽散（见化痰止咳平喘方）加减。

［针治］风池、肺俞、苏气、山根、耳尖、尾尖、大椎等穴。

2. 风热咳嗽

［主症］体表发热，咳嗽不爽，声音宏大；鼻流黏涕，呼出气热，口渴喜饮；舌苔薄黄，口红短津，脉象浮数。

［治法］疏风清热，化痰止咳。

［方例］银翘散（见解表方）或桑菊饮（杏仁、连翘、薄荷、桑叶、菊花、桔梗、甘草、苇根，《温病条辨》）加减。痰稠咳嗽不爽加瓜蒌、贝母、橘红；热盛加知母、黄芩、生石膏。

［针治］玉堂、通关、苏气、山根、尾尖、大椎、耳尖等穴。

3. 肺热咳嗽

［主症］精神倦怠，饮食欲减少，口渴喜饮；大便干燥，小便短赤；咳声洪亮，干咳痛苦，气促喘粗，呼出气热，鼻流黏涕或脓涕，口渴贪饮；口色赤红，舌苔黄燥，脉象洪数。

［治法］清肺降火，化痰止咳。

［方例］清肺散（见清热方）、麻杏甘石汤（见化痰止咳平喘方）或苇茎汤（见清热方）加减。

［针治］胸堂、颈脉、苏气、百会等穴。

（二）内伤咳嗽

1. 气虚咳嗽

［主症］食欲减退，精神倦怠，毛焦欣吊，日渐消瘦；久咳不已，咳声低微，动则咳甚并有汗出，鼻流黏涕；口色淡白，舌质绵软，脉象迟细。

［治法］益气补肺，化痰止咳。

［方例］四君子汤（见补虚方）合止嗽散（见化痰止咳平喘方）加减。

［针治］肺俞、脾俞、百会等穴。

2. 阴虚咳嗽

［主症］频频干咳，昼轻夜重，痰少津干，低烧不退，或午后发热，盗汗；舌红少苔，脉细数。

［治法］滋阴生津，润肺止咳。

［方例］清燥救肺汤（见化痰止咳平喘方）或百合固金汤（见补虚方）加减。

［针治］肺俞、脾俞、百会等穴。

3. 湿痰咳嗽

［主症］精神倦怠，毛焦体瘦；咳嗽，气喘，喉中痰鸣，痰液白滑，鼻液量多、色白而黏稠；咳时，腹部扇动，肘头外张，胸胁疼痛，不敢卧地；口色青白，舌苔白滑，脉滑。

［治法］燥湿化痰，止咳平喘。

［方例］二陈汤（见化痰止咳平喘方）合三子养亲汤（苏子、白芥子、莱菔子，《韩氏医通》）。

十一、喘　证

喘证是气机升降失常，出现以呼吸喘促、鼻咋喘粗，甚或胘肋扇动为主要特征的病证。各种动物均可发生。根据病因及症状的不同，喘证可分为实喘和虚喘两类。一般来说，实喘发病急骤，病程短，喘而有力；虚喘发病较缓，病程长，喘而无力。

（一）实喘

1. 寒喘

［主症］喘息气粗，伴有咳嗽，畏寒怕冷，被毛逆立，耳鼻俱凉，甚或发抖；鼻流清涕，口腔湿润；口色淡白，舌苔薄白，脉象浮紧。

［治法］疏风散寒，宣肺平喘。

［方例］三拗汤（见解表方之麻黄汤）加前胡、橘红等。

［针治］肺俞穴。

2. 热喘

［主症］发病急，气促喘粗，鼻翼扇动，甚或胘肋扇动，呼出气热，间有咳嗽，或流黄黏鼻液；身热，汗出，精神沉郁，耳耷头低，食欲减少或废绝，口渴喜饮；大便干燥，小便短赤；口色赤红，舌苔黄燥，脉象洪数。

［治法］宣泻肺热，止咳平喘

［方例］麻杏甘石汤（见化痰止咳平喘方）加减。热重，加金银花、连翘、黄芩、知母；喘重，加葶苈子、马兜铃、桑白皮；痰稠，加贝母、瓜蒌。

［针治］鼻俞、玉堂等穴。

（二）虚喘

1. 肺虚喘

［主症］病势缓慢，病程较长，多有久咳病史；被毛焦燥，形寒肢冷，易自汗，易疲劳，动则喘重；咳声低微，痰涎清稀，鼻流清涕；口色淡，苔白滑，脉无力。

［治法］补益肺气，降逆平喘。

［方例］补肺汤（党参、黄芪、熟地黄、五味子、紫菀、桑白皮，《永类钤法》）加减。痰多，加制半夏、陈皮；喘重，加苏子、葶苈子；汗多，加麻黄根、浮小麦。

［针治］肺俞穴。

2. 肾虚喘

［主症］精神倦怠，四肢乏力，食少毛焦，易出汗；久喘不已，喘息无力，呼多吸少，呈二段式呼气，胘肋扇动，息劳沟明显，甚或张口呼吸，全身震动，肛门随呼吸而伸缩；或有痰鸣，出气如拉锯，静则喘轻，动则喘重；咳嗽连声，声音低微，日轻夜重；口色淡白，脉象沉细无力。

［治法］补肾纳气，定喘止咳。

［方例］蛤蚧散（见补虚方）加减。

［针治］肺俞、百会等穴。

十二、淋　　证

淋证是排尿频数、涩痛、淋漓不尽的病证。根据病因及主证的不同，常将其分为热淋、血淋、沙石淋、劳淋和膏淋五种，称为五淋。

1. 热淋

［主症］排尿时拱腰努责，淋漓不畅，疼痛，频频排尿，但尿量少，尿色赤黄；口色红，苔黄腻，脉滑数。

［治法］清热降火，利尿通淋。

［方例］八正散（见祛湿方）加减。内热盛，加蒲公英、金银花等。

2. 血淋

［主症］排尿困难，疼痛不安，尿中带血，尿色鲜红；舌色红，苔黄，脉数。兼血瘀者，血色暗紫，混有血块。

［治法］清热利湿，凉血止血。

［方例］小蓟饮子（地黄、小蓟、滑石、炒蒲黄、淡竹叶、藕节、通草、栀子、炙甘草、当归，《玉机微义》）。

3. 石淋

［主症］尿道不完全堵塞时，尿频，排尿困难，疼痛不安，尿淋漓不尽，有时排尿中断，尿液混浊，常见有大小不等的沙石，或尿中带有血丝。尿道完全堵塞时，虽常作排尿姿势，但无尿排出，动物痛苦不安。犬、猫等动物触诊腹部，可感觉到膀胱充盈；马、牛等谷道入手，可触摸到充满尿液的膀胱，大如篮球。口色、脉象通常无明显变化，或口色微红而干，脉滑数。严重者，因久不排尿，包皮、会阴发生水肿，同时伴有全身症状。

［治法］清热利湿，消石通淋。

［方例］八正散（见祛湿方）加金钱草、海金沙、鸡内金。兼有血尿者，加大蓟、小蓟、藕节、牡丹皮。

4. 劳淋

［主症］精神倦怠，四肢无力，卧多立少，体瘦毛焦，甚或耳鼻发凉，四肢不温；排尿频数，淋漓不尽，但疼痛不显，遇劳则淋重；口色淡白，舌质如绵；舌苔薄白或无苔，脉沉细无力。

［治法］补益脾肾，利尿通淋。

［方例］肾虚者，用六味地黄汤（见补虚方）加菟丝子、五味子、枸杞子；脾虚者，用补中益气汤（见补虚方）加菟丝子、五味子、枸杞子；排尿困难者，加猪苓、泽泻、车前子。

5. 膏淋

［主症］身热，排尿涩痛、频数，尿液混浊不清，色如米泔，稠如膏糊；口色红，苔黄腻，脉滑数。

［治法］清热利湿，分清化浊。

［方例］萆薢分清饮（川萆薢、石菖蒲、黄柏、白术、莲子心、丹参、车前子，《医学心悟》）。

十三、尿　　血

尿血是尿中混有血液，或伴有血块的病证。临床上常见的有湿热蕴结膀胱和脾不统血两种。

1. 湿热蕴结

［主症］精神倦怠，食欲减少，发热；小便短赤，尿中混有血液，或伴有血块，色鲜红或暗紫；口色红，脉细数。因努伤或跌打损伤所致者，行走吊腰，触诊腰部疼痛敏感，尿中常有血凝块。

［治法］清热凉血，散瘀止血。

［方例］八正散（见祛湿方）加白茅根、大蓟、小蓟、地黄；或秦艽散（见理血方）加减。

［针治］断血穴。

2. 脾虚尿血

［主症］精神不振，耳耷头低四肢无力，食欲减少；尿中带血，尿色淡红；口色淡白，脉象虚弱。

［治法］健脾益气，摄血止血。

［方例］归脾汤或补中益气汤（均见补虚方）加减。

［针治］脾俞、断血等穴。

十四、水　　肿

水肿是由于水代谢障碍，致使水湿潴留体内、泛溢肌肤的一种病证。水肿多见于颌下、眼睑、胸前、腹下、阴囊、会阴部、四肢等部位。根据病因及主证的不同，常将水肿分为如下四种证型。

1. 风水相搏

［主症］初起毛乍腰弓，恶寒发热，随之出现眼睑及全身水肿，腰脊僵硬，肾区触压敏感；尿短少，舌苔薄白，脉浮数。

［治法］宣肺利水。

［方例］越婢加术汤（麻黄、石膏、甘草、大枣、白术、生姜，《金匮要略》）。表证明显者加防风、羌活；咽喉肿痛者加板蓝根、桔梗、连翘、射干等。

2. 水湿积聚

［主症］精神萎靡，草料迟细，耳耷头低，四肢沉重；胸前、腹下、四肢、阴囊等处水肿，以后肢最为严重；运步强拘，腰腿僵硬；小便短少，大便稀薄；脉象迟缓，舌苔白腻。

［治法］通阳利水。

［方例］五苓散合五皮饮（均见祛湿方）加减。

3. 脾虚水肿

［主症］毛焦欣吊，精神短少，食欲减退；四肢、腹下水肿，按之留下凹痕；尿少、粪稀；舌软如绵，脉象沉细无力。

［治法］健脾利水。

［方例］参苓白术散（见补虚方）加桑白皮、生姜皮、大腹皮等。

4. 肾虚水肿

［主症］腹下、阴囊、会阴、后肢等处水肿，尤以后肢为甚；拱背，尿少，腰胯无力，四肢发凉；口色淡白，脉象沉细无力。

［治法］温肾利水。

［方例］巴戟散（见补虚方）去肉豆蔻、川楝子、青皮，加猪苓、大腹皮、泽泻等。

十五、黄　疸

黄疸，是以眼、口、鼻黏膜及母畜阴户黄染为主要症状的一类病证。各种动物均可发生，尤以犬、猫最为多见。临床上常将其分为阳黄和阴黄两种。

1. 阳黄

［主症］发病较急，眼、口、鼻及母畜阴户黏膜等处均发黄，黄色鲜明如橘；精神沉郁，食欲减少，粪干或泄泻，常有发热；口色红黄，舌苔黄腻，脉象弦数。

［治法］清热利湿，退黄。

［方例］茵陈蒿汤（见清热方）加减。热重者，加黄连、地黄、牡丹皮、赤芍；湿重者，加茯苓、猪苓、泽泻等。

［针治］耳尖、尾尖、太阳、三江、玉堂等穴。

2. 阴黄

［主症］眼、口等可视黏膜发黄，黄色晦暗；精神沉郁，四肢无力，食欲减少，耳、鼻末梢发凉；舌苔白腻，脉沉细无力。

［治法］健脾益气，温中化湿。

［方例］茵陈术附汤（茵陈、白术、附子、干姜、甘草，《医学心悟》）加茯苓、猪苓、泽泻、陈皮等。

［针治］肝俞、胆俞等穴。

十六、垂　脱　证

垂脱，是脏腑气虚、固摄失权而致直肠、阴道或子宫部分或全部脱出的病证。各种家畜均可罹患，但以老龄羸弱者多见。临床上常根据病因和主证的不同，将其分为如下几种证型。

1. 气虚垂脱

［主症］直肠、阴道或子宫垂脱于肛门或阴户外，初时黏膜呈淡粉红色，久则变为暗红，发生水肿，表层肥厚变硬，甚至坏死；食欲不振，精神倦怠，体弱乏力；口色淡，脉象虚弱。

［治法］以手术整复为主，佐以补中益气、升提举陷。

［方例］

（1）手术整复：直肠脱时，先将病畜适当保定，温水灌肠后，洗净脱出肠头，后用防风汤（见外用方）冲洗；如有水肿腐烂，则先用三棱针散刺肿处，后用温药水边洗边剪掉腐烂部分，并用手捏挤，排出水肿液，然后将肠头送入肛门内。对经用上法送入肛门、复又脱出的病例，可行肛门荷包缝合（肛门孔，大动物留二指宽，小动物留一指宽，以便排粪）。阴道脱和子宫脱的手术整复，基本同直肠脱。在用药水清洗脱出部分后，乘动物不努责时，将其送入骨盆腔内，用手把阴道或子宫的位置拨顺，使其完全复位。中、小动物阴道狭窄而手不能入者，可用手拍打阴户，使其收缩，或用消毒的木棍内送复位。整复后复又脱出者，做阴唇结节缝合。

（2）内服方用补中益气汤（见补虚方）加枳壳或枳实。

[针治] 后海、阴俞等穴。

2. 肾虚垂脱

[主症] 直肠、阴道或子宫垂脱于肛门或阴门外，初时黏膜呈淡粉色，久则变为暗红、水肿；畏寒怕冷，四肢不温，行走无力；尿频或尿失禁，尿液清长；口色淡白，舌体绵软，脉虚弱无力。

[治法] 补肾益气，升阳固脱。

[方例] 补中益气汤（见补虚方）加附片、肉桂、破故纸、五味子，或肾气丸（见补虚方）加升麻、枳壳，并结合手法复位（同气虚垂脱）。

[针治] 后海、肾俞、雁翅、肾俞等穴。

3. 湿热垂脱

[主症] 直肠脱出于肛门外，黏膜瘀红、肿胀、疼痛不安，不时努责，脱出日久者，因黏膜坏死而有流血，或有风皮；粪便干结，肚腹胀大，尿液短赤；口色红或红黄，舌津黏，舌苔黄腻，脉象濡数。

[治法] 清火泻热，利湿举陷。

[方例] 凉膈清肠散（地黄、白芍、当归、川芎、黄芩、黄连、荆芥、升麻、香附、甘草，《证治准绳》），并结合手法复位（同气虚垂脱）。

[针治] 后海、阴俞等穴。

十七、虫　积

虫积，是寄生虫寄生于动物胃肠道所引起的病证。各种动物均可发生，常见的有瘦虫（马胃蝇幼虫）、蛔虫、蛲虫、绦虫等。

1. 瘦虫　马胃蝇将虫卵排在马皮肤上，当孵化出幼虫后，因幼虫移行引发瘙痒。马在啃痒时将大量幼虫带入口腔，由口腔进入胃肠，从而引发本病。

[主症] 精神倦怠，行动无力，食欲减少，毛焦肷吊，形体消瘦，常有泄泻、水肿；口色淡白，脉象沉细。吃料不长膘，时有喷嚏，或喷出幼虫，肛门上或粪便中可见到红色蜂蛹样幼虫，严重者腹痛。

[治法] 驱虫为主，兼顾扶正。

[方例] 贯众散（见驱虫方）。

2. 蛔虫　动物吃进污染有蛔虫虫卵或幼虫的饮水、草料等物，将虫卵带入体内，孵化出成虫，吸收动物的津、血生长繁育，从而使动物致病。

[主症] 精神倦怠，行动无力，食欲减少，毛焦肷吊，形体消瘦，常有泄泻、水肿；口色淡白，脉象沉细；吃料不长膘，另外可见消瘦、发育不良等；泄泻或便秘，偶见咳嗽或腹痛。小牛或仔猪、犬、猫等动物，有时可因虫体过多，缠绕成团，阻塞肠道而引起剧烈腹痛，甚至造成肠破裂。如虫体上行胆道，还可能引起黄疸。

[治法] 驱虫为主，兼顾扶正。

［方例］驱虫散（见驱虫方）加减。

3. 蛲虫 动物吃进污染有蛲虫虫卵或幼虫的生水、草料、泥秽等物，使虫邪进入体内而致病。

［主症］精神倦怠，行动无力，食欲减少，毛焦肷吊，形体消瘦，常有泄泻、水肿；口色淡白，脉象沉细；肛门奇痒，常在墙壁或树桩上擦痒，尾根部被毛脱落，肛门和会阴周围有时可见到黄白色小虫体。

［治法］驱虫为主，兼顾扶正。

［方例］驱虫散（见驱虫方）加减；或雷丸、使君子各60g，槟榔30g，共为末，开水冲调，候温灌服。

4. 绦虫 动物吃进污染有绦虫虫卵或幼虫的生水、草料、泥秽等物，使虫邪进入体内而致病。

［主症］精神倦怠，行动无力，食欲减少，毛焦肷吊，形体消瘦，常有泄泻、水肿；口色淡白，脉象沉细；腹泻与便秘交替发生，粪便中混有扁平的绦虫节片。

［治法］驱虫为主，兼顾扶正。

［方例］万应散（见驱虫方）。

十八、不 孕 症

适龄母畜经健康公畜交配而不受孕，或产一、二胎后，不能再怀孕的，均称为不孕症。以马、牛、犬多见，猪也常患此病。

不孕症有先天性不孕和后天性不孕两种。先天性不孕多因生殖器官的先天性缺陷所致，难以治疗。后天性不孕，多由疾病或饲养管理不当等原因造成。本节主要讨论后天性不孕症，据其发病原因，可分为如下几种证型。

1. 虚弱不孕

［主症］发情不正常，或发情表现不明显，屡配不孕；精神倦怠，形体消瘦，口色淡白，脉沉细无力；或见阴门松弛，甚者出现"阴吹"现象。

［治法］益气补血，健脾湿肾。

［方例］催情散（羊红膻、淫羊藿、阳起石，《中国兽医杂志》）。

［针治］雁翅、百会、后海、肾俞、阴俞、关元俞等穴。

2. 宫寒不孕

［主症］不发情，或发情周期不正常，发情表现不明显，屡配不孕；喜热恶冷，腹内肠鸣，便溏尿清，带下清稀；口色青白，脉沉弱或沉迟。

［治法］暖宫散寒，温肾壮阳。

［方例］艾附暖宫丸（艾叶、醋香附、当归、地黄、续断、白芍、吴茱萸、川芎、肉桂、炙黄芪，《仁斋直指》）。

［针治］同虚弱不孕。

3. 肥胖型不孕

［主症］除发情不正常或发情表现不明显，屡配不孕外，患畜体肥膘满，动则易喘，不耐劳役；口色淡白，舌苔白滑或稍腻，带下稠而量多，脉滑。

［治法］燥湿化痰。

［方例］苍术散（炒苍术、滑石、六神曲、制香附、半夏、陈皮、茯苓、炒枳壳、白术、当归、莪术、三棱、甘草、柴胡、升麻，《中兽医治疗学》）。

［针治］同虚弱不孕。

4. 血瘀不孕

［主症］发情周期反常或长期不发情，或自行接近公畜，过多爬跨，有"慕雄狂"之状。

［治法］活血祛瘀。

［方例］调经散（当归、白芍、熟地黄、覆盆子、枸杞子、川芎、红花、菟丝子、知母、炒泽泻、炙甘草、炙香附、女贞子，《全国中兽医经验选编》）。

［针治］同虚弱不孕。

十九、五 攒 痛

五攒，是指动物因四肢疼痛，不堪负重，站立时前肢后伸，后肢前伸，腰曲头低，五处攒集而言。五攒痛相当于现代兽医学中的蹄叶炎，马、牛常见。多发于两前肢，也可四肢同时发病。根据病因的不同，常分为走伤型和料伤型两类。

1. 走伤型

［主症］站立时，腰曲头低，四肢攒于腹下；运步时，束步难行，步幅极短，把前把后，气促喘粗，卧多立少，有时体温升高；口色稍红，蹄温升高，蹄前壁敏感。

［治法］和血顺气，破滞开郁。

［方例］茵陈散（茵陈、没药、当归、红花、白药子、桔梗、柴胡、青皮、陈皮、甘草、黄药子、杏仁，《元亨疗马集》）。

［针治］发于两前肢者，可血针鹘脉、胸堂，或前蹄头、前缠腕；发于两后肢者，可血针肾堂、后蹄头、后缠腕。

2. 料伤型

［主症］除具有走伤型的一般症状外，尚见食欲大减，或只吃草而不吃料，粪稀带水，有酸臭味；呼吸迫促，口色鲜红，脉象洪大。

［治法］化谷宽肠，消积破瘀。

［方例］红花散（见理血方）加减。

［针治］同走伤型。

二十、痹 证

痹是闭塞不通的意思。痹证是由于动物体受风寒湿邪侵袭，致使经络阻塞、气血凝滞，引起肌肉关节肿痛、屈伸不利，甚至麻木、关节肿大变形的一类病证，相当于现代兽医学的风湿症。在我国寒湿地区的冬季、春季和秋季发病率较高。临床上常见的有风寒湿痹和风湿热痹两种。

1. 风寒湿痹

［主症］肌肉或关节肿痛，皮紧肉硬，四肢跛行，屈伸不利，跛行随运动而减轻。重则关节肿大，肌肉萎缩，甚或卧地不起。风邪偏盛者（行痹），疼痛游走不定，常累及多个关节，脉缓；寒邪偏盛者（痛痹），疼痛剧烈，痛处固定，得热痛减，遇寒痛重，脉弦紧；湿邪偏盛者（着痹），疼痛较轻，痛处固定，肿胀麻木，缠绵难愈，易复发，脉沉缓。

［治法］祛风散寒，除湿通络。

［方例］风邪偏盛者，用防风散（见祛湿方）加减；寒邪偏盛者，用独活寄生汤（见祛湿方）减熟地黄、党参，加川乌；湿邪偏盛者，用薏苡仁汤（薏苡仁、防己、苍术、独活、羌活、防风、桂枝、川乌、稀莶草、川芎、当归、威灵仙、生姜、甘草，《类证治裁》）加减。前肢痹证，加瓜蒌、枳壳等；后肢及腰部痹证，加肉桂、茴香等。

［针治］根据疾病的具体部位进行选穴，如颈部风湿针九委穴；肩部风湿针抢风、冲天、髆尖、肺门等穴；腰背部风湿针百会、肾俞、肾棚、肾角、腰前、腰中、腰后等穴；后肢风湿针百会、巴山、路股、大胯、小胯、邪气等穴。可酌情选用白针、水针、电针、火针、醋酒灸和软烧等不同方法。

2. 风湿热痹

［主症］发病较急，患部肌肉关节肿胀、温热、疼痛，常呈游走性，伴有发热出汗、口干、色红、脉数等症状。

［治法］清热，疏风化湿。

［方例］独活散（见祛湿方）加减。

［针治］选穴同风寒湿痹，但一般不用火针、醋酒灸及软烧等方法。

二十一、跛　　行

跛行，是动物四肢运动机能障碍的一种临床表现，又称为拐症。引起跛行的原因很多，主要是四肢疾病，但有时也与脏腑的机能变化密切相关，如肺把胸膊痛、肾冷拖腰等皆可引起跛行，在跛行诊断时，应加以注意。临床上根据跛行的病因和主证，常将其分为闪伤跛行、寒伤跛行和热伤跛行三种。

1. 闪伤跛行

［主症］突然发病，行走时出现跛行，随运动而加剧。四肢闪伤时，患肢疼痛，负重和屈伸困难；腰部闪伤时，拱腰低头，行走困难，后脚难移，起卧艰难，甚至卧地不起。

［治法］行气活血，散瘀止痛。

［方例］跛行散或跛行镇痛散（均见理血方）加减。

［针治］根据局部选穴的原则，选取患肢或患部的穴位。急性者，可用血针或白针；慢性者，用白针或火针。

2. 寒伤跛行

［主症］腰肢疼痛，跛行，患部有游走性，常随运动而减轻。寒伤四肢时，常侵害四肢上部，患肢多伸向前方，以避免负重；运动时，步幅极短，拘行束步，抬不高，迈不远。如为寒伤腰胯，则背腰拱起，腰脊板硬，胯辍腰拖，重者难起难卧。

［治法］祛风散寒。

［方例］参见痹证。

3. 热伤跛行

［主症］除有跛行症状外，患部有红、肿、热、痛的表现，触诊局部灼热而敏感；严重者，舌红脉数，全身发热，精神沉郁，食欲减退。

［治法］活血化瘀，清热止痛。

［方例］定痛散（见理血方）加牡丹皮、丹参、赤芍、桑枝等。

二十二、疮黄疔毒

疮、黄、疔、毒是皮肤与肌肉组织发生肿胀和化脓性感染的一类病证，简称疮黄。疮是局部化脓性感染的总称；黄是皮肤完整性未被破坏的软组织肿胀；疔是以鞍、挽具伤引皮肤破溃化脓为特征的证候；毒是脏腑毒气积聚外应于体表的证候。

1. 疮

[主症] 初期患部肿胀，灼热疼痛。严重的可出现发热、精神不振、食欲减退、脉象洪数等全身表现。若局部按之柔软，为脓已成。后期，皮肤逐渐变薄，破溃后流出黄色或绿色稠脓，带恶臭味，或夹杂有血丝或血块，疮面呈赤红色，有时疮面被痂皮覆盖。

[治法] 以祛除毒邪、疏通气血为主，并根据病程的发展阶段、病变的部位，分别采用内治和外治相结合的方法。初起尚未成脓者，采用消法，以散风清热、行瘀活血为主；若成脓迟缓，则采用托法以托里透脓为主；溃后若无全身症状，则只用外治即可；若气血虚弱，久不收口，则采用补法，以补气养血为主。

[方例] 初期脓未成者，内服真人活命饮、黄连解毒汤、五味消毒饮（均见清热方），外敷如意金黄散或雄黄散（均见外用方）；成脓迟缓者，内服透脓散（见补虚方）；脓已成，未破口者，应切开排脓，然后外用防腐生肌散（见外用方）；疮毒内陷者，用清营汤（见清热方）以凉血解毒、清心开窍；溃后气血虚弱、久不收口者，可内服八珍汤（见补虚方之四物汤），外敷防腐生肌散或冰硼散（均见外用方）。

2. 黄

[主症] 初起患部肿硬，间有疼痛或局部发热，继而面积扩大而变软，有的出现波动，刺之流出黄水。因黄的部位和名称不同，具体主证也有所不同。

（1）锁口黄（箍口黄、束口黄）：病初口角肿胀，硬而疼痛，口角内侧赤热，咀嚼缓慢，水草渐减；继而肿胀逐渐扩大蔓延，唇角破裂，口内流涎，口禁难开，口色鲜红，脉洪数。

（2）鼻黄：单侧或双侧鼻部肿胀，软而不痛，久之破溃流出黄水，呼吸稍粗，口色鲜红，脉洪数。

（3）颊黄：颊部一侧或双侧发生软肿，压之不痛，初期肿胀较小，后逐渐扩大，甚至牵延到食槽，口流涎水，咀嚼困难，口色赤红，脉洪数。

（4）耳黄：单侧或双侧耳根肿胀，患耳下垂。一般软而无痛者易消，硬肿而痛者则溃破成脓。如《司牧安骥集》说："马患耳黄有单双，双少单多是寻常；耳肿耳硬生脓血，内有脓囊似宿肠。"

（5）腮黄：一侧或双侧腮部发生肿胀，初期肿胀较小且硬，随后逐渐扩大，可向前肿至食槽，引起口内流涎，水草难进，咀嚼困难；或向颈部蔓延，导致颈部肿胀，影响颈部活动；若波及口喉，则出现呼吸困难，严重时可引起窒息。

（6）背黄：病初背部热痛肿硬，日久软化，触之有波动感，内有黄水。

（7）胸黄：病初胸前发生肿胀，较硬，有热痛感；继之则扩大变软，甚至布满胸底部，无痛感，针刺流出黄水；口色鲜红，脉洪大。

（8）肚底黄：又名锅底黄。肚底肿胀，发展迅速，肿胀界限不明，初如碗口，后逐渐增大，布满肚底。重者肿胀可蔓延至前胸和会阴部，不热不痛，或稍有痛感，指压成坑。患病动物精神不振，水草减少，行走困难，不能卧地，站立时四肢开张。

（9）肘黄：初期肘部肿胀无痛，后肿胀渐大，时有发热疼痛；站立时前肢前伸，运步时呈现跛行；口色鲜红，脉洪大。

（10）腕黄：病初腕部微肿发热，稍有疼痛，亦有软肿而不发热者。行走时患肢不灵活，站立时患肢伸向前方，不敢负重，频频换肢。以后肿胀渐大，疼痛加剧，屈伸不利，起卧困难，行走迟缓。

［治法］清热解毒，消肿散瘀。

［方例］消黄散（见清热方）加减。

［针治］局部消毒后，用大宽针散刺，以排出黄水。

3. 疔

［主症］根据鞍伤感染后发展的阶段不同，所受损害的程度不同，可分为黑疔、血疔、筋疔、气疔、水疔五种。若经久不愈，则可能形成瘘管。

（1）黑疔：皮肤浅层组织受伤，疮面覆盖有血样分泌物，变干后形成黑色痂皮，形似钉盖，坚硬色黑，小红不肿，无血无脓。如《元亨疗马集》说："干壳而不肿者伤其皮，曰黑疔也。"

（2）筋疔：脊间皮肤组织破溃，疮面溃烂无痂，显露出灰白色而略带黄色的肌膜，流出淡黄色水。

（3）气疔：疮面溃烂，局部色白；或因坏死组织分解，排出带有泡沫的脓汁或黄白色的渗出物。

（4）水疔：鞍伤初期伤浅，患部红肿疼痛，渗出物光亮似水。

（5）血疔：皮肤组织破溃，久不结痂，色赤，常流脓血。

［治法］以外治为主。未溃者，可针其周围，以防走窜；已溃者，用防风汤（见外用方）洗，然后根据情况用药，干则润之，湿则燥之，肿则消之，腐则脱之，毒则解之。如形成瘘管，则以拔毒去腐之药腐蚀之。

［方例］黑疔，可先揭去盖，以防风汤（见外用方）洗后，外敷防腐生肌散（见外用方）。筋疔，可外用丹矾散（诃子、黄丹、枯矾，《元亨疗马集》）。气疔，可按疮治疗，必要时可内服真人活命饮（见清热方），外敷防腐生肌散（见外用方）。水疔，必要时可内服消黄散（见清热方），外敷雄黄拔毒散（雄黄、龙骨、大黄、黄柏、透骨草、樟脑，河北验方，原方有明矾，现已不用）。血疔，外用葶苈散（草乌、葶苈子、龙骨，《元亨疗马集》）。瘘管，可用五五丹（石膏、升丹各等份，《外伤科学》）撒布，或以纱布条裹药塞入瘘管。

4. 毒 是脏腑毒气积聚反映于体表的病证，有阴毒、阳毒之分。

（1）阴毒：

［主症］多在前胸、腹底或四肢内侧发生瘰疬结核，累累相连，肿硬如石，不发热，不易化脓，难溃、难敛，或敛后复溃。

［治法］消肿解毒，软坚散结。

［方例］内服土茯苓散（土茯苓、白藓皮、川草薢、海桐皮、茵陈、蒲公英、金银花、苦参、昆布、海藻、苍术、荆芥、防风、花椒，民间验方）。慢性虚弱性阴毒，可内服阳和汤（见温里方）加黄芪、忍冬藤、苍术，外用斑蝥酒（斑蝥10个，研末，加白酒30mL）涂擦，每日一次，一般可擦3~5次。

（2）阳毒：

［主症］两前膊、梁头、脊背及四肢外侧发生肿块，大小不等，发热疼痛，脓成易溃，溃后易敛。

［治法］清热解毒，软坚散结；溃后排脓生肌。

［方例］内服昆海汤（昆布、海藻、酒炒黄芩、金银花、连翘、酒炒黄连、蒲公英、酒知母、酒黄柏、酒栀子、桔梗、木通、荆芥、防风、薄荷、大黄、芒硝、甘草，民间验方），外敷雄黄散（见外用方）。

主要参考文献

北京农业大学主编.1985.中兽医学.第2版.北京：农业出版社.
曹洪欣主编.2004.中医基础理论.北京：中国中医药出版社.
江西省农业厅中兽医实验所校勘.1959.抱犊集.北京：农业出版社.
李家邦主编.2010.中医学.北京：人民卫生出版社.
刘钟杰，许剑琴主编.2002.中兽医学.第3版.北京：中国农业出版社.
明·陈实功编著.1964.外科正宗.北京：人民卫生出版社.
明·喻本元，喻本亨著.1963.重编校正元亨疗马牛驼经全集.北京：农业出版社.
裴耀卿著.1958.中兽医诊疗经验·第二集.北京：农业出版社.
清·汪讱庵著.1957.医方集解.上海：上海科学技术出版社.
清·吴谦等编.1973.医宗金鉴.北京：人民卫生出版社.
清·吴瑭（鞠通）著.1964.温病条辨.北京：人民卫生出版社.
清·张隐菴集注.1959.黄帝内经素问集注.上海：上海科学技术出版社.
瞿自明主编.1993.新编中兽医治疗大全.北京：中国农业出版社.
宋·太平惠民和剂局编.1985.太平惠民和剂局方.北京：人民卫生出版社.
宋·许叔微述.1959.普济本事方.上海：上海科学技术出版社.
韦旭斌主编.1997.中兽医学.长春：吉林科学技术出版社.
魏·吴普等述.清·孙星衍，孙冯翼辑.1963.神农本草经.北京：人民卫生出版社.
吴敦序主编.1995.中医基础理论.上海：上海科学技术出版社.
许剑琴主编.2001.中兽医方剂精华.北京：中国农业出版社.
杨英主编.2006.兽医针灸学.北京：高等教育出版社.
印会河主编.1985.中医基础理论.上海：上海科学技术出版社.
于船，陈子斌主编.2000.现代中兽医大全.南宁：广西科学技术出版社.
于船主编.1984.中国兽医针灸学.北京：农业出版社.
张锡纯著.1974.医学衷中参西录.石家庄：河北人民出版社.
郑守曾主编.1999.中医学.北京：人民卫生出版社.
中国兽药典委员会编.2011.中华人民共和国兽药典·二部.2010年版.北京：中国农业出版社.
朱文锋主编.2001.中医诊断学.上海：上海科学技术出版社.
邹介正等编著.1994.中国古代畜牧兽医史.北京：中国农业科技出版社.